다원주의 사회에서의
현대건축의 재발견

Rediscovery of MaCA in Pluralist Society
Modern architecture, Contemporary Architecture

칭키스 칸의 후예, 몽골의 건축과 학생들에게

虛靜 길성호는 한양대학교, 서울대학교 대학원 건축학과에서 수학하고 서양 현대건축에 나타난 건축적 사고의 변화현상을 주제로 한 논문으로 공학박사학위를 취득하였다. (주)종합건축사사무소 아키플랜에서 다년간 실무에 종사한 후, 1993년부터 한밭대학교 건축학과 교수로 건축이론과 설계를 가르치고 학생처장, (사)도시건축연구원장 등을 역임하였다. 2014년 이후 현재까지 몽골 후레대학교에서 건축학과장으로 재직하면서 교육과 선교사역을 하고 있다. 주요 작품으로 〈부천대성교회〉, 〈인천한샘성결교회〉, 〈충북과학교육원신축 현상설계(우수상)〉, 〈KAIST 캠퍼스마스터플랜 현상설계(1등 당선)〉 등이 있으며, 『현대건축사고론, 1997』, 『수용미학과 현대건축, 2003』, 『현대건축의 재발견 Vol.1, 2013』, 『현대건축의 재발견 Vol.2, 2013』을 저술하였다.

다원주의 사회에서의

현대건축의 재발견 vol.3

Rediscovery of MaCA in Pluralist Society (Vol.3)

Modern architecture, Contemporary Architecture

虛靜 길성호 지음

1판 1쇄 2020년 2월 10일

발행인 **김기현**

발행처 **시공문화사*(Spacetime)***

등 록 1993년 3월 12일

주 소 서울시 서대문구 독립문공원길13 극동프라자 5층

전 화 02) 3147-1212, 2323

전 송 02) 3147-2626

ISBN 978-89-5592-428-2

http://www.spacetime.co.kr, spacetime@korea.com

편 집 Design_Battery

인 쇄 예림인쇄사

제 본 (주) 아인엔북

용 지 대림지업(주)

정가 23,000원

Rediscovery of MaCA
in Pluralist Society

Modern architecture, Contemporary Architecture

다원주의 사회에서의

현대건축의 재발견

Vol.3

虛靜 길성호 지음

Spacetime

Contents

Vol.3

프롤로그(Prologue) / 7

06 신체의 중심성과 지각의 건축

061. 건축 속의 인간 : 심상(心像), 셰마, 인지 - 행태 / 15
공간의 미학적 인식과 신체의 발견—힐데브란트, 쉬말소, 쇠르겔, 소안 경 / 22
공간 지각의 다차원성과 공간의 과학—엘 리시츠키, 모홀리-나기 / 25
풍토성과 휴머니즘의 건축—알바 알토, 루이스 바라간, 카를로 스까르파 / 29
*징검다리 1 / 73

062. 건축의 체험 구조와 신체의 중심성 / 77
사회적 접촉과 집합적 장소의 공간탐구—알도 반 아이크, 헤르만 헤르츠베르거 / 85
상징과 시각적 이미지의 탐구—로버트 벤츄리, 한스 홀라인 / 99
신체 - 상과 공간의 영역성—찰스 무어 / 113
* 징검다리 2 / 120

신체와 공간 경험의 현상학—알바로 시자, 안도 다다오, 스티븐 홀 / 122
신체와 기억의 새로운 담론—베르나르 츄미, 다니엘 리베스킨드 / 175
* 징검다리 3 /

063. 다시 보기 / 211

07. 맺음말

주(註) 236 / 참고문헌 249 / 도판출전 256 / 찾아보기 257 / 에필로그 260 / 서평(書評) 262

Vol.2

목차

04 심상의 표현과 감각의 건축

041. 디자인의 출발점: 직관과 영감

환상적인 공간 이미지의 탐구—지오반니 바티스타 피라네시

유기적인 조소적 건축의 탐구—안토니오 가우디 이 꼬르네트

042. 감각적 경험과 표현성의 탐구

동굴공간 이미지와 판타지 건축의 탐구—한스 페르지히, 부르노 타우트, 헤르만 휜스테를린

조각적인 상징형태와 영혼의 건축—루돌프 슈타이너

기능적 역동성과 건축적 상징의 탐구—에릭 멘델존, 에로 사리넨

감각적 형상과 파상 공간의 미학—프랭크 게리

열린 건축과 감각적 경험의 추구—쿱 힘멜블라우의 프릭스

043. 다시 보기

05 유형의 탐구와 유추의 건축

051. 착상의 출발점 : 유형과 유형학

합리주의 이론의 출현과 도시공간의 유형학—마르크 - 앙뜨와느 로지에, 프리드리히 쉰켈, 까밀로 지테

합리적 건축의 탐구와 전통의 수용—하인니히 테세노프, 쥬세페 테라니

052. 유형의 해석 관점 : 구조 언어학과 구조 인류학

역사적 기본 형태와 장소성의 탐구—알도 로시

아이디어의 재발견과 테마로서의 건축 탐구—오스왈드 마티우스 웅거스

도시공간의 형태학과 공공 공간 —로버트 & 레온 크리에, 제임스 스털링

문화적 상징성과 의미의 탐구—필립 존슨, 마이클 그레이브스

집합적 거주의 장소로서의 건축—마리오 보타

053. 다시 보기

Contents

Vol.1

머리말

00 패러다임적 해석방법

001. 패러다임, 디자인, 건축적 사고

002. 4가지 패러다임의 가설

01 프로그램의 해석과 리얼리티의 건축

011. 디자인의 출발점

012. 기능의 표현과 3가지 유추의 모델

013. 프로그램과 다이아그램 건축의 탐구

014. 다시 보기

02 구축성의 전통과 구조적 건축

021. 건축 형태의 결정 인자

022. 테크놀러지와 형식의 표현성

023. 테크놀러지와 건설과정의 미학

024. 다시보기

03 기하학적 질서와 개념의 건축

031. 기하학과 수학적 질서의 탐구

기하학과 매스로서의 건축—에띠엔느 루이 불레, 끌로드 - 니콜라스 르두

032. 대상의 1차적 의미와 새로운 재현방식

반(反)-입방체 공간과 개념적 이미지—데오 반 도스버그, 게리 리트벨트, 러시아 구성주의 건축

질서의 감각과 오브제로서의 건축—르 꼬르뷔지에

033. 탈 - 기능주의와 랜드스케이프의 회복

자율적 구성원리와 텍스트로서의 건축—피터 아이젠만

지형학과 랜드스케이프 건축의 탐구—도미니끄 페로

인공적 랜드스케이프 건축과 도시성의 회복—자하 하디드

034. 다시 보기

프롤로그(Prologue)

–대화적 상상력의 건축을 위하여–

a. 필자가 〈수용미학과 현대건축, 2003〉의 미학에 대한 논의에서 언급하였듯이 외재적 조건 인자와의 관계를 중시하는 생산미학, 내재적인 자율적 구성관계를 중시하는 형식미학은 주체와 객체의 관계성과 주체의 중심성을 중시하는 수용미학으로 변화되어 왔다. 야우스가 제시한 수용미학의 담론은 가다머의 역사 지평의 개념을 개인적 차원의 독자 지평의 개념으로 전환시킨 '수용'의 담론으로 해결해 보고자 한 것이었다. 이러한 담론에서 도출한 주요개념들–미정성의 구조, 지각과 생소화 수법, 구체화 개념–은 현대건축의 주요 건축가들이 다양한 방식으로 전개해 온 주요 담론과 작품을 통합적인 관점으로 이해하는 데 매우 유용하다는 점을 확인하였다. 이제 우리는 모더니즘 이후 전개된 현대건축의 다양한 담론들에 내재한 지평들을 조망하기 위해서, 이러한 주요 개념들을 재생산하여 확장시키는 작업이 필요하다.

이러한 작업을 위해서, 우리는 러시아의 사상가이자 문학이론가인 미하일 미하일로비치 바흐친(Mikhail M. Bakhtin, 1895-1975)이 생산미학과 형식미학이 지니는 자기한계의 영역을 간파하고(주1), 이 미학의 간극을 '대화적 상상력'을 통해 해소하고자 하였다는 점에 주목할 필요가 있다. 바흐친은 사회적 의사소통의 산물인 언어의 이데올로기적인 영역과 작품의 내용과 문맥을 무시한 채 오직 예술적 기법만을 강조한 형식주의적 문학연구를 비판하고 문학의 사회적-역사적 측면을 강조하면서 이 양자의 대화적 관계 속에서 두 입장을 포용하고자 시도하였다. 대화적 관계 속에서 문학 이론을 제안한 바흐친의 관점에서 볼 때, 문학이론은 작가나 독자 중 어느 한편만을 강조할 수 없으며, 또한 작품 그 자체나 혹은 작품의 문맥만을 강조해서는 안되는 것이다. 그는 문학의 형식적 기교를 중시하는 동시에 문학이 지닌 사회적-역사적 상황도 함께 중요시 하였기 때문이다. 이것은 그가 '작가, 독자, 작품, 그리고 문맥 등 작품의 총체성 속에서 그것을 파악하고자 한 것(김욱동 1999, p.17)'을 의미한다. 필자는 바흐친이 제시한 '대화성, 다성성(多聲性, polyphony), 미결정성(미정성, indeterminacy), 비종결성(unfinalizability), 카니발화(carnivalization)' 등의 독특한 개념들은 오늘날 현대건축 담론과 작품들에서 발견되는 다양한 지평들을 이해하는 데 매우 유용한 해석의 도구를 제시해 준다고 생각한다.

바흐친에게 언어와 문학은 문자 그대로 '순수한' 가치와 관념, '초월적' 형식–이는 구조주의와 형식주의의 입장이다–이 아니라(주2) 물질적이고, 역사적이며, 이데올로기적이고, 사회적인 현상–이는 마르크스주의적 입장이다–으로 인식되었다. 그는 문화란 차이를 만들어내는 변경들에 기반해서 이루어지는, 열려있으며 비완결적인 과정으로 파악한다. 그러한 차이들은 대화를 통해 그 통일성을 발견한다는 것이다. 그의 관점에서 보면, 문학을 포함한 삶의 모든 문제는 오직 대화적 관계를 유지할 때 비로소 생명을 지니기 시작하는 것이다. 또 그는 문학을 개방적이고 미완성된 역동적 실체로 파악하였으며, 존재가 아니라 생성, 결과가 아니라 과정으로 해석하였다. 바흐친의 언어이론에서 발화가 갖는 대화적 성격은 항상 자아와 타자의 비완결적인, 열려 있는 관계를 수반한다. 모든 담론은 듣는 화자와 말하는 청자 간의 동시적인 이해를 수반한다고 생각한 바흐친은 이 점을 다음과 같이 말하였다.

> "나는 나 자신을 자각하고 타자에게, 타자를 통해서, 그리고 타자의 도움으로 나 자신을 드러내는 것에 의해서만 나 자신이 된다."
> (바흐친, 1984, p.287)

그러므로 바흐친에게 자아-타자의 관계는 자아가 고정되고, 완성되며 완결되어 주어진 것으로 존재하는 것이 아니라 부단한 활동의 상태에 있다는 점에서 대화적이다.(주3) 그의 표현대로 "나 자신을 창시하기 위해서는 타자가 필요"한 것이다. 그러므로 바흐친에게 "존재한다는 것은 소통하는 것을 의미"한다. 그가 제시하는 대화적 자아는 그 자신의 의식과 타자의 의식, 즉 자신의 말과 타자의 말 사이의 경계 위에 존재하는 것이다. 무엇보다도 바흐친은 절대성과 일원론을 거부하고 문학을 비롯한 모든 예술에서 상대성과 다원성을 중시하였다. 그에게 문학이론은 '이것이냐 저것이냐'의 선택이라기보다는 '둘 모두'를 포함하는 것으로 절충주의나 헤겔의 변증법적 논리가 아니라 대화적이고 관계적인 사고를 중시하는 '전체성'의 개념에 더 근접한다. 여기서 우리는 대화성의 개념이 바흐친의 문학이론에서 사상적 기초를 차지하고 있는 핵심적인 개념임을 알 수 있다.

특히 바흐친이 도스프예프스키의 소설의 특수성을 설명하기 위해 사용한 다성성의 개념(주4)은, 현대 건축가의 담론에서 발견되는 다층성, 미결정성의 개념적 도구를 이해하는 데 도움이 된다. 바흐친에 따르면, '많은 소리들로 이루어진 상태(multi-voicedness)'는 다성적이며, '하나의 소리로 이루어진 상태(one-viocedness)'는 단성적이다. 따라서 "다성성 문학은 하나 이상의 다양한 의식이나 목소리들이 완전히 독립적인 실체로서 존재하는 문학"(김욱동 1999, p.163)을 가리킨다. 여기서 작중 인물은 단순히 작가에 의해 조종되는 수동적인 객체가 아니라 작가와 나란히 공존하는 능동적 주체를 의미한다. 바흐친이 말하는 문학 작품의 다성성은 작중 인물, 작품의 플롯과 구성, 주제나 이데올로기, 작품의 인어와 스타일의 문제 등 모든 요소에 대위법적으로 병치되어 다 같이 적용됨으로써, 소설 구성의 모든 요소들 사이에 대화적 관계가 존재하도록 하는 것이다. 바흐친은, 이처럼 단일한 순간에 최대한의 양적인 다양성을 압축시켜 넣으려는 "예술적 시각화의 양식은 다양성의 공존과 상호작용에 바탕을 둔 것"이라고 강조한다. 바흐친은, 도스프예프스키의 이러한 소설 기법은 "다성적 소설의 다층성(multi-leveledness)과 다성성(multi-voicedness)"을 여실히 보여 준다는 점을 강조한다. 그러나 다성성과 대조되는 개념으로 단성성(單聲性, monophony)이 지배적인 문학 작품에서는 작품에 나타나는 목소리나 의식들이 작가의 목적이나 의도에 의해 엄격히 통제되어 오직 하나의 진리, 즉 작가의 의도만이 존재한다는 점에서 '독백성'의 범주에 포섭된다. 바흐친에 따르면, 톨스토이의 소설처럼 전통적인 소설들은 다양한 인물들, 복잡한 플롯, 다양한 관점들과 철학적 입장들이 등장하더라도, 늘 하나의 목소리로 통합되기에 단성적 소설에 불과하다는 것이다. 단성적 소설의 외적 다양성은 작가에 의해 단일화되기 때문이다. 여기서 등장인물들은 작가의 디자인에 의해 판단되고 고정되며, "작가에 의해 단성적으로 이해되고 지각된 세계의 단일성 안에서 최종적인 이미지를 획득"한다. 여기에는 작가의 단일한 의식이나 목소리만 존재할 뿐이며 작중 인물들은 작가의 의식이나 목소리를 전달하는 수동적 매체에 지나지 않는다. 따라서 작가와 작중 인물들 사이에 진정한 의미의 대화적 관계가 성립되지 않는다.

또 바흐친은 문학이론을 통해 '비종결성'이나 '미결정성(미정성), 개방성 등을 중요한 개념으로 사용하여 왔다. 그는 예술이건 삶이건 영구불변하고 고정된 실체를 전혀 인정하지 않았다. 그에 따르면, 예술은 항상 유동적인 변화와 생성에 의해 특징지워지기 때문에 미래지향적이고 개방적인 상태에 있을 때 비로소 예술로서의 존재이유를 받는다는 것이다. 따라서 바흐친에게 진정한 예술이란 종결된 결말보다는 언제나 열린 상태로 남아 있을 때 더 큰 설득력과 의미를 갖는다고 보았다. 바흐친에 따르면, 이런 비종결성이나 미결정성 그리고 개방성에 기초하여 '다성적' 문학이라는 새로운 유형의 문학을 창안해 낸 도스프예프스키의 소설에서는 작가가 등장인물들의 운명을 결정짓거나 "종결화(finalization)" 하지 않으며, 항상 "내적으로 최종화되지 않은", "미결정성"의 상태로 존재한다. 따라서 그의 소설은 작가가 등장인물들을 자신의 관점에서 구속하지 않기 때문에 다양한 목소리들이 자유롭게 자기의 소리들을 내도록 허용한다. 그 결과, 이들은 서로 동등한 권리로 상호작용이라는 "대화적 관계"를 갖게 된다는 것이다.

바흐친이 다성적 문학이론을 전개하기 위해 제안한 대화성, 다성성, 미결정성, 비종결성 등의 개념들은, 오늘날 현대건축 담론과 작품들에서 발견되는 다양한 지평들, 즉 프로그램의 불확정성과 인지적 경험을 위한 보이드(Void) 공간의 '미정성', 물성의 지각효과와 형식 구성관계의 '생소화', 지속의 시간 속에서 움직임을 생성하는 '신체성', 전통과 현대의 통합을 위한 '기억', 건축과 인간, 자연의 통합 지향적인 불가분의 관계 안에서 해석되는 '자연', 그리고 도시의 공공성과 역사성을 위한 '맥락과 도시성' 등을 통합적인 관점으로 인식하는 데 유용한 도구라고 생각된다. 작가는 소설 작품의 주인공의 목소리를 통해 다층성과 다성성을 지니도록 하여 독자와 대화적 상상력의 관계를 이루어간다면, 건축가는 건축 작품의 공간과 형태를 통해 다층성과 다성성을 지니도록 하여 신체와 대화적 상상력의 관계를 구축한다고 필자는 생각한다.

b. 앞으로 살펴보겠지만, 특히 시리즈 3권의 〈'신체의 중심성과 지각의 건축' 06〉 편에서 다루는 근대 및 현대 건축가들 중 일부 건축가들의 건축 담론과 작품에서 우리는 바흐친이 언급한 다성성, 비종결성, 대화적 상상력, 신체 중심의 관계성과 같은 주요 이슈들을 발견하게 될 것이다. 이러한 사실은 모더니즘의 전통 속에서 풍토성과 인간 중심의 휴머니즘 건축을 추구한 알토의 작품에서 보이는 '다성적 공간(polyphonic space)'의 특성과 '건축-인간-자연의 대화적 관계성'에 주목할 때 인지할 수 있다. 또 관찰자의 능동적인 참여행위를 통해 신체의 구체화뿐만 아니라 침묵의 공간을 통해 감성과 기억을 환기시키는 '감성의 건축'을 탐구한 바라간의 건축 담론과 작품 속에서도 찾아볼 수 있다. 마찬가지로 건축의 서정성 회복을 강조한 스까르파의 건축 담론과 작품 속에서 역사, 전통, 기억, 물성 등 정신적이고 감각적인 동인들을 수

용하고 무엇보다도 관찰자와의 대화적 관계와 틈공간의 가치에 주목하는 태도를 엿볼 수 있다. 여기서 우리는 모더니즘 시기에 일부의 건축가들은 바흐친이 언급한 다성성, 비종결성, 대화성, 미결정성 등으로 해석될 수 있는 공간과 형태를 탐구했다는 사실에 주목할 필요가 있다.

이러한 현상은 현대 건축가들의 담론과 작품에서 보다 다양한 양상으로 전개되어 왔다. 미확정적인 의미의 다층적인 공간적 질서를 지닌 관찰자 중심의 공간적 질서와 도시성을 지닌 건축을 탐구한 알도 반 아이크, 프로그램의 미결정성뿐만 아니라 다층적 공간질서의 미확정성을 중시하여 사회적인 접촉을 촉진하고자 한 헤르츠베르거의 건축 담론과 작품에서 우리는 미결정성과 대화적 상상력에 주목하는 전조를 발견하게 된다. 특히 신체와 타자의 관계를 통한 경험방식을 중시한 시자의 건축 담론과 작품에서 '대화'가 존재하는 미확정의 다층적인 건축에 대한 탐구와 자연, 부지, 신체성의 상호 관계를 중시하는 현상을 알 수 있다. 메를로-퐁티의 〈지각의 현상학〉에 근거해 '대지-신체-공간의 관계성'에 주목하고 무엇보다도 신체 중심의 지각과 다양한 경험 방식에 기반을 둔 '현상학적 건축'을 탐구한 스티븐 홀의 최근 작품에서 발견되는 '다공성'과 '스펀지 공간'의 탐구에도 주목할 필요가 있다. 안도의 작품 또한 바라간의 경우처럼 침묵과 명상을 위한 빈 공간인 틈공간에 주목하고, 자연과 건축이 시간의 추이 속에서 신체를 통해 경험되는 방식에 주목하여 왔다. 또한 '이벤트로서의 건축'을 선언한 츄미의 담론과 작품에서 발견되는 사건, 움직임, 벡터, 그리고 대지와의 관계를 수용하는 Site-ing의 주요 개념들에 담긴 일회적, 비일상적, 비균질적인 속성들은 모더니즘의 균질성, 확정성, 종결성과는 거리가 먼 비종결성, 미정성, 우연성을 보여준다는 점에서 우리에게 바흐친이 언급한 카니발적인 이벤트를 환기시켜 준다. 특히 기억의 심연과 영혼에 공명하는 건축 세계를 추구한 리베스킨드의 작품에서 발견되는 불가시적인 것과 침묵과 환기를 위한 비움(void)의 미학은 건축공간과 신체의 깊은 대화적 관계를 전제한다는 점에서 바흐친이 언급한 대화적 상상력의 개념과도 상통한다.

Body and the Architecture of Perception

06
신체의 중심성과 지각의 건축

"하나님이 자기 형상 곧 하나님의 형상대로 사람을 창조하시되 남자와 여자를 창조하시고...(창1:27)

061. 건축 속의 인간

062. 건축의 체험 구조와 신체의 중심성

063. 다시 보기

061 건축 속의 인간 : 심상(心像), 셰마, 인지-행태

"예술에서 중요한 것은 인간성이있느냐 없느냐의 여부이다."

_ 알바 알토 (Aavar Aalto) _

I.
건축은 신체에 대한 인식에서 출발한다.

이제까지 우리는 〈현대건축의 재발견〉 시리즈(I, II)를 통해서 건축에 대한 객관적 분석과 합리적인 접근(1권 01, 02. 2권 03), 인간의 심리적 반응(2권 04), 그리고 사회·문화적 맥락과의 관계성(2권 05) 등을 중시하며 접근해 온 건축가들의 사고를 중심으로 살펴보았다. 여기서 인간은 추상화되거나 고립되는 고전적 개념-기하학적 질서와 개념의 건축, 유형의 탐구와 유추의 건축, 감각적 경험과 연상의 건축-이거나 인간이 분석의 대상이 되는 실증 과학적 개념-프로그램과 리얼리티의 건축, 구축성의 개념과 구조적 건축-으로 파악되었다. 특히 모더니즘 건축 운동의 시기에 역사적-실증주의적 패러다임의 영향을 받은 건축가들은 인간의 체험 구조에 대한 해석을 수용자인 인간의 시각이 아니라, 자신의 주관적인 전제나 유물론적인 관점에서 접근하여 왔다. 그 결과, 이들은 인간이 건축가가 의도적으로 설정한 행태 패턴에 따라 행동한다는 '행태 결정론적 태도' (U. Raskin, 1981, p.113)라는 오류에 빠지게 되었다. 이러한 사실은 모더니즘 시대에 바우하우스의 합리적 디자인 프로그램뿐만 아니라, 후랭크 로이드 라이트와 아돌프 로스 등도 거주자의 공간과 가구 등 모든 것을 토탈 디자인화하려는 결정론적 태도를 견지하여 왔다는 점에서 잘 드러난다.

역사적으로 신체가 건축 및 복잡한 물질적 현상과 맺는 관계는 매우 중요한 탐구 과제였다. 플라톤과 아리스토텔레스의 철학적 탐구이래, 신체는 개념적 실체로서 뿐만 아니라

도6-1a, b
비투르비우스, 레오나르도 다빈치의 신체 도식

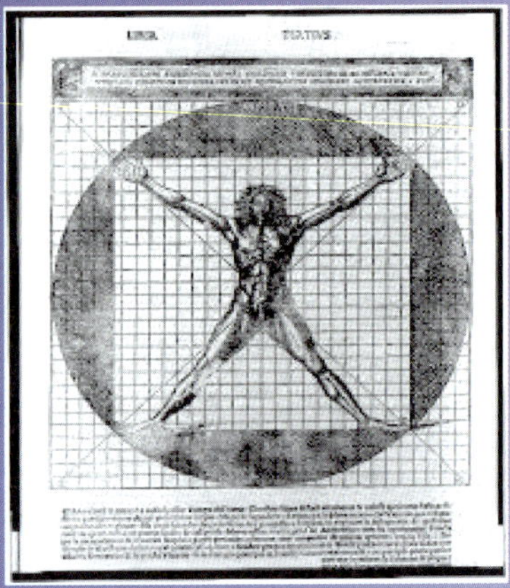

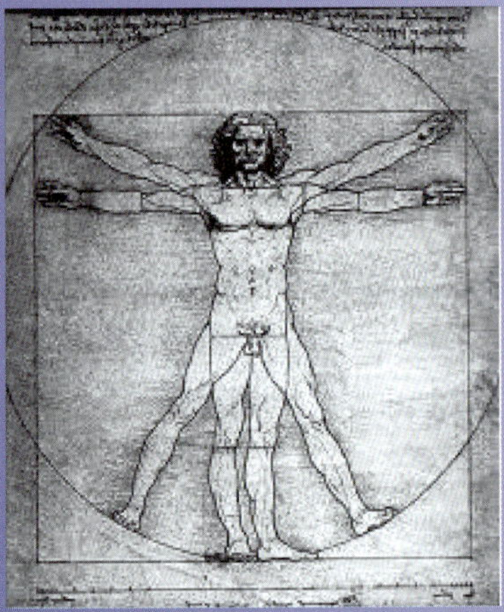

도6-2
미켈란젤로, 캄피도글리오 광장, 로마, 이탈리아, 1536-1546

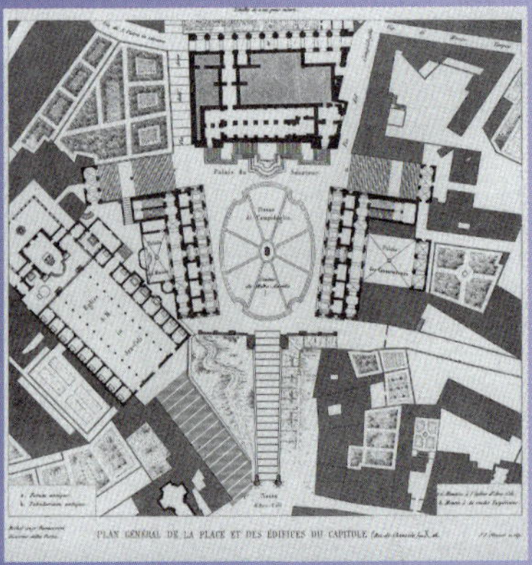

질료적 실체로도 인식되는 흐름이 되었으며, 이러한 사유의 전통 속에서 인간의 신체를 바탕으로 표현된 건축의 미학적 인식이 고전시대 이래로 존속해온 것은 주지의 사실이다. 건축을 통해 신체와 관련된 인간적 척도가 부여된다고 전제한 비트루비우스(Marcus Vitruvius Pollio, 80-15 BC)의 신인 동형론은 신체를 건물의 본체로 비유한 것이며, 인체 치수를 기반으로 한 비례는 고전건축에서 기하학적 구성원리의 규범이 되었다.(도6-1a, b) 또한 건축 형태의 미학적 출발점으로서 '인체의 유추'는 후에 감정이입론으로 발전하였다. 우리는 르네상스 후기에는 이성의 미학을 중시하는 전통과 미적 질서를 보장하는 방법으로 수학적 사고를 신뢰하기보다는 신체적인 '눈'으로 경험되는 시각적 비례의 완벽함을 더 중시한 사실을 발견할 수 있다.(주1) 이것은 인간의 이성보다 신체의 감각과 경험-비록 시각 중심이지만-을 중시하는 방향으로의 인식의 전환을 반영한다.(도6-2)

이러한 맥락에서 우리는 스코트(Geoffrey Scott, 1884-1929)가 〈휴머니즘의 건축 Architecture of Humanism, 1914〉에서 "휴머니즘 건축은 인간이 구축한 환경 속에서 정신적으로나 육체적으로 인체와 이상적인 관계-즉 인체와 형태 사이에 '대화'를 가능하게 했던 관계-를 맺고 있다"고 주장한 사실을 재고해 볼 필요가 있다. 스코트는 건축을 빛과 그림자에 의해 표현되는 공간과 매스, 선들의 조합으로 정의하고, 건축예술을 주로 시각적 외관과 관련된 것으로 해석하였다. 여기서 그는 "건축가란 공간 안에 들어가는 사람들에게 어떤 감각을 자극하려는 수단으로서 공간을 다루려고 한다"(Cornelis van de Ven, 1980, pp.151-152)는 점에서 공간개념의 중요성을 미학적 경험으로 그리고 건축 창조의 주도적 동기로서 인식하였다. 예술작품을 경험하는 것은 작품과 관찰자 상호간의 은밀한 대화라는 이러한 논의에 따르면, 건축과 인간 사이의 대화를 가능케 하는 상호 관계성과 경험방식에서 신체가 어떠한 의의를 지니는가 하는 문제는 중요한 출발점이기 때문이다. 여기서 신체는 인간이 자신의 신체를 중심으로 세계를 측정하고 질서를 세워나가면서 많은 의미를 만들어내는 개인적 세계의 원천이다. 인간이 지니는 2차원성의 감각이 신체의 경험에서 발단되며, 여기에서 형성된 기억과 신체 경험이 건축형태와 공간적 경험을 수용하는 기반이 된다.

그러므로 우리는 건축공간은 이성을 바탕으로 하는 개념화 된 공간이 아니라 인간의 신체의 감각을 바탕으로 해야 한다고 인식한 사고의 전통이 존속되어 왔다는 사실에 주목할 필요가 있다.

신체와 그 지각적 특성은 주체와 객체, 선천론과 경험론 등처럼 미적 경험 현상에 대한 다양한 접근을 통해서 논의되어 왔다. 현상학, 실존주의, 구조주의 분야와 같은 철학적 접근은, 나의 존재에 대한 인식으로부터 선험적인 미적 체험을 규명하고자 한다. 반면에 실험미학, 심리학, 환경심리학 분야의 과학적 접근은, 체험하는 나와 대상의 작용에 대한 경험적 현상에 대한 이해로부터 출발한다. 선험적 관념론은 플라톤(Platon)-칸트(Kant)-헤겔(Hegel) 등으로 이어지는 관념론적 형이상학에 근거한 신(神), 이념, 물 자체, 정신 위주의 개념을 중심으로 세계를 분석하거나 추상화하여 파악한다. 그러나 현상학적 관점은 아리스토텔레스(Aristoteles)-훗설(Husserl)-하이데거(Heidegger)-싸르트르(Sartre)-메를로-퐁티(M-Ponti)로 이어지는 현상학적, 실존주의적 철학에 근거하여 직관적, 구체적, 전체적으로 파악한다. 특히 근대세계의 도래와 함께 시작된 정신(마음)과 육체(몸)에 대한 이분법적인 논의는 '물질(res extensa, 나눌 수 있는 것이자 변하는 것)' 과 '정신(마음)', '영혼(res cogitans, 나눌 수 없는 것이자 변하지 않는 것)' 을 구분하였던 데카르트에서 출발하였다. 데카르트 이후 인간의 몸을 '기계' 에 비유한 근대적 신체 담론은 20세기의 모더니즘에서 주체의 중심과 이성의 논리에 근거한 보편성을 강조하는 방향으로 발전한다. 여기서 자아는 통일된 자아(selfhood)로 인식되며, 주체 대 객체의 이분법적 개념은 자아와 타자의 개념으로 해석되기 시작하였다. 이러한 관념론적인 형이상학에서는 정신이 신체의 육체성보다 더 우위한 것으로 간주된다. 따라서 지각하는 나의 존재가 배제된 탈-신체 중심적 성격을 띤다.

20세기 중반에 대두된 현상학적 존재론의 개념은 20세기 초 모더니즘의 관념론적, 유물론적인 건축 공간론의 개념의 한계를 인식하고, 건축에서 인간을 중심으로 설정하는 공간 개념의 변화를 가져오는 계기가 되었다. 정신(마음)과 몸(신체)의 관계에 대한 현상학, 실존주의적 관점은 훗설이 말한 '의식의 직접적 소여' 에 대한 탐구를 통해서 모든 존재의 근원이 되는 존재로서의 '현존재(Dasein, 여기 있는 것)', '실존', 즉 실존적 자아의 중심으로서 지각하는 나 자신에 대한 인식으로부터 출발하여야 한다는 점을 주장한다. 키에르케고르, 하이데거, 샤르트르 등 실존주의 철학자는 주체의 새로운 발견에 기여하였다. 상호주체성에 대한 인식은 보는 나와 보이는 나의 관계성을 강조한 퐁티의 현상학적 인식, 즉자와 대자로서의 인식을 제시한 실존주의 등에서 논의되어 왔다. 이러한 논의는 인간의 육체가 '소유' 의 대상이 아니라 '지각' 의 대상이라는 인식으로의 전환을 보여주는 신체 중심적 사고를 반영하는 것이다.

따라서 예술의 경험적 현상에 대한 철학적 논의는 이성과 정신의 영역을 강조하는 선험적 관념론에서 탈피하여 지각하는 나의 신체 중심성을 강조하는 현상학적 관점으로 변화되어 왔다. 역사적으로 주체와 객체라는 두 영역과 이들 상호간에서 벌어지는 중심적 위치에 대한 논의는 시대의 흐름에 따라 시계의 추처럼 변해 왔다. 마찬가지로 이러한 주체, 객체의 논의는 건축의 영역에서 객체로서의 대상(object)이 지닌 효과구조와 주체로서의 인간(관찰자, 독자)의 경험구조의 중심적 위치설정에 대한 논의로 전개되었다. 모더니즘 건축의 시기가 객체의 중심적 위치가 강화된 시기였다면, 이러한 진자 축은 현대 건축담론에서는 주체의 중심적 위치를 강조하는 방향으로, 그리고 이제는 객체-주체 상호간의 관계성의 측면에서 이해하려는 '상호주체성' 의 담론으로 수렴되고 있는 것을 발견할 수 있다.

철학자 C. A 반 퍼슨(C. A van Peursen, 1956, 손봉호 외 역, pp.129-135)의 지적처럼, 인간의 몸은 곧 인간이 육체적인 존재임을 의미한다. 인간이 육체적인 존재라는 사실은 그가 미완성의 존재이며, 세계를 향해서 열려 있고, 이 몸을 매개로 타인과 주변 세계와의 상호관계의 장(場)을 열며, 이를 통해서 비로소 인간이 자기 자신으로 설 수 있음을 의미하는 것이다. 따라서 본질적으로 이 육체성은 신체적인 것과 정신적인 것의 구별 이전에 존재하며, 자아로서의 '나' 의 체험과 관계된다. 이 점에서 건축가 팔라스마(Juhani Pallasmaa, 2012, 김훈 역, 2013, p.15)는 "나의 몸은 내가 현재 누구인지, 어떤 방식으로 내가 이 세계에 위치하고 있는지를 기억하고 있다" 고 지적하였다. 이러한 이유는 "나의 몸이 진정으로 내 세계의 중심이며, 이러한 세계 내의 중심은 참조와 기억과 상상, 통합이 일어나는 장소로서의 중심을 의미한다" 고 지적한다. 그러므로 건축은 신체에 대한 인식에서 출발한다는 논의는 우리가 주목해야 할 과제이다.

II.
모더니즘 이후의 현대건축은 신체와 관계된 공간 담론을 중시한다.

20세기 모더니즘 건축에서 형태 심리학이 인간의 형태지각을 심리적 차원에서 탐구하고 바우하우스의 조형이론을 만들어내는 데 지대한 영향을 끼친 것은 주지의 사실이다. 모더니즘 시기에는 단순성의 미학을 추구하는 경향뿐만 아니라 형태의 미적 지각에 있어서도 데 스틸, 입체파 등에서 볼 수 있듯이 관찰자의 위상과 시각적 기억의 이미지, 그리고 이에 기반을 둔 동시성, 공간지각의 다차원성 등이 중요한 인자로 간주되었다. 그러나 모더니즘의 이러한 사고 속에는 데카르트식의 시각 중심적 패러다임이 전제되어 있다.(도6-3a, b) 이 시기에 바우하우스 교육을 통해 수공예와 예술의 통합을 강조한 그로피우스(Walter Adolph Georg Gropius, 1883-1969)는 광학과 심리학과 같은 과학적 사실에 의거한 지식을 바탕으로 형태와 공간을 만들어야 한다고 생각하였다. 그는 근대적 프로그램에 대한 이해의 중요성뿐만 아니라 인간의 심리적 특성을 이해할 필요가 있다고 아래와 같이 주장한 바 있다.

도 6-3a, b
오스카 슐레머,
인체 도식, 1924

> "나는, 디자인의 기술적인 요소들은 가시적인 것을 통해서 비가시적인 것을 구현하기 위한 우리들의 지적 보조물인 반면에, 실제로 심리학적인 문제들은 더 기본적이고 중요하다고 생각한다....(중략)
>
> 만일 우리가 사람들이 사물을 보고 지각하는 방식의 본질을 이해할 수 있다면, 그때 우리는 인간이 만든 디자인이 사람들의 감정과 사고에 미치는 잠재적 영향력에 대해 더 많은 것을 알 수 있게 될 것이다."(Walter A. G. Gropius, 1955, pp.20-21)

"모든 조형예술은 공간 창조를 목표로 한다"는 점을 강조한 그로피우스는 영혼, 정신, 감각이라는 3가지 속성의 동시적인 통합에 의해서만 공간적 실제를 경험한다고 보았다.(그로피우스가 언급한 이 세 가지 속성은 우리가 후에 살펴 볼 독일의 건축이론가 쇠르겔이 미학적 공간담론과 문화현상에서 논한 영혼, 정신, 감각에 근거한 것이다.) 그는 "가장 중요한 것은 감각이 우리로부터 비롯되는 것이지, 우리가 보는 대상물로부터 나오지 않는다는 사실"(Cornelis van de Ven, 1980, p.227 재인용)을 강조한다. 이러한 사실은 그가 1920년대 초에 4가지 공간개념을 제시하였지만(주2), 25년이 지난 1947년에 "모든 공간의 개념은 근본적으로 '지각적 공간(perceptual space)' 안에 포함되어져야 한다"는 결론에 이른 데서도 잘 알 수 있다.

그러나 20세기 후반에 이르면 모더니즘 건축의 추상적이고 지적이며 개념적인 공간개념과 형태미학의 한계를 인식한 여러 이론가, 건축가들은 새로운 건축담론을 탐구하여 제시하기 시작하였다. 건축공간과 형태가 인간의 지각과 의식에 미치는 영향을 중시하는 현상은 특히 2차 세계 대전 이후 현대건축에서 전개된 건축담론에서 더 주목된다. 주변 환경과의 융합, 장소성의 존중, 토착적 자연재료와 전통에 뿌리를 둔 형태 언어의 도입,

건축공간 및 형태를 경험하는 인간의 신체 중심성에 대한 새로운 인식 등이 모더니즘 건축의 비인간화에 대한 대안으로 제시되어 왔다. 그러므로 우리는 장소성을 회복하고, 주변 환경과 조화를 이루며, 지역적 특성과 전통을 반영하려는 태도는 그 지역과 환경에서 셰마, 심상을 형성해 온 인간의 신체성을 회복하려는 데서 출발하고 있다는 점을 주목해야 한다. 여기서 건축가 자신의 의도나 작품이 지니는 효과구조의 영향력 뿐만 아니라, 인간의 심상, 셰마, 인지-행태 등과 관련된 속성들을 디자인 과정에 반영하는 것은 매우 중요한 과제이다. 이러한 논의에서는, 건축은 단지 시각적 이미지만으로 경험되는 것이 아니라 이제까지 무시했거나 간과한 여러 감각들을 재발견하고 신체로 직접 느끼는 방식으로 해석되어야 한다는 점을 강조한다. 라스킨의 표현에 의하면, 이것은 '인간이 개입된 건축' (V. Raskin, 1981, p.53)을 추구하는 것이다. 건축에 대한 인간의 경험적 속성을 디자인의 다른 개념들보다 중시하는 이러한 태도는 건축을 수용자인 인간의 입장에서 인식하고 접근하는 것이다. 이것은 '작가-작품' 이라는 고정된 틀을 벗어나 '작가-작품-독자' 라는 시각에서 해석하는 수용미학적 패러다임을 반영한다.

공간의 유형에 대해 심리학적으로 고찰한 림(Glenn Robert Lym, 1980)은 건축공간의 질서는 인간의 심리적, 사회적인 속성을 바탕으로 해야 한다고 주장한다. 림에 따르면 건축가가 창조하는 공간적 질서는 우리 자신과 우리를 에워싸고 있는 공간적 맥락 환경의 경계가 해체되는 공간적 경험이어야 한다는 것이다. 이러한 공간적 질서를 바탕으로 전개된 공간에는 명확한 특질과 경험의 지속성이 내포되어 있기 때문에 경험 주체인 인간과 교감하는 '교감적 공간(acute space)' 의 속성을 띤다. 이 교감적 공간은 본질상 비가시적이며 단지 그 행위 주체에 의해서만 경험될 뿐이다. 그러나 교감적 공간경험을 통해 형성되는 기억은 우리에게 중요한 것을 상기시키고 유도함으로써 우리가 세계 내에서 자아를 구축하는 데 기여한다. 림은 이러한 공간을 명확한 특질을 지니지 못한 채 반복적으로 일어나는 일상적인 공간, 또한 우리의 삶과 물리적 환경이 분리되는 '중성적 공간(neutral space)' 과 구별하였다. 림이 언급한 중성적 공간은 인간의 심리적인 공간체험의 원리가 배제되어 있는 모더니즘 건축의 추상적이고 개념적인 공간질서의 개념과 유사하다. 그러나 그가 사회적, 심리적 기제를 바탕으로 제시한 '교감적 공간' (Glenn Robert Lym, 1980, p.2)의 개념은 신체의 중심성을 바탕으로 파악되는 공간적 질서의 중요성을 강조한 것이다. 이러한 공간적 질서는 인간의 물리적, 심리적 자극에 대한 고도의 감성을 인식하고 그것을 수용하여 표현하려는 사고를 반영한다. 여기서 신체 중심의 감각은 건축공간과 장소의 경험에 본질적이다. 이러한 현상들에 주목한 브리랜드(Tim Vreeland)는 인간의 지각과 체험구조를 전제한 건축을 '지각의 건축' (Architecture of Perception) (C. R. Smith, 1979, p.77)

이라 명명하였다. 그는 이것을 이성과 인식의 차원에서만 이해할 수 있었던 모더니즘 건축의 '개념의 건축(Architecture of Conception)' 과 구분하였다.

E. 쉬름벡(Egnon Schirmbeck, 1987)은 1960년대 이후 현대건축에서 발견되는 디자인 개념과 원리가 모더니즘의 합리적인 원리에서 상징적, 심리적인 원리를 중시하는 흐름으로 변화되어 왔다는 사실에 주목한다. 건축가 B. 츄미(Bernard Tschumi, 1990)도 최근의 건축 담론이 이성의 개념에서 벗어나 지각 주체의 공간에 대한 감각적 경험과 관련된 논의로 흐른다고 언급하고 있다. 우리는 이러한 현상의 다양성을 기능, 프로그램, 구조의 측면보다는 건축이 속한 지역의 장소성과 역사적 맥락을 강조한 맥락주의(Contextualism), 역사적 형태의 재해석과 상징성, 의미의 회복을 주장한 포스트-모더니즘(Post-Modernism) 등의 건축담론과 작품들에서 발견할 수 있다. 마찬가지로 이러한 징후는 J. 데리다(Jacques Derrida, 1930-2006)의 해체주의 사상을 차용해 건축의 새로운 영역을 실험하는 해체주의 건축(Deconstruction Architecture), 건조 환경과 인간 상호간의 심리적 프로세스의 영역을 규명해 온 환경-행태 연구(Environment-Behavior Studies) 등 다양한 분야에서 제기되어 온 여러 이슈들에서도 쉽게 감지된다. 그러나 무엇보다 중요한 사실은 이러한 논의에는 모더니즘 건축의 한계를 극복하기 위해서 '건축의 영역에 인간성을 다시 회복해야 한다' 는 신념과 전제가 깔려 있다는 점이다.

앞으로 살펴보겠지만 우리는 모더니즘 시기에도 공간의 미학적 탐구와 관련하여 신체성을 인식(힐데브란트, 쉬말소, 쇠르겔, 소안 경)할 뿐만 아니라, 공간지각의 다차원성과 공간의 과학을 탐구(엘 리시치키, 모홀리-나기)하거나 풍토성과 휴머니즘 건축을 추구(알바 알토, 루이스 바라간, 카를로 스까르파)한 건축가들의 작품세계에서 건축 속의 체험 주체인 인간의 신체성에 대한 탐구의 전통을 발견할 수 있다. 이들의 건축담론에서 우리는 다수의 감각적 영역에 호소하는 건축–진정한 의미에서 대화적 상상력의 건축–을 추구하는 또 하나의 흐름을 발견할 수 있다.

| 공간의 미학적 인식과 신체의 발견 : 힐데브란트, 쉬말소, 쇠르겔, 소안 경 |

공간과 신체(관찰자)의 관계에 대한 인식은 모더니즘 건축의 태동기인 19세기 말과 20세기 초에 중요한 탐구과제의 하나였다. 그러나 모더니즘의 유물론적, 기계론적 사고에 경도되어 신체와 관련된 공간을 데카르트적인 좌표공간으로 설정하고 이것을 인간의 기억과 경험구조와는 무관한 이성에 의해 인식되는 개념적 공간으로 설정하는 오류를 범했다. 반 드 벤은 〈건축공간론 Space in Architecture, 1980〉에서, 19세기 말과 20세기 초 독일 관념론의 전통에 따라 발전된 공간이론의 출현에서는 관찰자로서, 인식 주체로서의 신체와의 관계가 전제되어 있다는 점을 지적한다. 이러한 공간의 미학적 인식은 19세기 말 독일의 조각가 힐데브란트(Adolf von Hildebrand, 1847-1921)의 〈조형미술의 형식 Das Problem der Form in der bildenden Kunst, 1893〉에서 발견되는 동적시각(kinetic vision)의 개념(주3), 독일의 예술사가 어거스트 쉬말소(August Schmarsow, 1853-1936), 독일의 건축가 헤르만 쇠르겔(Herman Sörgel, 1885-1952) 등이 제시한 미학적 공간개념에서 발견된다.

힐데브란트가 제시한 동적 시각은 시간이라는 요소와 건축을 관찰자의 위치 변화에 따른 공간 경험으로 파악했다는 점에서 주목할 만하다. 그는 이러한 개념을 바탕으로 형태를 지각적 형태와 물리적 실재인 현존 형태로 구별하였다. 힐데브란트의 동적 시각이라는 공간지각의 개념은 20세기 초 모더니즘 건축에서 전개된 미래파 회화(운동의 연속성), 데 스틸의 시 · 공간 원리(운동의 동시성), 모홀리-나기의 운동 시각(vision in motion) 등의 개념에서 발견되는 동시성의 개념 등을 예견하고 있다.(Cornelis van de Ven, 1980, p.86) 모더니즘 건축의 태동기에 관찰자-대상과의 관계로 인식되는 공간미학의 이론을 제시한 여러 이론가들 중에서 특히 독일의 예술사가 쉬말소가 주목된다. 쉬말소에 따르면, 건축에 대한 역사는 '공간에 대한 감정의 역사(Raumgefühl)' 이다. 그에게 "공간은 실존적으로 촉각적, 운동적, 시각적인 공간을 융합시킴으로써 공간과 시간에 있어서 동시성이 발생하기 쉽고, 연속적으로 경험하기 쉬운 모든 인간의 감각들을 통합시키는 공간" (Cornelis van de Ven, 1980, p.90 재인용)을 의미한다. 건축을 '공간의 창조자(Raumgestalterin)' 로 정의한 그는, 공간에 대한 인간의 감정과 환상이 예술의 만족을 얻도록 한다는 점을 강조한다. 그에 따르면, 공간에 대한 감정은 공간에 인체의 운동을 확대하는 것이기 때문에 인체로부터 발생하는 것이다. 따라서 그는 건축을 1차원적인 수직축에 기반을 둔 조각이나 2차원적인 수평 축에 기반을 둔 회화와는 달리, 본질적으로 인체의 운동과 관련된 공간과 시간에 있어서 연속하는 3차원 세계에 기반을 둔 것으로 인식하였다. 그는 이러한 제 3의 축을 율동이라 명명한다.(주4)

독일의 건축가이자 이론가인 쇠르겔은 이러한 공간개념을 진척시켜 공간을 더 객관적이고 물리적 공간인 '실제적 공간(Daseinsraum)' 과 망막에 비치는 공간의 생리적 상인 '지각적 공간(Erscheinungsraum)' 외에 건축가의 제1의 미학적 공간개념의 표현인 '효과적 공간(Wirkungsraum)' 을 제시하였다. 여기서 그는 문화현상을 철학, 종교, 예술로 보는 헤겔의 철학적 관점에 따라 정신, 영혼, 감각이라는 3가지 매체와 연관지어 대응시킨다. 그는 회화(2차원적 이미지를 대상으로 삼는 평면적 예술로서), 조각(3차원적 볼록한 매스를 갖는 물질적인 예술로서)과는 달리, 건축을 3차원적인 오목한 공간을 다루는 공간예술로 정의하는데 여기서 평탄면, 매스, 공간이라는 중요한 개념이 태동된다. 신체성과 관련된 이러한 공간미학에 대한 탐구는 공간의 시각적 인식에서 운동적이고 촉각적인 공간인식이 중요하며, 이때 공간과 신체 사이의 형이상학적인 접촉은 정신과 감각 및 영혼의 결합을 의미하는 것(Cornelis van de Ven, 1980, p.117)이라고 강조한 독일의 건축가이자 도시 설계가인 슈마허(Fritz Schumacher, 1869-1947)에게서도 발견할 수 있다.

이처럼 관찰자의 움직임에 따라 발생되는 지각의 위상적 변화를 반영하여 디자인에 접근한 태도는 모더니즘 건축의 여명기인 18세기에 활동한 건축가 소안 경(Sir J. Soane, 1753-1833)에게서도 찾아볼 수 있다. 프랑스의 건축가 루두, 불레 등이 장식이 배제된 기하학적인 형상으로 세기말에 혁명적인 건축을 제시한 것과는 달리(2권 03참조), 영국 건축가 소안 경은 영국적인 회화풍의 전통을 바탕으로 고전 건축의 언어를 각색하여 현대화하는 방법을 통해 자신만의 독창적인 영역을 개척한 것으로 주목받았다. 따라서 피라네시와 로지에의 이론에 매료된 그의 신고전주의적인 작품에는 동 시대의 건축가 루두, 불레 등과 같이 장식을 거부한 무장식의 고전주의의 단순형태, 그리고 회화풍의 내부공간이라는 독특성이 두드러지게 나타난다. 이를 위해서 그는 비례를 우아하게 처리하고, 전통적인 고전적 테마들을 시적으로 과감하게 변용하는 독창적인 수법과 함께 다양성과 미묘함, 은폐와 노출, 빛과 그림자 등과 같이 영국의 회화풍의 전통을 수용하여 공간과 빛의 고딕적 효과를 지닌 독특한 시적인 내부공간을 창조하였다. 특히 공간과 빛이 연출하는 고딕적 효과를 고전주의와 상이한 방식으로 결합하여 자신만의 독특한 회화풍

도6-4
소안 경, 영국은행, 런던, 영국, 1792-1793

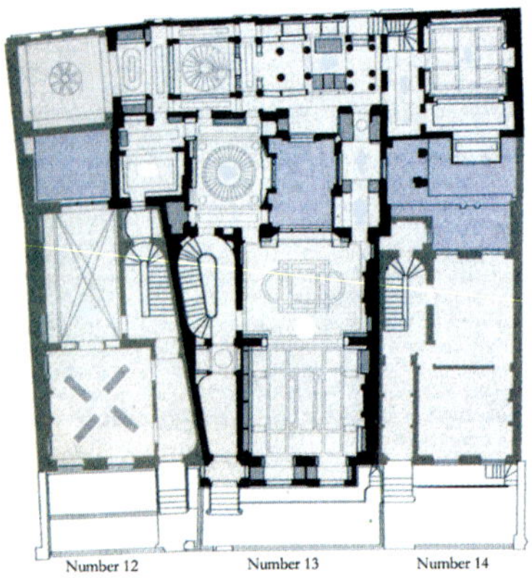

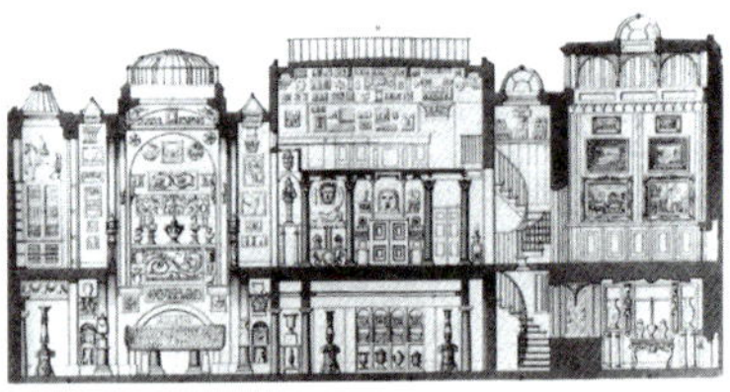

도6-5a, b, c
소안 경, 소안 경 박물관, 런던, 영국, 1808-1823

을 만들고자 한 생각은, 로얄 아카데미(Royal Academy)에서 행한 8번째 강연의 바로크적인 빛의 효과에 대한 언급에서 잘 드러나고 있다.

> "갤러리에서... 빛은 매우 진보적으로 코니스 위에서 도입되어 그 결과, 창문은 앞에서 보이지 않는다. 이러한 장치로 일종의 유쾌한 간색(間色, demi-tint) 효과가 천정의 모든 표면들에 도입된다." (David Watkin. p.1983, p.50 재인용)

특히 소안 경은 '조각적이고 회화적인 효과'(P. Collins, 1965, p.23)에 대해 탐구하고 미지의 경계들로 이루어진 내적 세계의 경험을 중시하였다. 이러한 사실은 '건물이 마치 한 무리의 조각품처럼 어떤 장소에서 보든지 완전한 전체를 이루도록 만들어질 때만이 아름답다' 고 생각한 그의 사고와 작품에서도 발견된다. 이러한 사실에서 우리는 그가 합리적이고 이성적인 건축이라는 영역 안에서 공간을 경험하는 관찰자의 관점에서 인식하고 접근하여 인간의 지각 차원과 감각을 고려한 건축을 만들어내고자 한 의도를 알 수 있다. 그의 건물에서 반복적으로 나타나는 고딕건축의 빛의 효과는 펜단티브 돔(pendentive dome) 형상의 천정 상부에서 들어오는 회화풍의 빛을 통해서이다. 그는 이러한 방식으로 재조합되고 확장시켜 만든 영국식 회화풍의 독특한 효과를 "건축의 시학(Poetry of Architecture)" (J. Soane, (ed.) A. T. Bolton, 1929, p.53)이라고 명명하였다.

이러한 수법들은 그의 성숙기의 대표적 작품인 **영국은행**(Bank of England, 1792-1793)(도 6-4)과 **소안 경 박물관**(Sir John Soane's Museum, 1808-1823)(도6-5a, b, c)에서 잘 나타난다. 소안 경이 자신의 주택을 오랜 세월 동안 개조하여 만든 소안 경 박물관은 독특한 공간, 오브제, 개념들을 보여주는 자전적인 브리콜라주의 특성을 지니고 있다. 매우 훌륭한 공간으로 평가되는 돔 영역, 열주랑, 박물관 복도 등에서는 그가 이전에 설계한 영국은행의 홀에 채용한 독창적인 상부채광 방식이 동일한 방식으로 재현되고 있다. 특히 박물관 내부에 있는 조찬실에서는 기념정원과 박물관 쪽으로 바라보는 조망, 천정에 사용된 거울, 루킹글라스(looking-glass), 다양한 윤곽들과 풍부한 배치, 그리고 제한된 공간의 조합된 장식들이 연속되는 기발한 효과와 유동으로 흐르는 공간이 고무적인 병치 수법을 통해 만들어져 시적인 특질을 고양시킴으로써 그가 '건축의 시학' 이라고 부른 것을 연출하고 있다.

| 공간 지각의 다차원성과 공간의 과학 : 엘 리시츠키, 모홀리-나기 |

우리는 20세기 모더니즘 건축의 시기에도 공간과 공간인식에 대한 객관적인 이해방법을 바탕으로 공간의 여러 차원들에 대해 논의된 사실을 발견할 수 있다. 이 시기에 새로운 인간 과학으로 태동한 정신분석학적 방법들과 인간 행태에 대한 심리학적인 접근을 바탕으로 인간의 심리적, 감정적 요소를 도입한 다양한 실험적 공간개념에 대한 탐구는 러시아 구성주의 건축가로 활동한 리시츠키(El Lissitzky, 1890-1941), 바우하우스 교사를 지낸 모홀리-나기(László Moholy-Nagy, 1895-1946) 등의 이론과 작품에서 발견된다.

리시츠키의 공간지각에 대한 정신 분석학적인 디자인 방법은 인간의 의식과 지각 현상을 고려하여 접근한 점에서 주목할 만하다. 러시아 지고주의(Supetmatism)의 창시자 말레비치의 공간개념의 중요성을 이해하고 요소주의적 구성의 미학에 영향을 받은 리시츠키는, 한편으로는 공장생산 된 실용적인 오브제를 추상적이고 비-대상적인 요소들과 병치함으로써 발생하는 인간의 지각 현상과 관련된 공간구성을 중시하였다. 그는 "공간과 물질을 디자인 작업을 통해서 물리적 요소 사이에 긴장을 형성하면서 무관한 공허부(void)를 예술적인 공간으로 전환시키는 것" (Cornelis van de Ven, 1980, p.216)이 예술가의 작업이라고 보았다. 리시츠키의 공간과 물질에 대한 급진적인 재개념화 작업은, 공간 내에서의 물질의 운동에 따라 그 물질의 형태가 디자인 되어야 한다는 방향으로 전개되었다. 특히 리시츠키는 건축공간이 인간 의식과 행태에 미치는 다양한 영향들에 대한 분석 결과를 바탕으로 제시한 '프로운-공간(Proun-space)' (주5) 개념을 제시한다. 실제공간과 추상공간의 구별을 모호하게 함으로써 그가 "회화와 건축 양자 간의 상호교환 기지(基地, station)"라고 명명한 영역인 프로운-공간은 바닥과 천정면 위로 확대되는 연속적인 부조에 의해 분절되어 역동적 구성을 이루고, 작은 규모의 직사각형의 방으로 이루어진 프로운 룸(Proun room)을 의미한다.

> "그 방은... 요소주의적인 형태와 재료들로...또 벽면 위에서 평탄하게 확장되는 표면(색채)과 벽면에 수직인 표면(목재)으로 디자인 되었다.... 내가 그 방에서 얻고자 시도한 평형 상태는 표준 가구나 전화기 등으로 방해되지 않도록 요소주의적이어야 하며, 또한 변화 가능해야만 된다. 방은 인간을 위해 거기에 존재하는 것이지 방을 위해 인간이 존재하는 것은 아니다."(K. Frampton.1980, p.131 재인용)

그러므로 '프로운-공간' 은 벽을 이루는 평면에서 출발하여 앞뒤로 확장공간이 되며 최종

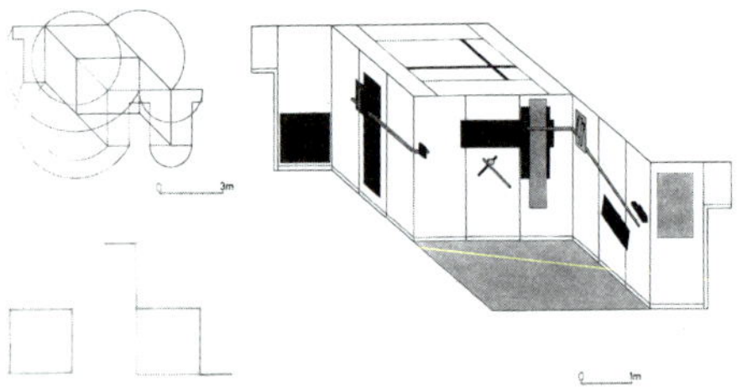

E. Lissitzky, **Proun room,** 1923.
Axonometry.
Silvia Montanari

도6-6a, b
엘 리시츠키, 프로운 방, 베를린 예술 전시회, 1923

적으로 주위 환경의 모든 대상물에 이르기까지 그들 모두를 포함하게 된다. 이 프로운 공간은 투명성, 불투명, 색채, 형상, 선과 물질성 등을 강조하는 데, 여기서 리시츠키는 이것들을 궁극적으로 3차원적 설치로 확장시켜서 중력기반의 전통적인 공간에 대한 우리의 경험을 변형하고자 의도하였다. 그에게 가장 중요한 것은 새로운 공간을 구축하는 과정에서 다수의 투영 축에 의해 양분된 공간의 영역 속에 서는 관찰자의 입장이다. 공간 속에 존재하는 인간(관찰자)에 대한 인식은 그가 "공간은 눈으로 보기 위해서만 존재하는 것이 아니다. 공간은 그림이 아니라 사람이 그 속에서 살기 위한 곳"(Cornelis van de Ven, 1980, p.216 재인용)이라 언급한 데서 잘 드러난다. 리시츠키는 1919-1927년 사이에 진척시킨 〈프로운 Proun〉이라는 일련의 작품들에서 건축과 예술의 융합을 추구하였다. 특히 〈프로운 공간, 1923〉의 작품에서, 그는 상자 모양의 전시실의 벽에 추상적이고 기하학적인 부조(浮彫)를 배치하는 방법을 사용하여 상자라는 느낌을 제거하였을 뿐만 아니라, 모든 요소주의적인 요소들을 통합시킨 단일체를 만들어내고 있다.**(도6-6a, b)** 이러한 프로운 구성개념은 예술이란 무엇보다도 직관적 또는 감정적이라기 보다는 합리적이라고 생각한 당시 전위적인 예술가들의 확신을 보여주고 있으며, 후에 리시츠키와 만남의 기회를 가졌던 데 스틸의 도스부르그, 바우하우스의 모홀로-나기 등이 추구한 비대칭적 요소주의적인 구성에도 상당한 영향을 끼쳤다.

반 드 벤(Cornelis van de Ven, 1980, pp.218-219)에 따르면, 리시츠키는 건축의 역사를 통해 전개되어 온 공간지각의 모든 범주를 4가지 공간개념으로 분류하여 제시하였다. 이 4가지 공간개념은 (1) 중세시대의 건축에서처럼 물리적이며 2차원의 평면에 의해 만들어진 것과 같은 '평면측정적 공간(planimetric space)' (2) 르네상스 시대의 투시화법에 의해 시각을 중심으로 얻어지는 3차원의 유클리드 기하학과 일치되는 육면체 상자로 인식되는 것과 같은 '투시도적 공간(perspective space)' (3) 모더니즘 건축에서처럼 시(時)·공간이 결합된 다차원적 공간인 '비합리적 공간(irrational space)' (4) 20세기 영화의 영상원리에 바탕을 둔 '이미지 공간(imaginary space)' 이다. 그는 비합리적 공간개념에서 시간은 관찰자의 위치가 변화함에 따라서만 시간경과에 따른 효과를 불러일으킨다고 생각했다. 그러나 이러한 시·공간현상의 어떠한 표현도 정적인 3차원적 표면의 한계를 벗어날 수 없다고 보았기 때문에, 그는 이러한 모순적이고 비합리적인 문제를 해결하고자 이미지 공간개념을 제시한다. 이미지 공간개념에서는 공간과 시간의 실제 세계가 단순히 비물질적 효과인 동작에 의해 생겨나기 때문에 가상적이며, 비물질적 유물론의 성격을 지니는 것으로 간주된다. 리시츠키는 이 4번째의 공간개념이 미래의 현대건축에서 추구해야 할 새로운 공간지각의 개념이라 주장하였다. 우리는 그가 제시한 공간지각 개념에서 객관적 공간 구성의 효과가 인간의 지각적 특성에 미치는 관계를 의식하고, 인간의식과 관련된 공간 경험에 대응하는 공간으로 이미지 공간을 제시하였다는 점에 주목할 필요가 있다.

바우하우스에서 조형원리를 가르친 라슬로 모홀리-나기는 리시츠키와의 짧은 만남을 계기로 러시아 구성주의와 지고주의자들의 요소주의 미학을 자신의 회화에 도입하였다. 공간개념의 핵심을 인간의 감각에 기초하여야 한다고 본 모홀리-나기는, "공간이 항상 우리의 감각경험을 통해서 존재한다"는 사실을 인식하였다. 그는 건축을 지각적 경험으로 파악할 수 있는 실제로 인식하고 공간과 동일시하였다. 그는 하나의 출발점으로 유물론적인 물리적 법칙을 채택하여 "공간이란 신체의 위치 사이의 관계"(Cornelis van de Ven, 1980, p.229 재인용)라고 강조한다. 그의 공헌은 공간과학으로서 건축개념을 정립하여 데카르트, 헤겔 등에서 단순히 지적개념으로 발전해 온 공간개념을 하나의 미학적 지각현상으로 발전시킨 것이다. 이러한 사실은 그가 시각, 촉각, 청각, 인체 운동 감각, 후각 등 인간의 다양한 감각 기제로 체험되는 현상을 바탕으로 공간지각 유형을 4가지로 분류–시각적, 청각적, 운동적, 평형감각적 공간지각–하고, 이를 바탕으로 디자인의 구성원리를 발전시키고자 한 데서 잘 나타난다. 여기서 건축적 경험은 전적으로 공간을 파악하는 신체의 감각적 능력에 달려 있다. 이러한 실험은 모더니즘 건축의 개념화 된 공간보다는 작품의 효과구조가 인간에게 미치는 실제적 경험의 중요성을 전제로 한 것이다.

> "먼저 건축가는 시각적이고 측정 가능하며, 비례가 잘 잡힌 볼륨으로부터 건물을 구성한다. 그리고 이것을 '공간 창조'라고 부른다. 그러나 실제적 공간 경험은 내·외부, 상·하가 동시에 관입되는 것과 안과 밖의 의사 소통에 달려 있다. 또한 그것은 재료에 존재하는 비가시적인 힘들의 연출과 공간에서 그것들이 갖는 관계에 의존한다."(Moholy-Nagy, 1946, p.62)

반 드 벤에 따르면, 공간이란 신체가 놓여진 위치 사이의 관계라는 명제에는 공간이 인간의 모든 감각, 즉 시각, 촉각, 청각, 인체의 운동(율동), 후각 등의 종합에 의해서만 경험될 수 있다는 것을 말하며, 공간경험은 단일한 감각작용의 결과가 아니라 "많은 범주들

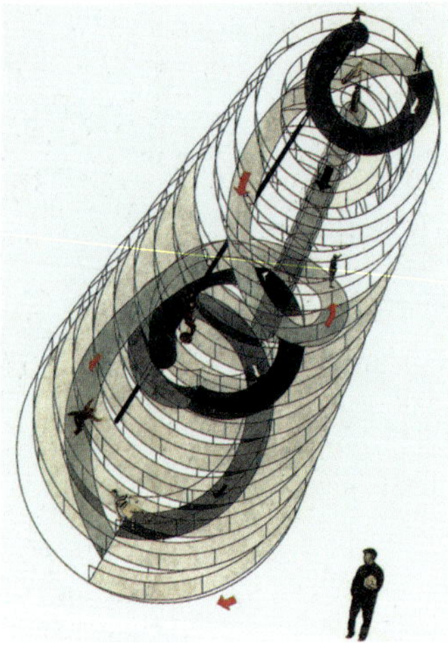

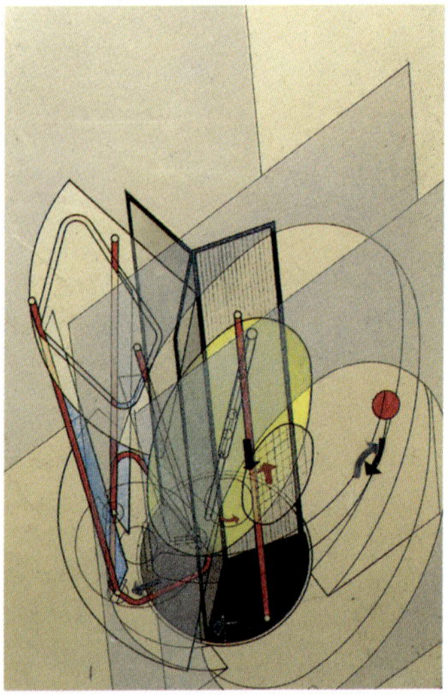

도6-7a, b
모홀리-나기, 동적 구성체계,
1922-1928

로부터 이루어지는 경험들의 총화이며, 공간적 이해의 최고 형식은 모든 감각적 경험들의 종합"을 의미한다. 모홀리-나기는 자신의 저서 〈물질에서 건축으로 From Material toward Architecture, 1928〉에서 건축은 표면(회화)으로부터 볼륨(조각)을 거쳐 공간(건축)으로 유도된다는 사실을 강조하였다. 그는 물질의 성질은 다만 공간창조의 도구에 지나지 않는다고 보았다. 따라서 그는 매스를 강조하는 대신에 공간을 통한 힘의 장(場)을 강조한다. 그는 "경계는 유동적이며, 공간은 흐름, 즉 여러 관계들의 무수한 연속체로서 표현된다"(Cornelis van de Ven, 1980, p.230 재인용)고 주장한다. 따라서 그는 세포와 같이 닫힌 공간적 실체에서 내부가 공간적으로 외부와 연결되어 하나의 공간적 연속체를 형성하는 투명한 공간구조로의 발전을 탐구하였다. 이러한 사실은 건축의 시·공간의 개념을 물리적인 공간 속의 움직임 또는 움직임 속의 시각으로 해석하여 공간적 분절에 관한 새로운 동적인 개념을 제시한 〈운동 시각 Vision in Motion, 1947〉에서도 드러난다. 그리고 모홀리-나기의 이러한 개념을 투명한 유리면을 사용하여 투명성과 부유하는 공간의 연속체를 만들어내고자 했던 그로피우스의 공간인식에서도 잘 나타난다.(도6-7a, b)

리시츠키가 강조한 이미지 공간과 모홀리 나기가 탐구한 동적 지각에 기반한 공간 경험 방식에 대한 논의는 실제적으로 인간의 심상이나 기억, 이미지에 바탕을 둔 공간지각 현상이라기 보다는 대상(오브제)의 진동과 움직임에 따라 형성되는 것으로 대상에 대한 순간적인 영상 이미지를 바탕으로 한 것이다. 이러한 해석은 대상 자체의 조작에 의해 발생되는 새로운 공간 경험의 효과에 몰두한 것이었다. 이러한 공간지각의 개념에는 형태 심리학이 대상에 대한 시지각적 현상만 중시한 것처럼 다른 감각 변인들이 간과되거나 배제되어 있다. 그러나 20세기 모더니즘 시기에 공간에 대해 신체를 바탕으로 한 지각적인 관점에서 새롭게 접근하여 공간의 다차원성(2, 3, 4차원성)이라는 이미지의 개념으로 논의하였다는 점은 주목할 만하다.

풍토성과 휴머니즘의 건축 : 알바 알토, 루이스 바라간, 까를로 스까르파

| 건축의 인간화와 통합된 랜드스케이프 건축 : 알바 알토 |

a.
건축을 인간화하는 작업은 기술적 기능을 넘어 사회적, 심리적 기능을 반영하는 데서 출발하는 것이다.

20세기 모더니즘 건축의 시기에 핀란드 건축가 알토(Alvar Aalto, 1898-1976)는 인간적, 심리적 요구 사항 뿐 아니라 지역의 역사적, 문화적, 지리적 전통에 뿌리를 둔 디자인 접근 방식을 통해서 '인간성'이 내포된 건축을 탐구하였다. 그는 세기의 전환기인 19세기 말에 전개된 국가적 낭만주의(National Romanticism)라는 전통(주6) 속에서 성장했는데, 작품 활동 초창기인 1930년대 유럽 모더니즘 건축의 기계미학의 흐름을 맹목적으로 추종하기보다는 이것을 북반구의 자연적 및 사회적인 상황에 부합하도록 조율하고자 하였다. 그가 북반구의 전통인 토착적 및 고전적 요소와 모더니즘의 기능주의적 요소들을 서로 연관시키고 합리적 요소와 비합리적 요소를 통합하여 인간의 심리적 속성을 고려한 유기적인 독창적 건축을 만들어내고자 한 것은 이러한 이유에서였다. 이 점에서 알토는 유럽 기능주의의 교훈을 확대하여 사회적 및 심리적인 요구를 반영하고 건물과 환경, 공간과 인간에 대해 유기적으로 접근하여 '심리적 기능주의'라는 독특한 영역을 개척한 건축가로 평가받고 있다.(01에서 살펴본 해링, 샤로운, 베니쉬의 건축이론과 작품을 통해 전개되어 온 유기적 기능주의가 심리적 공간경험을 중시하는 것과도 유사한 점이 있다.)

알토는 모더니즘의 기계적 기능주의에 머물지 않았다. 따라서 그는 보편적인 해답보다는 프로그램이나 대지의 상황에 부합되는 특수한 해답을, 규범적인 직교격자의 법칙과 체계보다는 다양성과 융통성을 중시한다. 알토는 모더니즘 건축가들처럼 내부의 기능과 공간을 충분히 검토하여 프로그램으로부터 나온 매스의 조형적 처리를 중시하였지만, 독일공작연맹에서 유포한 즉물주의(卽物主義)적인 기능적 사고에 머물지 않고 핀란드의 지역재료–특히 목재–의 전통과 랜드스케이프, 기후와 환경 등 자연요소와 교감하는, 건축적인 의미가 담긴 형태와 공간을 만들고자 하였다. 알토가 공간의 전체적 '분위기'라는 심리적, 정서적 차원을 중요하게 간주하였을 뿐만 아니라, 열 · 빛 · 음향 등 인간의 생리적인 차원과 관계된 환경조절의 영역에도 주목한 것은 이러한 이유에서였다. 그는 가구에서 도시의 정주환경에 이르기까지 다양한 인공적 환경의 예술형태로 이루어지는 종합예술(Gesamtkunstwerk)을 추구했다.

람뿌냐니(V. M. Lampgnani, 1985, p.89)는 오늘날 알토의 작품이 높게 평가되는 이유를 그가 "유기적 건축에 합리적 원리를 부여하여 기술적, 기능적 요구 사항을 준수하였을 뿐만 아니라, 아울러 인간(사용자)의 심리적 요구사항에 적합한 건축을 만들어내고자 했기 때문"이라고 지적한다. 건축을 인간화하려는 알토의 인간 중심적인 사고방식과 반(反)기계주의적인 태도는 다음의 글에서 잘 나타난다.

> "건축은 인간 행위의 모든 분야를 실제적으로 포함하는 통합적인 현상이다. 건축분야에서 하나의 오브제(대상)는 어느 관점에서는 기능적이지만 다른 관점에서 보면 비기능적일 수 있다...... 경제적, 기술적인 측면에서 시작하고 이후에 보다 복잡한 인간적 기능들을 포함하는 것처럼 단계적으로 건축을 발전시켜 나가는 방법이 만일 존재한다면, 그때 순수하게 기술적인 기능주의가 용인될 수 있을지도 모른다. 그러나 그러한 가능성은 존재하지 않는다.....
> 근대건축의 처음과 지금과 같은 시대에 잘못된 것은 합리화 그 자체가 아니다. 근본적인 오류는 합리화가 더 심층적으로 진척되지 않았다는 사실이다. 합리적인 정신에 투쟁하는 대신, 근대건축의 최근의 국면은 기술적인 분야로부터 인간적이고 심리적인 분야로 확장하여 합리적인 방법들을 보호하려고 노력하고 있다.... 기술적 기능주의는 심지어 정신물리학적인 분야를 포함하도록 확장될 경우에 한해서 올바르게 교정될 수 있다. 이것이 건축을 인간화하는 유일한 방법이다."(Aavar Aalto, 1940, (ed.) Peter Reed, 1998, p.31 재인용)

그러므로 알토는 모더니즘 건축의 '합리성'의 영역을 기술적인 관심사에서 심리적인 영역으로 확장하여 자신만의 독자적이고 통합적인 철학을 구축하고자 하였다. 그는 "건축을 보다 인간적으로 만든다는 것은 단지 기술적인 기능주의를 넘어서는 보다 포괄적인 의미의 기능주의"로 나가는 것이라고 강조한다. 그 주된 목적은 "건축적인 방법에 의해서만, 즉 다양한 기술적인 대상들을 인간에게 가장 조화된 삶을 제공해 줄 수 있는 방식으로 창조하고 조합함으로써만 성취될 수 있다"(K. Frampton. 1980, p.199 재인용)는 점이다. 건축을 인간화하는 목적을 달성하기 위해서 알토는 "건축의 심리적인 측면, 의미, 그리고 부분적으로는 사람들의 감정적인 반응"((ed.) Peter Reed, 1998, p.97 재인용)을 중요시한다. 따라서 그는 국제주의 양식이 지향한 기술의 명료성, 모더니즘의 지나친 합리성을 거부하고 심리적 및 감정이입적 차원들, 신비의 영역을 다시 회복하고자 하였다.

> "건축의 문제는 통상적으로 기술적인 방법을 사용해서는 결코 해결할 수가 없다...그러므로 건축은 초-기술적인 창조의 형태로, 여기서는 다양한 기능의 형태들이 조화를 이루는 것이 중요하다... 건축술은 결코 기술적인 문제가 아니다. 그것은 건축-기술적인 문제(arch-technical problem)이다." (Alvar Aalto, 1941, (ed.) Peter Reed, 1998, p.21 재인용)

알토는 기술과 경제성을 중시하는 실용주의 시대에 리서치 지향적인 작업은 '직관' 과 '유희' 라는 지성과 통합될 필요가 있다는 점을 강조한다. 그에게 '유희의 기술(the art of play)' 은 창조성의 원천이다.(주7) 알토는 이러한 '직관적 유희와 자유 연상을 자신의 디자인 프로세스의 정교한 방법' 이라고 언급한다. 그는 본능적인 즐거움은 미적 경험에 대한 올바른 반응이며, 이것은 직관적 행위, 창조의 즐거움, 작업의 즐거움과 관련된 것으로 간주한다. 방법론적인 분석에 지나치게 빠져 있는 서구 현대인들은 이러한 자연스러운 통찰과 수용성이 취약하다는 점을 그는 지적한다. 따라서 알토는 교조적인 모더니즘의 이념적, 개념적, 그리고 형태적인 제약을 거부하고 감각적 즐거움과 개인적 차원의 안락감을 더 선호한다. 리드((ed.) Peter Reed, 1998, p.97)에 따르면, "알토에게 기술은 형태에 종속하는 것" 이었다. 그가 기술을 활용하고 때로는 특이한 구조시스템을 탐구하였을지라도, 이것들은 결코 그의 주된 관심이 아니었다. 오히려 "재료, 빛, 공간, 형태, 그리고 분위기가 주된 관심사" 였다.

b.
건축은 인간을 그 중심에 설정하는 데서 시작하여야 한다.

그러므로 디자인의 기술적 및 심리적인 복잡성을 통합하고, 서로 대립하는 지적 범주와 디자인 전략들을 인습적이지 않은 방식으로 포괄적으로 융합하려는 알토의 이러한 사고와 접근태도는 당시의 모더니즘 건축가들과는 확연히 구별된다. 알토는 합리성의 준거라는 한계를 넘어 포괄적인 '예술적 직관' 과 '감성적 논리' 를 바탕으로 합리성을 확장하여 나갔다. 그는 기계보다는 인간 존재의 특성에 더 주목한 라이트처럼 건축과 자연에 있어서 정신적 및 감정적 존재인 인간에게 호소하는 합리적이고 낭만적인 요소들을 추구하여야 한다고 강조하였다. 이 점에서 팔라스마(Juhani Pallasmaa)는 알토의 건축이 기계적 모더니즘의 개념적, 형태적 순수성을 추구하기보다 "자연과 문화, 역사와 현대성, 사회와 개인, 전통과 혁신, 표준화와 다양성, 보편성과 지역성, 지성과 감성, 합리성과 직관 등과 같이 서로 대립적인 것을 화해시키는 것을 추구하였다" ((ed.) Peter Reed, 1998, p.21)고 지적한다. 알토는 서로 대립적인 것들을 동시에 해결하는 포섭적 태도와 융합을 추구하는 예술적 수단의 중요성을 다음과 같이 언급하고 있다.

> "모든 경우에 있어서 대립적인 것을 동시에 해결하여야만 한다.... 거의 모든 디자인 작업은 열 개, 종종 백 개, 때로는 수천 개의 서로 다른 모순된 요소들을 포함하고 있는 데, 이것들은 인간의 의지에 의해서만 기능적인 조화의 상태로 될 수가 있다. 이러한 조화는 예술이라는 수단 이외의 그 어떤 다른 수단으로도 성취될 수가 없다."(Alvar Aalto, 1955, (ed.) Peter Reed, 1998, p.21 재인용)

그러므로 알토의 성숙한 작품에서 발견되는 '낭만적, 비합리적, 유기적' 인 특성들은 심리적, 직관적, 무의식적인 인자들이 디자인의 평형상태로 통합되어 있는 '초-합리성' 이라는 속성을 띤다. 알토는 또한 시간, 역사, 토착적 건축의 이미지들을 자신의 근대건축의 어휘에 통합하고자 하였다. 1930년대 중반 이후 알토는 기계 생산의 획일성을 탈피하고 융통성, 차별화와 다양성을 얻기 위해 표준화의 최소단위로 '세포' 라는 생물학적 메타포를 사용하여 '유연한 표준화' 의 수법을 탐구하였다. 그는 "건축에서 표준화의 역할은 하나의 유형을 목표로 하는 것이 아니라, 이와는 반대로 이상적인 상황에서 미묘한 차이를 만들어내는 자연의 무한한 능력에 필적하는, 생명력 있는 다양성과 풍부함을 만들기 위한 것" 이라고 주장한다. 그는 이러한 표준화의 개념을 발전시키는 데 있어서 자연을 궁극적인 모델로 다음과 같이 언급한다.

> "이와 같이 기능과 형태의 무한한 다양성, 그 전체적인 상이함 등은 전적으로 '표준화라는 엄격한 시스템 안에서 나온 것이다. 개개의 꽃은 헤아릴 수 없이 외관상 균일한 전형세포들(protocells)로 이루어졌다. 그러나 이러한 세포들은 세포들의 결합방식으로 매우 특별한 다양성을 허용하는 특질을 지니고 있다. 이로 인해 최종적인 결과로서 놀라우리만치 풍부한 형태의 다양성에 이르게 된다; 그렇지만 이러한 모든 형태들은 하나의 특정한 시스템에 근거한 것이다."((ed.) Peter Reed, 1998, p.59 재인용)

특히 알토는 인간적 조건들에 대한 개념과 깊이 관계된 접근을 통해서, 풍화된 재료, 서정적인 공간, 신비스러운 빛의 효과 등이 단지 '근대적 관심' 을 넘어 더 원초적으로 지속되는 시학을 만들어내고자 하였다. 이러한 사실은 그가 모더니즘의 보편적이고 추상적인 유토피아에서 돌아서고 핀란드의 숲과 호수라는 랜드스케이프의 형태학을 반영하면서 그 지형학적, 문화적 맥락과 조화를 추구하는 지역주의 건축을 발전시킨 데서도 잘 드러난다. 여기서 우리는 헤아릴 수 없는 감성을 지닌 인간이 알토의 건축적 사고의 출발점이라는 사실에 주목할 필요가 있다. 이러한 사실은 알토가 "건축가의 책임은 건축에 인간적 특질을 유지하는 것" 이라고 강조한 데서 여실히 드러난다. 인간과 건축 상호작용의 관계를 중시하는 그의 건축 철학은 개념적, 기하학적 순수성이 아니라 실제 건물을 경험적이고 물질적으로 조우하는 방식에 관심을 더 보이고 있다. 이러한 사고는 건축이 관찰자의 관심과 감성을 유지시키는 방식에 대한 다양한 디자인 전략의 바탕이 되고 있다. 따라서 알토의 작품에서 경험하는 독특한 건축적 분위기는 공간적, 조형적, 재료적인 실재성을 강조하는 데서 생성된 결과이다. 그는 이러한 분위기를 만들어내는 개별적인 장면들-건물, 입구 홀, 주 계단, 주 공간에 접근하는 조망 등-이 "추상적으로 이상화된 구성으로서가 아니라 인상들의 시퀀스로서 경험"((ed.) Peter Reed, 1998, p.31)될 수 있도록 디자인한다. 알토의 작품에서 건물의 외부형태와 내부공간의 실제적 형상 상호간의 이접(disjuction), 꼴라주와 같은 방식으로 이루어지는 재료의 중첩, 직각과 곡선형상, 또는 각을 이루며 구성된 평면구성 등은 예상 밖의 놀람과 당혹감으로 공간을 역동적인 지각을 통해 경험시키기 위한 수법들이다. 이 점에서 팔라스마는 알토를 관능성과 촉각적 친밀감을 중시한 '감각적 현실주의자' 라고 평가한다.

1920년대 말 알토의 주요 작품인 **비퓨리 시립도서관**(Viipuri Municipal Library, Viipuri, Finland, now Vyborg, Russia, 1927-1935)(도6-8a, b, c, d)의 현상설계 당선작은, 낭만적 고전주의라는 도리아적인 단순한 양식을 추구한 스웨덴 건축가 아스플런드(Erik Gunnar Asplund)의 스톡홀름 시립도서관(Stockholm City Libray, 1920-1928) 영향과 모더니즘의 국제주의 양식의 영향을 함께 보여주는 작품이다. 여러 차례 수정을 거쳐 최종 확정되어 지어진 설계안에는 그가 고전주의의 전통에서 출

도6-8a, b, c, d
알바 알토, 비퓨리 시립도서관, 비퓨리, 핀란드, 1927-1935

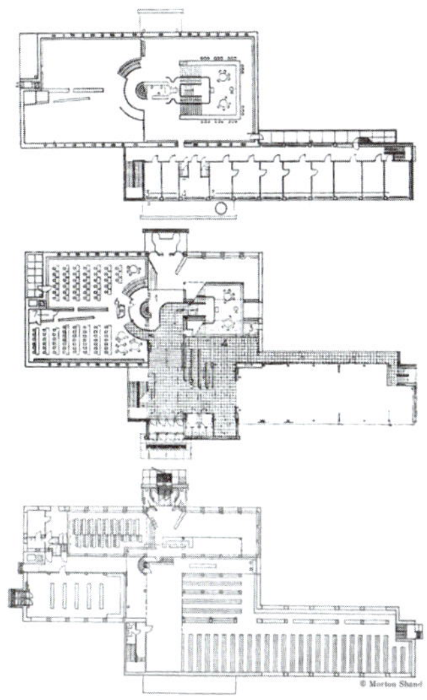

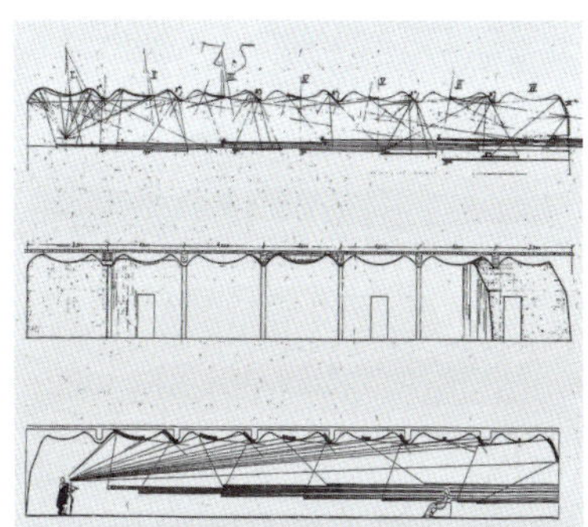

발하여 1920년대의 기능주의를 거쳐 이후 알토 자신의 독창성을 보여주는 독특한 개념들이 나타난다. 두 개의 평행한 볼륨을 병치하여 구성한 건물에서 피아노 노빌레(piano nobile)의 사용, 동선의 순환적 특성, 기하학 형상과 조소적인 형상의 병치, 보이드와 솔리드의 배치에서 보이는 비례감각, 교통소음으로부터 차단되고 천창을 통해 간접적으로 채광되는 주 열람실 공간과 빛의 조율, 직사각형의 도서관 강의실에서의 의사소통이라는 음향특성을 고려한 파상형 목재천장,(주8) 내부공간의 흐름과 유동성을 부여하는 자유로운 평면구성, 인체공학적인 촉각적 감각의 디테일, 자연적 재료의 사용 등 다양한 수법들은 인간의 요구, 빛의 각도, 소리의 흐름 등에 대한 시학적 반응의 결과이며, 이후 알토의 작품에서 자주 발견되는 유기적 접근의 특성을 잘 보여주고 있다. 이 건물에서 처음 사용된 이후 반복적으로 나타나는 천창시스템은 채광이라는 기능적, 기술적, 합리적인 이유에서뿐만 아니라 인간의 생리적, 심리적인 영역들을 수용하여 통합하기 위한 장치이다. 또 파상형의 목재천장의 수법은 음향문제를 단지 기계적 수단만으로는 해결할 수 없는 심리적, 생리적인 문제로 확대 해석한 결과이다.

도6-9a, b
알바 알토, 파리 만국박람회 핀란드관, 파리, 프랑스, 1936-1937

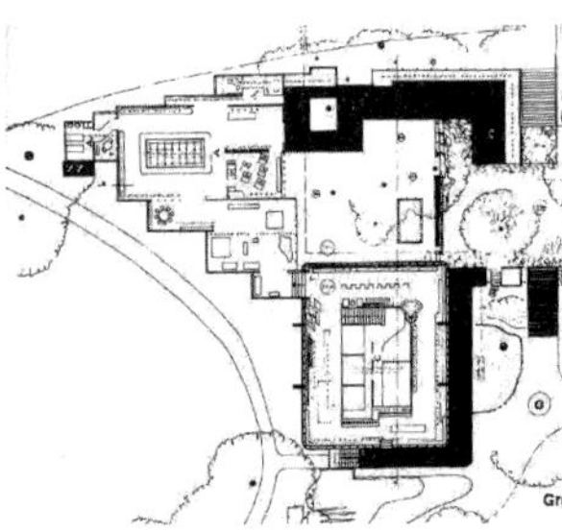

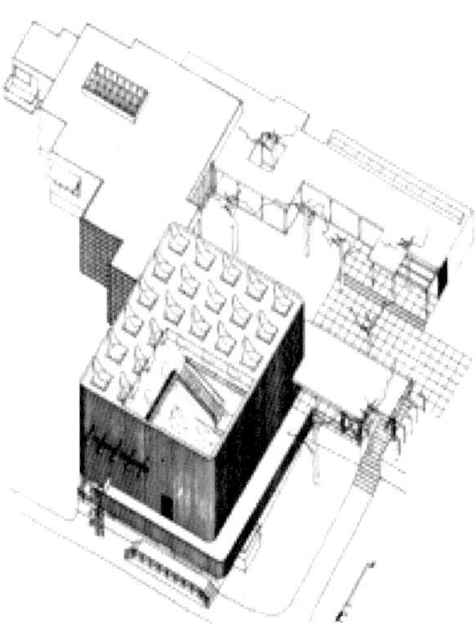

인간과 건축 상호간의 친밀한 관계는 그가 **파리 만국박람회 핀란드관**(Finnish Pavilion, Paris International Exhibition, Paris, France, 1936-1937)(도6-9a, b)의 설계에 대해 다음과 같이 설명한 데서 잘 드러나고 있다.

> "매우 어려운 건축적 문제들 중의 하나는 건물의 주변 환경을 인간적 척도에 적합하게 형성하는 것이다. 구조적 골조의 합리성과 건물의 매스가 지배적으로 위협적인 현대 건축에서는 대지의 나머지 부분에 건축적 진공 지대가 종종 발생한다. 이러한 진공 지대를 장식적인 정원으로 채우는 대신에, 인간과 건축 상호간의 친밀한 관계가 형성될 수 있도록 인간의 유기적인 이동이 대지의 형상화에 통합될 수 있다면 바람직할 것이다. 파리의 핀란드 전시관의 경우에 이러한 문제가 다행히 해결될 수 있었다."
> (K. Frampton, 1980, p.197 재인용)

이 건물에서 알토는 공간, 형상, 텍스쳐, 재료 등을 통해서 핀란드의 랜드스케이프의 이미지와 목가풍의 자연의 환경을 만들어내어 국제적인 건축가로 주목 받았다. 여기서 자유롭게 흐르는 유동적 공간, 불규칙하고 유연한 리듬감, 선큰형의 중심공간과 천창시스템, 목재의 특수한 성질과 표준화된 목재단면의 접합기술 등을 훌륭하게 표현하였을 뿐만 아니라, 무엇보다도 이후 그의 작품에서 나타나는 배치계획의 주요 원리

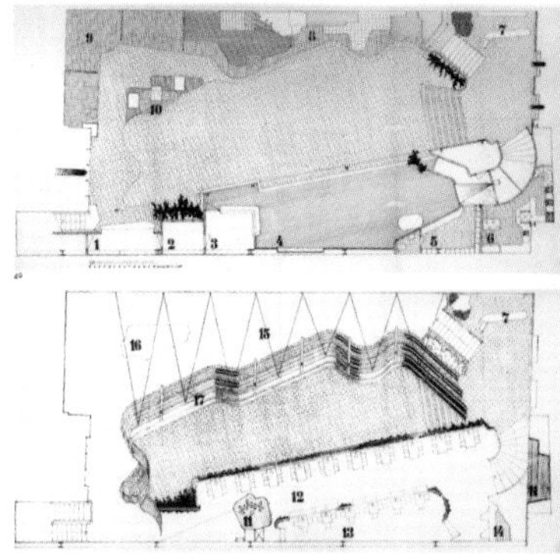

도6-10a, b,
알바 알토, 뉴욕 만국박람회 핀란드관, 뉴욕, 미국, 1938-1939

가 주목된다. 하나의 건물이 항상 두개의 명확한 구성요소들로 분리되고 그 사이의 공간들이 인간적인 형상의 공간으로 분절되도록 하는 이러한 배치계획의 원리는 후에 알토의 작품에서 지속적으로 반복되어 나타나는 주제이기 때문이다. 비슷한 시기에 지어진 **뉴욕 만국박람회 핀란드관**(Finnish Pavillion for the New York World's Fair, Queens, New York, USA, 1938-1939)(도6-10a, b)의 직사각형의 볼륨으로 구성된 내부에서, 자유롭게 곡선을 이루는 평면과 위로 단형지어 기울어진 단면으로 이루어진 파상형의 목재 벽면들이 핀란드 숲 공간의 테마를 메타포로 도입하여 굽이치는 자연호수와 지형의 이미지를 만들어내는 역동적인 공간효과를 연출한다. 이 내부에서 방문객은 마치 끊임없이 변하는 빛과 그림자가 있는 숲의 랜드스케이프를 거니는 듯한 인상적인 경험을 하게 된다. 이러한 파상형의 벽체 개념은 MIT의 학생 기숙사인 **베이커 하우스**(Baker House Senior Domitory, Cambridge, Massachusetts, USA, 1946-1948) (도6-11a, b)에서 인접한 찰스강의 맥락에 은유적으로 대응하여 파상 형상의 배치로 이루어진 조각적인 형상의 건물 매스의 외부를 벽돌로 마감한 데서도 나타난다. 여기서 알토는 프로그램을 사적인 요소와 공적인 요소로 분리하고 사적인 영

도6-11a, b
알바 알토, MIT의 학생 기숙사 베이커 하우스, 캠브리지, 메사추세스, 미국, 1946-1948

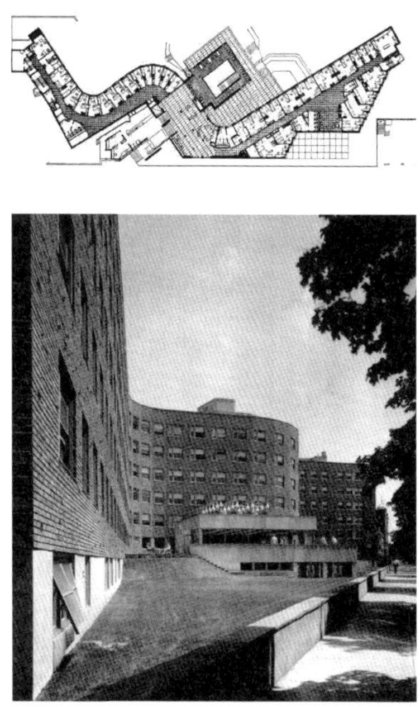

역(학생들의 방)을 꼬불꼬불한 축 상에 배치하여 찰스 강의 전망과 채광을 최대로 확보하여 근대건축의 건물유형보다 더 실용적이고 기능적인 잇점을 갖는 다양한 주거유형을 만들었다.

1930년대 알토의 최고 걸작으로 손꼽히는 **빌라 마이레아**(Villa Mairea, Noormarkku, Finland, 1938-1939)(도6-12a, b, c, d)는 알토가 자연과 건축의 진정한 통합을 만들어낸 작품이다. 여기서 그는 핀란드의 토착적인 농가건물(주9)을 상기시키는 L자형을 변형한 배치 평면의 형상으로 한 면에는 반(半)-사적인 위요된 공간을 만들고 다른 면에는 공적인 세계와 접하는 배타적이고 형식적인 테두리를 만들었다. 알토는 모호하게 한정된 경계로, 그리고 삽화적인 회화적 구성 안에서 재료, 이미지, 디테일, 수많은 즉흥적인 연출 등으로 리듬감 있는 공간적 흐름을 만들어내는 '숲의 메타포'를 이 건축적 소우주 안에 담고자 의도하였다. 따라서 이 주택에서 인공적인 형태와 자연적인 형태 사이의 은유적인 대조를 통한 이중성은 지반 면에 순응하는 주택의 '지질학적 흔적'과 같은 매스, 핀란드 호수를 연상시키는 사우나탕 풀의 불규칙한 곡선 형상의 윤곽이 인접한 숲의 지형과 결합되는 방식에서 암시되고 있다. 여기서 실내는 그 자체가 내부화된 랜드스케이프로 다루어졌으며, 자유롭게 흐르는 유동적인 랜드스케이프를 암시한다.(내부와 랜드스케이프 지속성에 대한 이러한 공간적 경험효과를 베르켈의 작품인 뫼비우스 하우스와 비교해 볼 것. 이에 대해서는 1권 01을 참조할 것) 또 주변 소나무의 불규칙한 간격을 반영하는

도6-12a, b, c, d
알바 알토, 빌라 마이레아, 누르마르쿠, 핀란드, 1938-1939

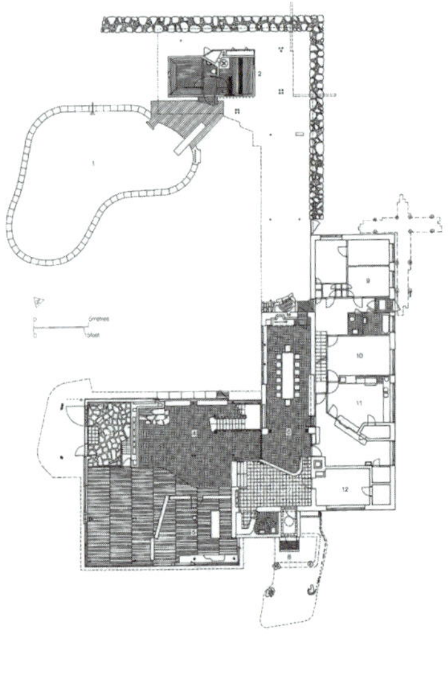

현관 캐노피와 거실의 내부계단의 난간 등에서 보이는 대나무 차폐물의 디테일에서 자연적 재료와 인공적 재료가 함께 결속되어 상호 직조되는 독특한 환유의 수법을 보여준다. 정원과 지속적으로 접촉하고 있는 개방된 지상평면의 구성방식으로 자연의 풍경을 내부풍경으로 만들어내는 수법은 알토의 자연주의적인 관심을 반영하고 있다. 이 건물은 하나의 지배적인 건축적 개념으로 통일되기 보다 아이디어, 인상, 연상 등의 집합체가 감각적인 분위기에 의해서 함께 유지되고 있다. 또한 1920년대 모더니즘의 추상적 공간보다는 장소에 대한 시퀀스적인 경험과 소속감을 강화해 주는 작은 영역으로 구성된 감각적인 공간과 형태를 보여준다는 점에서 유기적 특성을 지닌다. 프램톤(K. Frampton, 1980, 2007, p.199)은 이 빌라를 "20세기 합리주의적 구성주의의 전통과 국가적 낭만주의 운동의 정신적인 유산을 개념적으로 연결하는 작품" 으로, 커티스는(William J. R. Curtis, 1996, p349)는 "지역적인 것과 국제적인 것, 고전적인 것과 현대적인 것의 진정한 통합"이 이루어진 작품으로 평가하고 있다. 팔라스마는 이 빌라를 "통합된 랜드스케이프" 이자 "랜드스케이프의 건축학적 이상상" (Juhani Pallasmaa, (ed.) Peter Reed, 1998, p.33)이라고 평가한다.

b.
자연은 건축을 위한 가장 중요한 모델이다.

알토는 '건축은 인간생활과 자연적 랜드스케이프를 서로 중재하는 매개체' 라는 개념을 진척시켰다. 그에게 있어서 '자연에 밀착된 건축' 이라는 개념은 자연적 재료와 지역적인 지형을 강조하는 것 이상의 의미를 갖는다. 이것은 자연을 '건축을 위한 모델' 로, '법칙의 원천' 으로 이해하는 것을 의미한다. 이러한 사실은 그가 "기계가 아니라 자연이 건축을 위한 가장 중요한 모델" (William J. R. Curtis, 1996, p.453 재인용)이라고 주장한 데서 분명하게 드러난다. 알토는 "건축은 여전히 사용되지 않은 자원과 수단을 지니고 있는 데, 이것은 자연으로부터 그리고 말로 형용할 수 없는 인간의 영혼에서 솟아나는 반응으로부터 직접 이끌어낸 것" ((ed.) Peter Reed, 1998, p.64 재인용)이라 보았다. 알토에게 있어서 자연은 자유의 개념을 창조하고 유지한다는 점에서 '자유의 상징' 이다.

> "수천 년 동안 예술은 자연과 결속된 인간 환경에서 자유로워질 수 없는 상태로 존속해왔다. 그리고 이것은 결코 그렇게 될 수도 없다. 다른 한편으로, 자유와 독립성이 창조적인 예술가들에게는 거부되어야 한다고 생각해서는 안된다....
> 그러므로 예술의 주된 역할은 항상 인간이 그 중심으로 참조되는 형태의 자유로운 창조에 있다." ((ed.) Peter Reed, 1998, p.60 재인용)

> "건축은 자연적 및 인간적 인자들로부터 그 스스로 결코 자유로워질 수 없다. 이와는 반대로, 건축은 그렇게 되어서는 안된다.... 건축의 기능은 자연을 우리에게 보다 가까이 가져오는 것이다."(William J. R. Curtis, 1996, p.346 재인용)

따라서 알토의 건축은 핀란드의 랜드스케이프와 경험, 그리고 근대라는 시기에 깊이 뿌리를 두고 있다. 그는 핀란드의 토착적 전통, 기후와 랜드스케이프라는 지형학적, 지역적, 문화적 조건들을 건축과 통합하여 농축된 건축적 소우주로 '통합된 랜드스케이프' 를 창조하는 작업을 중시하였다. 따라서 알토는 대지의 윤곽, 바람의 방향과 각도, 만보하는 통행로와 프래임화 된 조망으로 주변의 자연환경과 직접적으로 연결되어 있고 친밀감 있는 사회적 환경의 필요성을 반영하는 것을 중시한다. 그는 건축물을 고립된 건축적 오브제로 간주하지 않았다. 오히려 그의 건축은 건물이 놓인 맥락과의 대화에 참여하여 민감하게 상황적으로 반응한 결과이다. 알토의 건축에서 자연의 랜드스케이프는 단순한 '재생' 이나 '모방' 이 아니라 건축적인 '변환' 의 과정을 통해서 독창적인 방식으로 도입된다. 그의 건축은 "프로그램과 부지를 랜드스케이프와 구축물(건물) 사이의 직접적인 또는 은유적인 연속체로 변형한 것"((ed.) Peter Reed, 1998, p.64)이다. 그가 부지를 다루는 방식은 랜드스케이프의 조건들로부터 이끌어내어 궁극적으로는 이것들을 변형시킨다는 점에서 '추상적' 이라고 할 수 있다. 알토는 이러한 방식으로 "자연적인 시스템과 구축된(인공적) 시스템을 구별함과 동시에, 이 양자간에 강한 심리학적인 결속"((ed.) Peter Reed, 1998, p.55)을 만들어내고 있다.

특히 알토의 건축에서 핀란드의 랜드스케이프를 이루는 숲의 이미지가 '실제적' (건물의 부지로서)으로 또는 '은유적' (건물의 내부공간으로서)으로 다루어지는 방식은 특정한 장소의 위치와 건축적 개념에 따라 다양하게 나타난다.(주10) 알토에게 숲은 경작되거나 길들여지는 자연도, 예측가능한 결과로 순응하는 자연도 아니다. 이 점에서 트레이브(Marc Treib, (ed.) Peter Reed, 1998, p.63)는, "알토의 건축은 자연과 완전한 일치를 이루는 하나의 숲이며, 공생적 부유물로서 응집되어 서로 관련된 부분들의 유희"라고 강조한다. 알토의 건축은 자연이 수행하는 방식처럼 온전한 실체와 단편들이 동시에 그 모습을 여실히 드러내고 있다. 여기서 이 단편들은 지배적인 질서와 관계를 맺고 있으며, 건물 그 자체가 대지와 관계를 맺는 방식으로 나타난다. 트레이브(Marc Treib, 1998, pp.52-62)에 따르면, 문화적 랜드스케이프는 물리적인 것과 신화적인 것으로 구별된다. 트레이브는 알토의 작품에서 자연의 숲에 인접한 부지 환경의 경우에는 랜드스케이프를 안으로 끌어들이는 '내부화된 랜드스케이프' 의 개념이, 그리고 자연적 특징이 결여된 부지환경의 경우에는 건축적 랜드스케이프를 인위적으로 조성하는 '구축된 랜드스케이프' 의 개념이 발견된다고 지적한다. 여기서 전자는 1930년대 작품인 파리 만국박람회 핀란드관, 내부와 외부를 가장 극적인 방식으로 혼합하여 독특한 공간의 분위기를 만들어낸 뉴욕 만국박람회 핀란드관, 빌라 마이레아 등에서 나타나고 있다.

c.
역사적인 '유형-형태' 는 기억과 이미지를 유발하는 건축을 만들어낸다.

알토는 모더니즘이 추구한 "순수주의자의 시각적 표현과 급진적 혁신 대신에 뿌리 깊이 박혀 있는 영원한 전통의 감각을 환기시키는 이미지를 창조" ((ed.) Peter Reed, 1998, p.32)하는 데 관심이 있었다. 따라서 그는 인간사회의 기본 형태를 표현하는 원형적인 건물의 존재를 토착적인 건물과 고대의 기념비적인 건물에서 직관적으로 유추하여 발견하고자 하였다. 알토는 시간의 경과에 의해 파편화되고 침식되어진 그리스 고전건축의 원형극장이나 중정 형식에서 역사적 흔적이 지닌 기념비성과 관련된 '유형-형태(type-form)' 의 속성을 이끌어내었다. 이러한 유형-형태를 기반으로 오랜 시간을 통해서 인간의 기억, 이미지, 심리적 차원과 결속되어 있는 역사와 과거를 수용하는 작업은, 알토가 자신의 건축을 인간화하고 의미화하는 데 중요한 역할을 담당한다. 2차 대전 이후의 시기에 알토는 '에워싸인 외부공간' 의 개념을 공공의 건물에 중정의 형식으로 반복적으로 도입하여 랜드스케이프의 의미를 확장시켰다. 알토는 대지의 지세에 순응하고 바람으로부터 보호하기 위해 에워쌈을 제공하는 그리스 고전 건축의 원형극장의 형태를 차용하여 건축에 인공적 지대(landform)를 조성하는 수법을 발전시켰다. 여기서 재료의 역할, 상징적인 도시의 왕관(2권 04 부르노 타우트의 '도시의 왕관' 의 개념을 참조할 것) 그리고 중정 형식의 공간은 도시의 공공건축을 구성하는 중요한 요소이다.

특히 알토의 작품에서 이러한 원형으로서의 '중정' 형식은 3면을 건물 주변부로 에워싸 내부 지향적이지만 계단과 레벨차의 흐름으로 주변 환경에 연결되어 있는 '정박지' 의 성격을 갖게 된다. 그는 이처럼 에워싸인 중정은 어떤 신비스러운 방식으로 사회적 본능을 강화한다고 생각하였다. 그는 내부와 외부의 지속성, 즉 이 양자를 공생의 관계로 해석하여 이것을 중정에 담아내고자 하였다. 일찍이 알토는 주택에서 중정(정원)이 갖는 의미를 다음과 같이 언급한 바 있다.

> "정원의 벽은 주택의 실질적인 외벽이다: 그 내부에는 건물 형태들과 정원 사이의 통일성뿐만 아니라 이 형태들과 방들의 배열간의 통일성이 담겨 있다. 정원이 주택의 일부인 것과 똑같이 그것은 방들의 일부이기도 하다. 정원에서 실내에 이르는 과정은 가로에서 정

원에 이르는 과정에 비해 미약해 보이지 않도록 해야 한다. 우리는 다음과 같이 말할 수 있을 것이다. 핀란드 주택은 두 개의 얼굴을 갖는다고. 그 하나의 얼굴은 외부세계와 미적으로 직접 연결된 것이고, 다른 하나의 얼굴인 겨울의 얼굴(winter face)은 그 자체가 우리의 가장 내부의 방들을 꾸미는 양식을 그대로 보여 준다는 것이다."(Alvar Aalto, 1926, (ed.) Peter Reed, 1998, p.52 재인용)

알토의 작품에서 이러한 개념은 '전도된 대립성의 전략'을 통해 외부공간이 내부가 되고 내부가 외부가 되는, '역설적으로 모호함을 지닌 공간'으로 드러난다. 알토는 이것은 "내부와 외부 사이의 대비를 완화시켜서 외부와 내부 사이의 전이를 증대시켜 주는 방법"((ed.) Peter Reed, 1998, p.53 재인용)이라고 강조한다. 외부와 내부의 전도된 이미지는 알토 작품에서 중정과 입구 홀의 디자인에 반복적으로 나타나는 모티브이다. (이러한 전도된 이미지의 시퀀스적인 공간경험은 현대건축가 웅거스의 작품에서 두드러지게 발견되는 특성 중의 하나이다. 2권 05를 참조할 것) 이러한 수법으로 알토는 1920년대 모더니즘의 합리주의 건축의 "추상화된 형태를 무의식적인 기억과 이미지를 유발하는 암시적이고 연상적인 형상으로 대체"((ed.) Peter Reed, 1998, p.22)하여 자연과 건축이 통합되는 인간중심의 건축을 만들어내고자 하였다. 그에게 이 중정형식은 1930년대에 파리 만국박람회 핀란드관, 빌라 마이레아 등에서 뿐만 아니라, 1950년대와 1960년대에는 무라찰로 섬의 실험주택(Experimental House, Muuratsalo Island near Säynätsalo, Finland, 1952-1953)과 공공의 건물에 광장과 같은 중정으로 새로운 커뮤니티 이미지를 만들어내는 필요성에 대응하고, 도시성과 전원생활 사이의 문화적 상황들에 대응하는 데 중요한 디자인 전략이 되었다.

알토에게 또다른 유형-형태인 원형극장은 "시민들의 상호작용을 상징하는 유형학적인 형상적 구조"((ed.) Peter Reed, 1998, p.56)이다. 그가 새로운 맥락에서 다시 생각하여 사용한 이 원형극장 형상과 아이디어는 서로 상이한 건물들이 그 개개의 특성을 유지하면서 함께 집합되어 연속적인 실체를 이루는 그리스 아테네 아크로폴리스의 고전건축의 교훈에서 재발견한 것이다. 이러한 이유로 그는 직사각형과 결합된 부채꼴 형상의 평면을 소규모 공공도서관과 콘서트 홀 등에 반복적으로 사용하여 왔다. 이 형상은 경사진 대지의 지형학적 특성에 적응하는 데 적합할 뿐만 아니라, 건물들 사이에 다양한 기능적인 공간들을 만들어내기도 한다. 이것은 알토가 "견고한 테두리를 지닌 직사각형과 곡선 또는 파편화된 부채꼴 형상의 결합방식을 통해서 도시에서 랜드스케이프로의 전이, 그리고 인공적인 세계에서 자연적인 세계로의 전이라는 자신의 개념을 보여주는 것"(William J. R. Curtis, 1996, p.459)이다.

그러므로 알토는 중정 형식, 역사적 폐허(야외극장처럼), 재료, 그리고 이러한 것들이 주는 역사적 연상 등에 관심을 가졌을 뿐만 아니라, 이러한 감정이입적 힘을 산업화된 문화를 길들이기 위한 수단으로 형태적 표현의 중요성을 강조하였다. 그는 〈휴머니즘과 물질주의 사이에서 Between Humanism and Materialism, 1955〉라는 한 강연에서 조각적 형태 어휘의 중요성을 다음과 같이 설파한다.

> "건축가의 역할은 올바른 가치의 질서를 회복하는 것이다... 기계시대를 인간화하려고 시도하는 작업은 여전히 건축가의 의무이다. 그러나 이것은 형태를 고려하지 않고서는 해결될 수가 없다. 형태는 하나의 신비(mystery)로서, 이것은 명확한 정의에 도전하고 정부의 보조금으로 성취되는 것과는 전적으로 다른 즐거움의 감정을 사람들에게 제공해 준다."(Alvar Aalto, 1955 ;(ed.) Peter Reed, 1998, p.104 재인용)

알토의 작품에서 반복적으로 나타나는 이러한 독특한 형상은 건물의 평면에서뿐만 아니라 헬싱키 공과대학(Helsinki University of Technology, Otaniemi, Finland, 1949-1966)의 배치에서처럼 사회적 활동의 초점이 되는 문화적 포럼 성격의 외부공간으로 주변에 여러 건물들을 군집하는 데 중요한 역할을 한다. (이러한 '유형-형태' 의 개념은 우리가 02에서 고찰한 칸의 '유형-테토닉(type-tectonic)의 개념과 유사한 의미를 공유한다. 이에 대해서는 1권 02를 참조할 것)

커티스(William J. R. Curtis, 1996, pp.461-462)에 따르면, 르 꼬르뷔지에가 파르테논 신전을 정신의 순수한 창조물의 모범적 사례로 인식한 것처럼, 알토는 고전적 세계에, 그리고 특히 고대 그리스 건축에서 지성과 감성이 강력하게 상호작용하는 데 매료되었다. 여기서 알토는 그리스인들이 야외 원형극장, 경기장, 보도와 통행로로 연결된 의식용의 제단 등으로 자신들의 도시부지를 배열한 방식에서 영감을 얻었다. 이것은 건물, 랜드스케이프, 장소의 정신이 조화를 이루는 일종의 '불규칙한 질서' 의 세계를 의미한다. (이것은 푸코가 말한 헤테로피아의 세계의 질서를 의미한다. 1권 00을 참조할 것) 알토의 후기 작품에서 보이는 이러한 접근은 과거의 역사를 수용하여 근대 건축의 주요 수법들과 고전의 감성을 함께 융합하려는 것이다. 또 이것은 예술 대상과 그 주변 환경의 공간적, 문화적 장(field) 상호간의 관계에서 발생하는 새로운 복잡성과 모호성을 인식하는 정신의 실존적 틀의 변화와도 관계된 것이다. 커티스는 이러한 현상을 "재료의 독특한 특성과 사물 그 자체의 지향성에 대한 새로운 인식" 을 동반하는 것이며, 궁극적으로는 "기계론적 유추에서 지질학적 또는 생물학적 질서에 근거한 유추로의 사고의 전환" 을 반영하는 것이라 지적한다.

따라서 알토의 이러한 건축 철학과 작품들에는 2차 대전 이후 건축의 기념비성, 역사, 테크놀러지, 그리고 인간의 가치가 지니는 역할에 대해 탐구하는 흐름 속에서, 건물의 실용적이고 기능적인 요소들과 형태적 다양성, 사회적 및 심리적 주제들이 균형을 이루는 새로운 휴머니즘 건축의 특성이 담지되어 있다. 알토의 이러한 건축적 사고는 역사와 전통, 지역의 풍토성과 재료의 물성, 그리고 인간의 심리적 차원을 수용한 현대 건축가들-루이스 칸, 요른 웃존, 알바로 시자, 찰스 무어 등-에게도 영향을 끼쳤다. 또 그의 건축에서 발견되는 휴머니즘 특성, 동질성보다는 다양성을 중시하는 '다가적(多價的) 질서(multivalent order)'의 개념 등은 문화적으로나 생태학적으로 건강한 가치와 수단을 추구하는 현대건축에 타당성 있는 통합의 원리를 제시한 것으로 평가된다.

도6-13a, b, c, d, e
알바 알토, 세이나짤로 군청사, 세이나짤로, 핀란드, 1948-1952

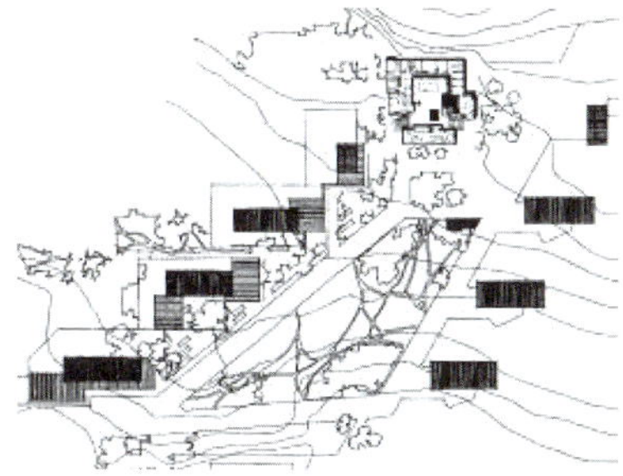

세이나짤로 군청사(Säynätsalo Town Hall, Säynätsalo, Finland, 1948-1952)(도6-13a, b, c, d, e)에서, 알토는 숲으로 우거진 언덕을 재형상화하고 한정된 외부 공간(중정)을 사람들의 정체성과 융합하여 건축 형태가 자연의 랜드스케이프와 합체되는 방식으로 '환대하는, 공공의, 도시적인, 그리고 기념비적 상징'을 지닌 건물을 만들었다. 여기서 건물의 배치는 파리 만국박람회 핀란드관과 빌라 마이레아에서 도입한 L자 또는 ㄷ자형의 배치구성 방식을 발전시켜 U자형 관리동과 독립한 一자

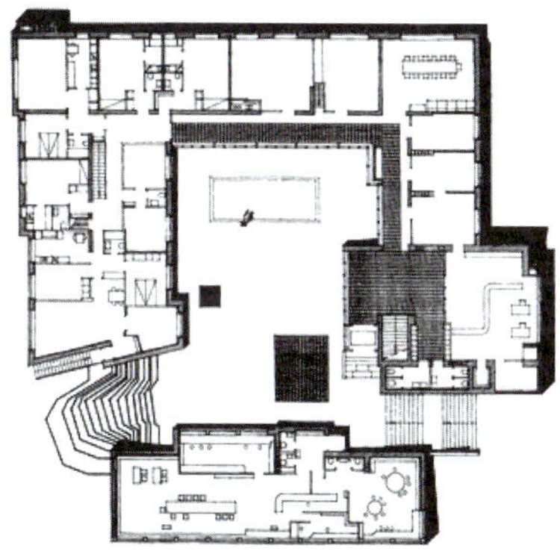

형 도서관으로 분절된 매스를 결합하고 경사지를 활용하여 인공적으로 단을 높혀 조성한 중정을 갖는 형식으로 이루어졌다. 고립된 커뮤니티의 중심부에 위치해 있는 이 건물의 중앙에 있는 중정은 지역사회의 집결지라는 의미를 강하게 반영한다. 이 건물은 드라마틱한 단면으로 대지의 다양한 레벨과 인접한 숲의 환경이 함께 결합되어 있어 점진적으로 조금씩 성장해온 고대 건물의 복합체와 같은 분위기를 갖는다. 여기서 주변보다 높게 조성된 두 개의 독특한 형상의 외부계단으로 접근하게 되어 있는 중정은 건물의 초점이 되는 중심공간이다. 건축적 산책로를 연상시키는 긴 접근동선의 여정(대지 위로 솟아오른 외부 계단-내부 중정-채광이 든 복도-위층의 의회실에 이르는 내부 계단 등)과 배경화법적인 장면 전개의 수법으로 경험되는 연속적인 조망의 전개방식은 알토가 이탈리아 여행에서 관찰한 언덕에 위치한 시청사 건물의 배치와 접근동선의 이미지를 차용한 것이다. 특히 독특한 형상의 매스로 솟아 있는 의회실은 작지만 군집된 매스로 이루어진 도시의 공공건물에 시각적 초점과 기념비성을 표현하려는 상징적 의미를 도시의 왕관처럼 부여하여 표현한 것이다.

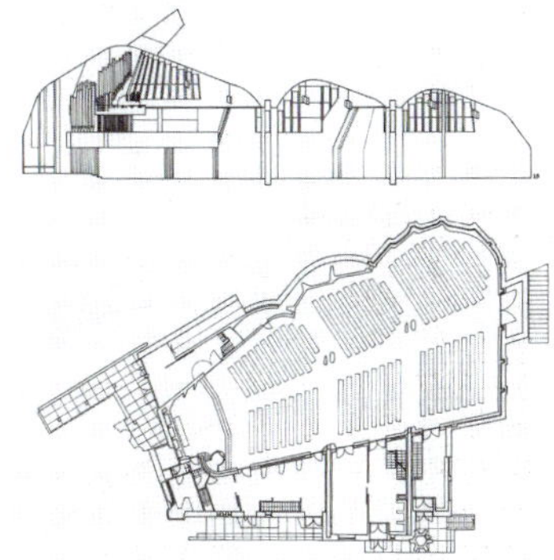

도6-14a, b, c
알바 알토, 3 십자가 교회, 부오세니스카, 이마트라, 핀란드, 1955-1958

부오세니스카의 3 십자가 교회(Vuoksenniska Church, Church of the Three Cross, Imatra, Finland, 1955-1958)(도6-14a, b, c)에서 알토는 형태와 빛의 '신비스러운' 감각이 확연히 드러나는 표현적이고 감각적인 건물을 만들어냈다. 특히 여기서 실용적, 음향적인 목적을 위해 본당의 회중석을 세포 모양의 3개의 작은 유닛들로 분할하여 만든 평면과 단면의 불규칙한 형상은 제단에서 설교하는 소리가 퍼져나가는 형상과 일치한다. 특히 이 평면과 단면 형상들의 상호관입이 만들어내는 '다성적인 공간(polyphonic space)'은 외벽이 그 경계면을 감싸는 형식으로 나타난다. 또 외부에서는 인식되지 않아 예상 밖의 경험을 제공하는 이러한 내부 공간은 프로그램적으로도 사람들의 모임에 따라 융통성있게 대응이 가능하도록 하여 기능적인 요구를 만족시키고 있다. 경사진 지붕의 윤곽은 회중석의 벽들을 이음새 없이 연속된 볼트형상의 지붕과의 통합을 보여준다. 고창(高窓)에서 들어오는 빛의 확산은 경사진 흰색의 곡면에 비물질성을 부여하여 육중한 콘크리트의 구조물에 상반되는 영적 공간의 메타포를 만들어낸다.

도6-15a, b, c, d
알바 알토, 핀란드 홀, 헬싱키, 핀란드, 1962-1972

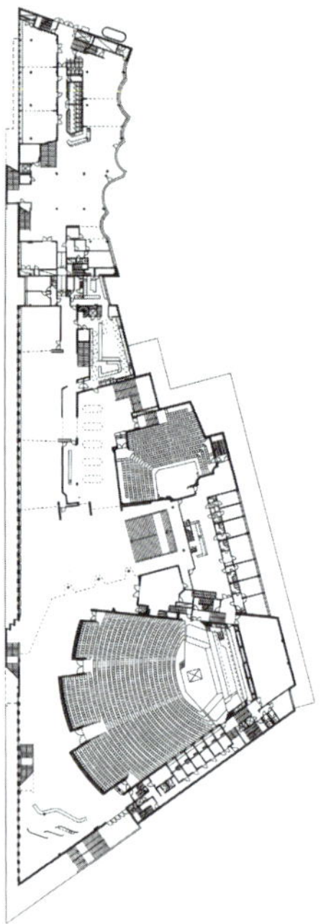

알토가 평생동안 기념비적인 건축물에 대해 실험해 온 여러 개념들을 보여주는 작품인 **핀란드 홀**(Finlandia Hall, Helsinki, Finland, 1962-1972)(도6-15a, b, c, d)에서, 알토는 형태가 기능이나 구조적 해결책으로 결정되는 모더니즘의 기능주의와는 다르게 입체파적인 형태의 장식으로 고안된 구성으로 독특한 기념비성을 지닌 건물을 창조하였다. 여기서 파사드 재료로 흰색의 대리석을 사용한 수평의 긴 매스의 건물 위에 솟아 있는 콘서트 홀의 드라마틱한 지붕은, 콘서트 홀 상부에 공명의 영역을 만들어 내부의 음향적 효과를 해결할 뿐만 아니라 마치 눈으로 덮힌 산처럼 이 공공건물에 '도시의 왕관' 과 같은 기념비적인 표현성을 부여하고자 의도한 것이다. 내부에서 이중의 높이로, 마치 개방된 랜드스케이프와 같은 로비와 분절된 발코니 공간에 이르는 계단 등의 시퀀스는 이 건물의 기념비성에 부합되는 훌륭한 이동경로와 공간적 체험을 제공한다. 또 숲에 있는 나무처럼 보이는 기둥들이 공간의 구조적 측면뿐만 아니라 시각적인 측면으로 배열되어 독특한 내부공간을 만들어내는 로비공간은 알토가 내부의 건축공간을 사용하여 은유적인 랜드스케이프 작업을 성공적으로 수행하였음을 여실히 보여주고 있다. 이러한 모든 것은 '건축이란 인간-청중과 공연가-을 위한 배경으로 봉사하는 것' 이라는 알토의 신념을 나타내는 것이다.

| 감성을 환기시키는 건축에 대한 탐구 : 루이스 바라간 |

a.
고요함은 감성의 건축에서 중요하다

알토와 동시대에 태어나 근대건축이 성숙해 가는 시기에 활동한 바라간(Luis Baragán, 1902-1988)은 삶의 후반기인 1960년 중반에 자신만의 독특한 건축적 담론과 작품으로 세인들의 주목을 받은 건축가이다. 멕시코의 지역성과 풍토적 특성뿐만 아니라 인간의 감성과 기억을 환기시켜 주는 건축적 경험을 중시한 바라간의 건축 철학과 작품은 리카르도 레고레타(Ricardo Legoreta)(주11), 알바로 시자(Álvaro Siza Vieira), 안도 다다오(Ando Dadao) 등과 같은 현대 건축가들에게 깊은 영향을 끼쳤다. 바라간은 1920년대에 유럽여행을 통해 접한 지중해 문화의 영향과 유럽 근대건축의 흐름, 특히 프랑스 조경건축가 페르디낭 방(Ferdinand Banc)에 접하였으며, 1930년와 1940년대 초반에 경제성과 공간적 효율성을 중시한 기능주의적인 모더니즘 성향의 작품 활동을 하였다. 이 시기에 바라간은 마야 건축이나 스페인 식민지 시대 건축의 상실된 전통을 재생하기보다는 기능주의의 건축 언어를 채택하여 맥시코의 일상생활에 적용한 현대건축을 창조하는 작업을 중시하였다. 1940년 중반에 바라간은 건축가의 길을 접고 새로운 주거지역을 개발하는 엘 뻬드레갈 프로젝트(El Pedregal, 1945)로 토지개발사업가, 조경건축가로 활동하면서 주목받기 시작한다. 이 시기에 그는 멕시코 지역의 토착 건축의 주제를 해석하여 지역성과 현대성의 융합을 추구하고, 자연과 건축의 공생을 지향하는 작품들을 만들어내기 시작하였다. 이것은 그가 기능주의의 무미건조함을 거부하고 건축의 기원, 즉 그 근본적인 교훈으로 회귀하고자 하는 태도를 보여주는 것이다. 바라간은 개인적이고 특별한 건축언어로 그 시대의 지배적인 양식과는 급진적으로 다른 건물을 디자인 하여 현대건축에 기여한 건축가로 평가되고 있다.

바라간은 모더니즘의 기술문명이 만들어내는 현대성의 흐름을 거부하지 않았지만, 가속화되어가는 도시화가 전통적 삶의 방식과 개인적 삶과는 유리된 채 빈곤한 정신으로 포장된 공적인 생활영역에 휩쓸려가는 현상을 직시하고 이에 대한 새로운 대안을 찾고자 하였다.(주12) 후기 모더니즘 사회에서 기능주의 건축을 거부하고 통합된 정신의 부재를 직시한 바라간은 세속 문화 이전 단계의 종교가 수행한 역할에 대해 주목한다. 독실한 카톨릭 신도인 그는 "모든 문화의 근저에 흐르는 정신적 보편성의 속성"을 더 중시하였으며, "진리란, 육체적이고 감각적인 순수성을 통해서만 회복될 수 있다"고 생각하였다. 그는 "예술적 현상의 존재 이유가 되는 종교적 영성과 그 신화적 뿌리에 대한 경외감없이는 예술과 그 역사가 지닌 영광을 이해하는 것이 불가능하다"((ed.) Federica Zanco, 2001, p.18, p.20 재인용)는 점을 강조하였다. 이러한 사실은 그가 16세기 멕시코 종교건축이 지닌 입방체 공간, 빛과 그림자의 효과, 중정 등과 같은 요소들을 수용하여 친숙한 스케일로 재창조한 데서 여실히 드러난다. 또 바라간의 작품에서 침묵의 공간에는 스페인 수도원에서 경험할 수 있는 몰입하게 하는 엄숙함의 이미지가 담겨있는 데서도 나타난다.

그러므로 바라간은 대도시의 끊임없는 혼잡 속에 매몰된 현대인들이 일상생활에서 '명상하는 창조적인 정신으로 평화와 평정의 감정'을 가능하게 하는 '고요함(serenity)'의 장소를 창조하고 유지시키는 한정된 영역으로서의 주택의 중요성에 대해 역설한다. 그는 오늘날 대도시에서 상실된 공동체적 질서와 피난처로서의 주택 본연의 내부지향적 공간 경험을 정서에 기반을 두어 다시 회복시키고자 하였다.

> "고요함을 표현하지 못하는 모든 건축은 그 정신적인(영적인) 목적을 달성하지 못한다. 벽으로 보호되는 피난처를 창을 크게 확장하여 드러나는 냉혹함으로 대체한 것이 큰 실수였다는 이유가 여기에 있다."(Luis Barragán, (ed.) Raúl Rispa, 1996, p.24 재인용)

따라서 바라간은 고요함의 개념은 "걱정과 두려움에 대한 위대한 처방"이며 이러한 "고요함을 유지하는 것이 오늘날 건축가의 의무"(Luis Barragán, 1980)라고 강조한다. 그는 모더니즘 건축이 주장한 것처럼 '그 안에서 살기 위한 기계'로서의 건축이라는 개념은 혼잡한 도시문명에서 안식과 명상을 제공하지 못해 삶의 질에 해로울 뿐이라고 역설한다. 그는 무엇보다도 자신의 건축을 인간의 감성과 감각적 경험을 환기시키는 장치로 간주하였다. 이것은 인간의 의식 속에 내재된 깊은 정서와 기억, 판타지, 향수, 내적 경험 등에 반응하는 공간을 만들어내는 것을 의미한다. 바라간 자신의 표현처럼 인간의 정서와 기억에 기반을 둔 '감성의 건축(emotional architecture)'은 그가 평생 동안 탐구하여 구현하고자 한 과제였다. 이것은 단순히 오감을 자극하는 감각적인 건축(sensuous architecture)과는 그 성격을 달리한다.(2권 04참조)

> "내가 설계하는 주택이나 정원은 언제나 벽으로 둘러싸인 침묵의 공간을 가지고 있다. 이 침묵 속에서 나의 분수는 노래를 부른다. 내 집은 나의 피난처이며, 한 조각의 차디찬 편리함이 아니라 감동적인 건축의 한 부분이다. 나는 '감성의 건축'을 믿는다."(Yutka Saito, 1992, p.10; 한지애, 2005, p.39 재인용)

그러므로 바라간의 작품은 사람과 사물에 대한 기억, 감성과 느낌을 통해 경험하는 것을 전제로 한다. 그의 작품에서 침묵과 고독이 존재하는 공간의 고요함은 이러한 감성의 건축을 이루는 주요 개념이다. 바라간은 하늘, 물, 나무 등을 추상화된 자연의 요소로 도입하여 현대사회에서 상실된 주거에 자연과 친숙하게 연결되어 있는 멕시코의 전형적인 주거의 특성을 회복시키고자 하였다. 그는 인간과 자연이 서로 만나 공생하는 장소는 일상 공간의 내부에서 만들어진다고 보았기 때문에 빛과 바람과 같은 자연의 요소들을 주택의 내부공간으로 도입한다. 바라간의 작품에서 이러한 공간은 "그 안에서 느끼고 사유하기 위한 환경" ((ed.) Raúl Rispa, 1996, p.25)이며, 인식의 상태를 무효화하는 상징, 형상, 색채로 이루어진 건축을 요구한다.

침묵과 사유의 개념을 중시한 바라간의 이러한 철학은 루이스 칸에 대해 존경심을 표하고 칸의 건축적 담론을 수용하는 태도에서도 나타난다. 알바(Antonio Fernádez Alba, (ed.) Raúl Rispa, 1996, p.38)는, 바라간이 칸의 작품에서 발견되는 "공간의 침묵, 훌륭한 건축 속에 내재하는 시학적 특성, 건축형태의 영역에 담지되어 있는 속성들, 그리고 오랜 시간의 경과 속에서 잃어버린 원리 등과 같은 주제들" 에 천착하였다고 지적한다. 바라간은 이와 같은 건축의 개념을 장식이 전혀 필요하지 않은 진리로 간주하였으며, 건축은 그 자신의 물리적인 표현을 창조하기 위해 피상적 요소들을 덧붙여서는 안 된다는 믿음을 지녔다. 그에게 있어서 "건축형태의 진리는 구축된 공간의 형상 속에서 전적으로 물질화되어 나타나는 것" 이어야만 했다. 바라간은 알토와 마찬가지로 경제적 동물인 인간의 도구적 착취와 개발로 인해 황폐해 가는 현실 속에서 인간과 자연의 태고시대 이래로 존속해 온 지속적인 대화의 중요성을 역설한다. 그가 건축과 랜드스케이프 상호간 공생의 관계를 지속시키는 작업을 중시하고 대지로부터 성장하는 건축을 추구하는 것은 이러한 이유에서이다. 바라간은 건물이 놓여 있는 대지처럼, 이러한 건축은 음영과 보호감을 제공하며, 거주 가능한 실체로 이루어지고, 인간적 스케일을 지닐 뿐 아니라 의미로 충만해 있다는 것이다. 그는 오랫동안 할리스코의 토착적 건축과 그 표현이 갖는 단순한 고귀함에 깊은 존경심을 표하였으며, 이러한 토착적 전통과 역사를 재해석하는 작업이 건축문화에 기여할 수 있다는 사실을 강조한다.

바라간에게 있어서 현대성은 전통의 연속성과 분리할 수 없는 것으로 간주되었다. 따라서 전통과 혁신은 그의 작품에서 서로를 고무시켜주는 방식으로 공존한다. 무엇보다도 그는 영속적인 과거에 대한 개인적인 기억의 가치를 소중하게 여겼다. 그는 '새로운 단순성' 과 '대지로의 회귀' 를 근대화에 저항하는 수단으로 뿐만 아니라 대지의 거주성을 지속시키는 수단으로도 인식하였다. 이 점에서 프램톤(K. Frampton)은 바라간에게 있어서 "지어진 것과의 관계에서 지어지지 않은 것, 즉 건축과의 관계에서 랜드스케이프가 담당하는 역할은 매우 중요하다"((ed.) Federica Zanco, 2001, p.18)고 지적한다.

도6-16 a, b, c
L. 바라간, 루나 주택, 할리스코, 멕시코, 1928

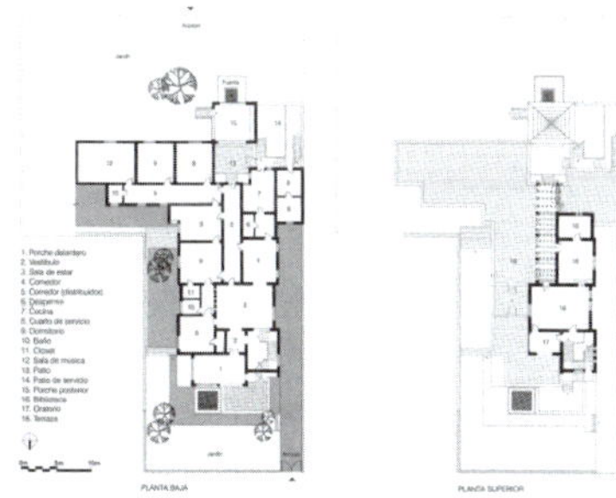

바라간의 건축에서 주택과 정원의 구성방식은 은신처로서의 깊이감을 갖는 내부지향적인 성격이 강하다. 그는 생활의 중심이 되는 거실과 식당 주변의 정원과 중정을 침묵의 공간으로 구성하고, 이와 연계된 내부공간도 침묵의 비일상적인 공간으로 만들어내고자 한다.(주13) 특히 바라간은 일상공간과 비일상공간의 배치, 거실과 정원, 옥상 정원, 물의 정원과 같은 요소들 뿐만 아니라 사잇공간의 역할을 하는 보이드(void) 공간을 의도적으로 도입하는 수법을 사용하여 '감성에 기반을 둔 공간'을 만들고자 하였다. 이 보이드 공간은 주변의 사물을 관조하는 무(無)의 장소이며, 영역적 경계를 분절하여 공간적 연속성의 경험을 제공해주는 매개적 공간의 성격을 갖는다. (이것은 기능과 편리성이라는 프로그램적인 차원에 보이드 공간을 도입한 렘 쿨하스, 위니마스 등의 개념과는 다르다. 이에 대해서는 1권 01을 참조할 것. 건축과 자연의 새로운 영역적 관계를 만들어내고자 한 이것은 안도의 벽의 건축이 만들어내는 사잇공간의 개념과 유사하다.) 그의 작품에서 발견되는 비움과 채움의 다양한 관계는 부분적인 벽체, 천장으로 유입되는 빛, 각 실의 공간을 연결하는 사잇공간과 이를 연결하는 우회적인 동선, 영역적 경계를 만들어내는 수(水) 공간 등이 중첩되어 나타난다.

바라간의 초기작품인 **루나주택**(Efraín González Luna House, Guadalajara, Jalisco, Mexico, 1928)(도6-16a, b, c)은 바라간의 이후 작품들에서 나타나는 주요 개념들-외벽의 배치, 창문의 신중한 분절, 빛의 연출과 그 다양한 분위기의 효과, 그리고 정원, 분수, 내부 영역들의 상호 소통, 한정하고 자극적인 요소로서의 색채의 도입, 재료의 선택, 사회적 이벤트와 개인적 명상을 위한 지붕 테라스의 활용 등-을 종합적으로 보여주고 있다.(주14) 여기서 반

도6-17 a, b
L. 바라간, 엘 뻬드데갈 주택개발지 프로젝트, 멕시코 시티, 멕시코, 1945-1950

(半) 외부공간의 성격을 띠는 파티오, 벽과 계단의 방해받지 않은 확장 등은 그가 유럽 여행을 통해 접한 지중해 문화의 토착 건축의 영향, 그리고 정원은 그 자체 안에 온전한 우주를 담고 있다고 믿은 프랑스 조경건축가 페르디낭 방의 사상을 독특한 감수성으로 수용한 것이다. 주택을 구성하는 매스와 조화를 이루도록 병치된 기하학적 요소들-반원형, 정방형, 직사각형 등의 형태-이 낭만적 분위기를 만들어내고 있다.

엘 뻬드데갈 주택개발지 프로젝트(Jardines del Perdegal Residential Subdivision, Colonia San Angel, Mexico City, 1945-1950)(도6-17a, b)는 바라간이 화산지역의 지형학적 특성과 자연의 랜드스케이프의 특성-바위, 신비스러운 계곡 등-을 생태학적 휴머니즘 시각으로 디자인한 정원들로 주목받은 작품이다. 여기서 그는 최소한의 구성요소와 텍스처를 사용하여 자연 그대로의 랜드스케이프가 독특한 시퀀스로 경험되도록 인간화하였다.
바라간 주택과 스튜디오(Luis Barragán House and Studáio, Colonia Tacubaya, Mexico City, 1947)(도6-18 a, b, c, d, e)는 바라간의 건축 철학을 가장 잘 보여주는 대표적인 작품이다. 여기서 가로변에 면한 주거 공간들과는 달리, 주택의 외부 공간은 로지아, 파티오, 테라스 등과 같이 정원 성격을 갖는 다양한 레벨의 영역들로 나뉘어져 구성되었다. 또한 방향의 전환과 동시에 내・외부공간을 향하는 시선도 바뀌면서 원경과 근경의 전개라는 리듬이 교차한다. 이 주택에서 간접채광과 벽면의 의례적인 마감으로 독특한 분위기의 공간을 연출하는 현관 입구뿐만 아니라, 이층 높이 핑크색 벽의 볼륨으로 구성된 응접실 홀과 서재에서 레벨의 차이를 이루며 전개되는 유동적인 공간은 멕시코의 전통목재 서까래로 된 천장과 입체파의 구성논리를 함께 반영하고 있다. 전통과 혁신의 상호작용은 벽에서 후퇴하여 정원을 향하여 열려 있는 거대한 개방적 유리창과 서재의 가로변에 면한 벽으로 유입되는 반투명의 격자형 고창층이 이루는 대립관계를 통해서 한층 강화되고 있다. 벽으로 에워싸인 중정은 치리코(de Chirico)의 초현실주의적 미술의 영향을 반영하는 미니멀리즘적 구성과 색채로 마감되어 시간의 경과 속에서 빛과 그림자가 만들어내는 독특한 이미지를 연출한다.

도6-18 a, b, c, d, e
L. 바라간, 바라간 주택과 스튜디오, 멕시코 시티, 멕시코, 1947

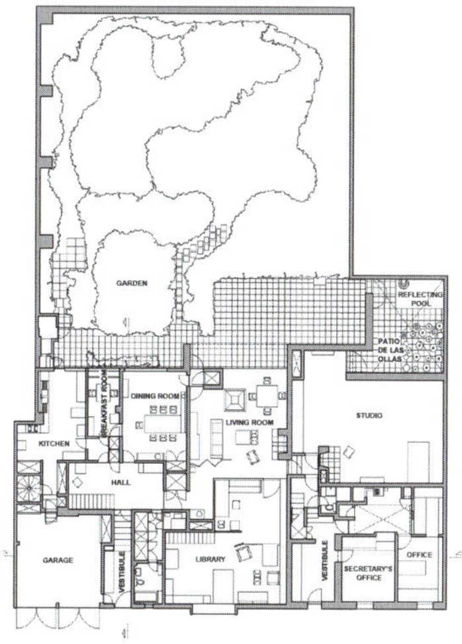

b.

공간적 질서는 '설화 형식의 공간적 시나리오' 를 만드는 것이다.

바라간의 건축은 인간의 오관의 감각, 기억, 정서 등 공감각적 공간 인식에 깊이 뿌리를 두고 있다. 그의 작품에서 발견되는 공간적 질서는 연속된 장면들로 전개되는 '설화 형식의 공간적 시나리오(narrated spatial scenario)' 를 만드는 것에 근거하고 있다. 그는 무대 장면적인, 영화기법적인 시퀀스로 주요 공간들-입구 홀, 음악실, 서재와 거실을 거쳐 나무들로 우거진 거친 돌로 된 후면의 벽에 이르기까지-이 오랫동안 천천히 진행되는 관찰자의 눈 앞에 펼쳐지는 수법을 사용한다. 이러한 공간적 시나리오 수법은 건축가로서의 그 자신이 사용자에게 경험시키고자 하는 '예정된 체험' 의 속성을 전제로 한 것으로 이것은 건축가 자신의 심상을 관찰자의 심상 속에 재창조하는 수법이기도 하다. 따라서 바라간은 관찰자의 움직임, 이동의 경로 등을 통해 공간과 오브제의 상호 얽힘의 관계로 발생하는 공간을 경험하는 방식을 강조한다. 여기서 시간의 이행과정 속에서 신체가 경험하는 공간은 우회적인 긴 동선을 통해 발생하도록 의도하였다. 이것은 신체가 움직임의 과정을 통해서 그 앞에 펼쳐지는 연속적, 비연속적인 랜드스케이프와 장면들과의 지속적인 관계를 갖도록 하기 위함이다.(이러한 수법은 후에 살펴볼 안도 다다오와 스티븐 홀의 작품에서도 반복되어 나타나는 수법이다.) 이 점에서 페르난데즈(Antonio Toca Fernández, (ed.) Raúl Rispa, 1996, p.13)는, 바라간의 작품은 단순히 '죽 훑어보는 행위(looking)' 만이 아니라 사물을 발견하고 분석하는 '의식적인 보는 행위(seeing)' 로 경험되는 독특한 특성을 지니고 있다고 지적한다. 이것은 단순히 주시하는 것으로 충분하지 않으며 관찰자의 능동적인 참여 행위를 요구하는 것이다.

따라서 그의 작품에서, 한 공간에서 다른 공간으로의 전이(轉移)가 방해받지 않고 연속성을 갖도록 만드는 작업과 정교하게 한정된 조망에 근거한 접근방식을 활용하는 작업은 매우 중요하다. 이것은 단순히 공간적 위계에 의해서 전개되는 수법과는 다른 것으로 "관찰자를 전례적(典禮的) 의미를 지닌, 무대 장치적인 감각으로 결정된 경로를 따라 유도하기 위한 것"((ed.) Federica Zanco, 2001, p.85)이다. 그의 작품에서는 열리고 닫히는 내, 외부 공간들의 연속선 상에서 동선이 교차하는 코너부에 바닥의 레벨 차이, 천장의 마감재를 이용한 방향성 부여, 다양한 개구부를 통한 동선과 시선의 유도 등이 공간의 테두리 부분을 강화하여 움직임과 시선의 흐름을 유도한다. 특히 꺾인 동선과 계단, 떨어지는 빛의 효과, 표면의 재질감, 분수의 반사 표면과 3차원 조각물 등은 움직임과 시야를 유도하는 데 기여한다. 난간 없이 벽에 부착되어 있는 계단은 건물의 중심공간에서 오를 때 빛을 받도록 설치되어 외부적으로나 내부적으로 랜드스케이프적인 요소의 역할을 수행한다. 신체는 이러한 경로에서 자연과 정원의 랜드스케이프를 단속적으로, 또는 연속적으로 체험하며 장소의 감각을 경험하게 된다. 이와 같이 신체의 움직임, 이동방향은 항상 시간의 이행에 관련된 공간적, 시간적인 틈(사잇공간)을 결합하는 것과 관계가 있다.(이러한 수법은 바라간에게서 깊은 영향을 받은 안도 다다오의 작품에서도 찾아볼 수 있다.)

내향성을 추구하는 바라간의 건축에서 에워쌈은 중요한 요소이다. 그가 건물의 공간을 기능적인 분절이 아니라 다양한 성격을 지닌 외부공간과 사잇공간으로 구성하는 이유는 개인의 '내적인 조망' 을 강화하기 위해서이다. 이러한 에워쌈의 감각은 단순한 벽체가 만드는 깊은 그림자와 스케일, 색채가 만들어내는 초현실적인 분위기가 만드는 신비감으로 가득차게 된다. 특히 바라간에게 파티오와 옥상정원은 비일상 공간으로 명상과 사색을 위한 공간의 성격이 강하다. 일상적 공간은 정원과 연결된 부분 외의 3면이 높은 벽으로 둘러싸여 정적인 공간을 이룬다. 바라간은 정원이 주는 심리적 및 정신적인 가치를 아래와 같이 언급한다.

> "특히 어떤 기후나 세상의 일부에서 정원은 앉아서 먹고 주택의 다른 거주자들과 만날 수 있는 "거실"처럼 사계절 내내 사용 가능하다. 나는 정원에서 하루에 몇 시간씩 시간을 보내는 습관을 통해 얻을 수 있는 심리적 및 정신적인 이완을 당신에게 전달할 수 있기를 바란다. 이것은 사람에게 사적이고 친밀한 영역감, 그리고 전통적인 주거의 느낌을 제공한다. 이러한 유형의 정원을 통해서 우리는 일상의 음식처럼 일상 생활의 한 부분으로서 아름다움에 익숙해지게 된다."(Luis Barragán, 1951년 연설문 중에서;(ed.) Raúl Rispa, 1996, p.32 재인용)

바라간의 감성의 건축에 대한 탐구는 이러한 '고요함' 의 영역뿐만 아니라 가로와 인접한 '수직적 정원(vertical garden)' , '감성적이고 독특한 색채의 사용' 등을 통해 '감각과 기억, 정신적 가치를 자극하는 공감각적 공간인식' (한지애, 2005, pp.22-28)에 바탕을 두고 있다. 그는 주택의 경계를 이루는 벽들이 나무, 꽃, 덩굴 등으로 이루어져 장식적인 기능을 수행하는 '수직적 정원' 이라는 자신만의 독특한 개념을 발전시켜 가로와 정원의 경계를 모호하게 하였다. 이것은 가로의 미적 분위기에 기여하는 가로 정원(street garden)의 역할을 한다. 그러므로 바라간은 이웃과 외부로부터의 시선을 차단하는 사적인 내밀한 정원을 조성하는 수법을 중시한다.(주15) 따라서 그는 개방적인 정원보다 에워싸인 정원을 선호한다. 그의 작품에서 거실의 성격을 갖는 이러한 정원을 통해서 '침묵의 평온함과 자연의 소리를 들을 수 있는 경험' 이 중시된다. 바라간은 바닥면 또는 지붕 테라스의 경우에는 하늘과 같은 요소를 '다섯 번째 파사드' 로 인식하여 구성요소로 사용하는 독창성을 보여주었다.(주16) 서비스 공간과 관련된 영역들을 가능한 한 가로변에 면하여 배치하고, 주거공간 영역들 간에 공간적 및 시각적인 연결을 만들어내는 구성방식을 중시한다. 이러한 공간들은 정원을 면하고 있으며, 독서와 음악을 위해 사적으로 특별히 격리된 공간을 제공하도록 의도된 것이다. 바라간은 이러한 방식으로 현대성이라는 본질적인 요구에 대응하는 새로운 가정 생활의 영역들을 의심의 여지없이 맥시코적인 색조와 함께 결합하여 구성한다.

바라간의 건축에서 벽은 강한 자율성뿐만 아니라 오래된 건축요소로서 지녀 온 고상함과 중요한 의미를 부여받는다.(주17) 내, 외부의 경계를 사라지게 하는 근대건축의 커튼 월을 거부한 바라간은, 벽을 주거공간을 한정하는 경계의 장치로 사용한다. 바라간은 이러한 벽을, 공간을 에워싸 외부와 경계 지은 특별한 의식적 공간으로 비워두는 '배경으로서의 벽' 으로 사용한다. 이것은 시간에 따라 빛의 변화와 함께 벽으로 둘러싸인 공간도 함께 변하는 효과를 만들어내는 데 기여한다. 그는 공간을 지배하는 추상적인 오브제와 같은 부분적인 벽을 사용하고 색채로 그 존재감을 드러내는 역할을 수행하는 '독립적인 요소로서의 벽' 을 도입한다. 이러한 벽은 내부공간의 볼륨을 구성하여 공간의 시각적 연결을 만들어내는 데도 기여하고 있다. 바라간의 작품에서 이러한 벽들로 분절되어 생성되는 공간에는 반(半) 내부공간의 성격을 지닌 '사잇공간' 이 발생한다.

또한 미적 감성을 환기시키는 건축을 추구해온 바라간에게 색채는 건축을 보완하며, 공간에 '신비스러운 분위기' 의 감각을 부여하는 데 중요한 요소이다. 그는 공간을 활기있게 만드는 수법으로 대지의 기후, 식생과 조화를 이루는 색채를 사용할 뿐만 아니라, 이러한 색채를 사용하여 시간에 따른 빛의 변화와 반사를 통한 효과 등으로 감성적 공간을 만들어내고자 하였다. 그는 색채를 통해 빛을 재료의 표면에 머물게 하고, 재료의 재질감과 물성을 드러내며 촉각적 경험을 강화하는 데 사용한다. 특히 바라간은 섬세하게 조절된 개구부를 통해 미묘한 자연의 빛을 도입하여 명암이 대조되는 공간효과를 만들거나, 반쯤 걸러진 빛을 거주자의 정신적인 안정의 회복과 고취를 위해 사용한다. 이러한 빛은 재료가 놓이는 방식에 따라 다양한 벽면 재료의 물성에 내포된 감성적인 힘을 드러내며, 동시에 관찰자의 시선과 동선을 유도하는 데 기여한다. 따라서 이러한 공간 안에서 관찰자는 자신 앞에 전개된 사물들에 의해 환기되는 "가상과 실제라는 두 세계를 경함하게 되는 것" ((ed.) Raúl Rispa, 1996, p.40)이다.

바라간은 **카푸친회 수녀원 채플**(Chaple for the Capuchinas Sacramenratias del Purísmo Corazón de María and Convent Restoration, Colonia Tlapan, Mexico City, 1952-1955)(**도6-19a, b, c**) 개축에서 '빛으로 신성하게 연출된 공간' 의 이미지로 자신의 아이디어, 인상, 느낌, 기억 등을 건축적으로 훌륭하게 성취한 작품을 만들었다. 이 채플에서 바라간은 건축적 요소로서 빛을 채색유리의 창과 격자창을 통해 걸러지고 채색시키고 여과시키는 다양한 방식으로 사용하여 빛으로 충만한 연속적인 공간의 구조로 구성하여 말로 형용할 수 없는 서정성을 부여하고 있다. 성가대석의 노란 격자창은 제단의 빛으로 이어지며, 기도실의 완충작용을 하고 있다. 예배실의 예각 모서리가 만나는 부분에 위치한 십자가는 동측의 스테인레스 창과 고창측의 빛을 모두 받는다. 자연 채광의 대부분은 채플의 후면에 있는 격자창을 통해 걸러지며, 측면 벽에 감추어진 창문을 통해 강화되고 있다. 따라서 채플, 성가대석, 중정과 제단 등에 떨어지는 빛들은 신성을 반영한다. 여기서 공간의 연결관계는 보는 장소와 보이는 장소의 역전을 통해서 공간의 긴장감과 신비감이 강조된다. 중앙 파티오의 남측면에 위치해 있는 검은색 수조는 시각적인 표식으로 공간 전체의 초점과 같은 역할을 하고 있다.

도6-19a, b, c
L. 바라간, 카푸친회 수녀원 채플, 멕시코 시티, 멕시코, 1952-1955

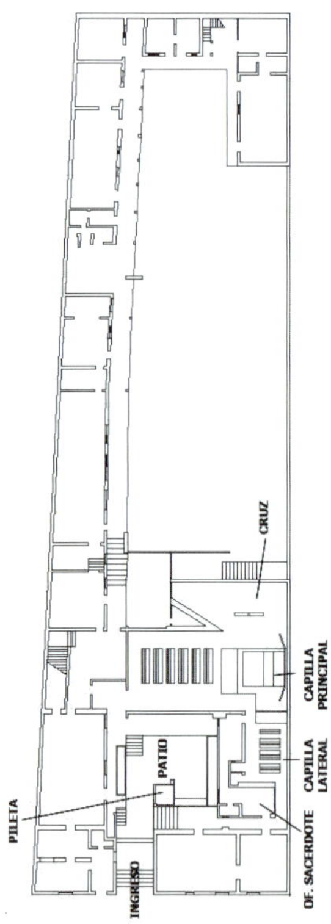

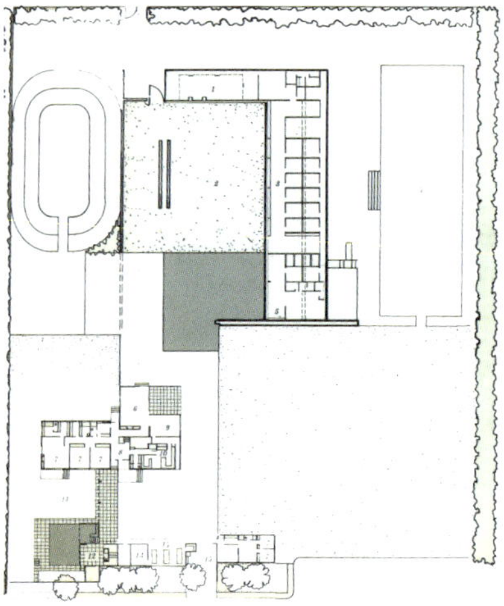

도6-20a, b
L. 바라간, 산 크리스토발 조련장,
멕시코, 1967-1968

바라간이 '공간을 창조하는 벽' 을 통해서 사적 공간과 공적 공간, 전통과 혁신을 공존시키고 위계화하는 구성방식은 **산 크리스토발 조련장**(San Cristóbal Stables and Folke Egerstörm House, Atizapán de Zaragoza, Estado de Mexico, 1967-1968)(도6-20a, b)에서 근대적인 에거스트롬(Egerstörm) 주택과 추상적이고 상징적이지만 그럼에도 불구하고 전통적인 마굿간 영역으로 구분된 전통적 공간들을 대조적으로 구성하는 데서도 찾아볼 수 있다. 여기서 말을 탄 인간의 휴먼 스케일에 근거하고, 다양한 색채로 된 기하학적인 높고 낮은 벽으로 구성되어져 있고, 단순한 공간적 질서에서 관찰자는 시점의 변화에 따라 연속적 장면들이 전개되는 것을 경험하게 된다.

길라르디 주택(Francisco Gilardi House, Colonia San Miguel Chapultepec, Mexico City, 1976)(도6-21a, b, c, d)은 '직접 광(光)과 걸러진 빛의 효과' 를 보여주는 대표적인 작품이다. 바라간은 폭이 좁은 긴 장축형의 대지에 서비스 영역과 침실을 가로변에 근접하여 배치하고, 다양한 중정들과 연결 복도로 대지 깊숙히 안쪽에 배치한 식당과 실내 수영장을 연결하는 공간구성을 전개한다. 특히 빛이 들어오는 각도에 따라 스펙트럼처럼 걸러 들어오는 빛의 필터와 침묵 속에서 점진적으로 공간이 전개되고 있다. 이러한 공간적 질서는 단순한 입구에서 시작하여 상부의 자연광이 비치는 확장된 통로를 거쳐 위로 갑자기 높아지지면서 난간이 없는 계단, 오닉스 색의 수직적 틈새 창으로 걸러지고, 황금색 빛의 부드러운 분위기를 암시하는 복도 등을 통해 작은 수영장과 의례용 식탁, 의자, 찬장 등을 포함하고 있는 절제된 공간으로 개방된 개구부에 이르는 과정에서 찾아볼 수 있다. 이 주택의 중심공간인 거실-식당, 실내 수영장의 영역은 수영장 위의 천창의 빛을 받는 붉은색의 벽과 빛으로 추상적인 감각적 분위기라는 침묵의 세계를 만들어내고 있다. 특히 계단실의 매스가 갖는 리듬감은 그곳으로 유입되는 빛의 흐름과 함께 관찰자의 시선과 동선을 유도하는 역할을 한다. 외부 파티오 벽의 연보라색은 이 자리에 존재하는 하카란다 나무에 핀 꽃의 색을 반영한 것이다.

도6-21a, b, c, d
L. 바라간, 길라르디 주택, 멕시코 시티, 멕시코, 1976

| 역사적 층위와 기억의 건축 : 카를로 스까르파 |

a.

새로운 것과 전통적인 것의 조화를 통해서 건축의 서정성을 회복하는 것이 중요하다.

20세기 모더니즘 건축이 확산되던 시기에 활동한 카를로 스까르파(Carlo Scarpa, 1906-1978)는 필립 존슨과 같은 태생의 근대 건축 2세대 건축가이지만, 국제주의 양식을 무비판적으로 추종하기보다 지역의 풍토성, 역사적 흔적 등 기억의 층위(層位)로 재생해내는 수법으로 자신만의 독특한 작품 세계를 구축하였다는 점에서 주목할 필요가 있다. 스까르파는 비교적 늦은 시기인 1950년대 초에 근대건축에 대한 우리의 고정관념을 깨트리는 다양한 영역의 독창적인 작품으로 주목을 받기 시작했다. 무엇보다 모더니즘의 근대적 형태 어휘에 열정적 헌신을 보여 온 스까르파의 작품들은 모더니즘이 추구해온 새로운 것 안에 신체의 오감(五感)을 만족시켜 주는 지역적 수공예의 정교한 기술과 구축적 전통, 디테일, 색채, 장식, 재료의 물성, 랜드스케이프, 베니스의 역사 등을 통합하는 것이 가능하다는 점을 보여주고 있다.(주18)

따라서 그는 모더니즘을 오랜 기간 동안 지속해 온 전통과 조화시켜 '장소, 물성, 그리고 기억 등과 같은 정신적이고 감각적인 동인' 들을 배제하지 않고서도 기계 지향적인 시대를 표현하는 건축을 만들고자 하였다. 스까르파의 이러한 접근태도는 모더니즘의 합리주의라는 엄격함에서 해방될 뿐만 아니라, 감상적인 복고나 재생의 논리를 거부하는 새로운 역사적 감성을 갖게 함으로써 건축이 지닌 서정적인 잠재성을 재인식시켜 준다. 따라서 스까르파의 사고는 과거의 기억과 회상에 깊이 뿌리 박혀 있으며, 단편들의 조합으로 이루어지는 미완성의 개념들은 시간의 추이와 깊이 관련되어 있다. 특히 그의 건축은 옛것과 역사적인 것을 존중하며 동시에 새것과 현대적인 것을 도입하고 있어서 시간의 변화에 매우 민감하다는 점이다. 그의 작품을 시간과의 관계 속에서 드러나게 하는 것은 이러한 '미완' 의 개념이다. 이것은 세심하게 선택한 형상들과 재료의 조합에 대한 감수성 있는 상상력에 뿌리를 두고 있다. 이 점에서 올스버그((eds.) Nicholas Olsberg, 1999, p.9)는 스까르파를 '기억, 알레고리, 내러티브, 메타포(은유) 등의 과제를 중심으로 회화와 시처럼 구축되는 건축의 가능성을 다시 열어 놓은 건축가' 라고 평가한다.

스까르파는 단순한 복원의 이론을 넘어서 "역사적 명료성" 에 관심을 보였다. 그는 역사를 다양한 단편들의 질서 있게 공존하는 방식을 통해서 인식될 수 있다고 보았다. 스까르파에게 역사는 건축이라는 영역과 그 수공예적 기술의 전통, 그리고 건조된 세계의 진화해 가는 구조(fabric)라는 두 가지 의미로 해석되었다. 그는 건축은 다른 것들처럼 수공예적 기술이며, 그 작업방식, 그 자신의 기법을 갖는다" 고 주장한다.

> "나는 언제나 주두나 기둥을 표현수단으로 갖지 않고서도 전통에 소속해 있으려는 강렬한 욕구를 지녀왔다."((eds.) Nicholas Olsberg, 1999, p.13 재인용)

따라서 스까르파는 재생이나 재사용과 같은 프로젝트에서처럼 과거로부터 모티브나 재료를 모방하는 행위를 시대착오적이라고 경고한다. 스까르파는 "건축물이 불가피하게 시간의 경과 속에서 새로운 정체성을 획득하는 법" 에 주목하여야 한다고 강조한다. 따라서 보존을 거기에 존재하는 것과 존재하게 될 것이다. 상호간의 대화로 인식하는 스까르파에게 기대감은 기억만큼이나 중요한 '명상적 긴장감' 이 된다. 이러한 긴장감은 그가 역사를 해석하는 입장을 잘 보여준다. 스까르파에게 있어서 역사와의 대화는 과거가 아니라, 현재 속에 존재하는 과거의 현재성이기 때문이다. 여기에는 그를 에워싸고 있는 구조, 연속성, 무엇보다도 베니스와 베네토의 특정한 연속성이 포함된다. 그가 좁은 도시의 가로들, 옛 건물들과 새로운 것들 사이에 존재하는 빈 간극(void)을 선호하는 것은 이러한 이유에서이다.

스까르파는, 통합성이란 건물이 본래의 상태로 되돌아가는 것이 아니라 건물을 '전체' 로 만들어가는 점진적인 변화의 증식이라는 관점에서 해석한다. 그에 따르면, 오래된 건물에서 창들은 그 의미와 기능이 변했기 때문에, 이 창들은 이제 현재의 요구와 기술을 반영하는 형태와 재료로 표현되어야만 한다는 것이다. 그러므로 그에게 있어서 전통에 속한 것은 '해결' 이 아니라 '문제' 이다. 스까르파는 이것을 '기본적인 질문들' -개구부, 문, 계단-이라 불렀다. 그는 이러한 요소들은 '디테일' 이 아니라 근본이며, 만들어진 형태의 본질이자 우리를 과거와 연결시켜주는 실마리라고 주장한다. 여기서 이러한 요소들을 해결하는 전통적인 방식으로의 복귀가 아니라 오히려 건축적 문제들을 드러내는 공인된 기법들-연필, 구조와 접합부의 분석, 장인기술의 적용-으로 되돌아가야만 한다고 스까르파는 강조한다. 스까르파가 창조를 생성하는 동인으로서 드로잉이라는 고대적인 영역을 회복하여야 하며, 이러한 수단을 통해서 디자인의 시적인 독립성-건축의 시학으로서 가치-을 회복해야 한다고 주장하는 것은 이러한 이유에서이다.

무엇보다 스까르파는 '맥락과 물성의 문제'를 모더니즘 건축의 위기로 진단한다. 그는 과거, 현재, 미래 등의 맥락, 일상적인 장소의 감각과 그것이 지닌 시각적 특성들에 대한 신중한 해석, 방법론적인 디자인의 전통, 건축에서의 예술적인 기법 등을 중시한다. 이를 위해서 그는 자신의 작품들에 새것과 옛것, 일상적인 것과 기념비적인 것, 친숙한 것과 예상 밖의 것 등으로 구성된 복합적인 관계성을 부여하고자 한다. 또 스까르파는 물성에 숨겨진 가능성을 이끌어내고자 하는 진지한 태도로 모더니즘 건축의 기술적 한계를 극복하고자 하였다. 따라서 그는 기능과 재료의 결합에 대한 광범한 리서치, 디테일이 지닌 표현적 힘에 대한 신념, 빛, 반사, 그림자 등에 대한 신중한 계산, 그리고 기존의 대지 조건에 대한 고고학적인 분석 등과 같은 방법을 통해 접근한다. 이러한 태도는 건조된 세계의 구조를 개혁하기 보다는 적응해가는 과정으로 환경에 대한 관심을 보여주는 것이다.

스까르파의 작품에서 발견되는 옛것과 새것을 정교하게 병치하는 것, 단일 건물의 여러 측면들 사이에 차이를 강화하는 것, 재료의 변화를 보여주는 것, 옛것을 배경으로 새로운 창문을 스크린 함으로써 외부 세계와의 관계를 탐색하는 것 등은 그가 초창기부터 탐구해온 주요 디자인 전략들이다. 그는 분절된 도시의 벽의 개념과 커넥터(connector)와 개구부-계단, 브릿지, 문, 창 등-의 중요성을 건축 디자인에서 중심적인 과제로 회복시켰으며, 새로운 상황에 맞는 형태와 개념들을 발전시켜 왔다. 다양한 레벨의 연출과 브릿지의 개념, 물의 도입과 빛으로 연출하기, 관통, 스크린, 켜(layer) 등을 통해 얻어지는 반-투명성의 개념, 빛과 그림자, 그리고 하늘 그 자체의 빈 공간(void)으로 건축을 구성하는 수법은 그의 작품에서 일관되게 나타나는 주요 테마이자 모티브들이다. 특히 스까르파가 작품에서 사용하는 독특한 절삭방식은 재료의 물성이 지닌 다양한 켜를 제거하거나 부가함으로써 켜로 이루어진 층위(layering)를 만들어내어 신선한 표면들을 노출시키거나 적층하는 수법이다. 또 빛은 공간을 만들어가는 본질적인 요소로 자연의 요소들 그 자체를 작품을 구성하는 요소로 간주한다. 특히 미로와 같은 형태와 거친 석재와 짝을 이루며 사용되는 물은 질서를 부여하는 요소이며, 장식적인 효과와 함께 상징적인 의미를 부여한다.

따라서 스까르파는 형태를 단순히 기능의 표현으로 보는 것을 거부한다. 그는 색채와 장식의 구문론은 디자이너가 재료를 처음으로 선택하는 그 순간부터 불가피하다고 믿고 있다. 그는 개개의 재료를 접촉하여 느낄 수 있는 데서 오는 감각적 유쾌함, 그리고 재료의 구조적인 특성들을 탐구하여 드러내는 데서 나오는 지적 흥분, 그리고 서로 다른 특성을 지닌 재료들이 융합되는 법을 알아가는 논리적인 즐거움의 회복을 강조한다. 그가 장식을 기하학이라는 정신에 바탕을 두고 사용하는 것은 공간적 관점에서 질서를 명확하게 하고 장식이 지닌 심오한 비밀을 드러내기 위함이다. 이 점에서 그는 재료와 장식의 어휘로 구성된 건축물은 건축작품을 '최대의 표현성과 의미' 의 영역으로 개방해주는 감각들-촉각적이고 심리적이며 기억을 돕는-을 포착하는 데 있어서 중요한 단계라고 주장한다. 스까르파는 이러한 감각의 단편들을 첫째 역사, 맥락, 전통과 직면하여 '겸손의 감각' 을 회복하는 것(주19), 둘째 디자인의 배후에 놓여 있는 '시각적 논리' 를 쉽게 해독하고 관찰하여 드러내려는 행위(주20)를 금지하는 것을 통해서만 얻어질 수 있다((eds.) Nicholas Olsberg, 1999, p.13)고 강조한다.

뽀싼뇨의 카노바 석고상 갤러리(Gipsoteca Canova Plaster Cast Gallery, Possagno, Treviso, Italy, 1955-1957)(도6-22a, b, c)와 **가스뗄벡끼오 박물관**(Museo di Gastelvecchio, Verona, Italy, 1957-1964)(도6-23a, b, c, d, e, f)의 복원과 재구성 등은 섬세하게 계획된 시각적 내러티브 안에서 빛, 공간, 구조물 등이 예술작품과 대화하는 역사적인 구조물을 부가하거나 재작업한 작품들이다. 카노바 석고상 갤러리에서 스까르파는 경사진 바닥면에 대응하여 높이가 다른 2개의 벽으로 이루어진 '단형의 지붕' 아래를 이동로에 따라 다양한 조망을 부여하고, 조각상들을 독특한 방식으로 관찰하도록 하는 빛을

도6-22a, b, c
카를로 스까르파, 카노바 석고상 갤러리, 뽀싼뇨, 이탈리아, 1955-1957

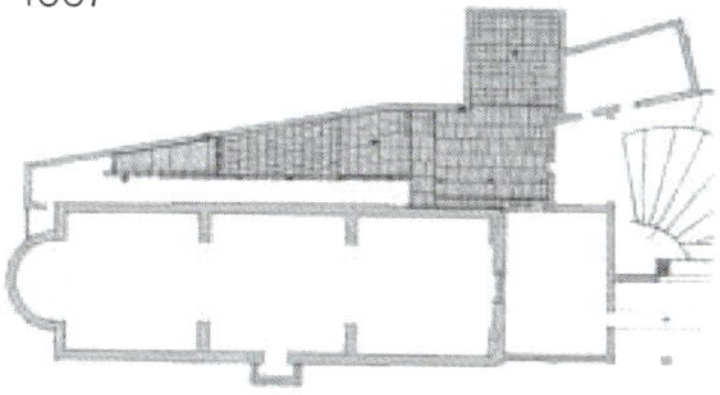

조작하는 수법으로 "빛 속에 존재하는 공간을 창조"하였다. 여기서 감추어진 접합부 주변에 구성된 창문들을 통해서 관찰자는 다양한 경험을 하게 된다. 특히 높은 창에 기하학적으로 디자인된 '푸른 창공(Azzura)'은 내부에서 보면 하늘은 "마치 하늘의 푸르름이 한 조각 절단된 것처럼" 콘크리트 안에서 부유하는 것같은 착각을 만들어낸다. 배면의 좁은 가로에서만 볼 수 있는 이 외부는 창들이 함께 놓여 있는 방법을 두드러지게 부각시키고 있다.

역사적 흔적을 지닌 고전와 현대의 관계성과 그 공존방식에 대한 심오한 생각을 보여주는 가스뗄벡끼오 박물관에서, 스까르파는 선택적인 발굴과 창조적인 철거작업을 통해 이 중세시대 성채의 건물에 존재해 온 다양한 역사적인 켜들을 분리하여 드러내고자 의도하였다. 이것은 그가 다양한 시대의 구조물의 복잡하고 미묘한 흔적물들을 풀어내어 건물 그 자체를 하나의 거대한 인공물로 만들고자 한 것이다. 그리고 이러한 과정을 통해서 이 건물의 다양한 확장단계와 구조적인 병용이 여러 단계의 복원으로 드러난다는 사실을 발견하도록 도출하였다.(주21) 특히 여기서 여러 방들에 사용된 다양한 재료들은 시각적인 지각뿐만 아니라 촉각적인 지각을 부여한다. 또한 모든 프로젝트가 통합되는 장소를 발견하여 이곳에 칸그란데 델라 스칼라(Cangrande della Scala) 기마상 위치를 약간 틀어 놓음으로써 콘

도6-23 a, b, c, d, e, f
카를로 스까르파, 가스뗄벡끼오 박물관, 베로나, 이탈리아, 1957-1964

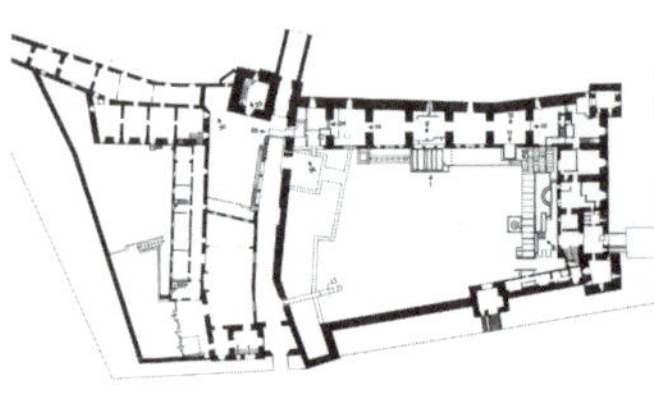

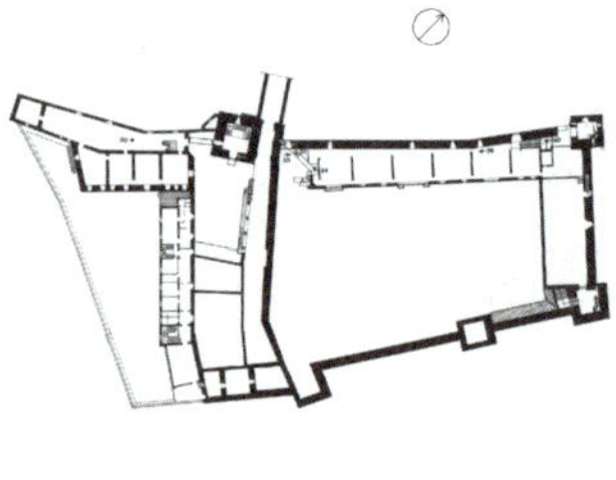

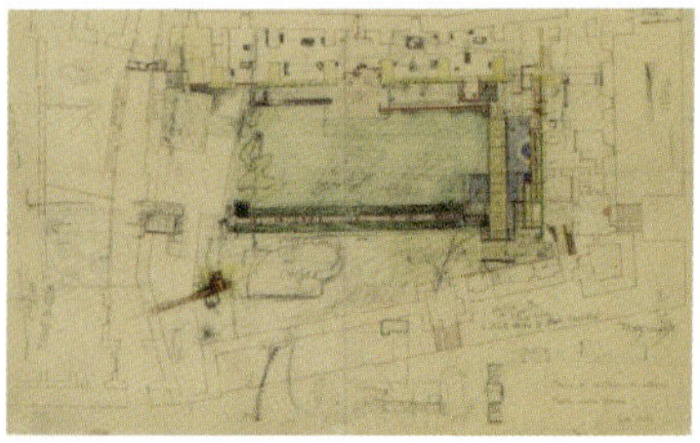

크리트의 받침대 위에서 역사를 응시하고 있는 모습으로 배치하였고, 창문들을 통하여 성채의 모든 장소에서 이것이 보이도록 하였다. 이것은 다양한 켜들로 이루어진 형태의 덩어리(massing)를 상징적으로 표현하였고, 또 건축디자인의 과정에서 중요하게 여기는 스까르파의 장소에 대한 개념을 반영한다. 이 기마상의 얼굴은 방문자와 직접적인 관계를 만들어내며, 또 박물관의 여러 부분에서 보는 다양한 시선을 통해 반복적으로 조우하게 된다. 무엇보다 스까르파의 독창적 혁신성은 오래된 역사의 흔적이 담긴 7개의 큰 방들에서 가짜 프레스코를 벗겨내고, 공간의 건축적인 구조물이 중성적 그림자로 새롭게 연출되면서 빛이 스며들도록 하여 "질서정연하고 조화를 이루는 공간들의 시퀀스"((ed.) Guidio Beltramini & Italo Zannier, 2006, p.144)를 만들어낸 데서도 돋보인다. 여기서 방들을 장축방향으로 배열한 이유는 상부층에 있는 R.C 바닥층을 지지하도록 복합 H-빔을 이 축상에 배치해야 했기 때문이다.

도6-24a, b, c
카를로 스까르파, 올리벳띠 전시관, 베니스, 이탈리아, 1957-1958)

올리벳띠 전시관(Olivetti Showroom, Venice, Italy, 1957-1958)(도6-24a, b, c)은 스까르파가 재료의 물성과 수공예적인 제조방법의 능숙한 조합을 통해 올리벳띠 콜렉션 제품들을 전시하기 위한 독특한 공간을 만들어낸 작품으로 평가받고 있다. 그는 여기서 길과 어두운 통로와 같은 공간을 개방적이면서 보석 같은 공간으로 변형시켰다. 이를 위해서 중량감이 제거된 듯이 처리된 단형을 이루는 나선형의 대리석 계단은 전시실 전체를 조망하도록 해주면서 낮고 긴 공간을

정박시키고 있으며, 이 계단의 선들은 전시실로 뻗어나가 내부구성을 연출해내고 있다. 이처럼 기계적인 금속부품과 정교한 수공예적으로 작업한 목재와 석재의 조합으로 구성된 재료의 물성과 공간적 전이를 통해 지상층 주변에 있는 방문객들을 계단을 올라 중간층으로 유도한다. 다소 비좁고 답답하며 어두운 공간은 상층부가 타원형과 정방형 창문들로 조명되어 놀라우리만큼 안락한 공간을 이루고 있다. 외부에 창문을 부가하여 빛을 조정하고 내부공간의 투명성에 주목하면서 내부와 외부를 혼합하여 올리벳띠 전시관이 방문자들에게는 밝고 안락한 장소가 되도록 만든 것이다. 그는 예술, 수공예, 디자인을 분리하지 않고 통합하는 과정을 통해서 올리벳띠 제품의 정밀한 기계성보다는 형태와 색채를 강조하는 독특한 공간을 연출하였다.

b.
건축은 불안과 고뇌를 모두 담고 있어야만 한다.

스까르파는 공간의 순환성을 시간의 불확실성과 순환성을 반영하는 것으로 해석한다. 그는 하나의 통일된 형태를 건물이 읽히는 중심적이고 지배적인 구성원리로 보는 개념을 포기한다. 방문자를 관찰의 순회경로 안으로 유도하여 그의 응시점을 변경시키고 결정적인 초점을 부여하기 보다는 보는 관찰자의 기억과 시선에 호소한다. 또한 스까르파는 역사적 전시품 자체를 건축물 전체를 구성하는 하나의 요소로 간주하여 도입한다. 가스뗄벡끼오 박물관 갤러리의 긴 방들의 배열을 설명하면서, 스까르파는 조각상들이 어떻게 다양한 방향에 면하여 배치되었는지를 다음과 같이 설명하고 있다.

> "나는 그것들(조각상들)을 변경시킬 수가 있었다.... 그러나 내게 있어서 오른쪽으로 왼쪽으로 관찰하는 것.... 그것을 다시 보기 위해 되돌아 와 그 주변을 걷는 것은 관찰자의 의무라는 것이다...."((eds.) Nicholas Olsberg, 1999, p.14 재인용)

이것은 그가 방문객들이 예술작품 주위를 이동하면서 이들 사이의 관계를 인식하도록 하려는 의도이며, 그의 이러한 교훈은 미술관 전시기획의 오랜 경험에서 얻은 것이기도 하다. 그는 이러한 흐름을 예술작품의 관찰이 수반되지 않는 작품에도 확장하여 적용하였다. 그의 작품에서 건축물이 담고 있는 예술작품의 전시와 건축물 그 자체의 전시의 구분이 명확하지 않는 경우가 허다하다. 스까르파의 작품에서 발견되는 이러한 특성들은 '전시된 예술작품들을 이해하도록 돕는 인지적 도구' (Sergio Los, 1995, p.8)이다. 또한 스까르파의 작품에서 발견되는 단편적인 속성들과 긴장, 분열, 당혹 등의 기법들은 그가 단일한 형태보다는 개별적인 부분들의 성향에 각각의 개성(persona)을 부여하는 '중재' 의 결과이며, 이질적인 것의 부조화를 통해 존재하는 도시성을 수용하는 것이다. 그는 오브제 그 자체보다 다양한 부분들 사이에 남겨진 것들을 더 강조한다. 그는 골조와 이러한 중재 사이에 존재하는 갈라진 틈을 드러내고자 했고, 기존 질서의 배후에 자신의 비대칭적인 형태를 중첩하여 옛것의 텍스처를 배경으로 새로운 차원이나 재료를 강하게 부과하는 작업으로 옛것과 새것의 변증법적인 융합을 중시한다. 그는 또한 일련의 감추어진 접합부 주위에 창문들을 구성함으로써 구조를 은폐하여 기술적인 추이를 강조하거나 미적으로 처리하여 관찰자를 현혹시키는 수법을 사용한다. "건축은 불안과 고뇌를 모두 담고 있어야만 한다" 고 강조하는 스까르파에게, 불완전의 순간과 익숙하지 않고 비친숙성과 같은 전략을 통한 예상 밖의 당혹함과 놀람이라는 경험의 과정은 중요하다. 이러한 사실은 그가 자신의 작품을 확정된 종결성의 상태가 아니라 '미종결성' 의 상태로 남겨두려는 사고를 보여주는 것이다.

스까르파는 분열과 대비로 이루어진 건축적 구성을 통해서 각 작품마다 하나하나 모두 다르게 인식되는 다름(difference)을 거부하기 보다는 그것을 명확하게 표현하고자 하였다. 이러한 다름의 개념들은 스까르파의 단편들을 특징짓는 것으로, '기존의 것에서 디테일상에서 일탈하는 형태로 취하여 관찰자가 이것에 집중하도록 의도한 것' 이라고 프란체스코 달 코(Francesco Dal Co, 1988, A+U, p.20)는 지적한다. 이러한 단편들은 보다 근접하여 살펴볼 것을 촉구하며, 대상에 더 다가서게 만든다. 스까르파의 작품에서 보이는 디테일에서 질서의 완성이나 시스템적인 배열이 기피되는 이유는, 이러한 이벤트 행위를 통해 질서로의 복귀보다는 '부재' 를 더 선언하고자 하기 때문이다. 모네오(Rapael Moneo)는, 스까르파의 작품은 "정의하는 것이 불가능하며 이해하기가 어렵지만, 단편화되고 산재화되는 것을 통해서만 그 진실하고 완전한 의미가 드러날 수 있다" 고 지적한다. 그에게 있어서 형태가 시각을 통해 전달되는 방식처럼, 건축물은 단편을 통해서 질서와 혼돈의 대립관계를 형태적으로 제어하는 사고를 드러내는 것이기 때문이다.

애도의 기억을 표현하고 있는 **브리온 가족묘지**(Brion Family Cemetery, San Vito d'Altivole, Treviso, Italy, 1969-1978)(도6-25a, b, c, d)에서, 스까르파는 시간 경과에 따라 "시적 상상력이 점점 더 깊어지는 건축"-그 자신의 언급처럼, 이것은 시적인 건축(poetic architecture)을 창조하는 것이 아니라 정형시(formal poetry)를 발산할 수 있는 어떤 종류의 건축을 만들어내는 것을 의미한다-을 만들고자 하였다. 여기서 그는 브리온 가족이 위탁한 묘지를 수용하기 위해 베네토의 랜드스케이프 안에 공공의 묘지를 추가함으로써 오래된 도심지에 위치한 묘지의 주변부를 따라 죽은 자를 위한 환상적인 풍경을 구축하였다.

여기서 스카르파는 죽은 자들을 위해 그들을 기억하게 하는 장소로서의 정원을 만들어서 사회적, 공공적으로 죽음에 접근하는 방식, 그리고 현재의 우리들이 과거에 참여하여 상호 얽혀있는 존재임을 보여주고자 의도하였다. 이 정원은 콘크리트, 금속, 대리석, 유리 등과 같은 다양한 재료들의 조합으로 이루어진 형태들과 공간, 연못을 통한 내부 지향성으로 방문객들로 하여금 죽은 자들의 삶을 평온히 명상하도록 유도하며, 자신의 영혼을 느끼면서 대화할 수 있도록 한다는 점이 특이하다. 여기서 이 연못은 묘지의 다른 남겨진 장소 속에서 중요한 위치를 차지하며, 동양적인 정원의 분위기로 구성상 시퀀스의 절정을 장식하는 장치로 사용되었다. 또한 분절된 원형의 형태, 경계를 이루는 비스듬한 벽들, 톱니모양의 장식적 코니스로 이루어진 패턴 등은 방문자를 채플로 유도하고, 또 브리온 묘지가 있는 정원, 공간의 조각적 특성, 대지와 물의 연출 등이 전개되는 잔디 공간을 개방하는 장치로 사용되었다. 묘지 내부의 지면의 레벨을 인위적으로 설정하여 여러 가지 건축적 에피소드를 내포하는 보행로의 패턴들을 지면에 새겨서 표현하였다. 물 속에 거의 잠긴 듯한 교회의 제단은 지붕에 뚫린 피라밋 형상과 목재패널로 이루어진 개구부를 통해 들어오는 빛의 확산은 라이트의 건축에서처럼 빛의 시학을 여실히 드러내고 있다. 당초 브리온 가족을 위한 작은 묘지라는 개념에서 출발하였지만, 실제적으로 도시 전체를 위한 정원으로 확장된 이 브리온 묘지는 내러티브(narrative) 건축이라는 '건축적 서사(architectural story)'의 범례로 평가받고 있다.

도6-25a, b, c, d
카를로 스카르파, 브리온 가족묘지, 트레비소, 이탈리아, 1969-1978

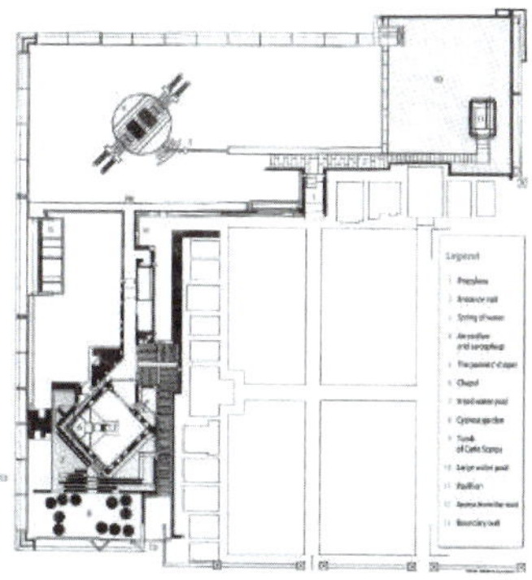

징검다리 1

우리는 기계론적 사고관이 지배적이었던 19세기와 20세기 초 모더니즘 건축의 태동기와 성숙기에 공간에 대한 미학적 인식과 인식 주체로서의 신체(관찰자)와의 관계를 탐구해 온 건축 담론과 작품들을 살펴보았다. 공간에 대한 미학적 인식과 탐구에 있어서 신체의 다양한 감각적 현상(운동감각, 촉지각, 시지각 등)과 관련된 경험 현상에 주목해 온 흐름을 발견할 수 있다. 이러한 현상들은 공간의 경험을 대상과 관찰자 간의 위치변화에 따른 경험현상으로 파악하는 '동적 시각' 의 개념(힐데브란트)으로, 공간에 대한 감정을 '인간의 감각들을 통합시키는 공간' (쉬말소)의 관점으로 접근한 데서 찾아볼 수 있다. 또 공간을 물리적 공간과 시지각에 근거한 지각적 공간의 차원을 넘어 미학적 공간으로서 '효과적 공간' 으로 파악(쇠르겔)하거나, 공간과 신체와의 접촉(대화성)을 '정신, 감각, 영혼의 통합' 이라는 관점에서 해석(슈마허)한 현상을 발견할 수 있다. 이처럼 건축을 신체와의 독특한 관계 속에서 파악하려는 전통은 20세기 모더니즘 시기에도 공간을 경험하는 관찰자의 관점에서 접근하여 인간의 지각 차원과 감각을 반영한 '프로운-공간' 개념(리시츠키), 그리고 인간의 감각경험을 통해서 존재하는 공간을 '신체와 위치 사이의 관계' 로 파악하는 신체의 감각적 능력을 중시(모홀리-나기)한 데서도 발견된다. 그러나 이러한 논의는 관념론적 철학 전통을 반영한 공간개념, 그리고 과학적 사고의 시지각 중심의 신체성 담론이라는 한계를 지니고 있다. 따라서 건축 경험의 다양한 현상을 해석하고 건축과 신체 상호간에 발생하는 대화적 상상력, 다성성 등의 효과를 해석하는 데는 많은 한계를 지닌다.

그러나 우리는 20세기 성숙기에 활동한 알바 알토, 루이스 바라간, 카를로 스까르파 같은 근대 건축가들에게서 인간의 신체와 기억, 역사와 풍토 등을 중시하면서 근대건축의 기능주의적인 작품들이 보여주는 단성성(單聲性)의 작품세계의 한계를 극복해 온 현상을 발견할 수가 있다. 무엇보다도 이들의 건축 담론과 작품에서는 바흐친이 언급한 대화성, 미정성, 비종결성, 다층성의 개념과 상통하는 건축적 개념과 전략 등을 발견하는 것이 가능하다. 알바 알토는 인간과 건축의 상호작용과 대화적 관계를 무엇보다 중요시하였다. 그의 이러한 사고는 건축을 인간과 자연의 대화적 관계를 중재하는 매체로 간주한 것에서 여실히 드러난다. 또 그의 작품에서 발견되는 공간의 다성성과 다층적인 질서는 대립성을 포용하는 포섭적인 태도와 인간의 심리적, 감각적 경험을 중심으로 한 공간 전개 기법, 그리고 전통의 감각을 환기시키는 이미지의 창조를 무엇보다도 중시한 데서 나타난다. 그의 건축에서 발견되는 휴머니즘적인 특성은 동질성보다는 다양성을 중시하는 '다가성의 질서' 를 지니도록 지향하는 데서, 그리고 공간과 형태를 통해 인간과 자연, 건축의 통합적인 대화적 관계를 구축한다는 점에서 바흐친이 언급한 '대화적 상상력' 의 건축의 흐름을 보여주는 것이라 하겠다.

우리는 또한 건축을 '인간의 감성과 감각적 경험을 환기시켜주는 장치' 로 간주하고 인간의 정서와 기억을 바탕으로 고요함의 침묵적 분위기를 지닌 '감성의 건축' 을 탐구한 루이스 바라간의 건축세계에서 바흐친이 언급한 다성성과 대화적 상상력의 가치를 발견하는 것이 가능하다. 특히 그는 단순히 훑어보는 행위가 아니라 관찰자의 능동적인 참여를 요구하는 '의식적인 보는 행위' 로 경험하는 현상을 중시한다. 그가 설화형식의 공간적 시나리오를 보여주는 공간적 질서를 만들고, 이러한 것을 감각과 기억, 정신적 가치를 자극하는 '공감각적 공간인식' 에 근거하여 전개하는 것은 바로 신체의 능동적인 참여 행위와 대화적 관계를 구축하여 다성성을 지닌 건축경험을 제공하고자 한 것이다. 바흐친이 언급한 미완결성, 비종결성, 그리고 대화성의 개념은 역사적 층위와 기억의 건축술을 통해서 존재해온 것과 존재하게 될 것 상호간의 '대화' 로 인식되는, 건축의 서정성을 회복하려고 한 카를로 스까르파의 건축담론과 작품에서 잘 표현되고 있다. 특히 이러한 현상은 과거의 기억과 회상에 깊이 뿌리를 두고 있으며, 그의 작품들에서 서로 다르게 인식되는 다름을 수용하고, 또 다양한 단편들의 조합으로 이루어지는 미완성의 개념들이 시간의 추이와 연관되어 있는 데서도 잘 드러난다. 그가 불완전의 순간과 비친숙성과 같은 전략들을 통해서 예상 밖의 당혹과 놀람이라는 경험을 중시하는 것은 자신의 작품을 확정된 종결성이 아니라 비종결성의 상태로 남겨 두고자 한 것이다. 특히 그는 공간의 경험에 있어서 관찰자의 기억과 시선에 호소하며 시간의 불확실성과 순환성을 반영하는 '공간의 순환성' 을 중시한다.

062 건축의 체험구조와 신체의 중심성

"공간은 단순히 개념적 공간과 시간의 차원으로 인식될 성질이 아니며, 오히려 인간의 의식 속에 경험되는 공간, 즉 장소로 경험되는 공간이어야 한다. 공간은 내 · 외부의 경계가 명확히 인지되는 매개 공간이어야 한다."

_ 알도 반 아이크(Aldo van Eyck, 1962) _

"건축을 구성하고 이해하는 것은 바로 신체이다."

_ 다다오 안도 (Tadao Ando), 1988) _

"건물은 콘크리트와 철, 유리로 지어지나 실제로는 사람들의 가슴과 영혼으로 지어진다."

_ 다니엘 리베스킨드(Daniel Libeskind, 2005) _

I.
신체는 현대의 새로운 예술매체이다.

우리가 앞 절에서 살펴보았듯이, 20세기 초 모더니즘 건축의 공간론에서 전제된 형이상학적인 공간인식과 경험구조는 지각하는 나의 신체성보다는 데카르트의 좌표체계에 의한 균질적 공간에 대한 인식을 전제로 한 것이다. 이러한 공간인식은 신체의 감각적 경험과는 무관한 개념의 건축이라는 한계에 직면한다. 그러나 베르그송의 지속성의 개념이나 현상학에서 논의한 것처럼, 현상세계에 대한 이해는 신체-대상 간의 상호적 관계에서 출발한다는 점을 주목할 필요가 있다. 베르그송에 의하면, 신체는 '미래와 과거 사이의, 늘 전진하는 경계' 로서 뒤에 남겨진 과거의 행위와 앞에 있는 시점들을 통합한다. 인간의 사고라는 것은 불연속적인 부분들로 구성된 것이 아니며, 의식의 모든 순간은 늘 변화하는 과거와 미래의 종합이라는 사실, 그리고 그것은 계속적으로 흐른다는 점이다. 〈형이상학 입문 An Introduction to Metaphysics, 1903〉에서, 베르그송은 인식을 상대적인 인식과 절대적인 인식으로 구분한다. 상대적인 인식은 대상 주변을 어슬렁거림으로써 혹은 대상의 진정한 성질을 드러낼 수 없는 상징이나 언어를 통해 대상을 이해함으로써 얻어지는 것으로, 불모적(不毛的)인 앎이다. 그러나 절대적 인식은 어떤 대상을 내부로부터 경험함으로써 획득된다. 이는 오직 직관을 통해서만 얻어지는 데, 베르그송은 이를 '일종의 지적인 공감' 이라고 정의하고, "우리는 그러한 지적인 공감에 의해 대상 안에 들어가 대상 고유의 것이기 때문에 우리의 언어로는 도저히 표현이 불가능한 그 어떤 것과도 일체가 될 수 있다." (Stephen Kern, 1983, 박성관 옮김, 2004, p.79)고 말한다. 베르그송의 인식론은 시간 속에서 대상을 인식하는 방식에 바탕을 둔 것이다. 특히 그는 〈창조적 진화 L'Évolution Créatrice, 1907〉에서 인간의 환경적 경험에 있어서의 관념적 이미지라는 명제를 유발시키는 '지속성' 의 현상에 주목하였다. 그는 지속성과 관련된 이러한 경험을 다음과 같이 피력한다.

> "시간이 흐름에 따라 관찰자는 자신의 기억 속에, 외적인 시각세계 속에 주어진 어떤 대상물에 대한 지각적 정보들을 풍부하게 축적하며, 이렇게 축적된 경험은 그 대상물에 대한 관찰자의 관념적인 지식을 형성하게 된다.
> "(Cornelis van de Ven, 1980, p.179 재인용)

그러므로 베르그송은 지속성을 자유의 원천이며, 이것은 과거를 현재와 통합하는 능력에 기인한다고 주장한다. 여기서 신체의 감각은 무의식적인 기억들을 통해 강력한 회상력을 지니게 된다. "지각 속에 기억을 복귀시킬 때가 왔다" 고 주장한 베르그송은, 그 어떤 순간이든 반드시 이전 것에 대한 인식을 포함한다는 새로운 담론을 제기함으로써 과거는 심적인 이미지로 표현될 수 있다고 본 것이다.

인간의 몸을 철학적 연구의 중심과제로 삼은 모리스 메를로-퐁티(Maurice Merleau-Ponty, 1880-1961)는 〈지각의 현상학 Phenomenology of Perception, 1945(프) / 1962(영)〉에서 '지각의 선차성(the primacy of perception)' 이론을 제시하였다. 그는 여기서 인간의 고차원적인 지적 기능은 외부 상황에 대해 먼저 반응하는(preflective) 몸의 존재에 달려 있는데, 그것이 바로 '지각' 이라는 이론을 제시한다. 메를로-퐁티의 이러한 주장은 인간 주체로서의 몸을 경험적 세계의 중심으로 강조한 것이다. 그는 이것을 "고유한 몸(le Corps Propre)의 철학" 이라 명명하였다. 메를로-퐁티에 따르면, 고유한 몸은 인식주체와 구별되거나 분리되어 있는 외부적인 '대상' 이 아니며, 주체가 "세계를 보는 관점" 이기 때문에 몸이 바로 인식 주체라는 점이다. 따라서 고유한 몸의 특권은 단지 생리학적 실체가 아닌 '현상학적인' 몸–각각의 개인이 그것을 경험하게 되는 몸–에 기인하는 것으로 이해된다. 메를로-퐁티의 현상학에서는 칸트나 데카르트식의 근대 관념철학의 '선험적(a priori)' 주체가 부정되며, 주체와 대상, 또는 관념과 물질이 상호 혼입되는 과정에서의 체험이 중시된다.

그러므로 퐁티의 몸의 담론은 인간의 몸을 세계의 중심에 설정하고 있다. 그는 '우리의 몸을 통해서, 즉 지향성의 살아 있는 중심인 우리의 몸을 매개로 하여 우리는 세계를, 세계는 우리를 선택하게 되는 것' 이라고 강조한다. 여기서 하나의 감각에만 의존하는 경험은 자연스러운 통합적 지각에 비하면 불완전하고 이질적인 성격의 것이다. 몸 전체를 사용하여 동시적으로 경험해야 자연스러운 지각을 얻게 되는데, 이러한 지각은 상호작용하는 감각의 세계 위에서 시작된다는 것이다. 이 점에서 퐁티는 자아와 세계 사이의 관계를 세계와 자아가 서로를 해석하고 규정하는 '삼투적 관계' 로 이해한 것이다. 퐁티는 감각들 사이의 동시성과 상호작용을 다음과 같이 강조하였다.

> "[그러므로] 나의 지각은 시각적, 촉각적, 청각적으로 주어진 것의 합이 아니다. 나는 나의 존재 모두를 이용하여 전체적인 방식으로 지각한다, 나는 사물의 독특한 구조, 독특한 존재 방식을 온전히 이해할 수 있다. 대상이 내 모든 감각에 동시적으로 말하고 있기 때문이다."(Juhani Pallasmaa, 2012, 김훈 역, 2014, p.33 재인용)

건축가 팔라스마(Juhani Pallasmaa, 2012, 김훈 역, 2014, p.33)는, 퐁티의 지각 담론에서 데카르트적인 외부 관찰자로서의 눈(시각)의 개념이 아니라 '세계의 살(flesh of the world)' 이 인간화된 감각의 영역으로 간주되었다고 지적한다. 이것은 신체를 통하여 사유하는 살아있는 시간 속에서 세계가 드러나게 된다는 것을 의미한다. 여기서 '우리의 몸은 대상으로 둘러싸인 하나의 대상이면서 동시에 몸이라는 대상은 주변의 대상을 보고 만지는 대상' 이기도 하다.

특히 우리는 이미지와 상상력, 신체 감각들의 다성적 속성들을 강조한 프랑스의 과학 철학자이자 문학 연구가인 가스통 바슐라르(Gaston Bachelard, 1884-1962)의 해석에서 바흐친이 언급한 다성성, 미확정성, 비종결성, 다층성 등의 개념들과 상통하는 주요 개념들에 주목할 필요가 있다. 바슐라르는 〈공간의 시학 La Poétique de l'espace, 1957 The Poetics of Space, 1964〉에서 시적 이미지의 현상학이라는 비평방법론을 도입하여 '감각들의 다성악적(polyphonic) 성격' 을 언급한다. 그는 이미지와 상상력을 기반으로 한 주관적 상상력의 세계는 이성의 종속물 내지는 방해물이 아니라 인간 활동의 근원적 원천이라고 강조하였다. 현실의 세계와 꿈의 세계를 연결하는 것은 우리의 감성이며, 인간의 삶에 있어서 결정적인 작용을 하는 이 감성의 세계는 이미지와 상상력에 의해 만들어진 세계-그의 제자 질베르 뒤랑이 이를 '상상계' 라 부른 세계-이다.(주1) 그러므로 바슐라르는 이성을 기반으로 한 서구문명의 객관적 과학세계와 실증주의적 비평을 거부하고, 작품을 창조한 작가의 상상력의 독자성을 강조함으로써 작품의 본질을 작가의 전기적인 상황에 초월적인 것으로 여기는 비결정론적인 입장을 취하였다.

바슐라르에 따르면, 문학비평은 작품에 대한 해석에서 텍스트를 통한 작가와 독자의 공감으로 인식된다. 문학비평은 작가의 의식이 제공한 텍스트 자료로부터 출발하지만, 독자는 작가의 작품에 대해 작가와 동일한 창조적 의식의 권위를 가지고 몽상을 하게 되며, 이때 독자와 작가는 수직적 관계가 아닌 수평적 관계로 존재한다. 바슐라르의 이러한 생각은(1권 00에서 살펴본 것처럼), 독자의 독서지평은 작가의 작품이 만들어내는 효과구조와 독자의 경험구조가 만나는 지평에서 이루어진다고 보는 수용미학적 작품비평 담론과도 상통한다. 또 무엇보다도 바슐라르가 문학비평을 텍스트를 통한 작가-독자의 공감, 즉 몽상을 통한 대화적 수평관계로 파악하는 것은 바흐친의 대화적 상상력의 세계와 많은 점에서 상통한다. 여기서 독자가 구체적으로 하나의 작품, 하나의 이미지에서 감동을 느끼는 독서체험, 즉 시적 교감의 현상은 결정론적인 것이 아니라 그 이미지를 창조한 작가의 상상력과 그러한 이미지를 떠올림으로 감동의 심리적 체험을 얻게 하는 독자의 상상력의 비결정적 상호작용의 결과라는 점이다. 이때 외계 대상의 이미지를 받아들여 스스로 이상적인 것으로 삼고 있는 상태로 변화시켜 가는 상상력의 작용은 작가와 독자 양자 모두 같기 때문에 시적 교감이 이루어진다. 이처럼 상상력 가운데서 정신적 이미지가 창조적으로 변해가기 때문에, 이미지는 상상력의 '직접적인 산물' 이며, 미래로 열려 있고 생성되는 것으로 간주된다. 이와 같이 바슐라르의 '이미지 현상학' 은 독자의 의식(주2)의 체험을 강조한다는 점에 그 독특성이 담겨 있다.

1960년대 이후, 포스트 모더니즘 예술에서도 각 개인이 특수하게 경험하는 몸의 존재에 대한 재검토가 이루어지면서 예술의 주체와 대상, 그리고 작품을 지각하는 방식 등에 대해 새로운 논의가 진척되어 왔다. 포스트-모더니즘 이론가들에게 자아는 자아와 타자, 의식과 무의식 사이의 균열로 존재하는 것으로 인식되었다. 따라서 이들은 모더니즘의 통일된 자아 개념과는 상충하는 '탈중심화된 주체' 의 개념(주3)을 제기한다. 이 시기에 퍼포먼스, 개념미술, 대지미술 등에서 발견되는 '예술의 탈물질화' 의 흐름은 주관적 몸이라는 새로운 신체 담론에 주목하는 계기가 되었다. 신체에 전적으로 의존하는 자아의 이미지는 경험 안에서 또는 경험을 통해서만 정의되는 것으로 간주되기 때문이다. 마찬가지로 주관적인 몸, 즉 자아는 사회적 관계, 정치적 관계, 문화적인 코드와 복잡한 관계 속에서 탈중심화, 비물질화라는 주체화 과정을 통해 개인적인 주체가 사회 안에서 자신의 위치를 어떻게 재현해 내는가 하는 문제로 인식되었다. 이 점에서 마사 윌슨(Martha Wilson)은 "몸(body)이 금세기의 새로운 예술매체"라고 강조한다.

따라서 모더니즘의 형이상학적인 대립성의 개념은 몸이 사회와 맺는 관계(마르크스), 무의식과 맺는 관계(프로이트), 언어와 맺는 관계(소쉬르), 그리고 과학기술과 맺는 관계 에서 자아가 탈중심화되었으며, 주체-대상의 경계는 해체되기 시작하였다. 몸을 둘러싼 이러한 담론의 변화는 형식주의 미학의 방식과는 전혀 다른 비평적 도구와 언어를 요구한다. 왜냐하면 우리의 몸은 항상 사회적으로 구성되어 있지만, 그러한 사회구조를 받아들이기만 하는 수동적인 대상이 아니라, 능동적이며 살아 있는 실체로서 사회에서 배운 것을 고유한 제스처로 표현할 수 있는 '표현하는 몸(expressive body)' 으로 이해해야 하기 때문이다.(주4) 특히 퍼포먼스와 관련하여 예술가의 자전적 신체, 즉 자아가 중심요소로 인식되면서 예술의 표현개념도 근본적으로 변하게 되었다. 퍼포먼스의 '행위'는 예술작품의 본질적인 요소로, 전통적인 미술제작 도구–물감, 붓, 액자, 대리석, 갤러리 등–를 사용한 회화나 조각들과는 달리 '공연된 이벤트' 가 이벤트 이후 사고팔 수 있는 어떤 결과물로 남지 않는 예술작품을 구성한다. 그리고 액션 페인팅에서처럼 예술가의 몸은 작품의 주체이자 동시에 작품의 대상이다. 여기서 몸은 말 그대로 매체이자 도구가 된다.(주5)

또 우리는 오늘날 테크놀러지 문화가 탈중심화된 자아 경험을 제공하여 몸에 대한 새로운 인식을 제기한다는 점에 주목할 필요가 있다. 디지털 컴퓨터에 기반한 가상 환경인 '사이버 공간(cyber space)' 은 하나의 공간이자 비(非)공간으로서 순수한 디지털 정보를 통해 마주치는 환경으로, 살로 이루어진 육체가 그 물질성을 초월하여 순전히 가상 세계의 지성으로 존재한다는 유토피아적인 전망을 제공하기 때문이다. 이러한 가상현실의 테크놀러지 세계는 가상의 환경으로 신체가 들어가는 것이 아니기 때문에, 이미지가 신체를 대신하면서 몸은 철저히 배제된다. 가상현실은 인간 신체가 가상공간과 맺는 관계, 특히 인간 신체의 경계에 대한 몇 가지 근본적인 문제를 제기한다. 온라인 환경에서만 존재하는 디지털적인 자아의 대체물로서 '아바타(Avatar)' , 사이버 공간내의 가상 환경에 거주하도록 만들어진 허구적인 '디지털 분신(altar-ego)' 등에서처럼, 사이보그는 '탈중심화' 되고 '혼성적인' 것으로 포스트-모더니즘 문화의 정체성 개념의 은유일 뿐만 아니라 단일한 자아와 의식 또는 이성에 굳게 자리 잡은 절대적인 자기 지식이라는 정체성을 당연시하던 모더니즘의 사고체계를 해체한다. 특히 이러한 가상현실에서 존재하는 가상 신체의 담론은 가상환경 속에서 상호작용하는 관찰자를 '사용자' 이자 더 나아가 각자 경험의 '저자' 로 간주한다는 점에서 관찰자를 수동적인 행위의 존재로 보아 온 전통적인 관점을 타파한다. (테크놀러지 중심의 정보사회에서의 시뮬라르크와 초실재, 가상신체에 대한 건축적 논의는 1권 023을 참조할 것)

II.
장소성은 신체를 중심으로 체험된 공간이다.

그러므로 우리는 1960년대 이후 현대건축의 담론에서도 정신에서 신체로, 시각에서 감각으로, 공간에서 장소로의 인식의 변화현상을 발견할 수 있다. 이러한 현상은 지각하는 나의 존재에 대한 현상학적인 인식과 신체에 중심적 가치를 부여하는 공간 경험을 강조하는 여러 담론들의 주제가 되었기 때문이다. 볼로우(O. F. Bollow)는 자신의 저서 〈인간과 공간 Mensch und Raum, 1963〉에서 인간의 존재와 공간의 관계를 '체험된 공간'(Erlebte Raum)의 개념으로 서술하였다. 하이데거의 〈존재와 시간 Being and Time, 1927(독)/1962(영)〉의 사상에 깊은 영향을 받은 볼로우는 "체험된 공간의 중요한 전형인 '주거(Haus)'는 세계의 중심이며, 그 주거의 중심은 침실"이라 강조한다. 볼로우에 따르면, 체험된 공간은 기하학에서 말하는 균질적이고 연속적인 공간이 아니며, 또 칸트의 사고체계를 따르는 선험적인 공간개념과도 다르다. 체험된 공간에는 명확한 중심점과 축, 좌표계가 존재하며, 이것들은 공간을 체험하는 인간의 위치와 자세에 의해서 정해지기 때문이다. 또 체험된 공간에서 여러 종류의 방향과 장소는 그 성질을 달리하기 때문에, 공간은 내용적으로 분절되어 각 영역 간에 불연속성이 발생한다는 점이다. 무엇보다 이러한 방식으로 체험된 공간은 인간에 대해 생(生)을 촉진시키거나 저해하는 것으로서 관계를 맺는다. 이 때문에 체험된 공간의 어떤 장소도 인간에 대해 의미를 지니며 인간과 공간은 떼어 놓을 수 없는 관계에 놓이게 된다.

볼로우가 언급한 체험된 공간의 개념은 건축이론가 슐츠(C. N-Schulz)의 저서 〈실존, 공간, 건축 Existence, Space and Architecture, 1971〉에서 실존적 공간과 건축적 공간으로 구체화되어 전개된다. 하이데거의 철학적 담론에 근거하여 실존적이고 현상학적인 주제를 탐구한 슐츠에 따르면, 실존적 공간은 '나'를 중심으로 하는 공간을 의미한다. 이 실존적 공간은 그 중심을 이루는 인간과 특정한 관계를 갖는다. 따라서 그것은 인간의 환경에 대한 기본적인 이미지를 결정하여 그 정체성을 경험하게 만든다. 그러므로 건축적 공간은 이 실존적 공간이 구체화된 것으로 그것은 장소와 결절점, 통로와 축, 영역과 구역 등의 요소들로 구성된다.(도 6-26a, b) 슐츠의 관점에서 보면, 건축의 목표는 인간이 그 가운데서 자신의 가능성을 발견할 수 있는 환경, 즉 가능성의 환경(milie of possibility)을 만들어내는 것이다. 이 실존적 공간개념과 장소의 혼(Genius Loci)의 개념, 그리고 심상적 기억과 관련된 셰마의 개념은 그의 여러 저서들(1971, 1975, 1986)에서 인간의 건축에 대한 체험 구조의 속성을 설명하기 위해 반복되는 주요 개념들이다.

1960년대 이후 여러 건축가들은 자신들의 이론과 작품을 통해서 역사, 전통, 장소성, 이미지, 기억, 심상, 의미, 상징성 등을 중요한 디자인 개념으로 도입하기 시작하였으며, 한편으로는 인간이 만든 건조환경과 인간 상호간의 관계를 환경지각, 인지, 행태 등의 개념들을 바탕으로 해석하는 데 주목하기 시작하였다. 인간의 시각적 경험보다 촉각적 경험의 다층성을 중시하는 건축가 팔리스마는, 신체의 "감각적 경험들은 몸을 통해서 통합되며, 이때 비로소 몸의 구성과 인간의 존재방식 안에 머물게 된다" (Juhani Pallasmaa, 2012, 김훈역, 2014, p.60)는 점을 강조한다. 이것은 바슐라르가 여러 감각이 관여하는 이러한 경험을 "감각들의 다성악적 속성" (Gaston Bachelard, 1971, p.6)으로 언급한 것과도 상통한다. 정신분석학에서는 이러한 현상들을 경험의 한 가운데 있는 몸을 통합의 중심으로서 신체 상(body image)이나 신체 세마(body schema)와 같은 개념을 도입하여 설명하고 있다. 현대건축 담론이 모더니즘적인 유클리드 기하학의 퇴조, 인간 주체의 탈중심화, 의미의 미결정성과 같은 주제를 중심으로 전개되기 시작하였는 데, 이런 논의의 시각들은 근본적으로 건축이 인간의 신체를 중심으로 접근되어야 한다는 점을 역설하는 것이다. 우리가 건축작품에 대한 해석과 디자인 접근방법을 이전과는 전혀 다른 방향으로 전환하여야 하는 이유가 여기에 있다.

도 6-26 a, b
실존적 공간 구조

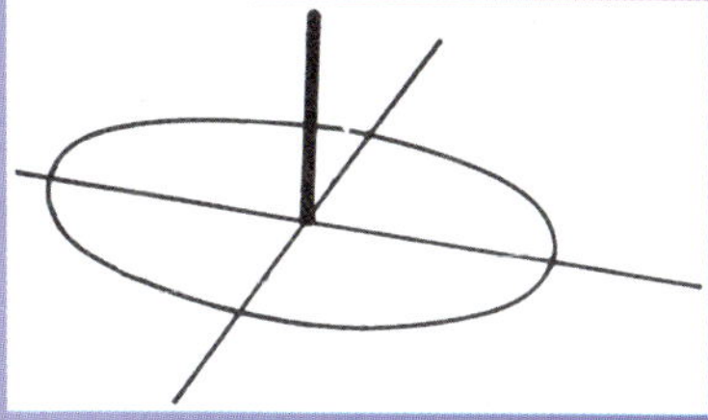

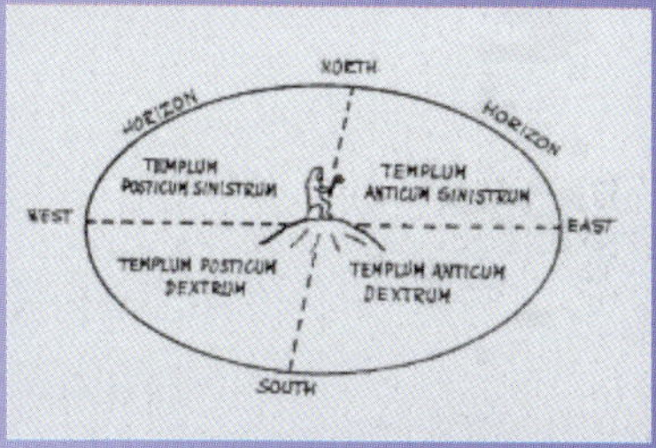

우리는 앞으로 1960년대 이후 현대건축의 흐름을 건축공간과 형태가 인간의 지각과 의식에 미치는 영향을 중시하는 방향으로 전개되어 온 현상에 주목하면서 신체담론을 중시한 건축가들을 탐구할 것이다. 인간성 회복을 위한 건축을 만들어야 한다는 이들의 주장에서 발견되는 주제들-주변 환경과의 조화, 장소성의 존중, 토착적인 자연 재료의 사용, 전통에 뿌리를 둔 형태언어의 채택, 건축공간과 형태를 경험하는 인간의 신체의 중심성 등-과 같은 개념에 주목할 것이다. 사회적 접촉과 집합적 장소의 공간탐구(알도 반 아이크, 헤르만 헤르츠베르거), 상징과 시각적 이미지의 탐구(로버트 벤츄리, 한스 홀라인), 신체-상 이론에 근거한 장소성과 공간의 영역성(찰스 W. 무어), 신체로 경험되는 정서적 공간(안도 다다오), 신체와 정신의 통합을 전제로 한 공간경험의 현상학적 건축(스티븐 홀), 공간에서 발생하는 이벤트로서의 건축(베르나르 츄미), 기억의 회상을 통해 정신적 상상력을 환기시키는 공간탐구(다니엘 리베스킨드) 등에서 미정성의 공간개념과 신체의 능동적 참여에 의한 구체화된 개념들을 발견할 수 있기 때문이다.

그러므로 신체 담론을 중시하는 현대의 건축가들은 모더니즘 건축의 기계미학과 추상화된 공간개념을 정신과 이성의 논리로만 인식되는 공간이라고 비판하고 있으며, 이에 대한 대안으로 정신과 신체의 총화인 몸을 통해 경험되는 현상학적인 공간과 장소성의 개념을 제시해 온 사실을 주목해야 할 것이다. 이러한 디자인 접근태도는 건축의 텍스트성과 미정성의 다층구조가 만들어내는 의미의 다양성과 수용자 중심의 체험과정을 중시하는 데서 출발한다. 우리는 또한 이들의 건축담론과 작품 속에서 바흐친이 언급한 다성성, 미확정성, 비종결성과 상통하는 다양한 개념들뿐만 아니라 신체의 중심성을 전제로한 구체화의 개념들도 발견할 수 있다.

| 사회적 접촉과 집합적 장소의 공간탐구 : 알도 반 아이크, 헤르만 헤르츠베르거 |

1960년대 이후 현대건축의 다양한 흐름에서 나타난 특징들 중 하나는 인간의 의식 속에 내재하는 심리적, 사회적 경험의 근원을 보편적인 사회-공간적 세마(socio-spatial schema)에 근거하여 파악하고, 이것을 건축 공간화하려는 시도이다. 이것은 건축을 통해 그 안에서 활동하는 사람들의 사회적 접촉의 경험을 강화시키려는 의도에서이다. 이러한 현상은 구조 인류학 사상을 바탕으로 접근하는 네덜란드 구조주의 건축가 아이크(Aldo van Eyck, 1918-1999), 헤르츠베르거(Herman Herzberger, 1932-), 블롬(Piet Blom, 1934-1999) 등에게서 발견된다. 이들은 모두 건축 공간에서 사회적 접촉과 감각적 교류의 강화를 위해서, 기억과 관련된 친숙한 요소들과 공공가로 등을 도입하여 사용자의 공간적 세마와 일치하는 환경을 만들고자 시도하기 때문이다.

a.
매개 공간과 공간의 영역화는 기억을 반영한다.

1959년 CIAM의 해체작업에 팀 텐(Team 10) 멤버로 주도적인 역할을 한 알도 반 아이크는, 인간의 기억과 경험 속에서 체험되는 공간의 속성을 매개공간과 쌍생현상학(twin phenomena)의 개념으로 제시하여 당시에 주목을 끌었다. 그는 기술 문명의 병폐를 멀리하고, 건축의 본질적인 가치를 인류학적인 시각에서 새롭게 인식할 필요가 있다는 점을 강조하였다. 그가 인간의 삶과 심층 의식 속에 불변적으로 내재하는 심리적, 사회적 경험의 근원을 사회 공간적인 셰마에서 이끌어내고자 한 것은 이러한 이유때문이다. 이를 위해서 그는 인간의 무의식에 근본적으로 변하지 않고 존속해 온 가치를 반영하는, 역사 속에서 존재해 온 원형적인 객관적 형태구조를 재해석하는 데서 출발한다. 이러한 이유는 그가 모더니즘 건축의 공간에서 배제된 인간을 건축의 주체로 다시 회복하기 위해서였다.

장소와 공간에 대한 중요한 개념을 정립한 아이크는 "인간은 건축의 대상일 뿐만 아니라 주체"(Aldo van Eyck, 1962a, p.101)라고 주장한다. 그에 따르면, 장소와 상황은 공간과 시간보다 더 많은 것을 의미하며, 인간적 측면에서 서로간의 실체를 구성한다. 인간의 이미지 속에 존재하는 공간과 시간이 곧 장소와 상황이기 때문이다.

> "공간과 시간은 어떤 경우에도 장소와 상황만큼 풍부한 의미를 담아내지 못한다. 공간에 인간이 개입하면 장소가 되고, 시간에 인간이 개입하면 상황이 되기 때문이다."(Herman Hertzberger, 1991, 안진이 옮김, 2009, p.32 재인용)

그러므로 아이크는 "공간이란 단순히 개념적인 공간과 시간의 차원만으로 인식될 수 있는 속성이 아니라, 오히려 인간의 의식 속에서 경험되어 가는 공간, 즉 장소로서 경험되는 공간이어야 한다"(Aldo van Eyck, 1962b, p.602)고 강조한다. 이러한 장소와 상황은 기존에 존재하는 것에로의 참여를 암시한다. 장소와 상황의 결핍은 정체성의 상실, 고립감, 분열 등을 야기한다. 이러한 이유로 아이크는 공간과 시간이 의미하는 바가 무엇이든 간에 장소와 상황이 인간의 기억과 기대감, 즉 기억된 장소와 예상되는 장소들이 공간의 실제적 관점을 형성하기 때문에 더 많은 것을 의미한다고 강조한다. 따라서 기억과 기대감이 나타내는 것을 통해, 장소는 시간적 의미를 획득하며, 상황은 공간적 의미를 획득하게 된다. 이때 인간의 마음 속에 상호 관계 속에서 인식된 공간과 시간은 인간화되어 장소와 상황으로 구체화된다. 따라서 아이크는 "모든 것을 하나의 장소로 만들고, 모든 집과 도시를 장소의 집합체로 만들어라. 집은 작은 도시이고, 도시는 커다란 집"(Herman Hertzberger, 1991, 안진이 옮김, 2009, p.32 재인용)이라고 역설한다.

아이크는 이러한 장소적 속성을 지닌 공간은 내부와 외부의 경계가 명확히 인지되는 매개 공간(in-between space)을 통해 드러난다고 보았다. 이를 위해서는 '분절된 매개 영역'을 통해 장소에 내포된 다수의 의미를 구체화하는 작업이 필요하다. 왜냐하면, 우리에게 매개 공간에 대한 인식은 근본적이며, 또 분절된 매개적 장소의 의미는 본질상 다수의 의미를 내포하고 있기 때문이다. 아이크는 이러한 매개 공간에 대해 다음과 같이 설명한다.

> 건축은 명료하게 한정된 "매개 장소"(in-between place)의 형상으로 인식되어야만 한다. 이것은 장소와 시간이라는 관점에서 볼 때, 연속적인 전이(轉移)나 끊임없는 연장을 의미하지는 않는다. 이와는 반대로 그것은 공간적 연속성이라는 근대적 개념이나 내부와 외부, 한 공간과 다른 공간 상호간의 모든 분절을 제거해 버리려는 태도에서 벗어나는 것을 의미한다. 오히려 전이는 명확하게 한정된 매개적 장소로 분절되어 한 공간에서 다른 공간으로의 이행(移行)이 공간적으로 표현되고, 동시에 이 전이를 전후하여 공간의 존재 의미가 인식될 수 있도록 해야만 한다. 이러한 의미에서 '매개 공간(in-between space)'은 서로 상충되는 양극 현상이 다시 한 쌍의 현상이 될 수 있는 공통의 배경을 제공하게 된다.(Aldo van Eyck, 1962b, p.602)

여기서 아이크가 언급한 매개 공간은 매개 장소의 개념과 동일한 의미로 사용되고 있다. 인간이 주체가 되어 기억과 기대감으로 구체화하는 공간이 곧 장소이기 때문이다. 이 매개 공간 또는 매개 장소의 영역에서는 서로 상충하는 양극의 대립적인 분리보다 통합의 의미가 중시된다. 그것은 의미있는 애매성의 상태로 드러나는 '미로와 같은 명료성(labyrinthian clairity)' 을 드러내는 것이다. 아이크는 이와 같이 다수의 의미를 내포하는 명료성을 통해서, 시간과 공간의 경계는 완화되고 가시성을 초월하는 속성을 갖게 된다고 보았다. 그가 제시한 '쌍생 현상학' 의 개념(주6)은 이와 같이 대립적인 개념을 수용함으로써 여러 차원의 미확정성의 의미와 영역을 담지하고 있다. 쌍생 현상학에 내포된 통합적인 관계성의 개념, 상황과 장소로 인식되는 공간적 질서의 개념들은 다층적인 질서를 지닌 건축으로 나타난다. 아이크는 쌍생 현상학의 의미와 필요성을 다음과 같이 역설한다.

> 나는 다시금 쌍생 현상학, 즉 통일성과 다양성, 부분과 전체, 작은 것과 커다란 것, 다수와 소수, 단순성과 복합성, 변화와 영속성, 질서와 혼돈, 개체성과 총체성 모두에 관심이 있다.... 서로 모순되는 쌍극으로서 또는 옳지 않은 대안으로서 이와 같은 추상적인 대립개념들 중 어느 하나만 선택하는 것은 정체성과 그 속성들의 상실, 즉 단조로움이라는 동일한 결과를 가져오게 된다.(Aldo van Eyck, 1962c, pp. 81-94)

이러한 공간개념은 모더니즘의 추상적 공간 개념과는 달리 인간의 의식, 이미지, 경험 속에서 체험되는 공간적 속성과 관련이 있다. 인간 삶에서 본질적인 것과 근원적인 것으로의 회귀를 중시한 아이크는 무엇보다 사회적 접촉과 인간의 능동적 참여의 가능성을 제공하는 건축을 추구한다. 이 점에서 람퓨냐니(V. M. Lampugnani, 1985, p.220)는, 아이크가 지향하는 구조주의 건축은 건축의 모든 역사를 결정짓는 원형으로서의 '객관적인 형태 구조' 를 그 출발점으로 한다고 지적한다. 따라서 아이크에게 디자인 행위는 인간의 무의식에 근본적으로 변하지 않고 남아 있는 것의 가치를 반영하는, 건축의 원형적인 해결책에 대한 창조적인 탐구를 의미한다. 여기서 사회-공간적 세마는 삶의 근본적인 것에 대한 관찰을 통해 얻어진 기본요소를 창조적으로 재해석하는 방식을 통해서 도입된다. 이렇게 생산된 결과는 유형화된 역사적 형태의 관습적인 답습이 아니라, 건축의 구성시스템에서 도시구조에 이르기까지 다양한 변형단계를 통해 구축된 것들을 기하학적으로 지배하는 다층의 질서를 내포하게 된다.

암스테르담의 **시립고아원**(Municipal Orphanage, Amstelveenseweg, Amsterdam, Holland, 1955-1960)(도6-27a, b, c)은 아이크가 탐구해 온 상호적 상관관계를 맺는 매개공간의 개념과 쌍생 현상학의 의미를 건축적으로 구체화한 작품이다. 여기서 그는 기하학적 질서 속에서 작은 세포 모양의 작은 공간단위들-이 작은 형태 단위들은 보다 큰 전체를 계속 분할하는 방식에서 나오는 것이 아니라, 오히려 개별적 구성요소에서 출발하지만 완성되어지면 전체처럼 지각이 가능한 방식으로 구성된 것이다-을 반복적으로

도6-27a, b, c
알도 반 아이크, 시립고아원, 암스테르담, 네덜란드, 1955-1960

집합시켜 다층적인 공간질서를 만들어냄으로써 개개인에게 공간선택의 다양한 가능성을 제공하고자 의도하였다. 따라서, 평면의 구성은 개인이나 또는 집단 구성원 양자의 어느 쪽에 지나치게 편중되지 않고 이중성을 모두 수용하는 쌍생 현상학을 위한 물리적 공간 틀을 만들어내는 데서 출발한다.(주7) 중심적인 배치와 분산적인 배치의 장점을 모두 수용하는 방식으로 전개된 건물 전체의 구성은 이러한 다양한 기본 단위들이 전체적으로 복합적 '공간 클러스터' 를 만들어낸 결과로서, 다양성 속에서 통일성이 얻어지도록 의도하였다. 클로츠(H. Klotz, 1984, pp.115-116)는 이러한 개념은 중심화 배치의 장점과 분산화의 장점을 조율하여, 개별적인 것과 공동체적 이중현상을 조화시키려는 데서 출발한 것이라 지적한다. 특히 이 프로젝트에서 아이크는 건축을 도시적으로, 도시를 건축적으로 인식하는 시각으로 '집과 같은 도시, 도시와 같은 집' 이라는 개념을 전개하였다. 이를 위해서 매개적 장소로서 '내부 가로' 의 개념이 도입되는데, 어린이들은 이 매개영역을 통해서 도시의 공공 실체와 내부의 사적인 실체 모두를 접하게 된다. 이것은 공간과 시간의 개념보다는 장소와 상황의 개념을 중시한 아이크의 매개 장소의 개념이 현상적인 경험으로 구체화된 것이다.

아이크가 시립고아원에서 전개한 '쌍생 현상학'의 개념과 인간 중심의 건축은 1965-1966년 이루어진 조각전시를 위해 한시적인 갤러리로 설계된 **손스비크 파빌리언**(Sonsbeek Pavilion, Arnheim, Holland, 1965-1966)(도6-28a, b, c)에서 독창적인 방식으로 구현된다.(주8) 콘크리트와 유리로 지어진 이 파빌리언에서, 아이크는 직사각형의 큰 틀 안에 직선벽과 곡선벽들, 그리고 사방에서 확산된 빛을 유입하는 지붕면으로 구성된 독특한 공간구성을 관찰자와의 상호관계의 시각에서 만들고자 의도하였다. 여기서 4m 높이의 6개의 벽들을 2.5m의 간격을 유지하면서 배치하여 일종의 복도를 만들고, 이 벽들은 또한 원형과 곡선으로 구부러져 독특한 반(半)원형 공간을 만들어낸다. 특히 연속된 벽을 절단하는 방식은 이 단순한 구조물을 미로같은 복합적인 공간적 장치로 변형시킨다. 전시 조각들은 관찰자의 레벨에 맞추어 배치한 낮은 대좌(臺座)와 벽감(壁龕) 위에 놓여 있다. 이러한 수법으로 전시 대상과 관찰자 간의 관계에 접촉성과 친밀도가 증가한다. 대좌와 벽감 속에 놓인 조각과 더불어 곡선벽과 직선벽의 대립은, 아이크가 탐구한 쌍생 현상학의 새로운 버전이며, 이것은 그의 대립성과 상대성의 개념화 작업과도 연결되어 있다. 무엇보다도 이 공간에서는 관람자들에게 예측성

도6-28a, b, c
알도 반 아이크, 손스비크 파빌리언, 아른하임, 네덜란드, 1965-1966

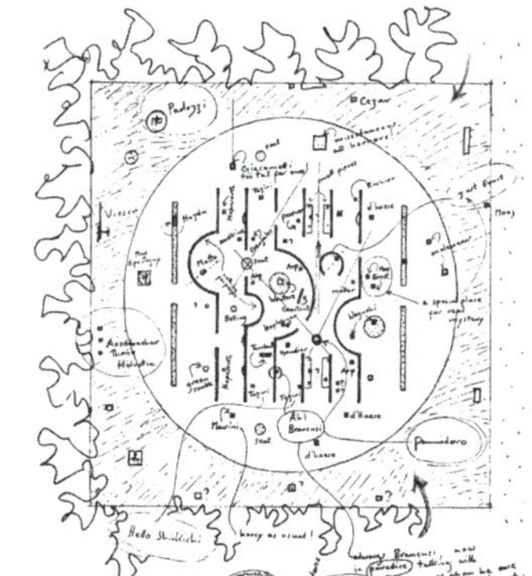

도6-29a, b, c
알도 반 아이크, 휴베르투스 하우스,
암스텔담, 네덜란드, 1973-1978

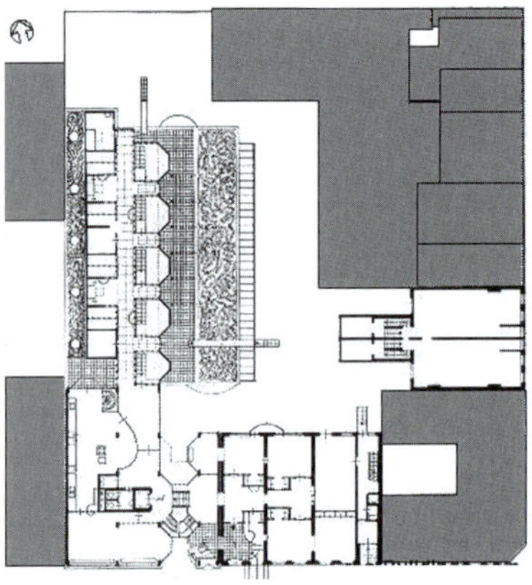

을 제공하지 않는다. 이들은 예기치 않은 방식으로 종종 휴먼 스케일 감각을 주는 조각상과 위로 닫혀 있는 곡선벽과 직선벽을 조우(遭遇)하게 되는 것이다. 이 파빌리언에서 보이는 전통적인 역사도시의 위요된 도시공간과도 같은 픽춰레스크한 분위기에 주목할 필요가 있다.(주 9) 이것은 파빌리언이 만들어내는 조망들과 벽들 사이에서 생성되는 공간들은 진부하지 않은 방식의 문과 창문이 되고 그 결과, 이 공간들이 마치 작은 도시를 산보하는 방문객들이 있는 가로와 광장과도 유사하기 때문이다. 이 작은 도시와 같은 공간은 혼잡스럽지 않고 개개인의 관심있는 관람자만이 접근하여 관람하게 된다. 이때 공간은 방문자와 함께 참여하는 공감대를 형성하게 되고, 방문자는 조각과 그 건축적인 배경을 환유적인 관계로 설정함으로써 상호 개인적인 행동에도 영향을 주게 된다.

도시적 맥락 안에서 지어진 미혼모와 그 자녀들을 위한 다가구 주택인 **휴베르투스 하우스**(Hubertus House, Amsterdam, Holland, 1973-1978)(도6-29a, b, c)에서, 아이크는 인간 중심의 인본주의적 모더니즘의 전통을 따라 거주자 모두에게 스트레스가 없는 편안한 규모와 다양하고 친숙한 공간들을 지닌 '열린 집(open home)'을 만들고자 하였다. 여기서 아이크는 부지가 위치한 도시의 19세기 가로 벽의 틈을 메우고, 동시에 2개의 인접한 역사적인 주택을 복원하고자 하였다. 그는 건물의 입구와 계단은 2개의 건물-높이가 있는 완전히 새로운 블록과 기존 주택에 낮은 높이로 확장된 블록-을 만들어내도록 독특한 방식으로 배치했으며, 이를 통합시키는 요소로 색채와 재료를 사용하였다. 이 건물에서 평면과 파사드는 어린이의 거주영역에 사각형, 45도 각형, 원형과 그 단편들, 그리고 자유 형태의 곡선들로 이루어진 특정 형태의 기하학을 고루 분산 배치하여 획일적인 기하학적 규칙성을 피하고 있다. 이 건물에서 발견되는 한정된 형상 안에서 반(半)사적인 공간을 발생시키는 놀라운 기법, 내부와 외부의 감각, 그리고 거주영역에서의 프라이버시의 확보 등은 교통이 혼잡한 지역에서 격리되도록 건물의 주변부에 놓여지는 방식으로 확보되었다. 그 결과, "비위계적이지만 명료하게 분절된 모듈라 프로그램이 일관되게 적용된, 친숙한 공간의 감각"을 경험하게 된다.

b.

사회적 공간은 도시의 모델이며 그 도시적 공간의 축소판이다.

아이크가 구조주의 관점에서 제시한 매개 공간의 개념을 헤르만 헤르츠베르거(Herman Herzberger, 1932-)는 공적, 사적 공간이라는 대립적 공간을 상대적으로 수용하여 사회적 접촉을 촉진시키는 집합적 공간인 '사회적 공간' 이라는 개념으로 발전시켰다. 특히 "건축의 기원은 대중(大衆)들 안에 존재한다" 고 역설한 헤르츠베르거의 입장은 18세기에 로지에가 건축의 기원을 원시 오두막에서 발견하고자 한 것과 비교해 볼 때(1권 02참조), 건축과 사회의 관계성, 그리고 정체성과 커뮤니티를 중시하는 그의 건축적 사고를 여실히 보여 준다. 형태, 기능, 자유성이라는 3가지 이슈에 주목해온 헤르츠베르거는, 민주주의 사회에서 건축뿐만 아니라 건축의 사회성의 문제를, 인간을 그 중심에 설정하고 출발한다. 또한 형태라는 개념에 대한 논의에서, 헤르츠베르거는 '대상을 둘러싼 껍데기와 같은 시각적인 외관이 아니라 수용능력이 있고 의미의 토대가 될 수 있는 개념으로서의 형태에 관심을 기울여야 한다' 고 강조한다. 또한 그는 '모든 공간은 가능한 모든 상황에 적합해야 하며, 상황을 수용하는 것을 넘어 상황을 유도할 수 있는 공간(형태)이어야 한다' 는 점을 역설한다. 그는 이처럼 능동적인 적합성을 지니며 사람을 향한 애정이 풍부한 공간을 "환대하는 형태(inviting form)" (Herman Hertzberger, 1991, 안진이 옮김, 2009, p.15)라고 불렀다. 그가 무엇보다 사람들이 상호작용하는 방식과 건조환경이 의사소통을 강화하는 방식에 지속적인 관심을 보여 온 것은 이러한 이유에서이다.

> "…. 어떤 경우든 사용자와 형태가 상호작용하는 방식이 가장 중요하다. 형태가 사용자에게 미치는 영향과 사용자가 미치는 영향은 모두 의미를 흡수하고 소통하는 능력에 의해 결정된다는 사실을 분명하게 하려 한다. 핵심은 형태와 사용자의 상호작용, 즉 형태와 사용자가 서로에게 어떤 작용을 하며 서로를 어떻게 전용하느냐이다" ….(중략)
>
> "건축가가 디자인을 할 때는 확실한 목표를 지나치게 명시적으로 밝히지 말고 늘 해석을 허용하며 사용과정에서 정체성을 획득해 나가는 결과물을 만들어야 한다. 우리가 만드는 공간은 하나의 제안으로서 언제든지 구체적인 상황에 어울리는 반응을 이끌어낼 수 있어야 한다. 단순히 중성적이고 유연하며 두루뭉술한 공간이 아니라, 다가성(多價性, poly-valence)이라고 부르는 넓은 의미의 효용을 지닌 공간이어야 한다." (Herman Hertzberger, 1991, pp.251-252)

헤르츠베르거는 실제적으로 주택보다 도시에 더 관심이 있으며, 집합성의 개념을 중시한다. 그는 자신의 건축에서 '도시적 공간을 계획하는 주된 목적은 사회적 상호작용을 창조해 내는 것' 이라고 역설한다. 그는 수많은 사람들이 함께 모이는 건물들은 소도시로서의 기능을 지닌다고 보았다. 따라서 그에게 사회적 공간은 "도시의 모델이며, 그 도시적 공간의 축소판" ((eds.) Tom Avermaete, 2009, 권영민 역, 2011, p.116)으로 간주된다. 그는 〈사회적 공간 Social Space, 2002〉이라는 책자에서, 건물들은 항상 어느 정도의 집합성을 포함하고 있으며, 사람들이 집합적으로 모이는 건물들은 작은 규모의 소도시의 성격을 지닌다는 점을 강조한다. 따라서 이러한 건물들은 도시의 공공 가로나 광장처럼 '건물 안의 건물'로서 보행로들 간의 연결망을 통해 내부의 보행자가 쉽게 인지할 수 있는 영역을 제공하는 사회적 공간이어야 한다는 것이다. 그에게 집합적으로 사용되는 건물이 집합적 공간으로서 영역의 공동체성을 갖기 위해서 공적인 부분들과 내부의 다양한 영역들에 거리와 광장 같은 도시를 닮은 조직을 부여하는 작업은 무엇보다도 중요한 과제이다.

헤르츠베르거는 건축의 구조적 및 시스템적 특성에 관심을 갖고 질서를 부여해 주는 '공간의 조직화'라는 문제를 탐구해 왔다. 그는 사회의 구성원들이 서로 조우할 수 있는 공간을 만들고자 하며, 이러한 공간의 역할은 실용적일 뿐만 아니라 무엇보다도 창조적이고 활동적이어야 한다고 강조한다. 헤르츠베르거는 자신의 작품 속에 사람들이 실제로 조우할 수 있는 환경을 제공하기 위해서, 전략적 시설들, 동선의 체류와 교차를 위한 장소들, 계단참, 브릿지, 밝고 어두운 공간들, 투명성, 시야에서 은폐되거나 트인 공간, 칸막이들과 같은 이 모든 요소들을 적극 도입한다. 이러한 방식으로 건물은 거리와 좁은 통로, 그리고 벽감으로 이루어진 도시적인 구조를 띠며, 이곳에 사람들이 모여 건물 안의 다른 장소와의 시각적인 연결이 가능하도록 하였다. 따라서 그의 건물에서 다양한 방식으로 나타나는 융통성 있는 '매개' 공간은 공공과 개인이 만나는 영역으로 인식되며, 또한 거주자의 깊은 인간적인 요구와 사회적 활동을 장려하기 위한 장치이기도 하다.

이러한 이유로 헤르츠베르거는 "건축물을 변화하는 사회의 이미지로서 뿐만 아니라 사회가 야기하게 될 대리인(agents)" (Herman van Bergeijk, 1997, p.12)으로 인식한다. 따라서 건물의 용도와 변화의 주제는 그에게 중요한 과제이다. 그는 건물은 항상 필요할 때 적응과 업그레이드가 가능해야 한다고 강조하였다. 그러므로 건축가는 용도를 미리 규정하거나 건물 프로그램이라는 제약조건에 고착되어서는 안되며, 오히려 사회적 행위를 더 촉진시킴으로써 시간적으로 적절해질 수 있는 공간을 창조해야 한다는 것이 그의 생각이다. 이를 위해서는 건물의 용도에 의해 영향을 받게 될 가능성을 염두해 두고 디자인에 접근하고, 시간의 변화에 따라 거주자가 사용해 온 기존의 방식을 바꿀 수 있는 여지를 제공하는 것이 필요하다. 따라서 건물을 지나치게 구체적으로, 확정적으로 만들기보다는 미완성의 상태로 남겨둘 필요가 있다는 점이다. 그는 이러한 문제를 정체성과 관련하여 그의 작품활동 초창기(1967)에 다음과 같이 언급한 바 있다.

> "건축가가 건물을 디자인할 때 항상 마음에 새겨야 하는 것은 사용자가 각 부분을 어떻게 사용할 지를 스스로 결정할 수 있어야 한다는 사실이다. 사용자의 개인적인 해석은 건물 프로그램을 엄격히 고수하는 건축가들의 전형적인 접근과는 비교할 수 없을 정도로 중요하다. 프로그램을 구성하는 기능의 결합이 모든 사람에게 어느 정도 들어맞는 가장 큰 공통분모인 표준 생활패턴에 맞춰진다면 어떨까? 모든 사람에게 우리가 예상하는 이미지에 맞춰 행동하고, 먹고, 자고, 집에 들어서라고 강요하는 결과를 낳게 된다.....(중략)
> 모든 사람이 상황과 장소에 따라 각자의 방식으로 구체적인 기능을 해석하는 데서 비롯한 불일치는 궁극적으로 각 개인에게 정체성을 부여한다. 그리고 모든 사람이 처한 상황에 정확히 맞추는 일은 불가능하기 때문에(지금도 그렇고 과거에도 언제나 불가능했다), 우리는 실제로 해석이 가능한 공간을 설계함으로써 개인적 해석의 가능성을 열어 놓아야 한다..."(Herman Herzberger, 1991, p.270)

그러므로 헤르츠베르거는 모더니즘 건축이 추구한 융통성의 개념은 '문제에 대한 부적절한 해결의 총체' 일 뿐이라고 거부한다. 그는 이러한 융통성의 개념은 주거 디자인과 관련해서 끊임없이 불만족스러운 가변성으로 인해 아이덴터티를 지닌 형태를 만들어내는 것을 허용하지 않으며 일관성이 결여되기 때문에 근본적으로 결함이 있다고 보았다. 이러한 이유로 그는 여러 방들과 공간들을 확정하지 않은 채 남겨두는 다가성(多價性, polyvalence)과 미완결성이라는 2가지 주요개념을 융통성에 대한 대안으로 제시한다. 이러한 개념들은 가변성과 융통성보다는 오히려 개인적인 적응의 가능성을 제공해 거주자가 아이덴터티를 지닌 형태를 일관성 있게 만들어가도록 허용한다는 점에서 다가성을 추구하는 것이다. 이 점에서 헤르츠베르거의 작품은 개별적인 해석을 유발하는 '다가적 형태(polyvalent form)' 를 탐구해 왔으며, "휴머니스트 가치를 건축적 형태로 매우 정교하게 전환한 것을 보여주는 것" ((Herman van Bergeijk, 1997, p.16 재인용)으로 평가받고 있다.

교육과 교육시설에 상당한 관심을 갖고 이와 관련된 다양한 활동을 한 헤르츠베르거는 "학교는 궁극적으로 공공의 건물" 이라는 점을 강조한다. 이 점에서 그에게 학교 건물은 일종의 도시성을 지닌 도시적 건축이다. 그에 따르면, 한 도시에는 크고 작은 장소들, 일종의 외진 곳과 덜 외진 곳, 그리고 다양한 조망들과 다양한 활동들이 존재하는 것처럼, 학교는 학생들이 삶을 탐구하고 경험하는 곳이어야 한다. 그러므로 학교 건물의 디자인은 가능한 다양한 상황들을 만들어내어 이러한 과정을 통해서 학생들이 세상을 경험하도록 돕는 데에 그 목적이 있다. 특히 그는 공간은 자신이 보호받고 있으며 타인과 서로 간의 일부임을 느낄 수 있는 방식으로 분절되어야 한다고 생각한다. 자신이 행하는 것에 집중함과 동시에 전체의 일부분이라는 균형감각은 매우 중요하기 때문이다.

초기 작품인 델프트의 **몬테소리 초등학교**(Montesori Primary School in Delft, Holland, 1960-1966)(도6-30a, b, c)에서, 헤르츠베르거는 장소와 관련된 '정체성의 역할' 을 중요

도6-30a, b, c
H. 헤르츠베르거, 몬테소리 초등학교, 델프트, 네덜란드, 1960-1966

한 개념으로 도입하였다. 여기서 그는 다양한 영역들을 만들어내는 L 자형의 교실들을 어린 학생들이 놀고 배우는 창조적인 공간으로 활용한다는 개념으로 진척시켰다. 여기서 개개의 교실들은 그 뒤에 다양한 모서리 공간들과 여러 영역들을 지니도록 분절된 완전한 단위, 즉 자율적인 단위로서 하나 하나가 집처럼 계획되어 학생들의 다양한 활동들이 동시에 발생하도록 촉진시킨다. 3개의 영역으로 분절되고 코트와 수납장을 위한 틈 공간을 지닌 이 교실들은, 복도 대신 공동학습활동을 위한 중앙의 홀 공간-'가로' 의 성격을 지닌-에 서로 연결되어 있다. 또한 계단과 복도는 교실들을 단순히 연결하는 장치가 아니라, 학생들이 앉아 자연스럽게 대화를 촉진시키는 '학습 가로(learning street)' 로 고안되었다. 여기서 큰 계단은 단지 위아래를 연결하는 장치가 아니라 학습과 우발적이고 조직적인 접촉활동을 위한 도구로서의 역할을 수행하고 있다. 또 건물의 질서는 미래의 변화에 대응하여 각 단계의 확장이 그 자체로 완결일 뿐만 아니라 전체를 완성해 나가도록 의도되었다.

'공간을 분절한다' 는 원칙을 적용하여 사회적 접촉을 촉진시키는 집합적 공간 개념은 헤르츠베르거가 설계한 아펠도에른의 **센트럴 베헤어 보험회사 사무동**(Administrative building of the Central Beheer Insurance Company, Apeldoern, 1968-1972)(도6-31a, b, c, d)에서 잘 드러난다. 여기서 그는 '모든 업무와 오락 활동이 개인적으로 이루어지지 않고 소규모 단위로 이루어지게 한다' 는 명제하에서 출발하여 사회적 상호작용에 필요한 소규모 공간 단위로 분절하였다. 이를 위해서 사용자를 위한 다양한 환경을 제공하여 표현하는 집합적, 사회적 교류를 위한 공간조직을 개별적인 입방체 단위들을 다양하게 조합하는 방식으로 접근하였다. 건물의 배치와 평면에서 작은 공간 요소들의 반복을 전체 건물의 주 요소로 하는 공간요소의 클러스터 개념은, 작업공간을 만드는 것이 아니라 사용자에 의해 변형가능한 공간과 소통을 촉진시키는 공간을 만드는 것이다. 이것은 다양한 프로그램이 수용 가능한, 다가성을 지닌 공간을 만드는 것을 의미한다. 그 결과, 모더니즘 건축의 익명성의 다목적 공간이나 복도형의 공간이 아니라 정방형의 평면 위에 수평, 수직 방향으로 단위 입방체의 공간들을 클러스터 형태로 배치하여 얻어진 복합적 공간을 창조하였다. 도시의 일상적 경험 의식과 관련된 소규모화된 도시 가로의 특성이 담겨 있는 이 건물에서, 여러 층에 걸쳐져 있는 개개의 잉여 공간들은 층고가 높은 홀 성격을 지니면서 반 개방적인 내부 가로에 발코니처럼 연결되어있기 때문에 동료 사원들 상호간에 시각적, 청각적 접촉이 계속 유지된다. 이러한 공간들은 다름을 통해

도6-31a, b, c, d
H. 헤르츠베르거, 센트럴 베헤이어 보험회사 사무동, 아펠도에른, 네덜란드, 1968-1972

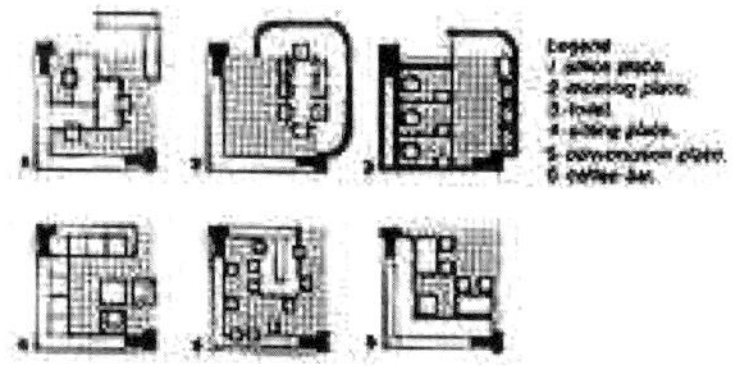

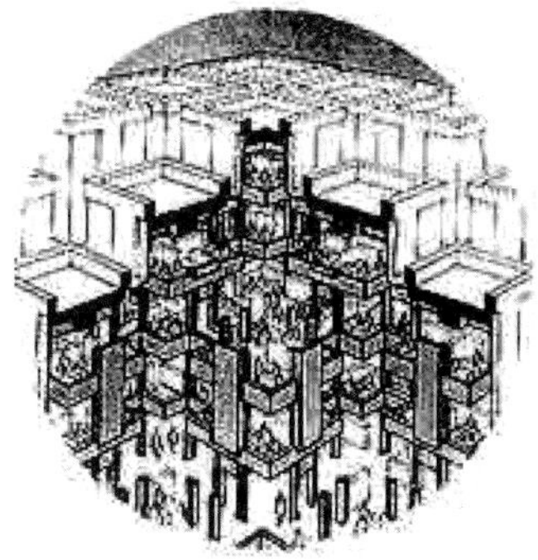

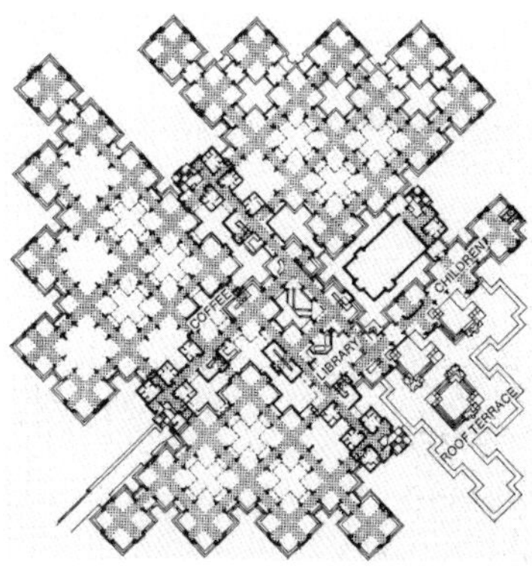

자신만의 정체성을 지닌 공간으로 인식될 뿐 아니라 건축적으로나 사회적으로 상호작용을 제공하는 하나의 전체를 이룬다. 이 점에서 클로츠(H. Klotz, 1984, p.116)는 "이 건물에서 큰 전체 공간 안에서 개별화된 발코니 형상의 작은 공간들로 꾸며진 전체 분위기는 공간의 개별화와 다양화에 기여할 뿐만 아니라 사회적으로도 경험의 장소로 인식되기 때문에, 그 작업은 인간화되고 익명성은 사라진다" 고 평가하고 있다.

도6-32a, b, c
H. 헤르츠베르거, 디아곤 실험주택, 델프트, 네덜란드, 1967-1970

디아곤 실험주택(Diagoon Experimental Housing, Delft, Holland, 1967-1970)(도6-32a, b, c)에서, 헤르츠베르거는 사용자 스스로 자신의 라이프 스타일과 욕구의 변화에 대응하여 자신의 주거공간을 변형시킬 수 있도록 융통성과 결정론의 개념과는 반대 입장에서 다가성과 미완결성의 개념을 적용하였다. 8개의 프로토타입으로 건립된 이 하우징은 미완의 골조만을 제공하는 '반 (半)제품' 의 개념, 즉 미결정성과 다가성의 개념에서 출발한다.(주10) 따라서 이 주택은 미완의 상태이며, 질서를 부여하는 미완의 골격을 통해서 변화와 변형의 가능성을 부여하고 있다. 여기서 헤르츠베르거는 융통성 있는 무엇을 디자인하기 보다 개별적 목적을 위해 상이한 방식으로 이용될 수 있는 형태를 디자인하고자 하였다. 평면은 미확정적이어서 거주자 스스로가 공간을 분할하고 그 안에서 사는 방식과 어디에서 취침과 식사를 할 것인지의 여부를 결정하도록 계획되었다. 사용자에 의해 채워가는 이러한 방식을 통해, 많은 방들은 그들의 위치와 기능이 개인화되고 익숙해지게 되며, 또 가족의 구성요소가 바뀌는 경우, 이 개별주택은 쉽게 조정할 수 있고, 어느 정도의 확장이 가능하도록 하였다. 특히 개별주택들의 배열은 2개의 고정된 코어들, 계단실, 유틸리티 코어(주방, 욕실)를 기반으로 하며, 코어들 주변의 방들과 공간들은 확정되지 않은 채 주거단위를 구성하는 다양한 레벨을 지닌 층들로 구성되었다. 서로 높이가 다른 7개의 공간으로 나누어진 주거공간은 거실, 취침, 공부, 놀이, 쉼, 식사행위와 같은 여러 기능들을 수용한다. 각 유닛공간에서 어느 한 부분의 레벨은 방을 만들기 위해 분절될 수 있고, 나머지 부분은 내부 발코니로 만들어지며 전체의 거실공간인 빈 홀(void 공간)을 따라 연결되어 있다. 이러한 방식으로 미완의 골조가 제공하는 질서 안에서 개별적 자유와 공동체의 자유가 모두 행해지고 포용된다.

복합문화 공공시설인 **코다**(Coda, Apeldoern, Holland, 2000-2004)(도6-33a, b, c, d, e)는 다수의 거주자가 이용하는 다양한 프로그램을 지닌 건물로, 여기에는 미술관 외에 인접한 공공도서관와 시의 문서보관소를 확장하여 열람실, 사무실, 스터디룸, 레스토랑 등을 수용하도록 계획되었다. 이 모든 요소들은 투명하게 밀봉된 박스와 같은 전면 유리를 통해 외부로 면해 있으며, 이러한 방식으로 접근성을 강조하고 중정으로 관통되는 조망을 제공하도록 하였다. 특히 이 건물에서 미술관 건물 앞에 면하여 있는 계단들은 파상형의 실내 풍경 안으로 유입되어 그 아래쪽에 있는, 절반은 지하에 묻힌 박물관 공간을 덮고 있다. 전적으로 고정된 벽 없이 거대한 박물관 공간은 대부분이 중정 아래에 묻혀 있으며, 여기서 박물관의 곡선형 지붕이 훌륭한 가로의 표면을 만들어내고 있다.

도6-33a, b, c, d, e
H. 헤르츠베르거, Coda, 아펠도에른, 네덜란드, 2000-2004

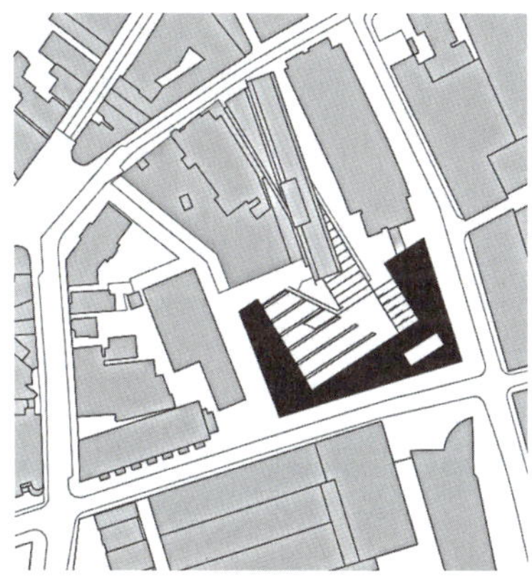

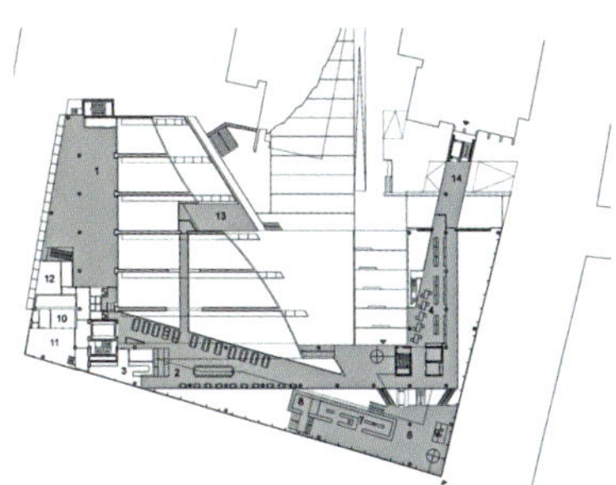

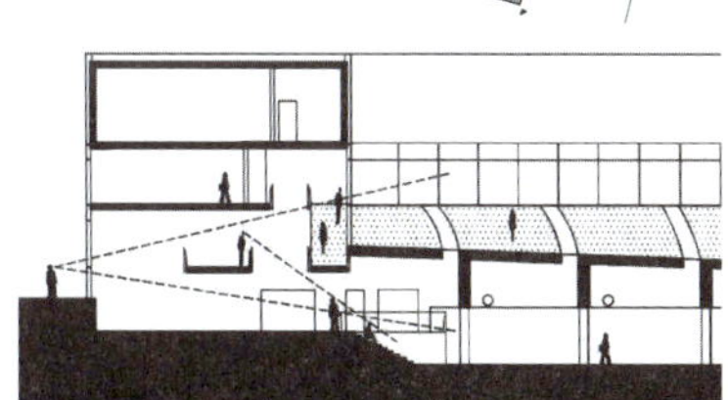

상징과 시각적 이미지의 탐구 : 로버트 벤츄리, 한스 홀라인

| 복합성과 대립성의 건축 : 로버트 벤츄리 |

a.

지각적 차원의 애매성은 다의성(多意性)을 지향한다.

건축적 상징과 인유(引喩)를 바탕으로 하는 복합성과 대립성을 내포한 건축을 탐구하는 현상은 1960년 이후 미국 건축계를 중심으로 전개된 포스트-모던 건축의 특징 중 하나이다. 이러한 사고와 디자인 접근 태도는 벤츄리(Robert Venturi, 1925-2018)의 영향력 있는 저서 〈건축에서의 복합성과 대립성 Complextiy and Contradiction in Architecture, 1966, 1977a〉에 잘 나타난다. 여기서 그는 "예술에 내재하는 경험을 포함하여 현대적 경험의 풍부성과 애매성(曖昧性, ambiguity)에 바탕을 둔 복합성과 대립성의 건축"(R. Venturi, 1966, 1977a, p.16)을 선언한다. 그는 모더니즘 건축의 단순성 대신에 애매성을, 의미의 명료성보다는 풍부성을, 양자 택일적 태도(either-or)보다는 양자 포섭적 태도(both-and)를, 배제에 의한 용이한 통일성보다는 포섭에 의한 난해한 통일성의 개념들을 '애매성의 시대' (C. Ray Smith, 1977, p.138)(주11)에 부합하는 새로운 디자인 개념으로 제시하였다. 르 꼬르뷔지에가 영감의 원천을 고전주의의 본질과 20세기 초 기계시대의 이미지, 그리고 산업 사회에서 발견하고자 한 반면에, 벤츄리는 이것을 미국의 대중 문화와 상업 사회에서 발견하고자 한 것이다.

> "나는 의미의 명료함보다 의미의 풍부함을, 명확한 기능뿐 아니라 함축적인 기능을 선호한다. 나는 양자 택일적 태도보다는 양자 포섭적인 태도를 선호하며, 흑백 모두 또는 회색을 흑색이나 백색보다 더 선호한다. 가치있는 건축은 많은 단계의 의미와 초점으로 이루어진 조합을 생성한다. : 그 공간과 요소들은 다양한 방식으로 해독이 가능하며 사용이 가능한 것이 된다. 그러나 복합성과 대립성을 지닌 건축은 전체성을 지향하는 특별한 의무를 지닌다.: 이것은 반드시 전체성이나 그 전체성을 함축하고 있어야 한다는 점이다. 그러한 건축은 반드시 배제라는 손쉬운 통일성보다는 포섭이라는 난해한 통일성을 지니고 있어야만 한다. 많다고 나쁜 것은 아니다.(More is not less)...."(R. Venturi, 1966, 1977a, p.16)

벤츄리는 기능과 구조 등 건축의 내재적인 것뿐만 아니라, 도시와 환경이라는 외적인 상황의 모든 문제가 디자인에 반영되어 하나로 통합된 '난해한 질서' 를 강조한다. 따라서 그는 미스 반 데어 로에로 대변되는 모더니즘 건축의 환원과 단순화의 개념, 즉 미스가 말한 '적을수록 더 좋은 것이다(Less is More, Wernger ist mehr)' 를 '적을수록 단조로운 것이다(Less is Bore)' 라는 말로 치환하여 역설적으로 비판한다. 벤츄리의 관점에서 보면, 건물은 그 환경의 일부로 그 지역에 순응해야 하며, 건물의 외벽은 단순한 커튼-월이나 내부 기능의 표현이 아니다. 그것은 내부와 외부 모두의 프로그램의 요구가 해결되어 반영된 것이어야 한다. 벤츄리가 추구한 복합성은 실제적으로 많은 장식적 디테일의 사용에서 얻어지는 것이라기보다는 상징과 연상이라는 새로운 지각적 차원의 애매성, 복합성, 대립성 등에서 생기는 긴장감을 의미한 것이었다. 그는 이러한 '애매성의 미적 가치' 를 여러 상이한 차원의 의미를 갖는 예술 작품에서 두드러지게 나타나는 특징으로 확신한다. 여러 레벨의 숨겨진 의미를 파악할 수 있는 가능성이 제공될 때, 관찰자는 더 생기있게 지각하여 형태와 그 의미의 풍성함을 체험할 수 있기 때문이다. 이것은 젱크스(C. Jencks, 1977)가 언급한 '의미의 다의성' 을 지향하는 것으로, 건축을 의사소통을 위한 상징 언어로 보는 태도를 반영한다.

벤츄리는 복합성과 대립성의 건축이 여러 레벨의 의미 차원으로 의사소통이 가능하도록 생소화의 수법을 채용한다. 이것은 그가 유추적 요소의 연상과 관계된 인습적인 요소들을 비인습적인 방법으로 활용하는 것이다. 또 평범한 대상들을 그렇지 않은 방법으로 배열하며, 친숙한 요소들을 친숙하지 않은 맥락에 놓음으로써 이것들이 본래 지니고 있는 옛 의미뿐만 아니라 새로운 의미로 지각되도록 의도하는 것이다. 그의 말처럼 "기존의 인습적인 요소에 또다른 인습적인 요소를 가미하거나 혹은 변형시킴으로써 건축가는 컨텍스트(맥락)의 변형을 통해 최소수단으로 최대효과를 얻을 수가 있다" (R. Venturi, 1966, 1977a, p.52)는 것이다. 벤츄리는 다양한 여러 요소들을 포섭하여 얻어지는 난해한 통일성을 '순응된 대립성, 병치된 대립성, 건물 내 · 외부 간의 대립성, 전체와의 관계 속에서 설정되는 각 부분들의 전체 지향성의 개념' (R. Venturi, 1966, 1977a, pp.45-105)등 전략적인 개념들을 통해서 만들어내고자 하였다. 그에게 건축은 디자인 과정에서 함께 고려해야 하는 도시와 환경의 일부로서 자율적 통일체로 인식된다. 따라서 이러한 개념들은 환경과 도시의 영역으로까지 확장, 적용된다. 내부와 외부 사이의 벽과 같은 역할을 하는 건축의 이중성을 간파한 벤츄리는 내부와 외부 간의 대립성을 도시 건축에서 본질적인 특성으로 해석한 것이다. 이러한 그의 생각은 다음의 글에서 잘 드러나고 있다.(도6-34)

도6-34
파사드 다이아그램

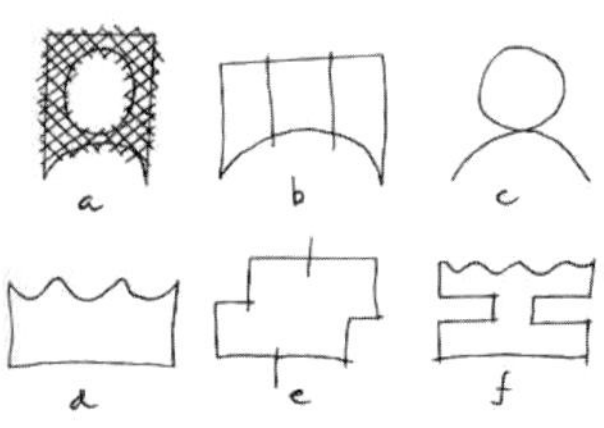

"내부에서 외부로 뿐만 아니라, 외부에서 내부로 접근하여 디자인하는 것은 필요한 전이(轉移)를 만들어내며, 이것은 건축을 창조하는 데 기여한다. 내부는 외부와 다르기 때문에, 전환점인 벽은 건축적 이벤트가 된다. 건축은 용도와 공간이 갖는 내부와 외부의 힘의 만남에서 발생한다. 이러한 내부의 힘과 환경적인 힘은 보편적인 동시에 특수한 것이며, 필연적인 동시에 우연적인 것이다. 내부와 외부 사이의 벽으로서의 건축은 이러한 해결책의 공간적 기록이자 그 드라마가 된다. 그러므로 내부와 외부의 차이를 인식함으로써, 건축은 다시 한번 도시적인 관점으로 그 문을 열게 된다."(R. Venturi, 1966, 1977a, p.86)

벤츄리는 역사적 인유, 장식의 채용, 비례의 과장 등 급진적인 매너리즘적 수법 등을 초기 작품인 **바나 벤츄리 주택**(Vanna Venturi House, Chestnut Hill, Penn, 1962-1964)(**도 6-35a.b.c**)에 도입하여 실험하였다. 특히, 이 건물의 형태는 그가 〈건축에서의 복합성과 대립성, 1966〉에서 선언한 내·외부적인 접근의 이중성을 보여준다. 대칭적으로 비교적 단순하게 처리된 정면 파사드는 벽난로를 감싸면서 돌아가는 계단을 중심으로 복잡하고 모순된 내부 공간들을 감추고 있으며, 건물 외부로서 공적인 역할의 수행을 반영한다. 벤츄리는 이 작품에 주택의 이미지를 부각시키기 위해서 근대 건축의 유리상자를 포기하고 그 대신 역사적 요소인 박공지붕, 부착된 몰딩, 파사드, 과장된 스케일의 십자형 창살 창문, 후면 포치 등의 요소를 도입했다. 파사드에 사용한 분절된 페디먼트, 대칭성, 중심성 등 고전건축에 대한 암시와 과장된 스케일의 요소들은 조그만 건물의 복잡성을 상쇄시키고 그 곳에 지각을 집중시켜 전체를 강화함과 동시에 긴장을 유발하는 조형 수단으로 작용한다. 또한 복잡하고 모순된 개별 요소들의 복잡성을 반

도6-35a, b, c
R. 벤츄리, 바나 벤츄리 저택, 체스너트 힐, 펜실바니아, 미국, 1962-1964

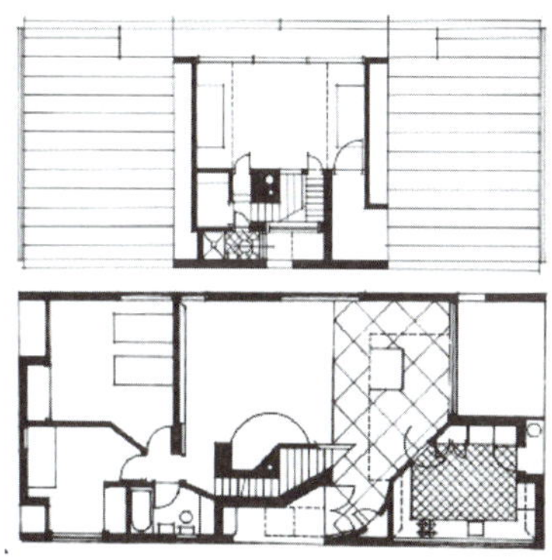

영하는 주택의 내부는 동선을 최소화하고 직사각형의 틀 안에서 각 기능간의 아이덴터티를 확실하게 하기 위해서 대각선으로 구성하였다. 따라서 각 실은 부엌과 연결된 거실, 현관의 유동성을 받아들이는 부엌 등과 같이 상호 관계 속에서 서로 인접한 기능과 대화를 시작하고 그 사회적 기능을 암시한다. 반면에 주택의 후면은 후랭크 로이드 라이트의 윈슬로우 저택, 로스의 스타이너 주택에서처럼 사적인 기능의 구성에 따라 비대칭적인 형태로 구성하였다.

b.

장식된 쉐드는 건축적 상징을 위한 장치이다.

벤츄리는 자신의 저서 〈라스베가스의 교훈 Learning from Las Vegas, 1977b〉에서 건축적 상징화의 개념을 한층 진척시켰다. 여기서 그는 라스베가스의 상업적 가로경관 속에 존재하는 평범하고 진부한 시각적 환경의 중요성을 인식하고, 이것을 미국적이고 상업적인 풍토 건축의 맥락에 부합된 건축으로 타당하다고 언급하였다. 여기서 벤츄리는 "공간과 형태보다 앞서 있는 공간의 상징성 : 의사소통 시스템으로서의 라스베가스의 가로 특성" (R. Venturi, 1977b, p.4)을 강조한다.

> "미국 건축에 있어서 파사드는 그 뒤에 있는 건물과 밀접한 관계를 맺고 있지 않으며, 이것은 순수주의 건축(pure architecture)의 측면에서 볼 때 통일성이 존재하지 않는 것이다. 그러나 이것은 건축물일 뿐만 아니라, 하나의 의미를 전달하는 장소를 나타내는 광고판이다."(R. Venturi, 1977b, p.34)

도6-36
건축적 오리와 장식된 쉐드 도식

벤츄리(R. Venturi, 1977b, pp.87-91)는 모더니즘 건축은 건축의 상징성을 배제하고 그 대신 "건축 요소 자체의 표현, 구조와 기능의 표현에 집중하는 방식인 표현주의를 장려" (R. Venturi, 1977b, p.72)하였으며, 무엇보다도 전체 건물이 재현을 위한 표현으로 장식되는 '건축적 오리(architectural duck)' (주12) 개념을 선호했다고 비판한다. 그 대안으로 그는 광고판 같이 부착된 기호로서 의사-입면(false-facade)인 '장식된 쉐드(decorated shed)' 를 현대건축에서 상징성 실현의 도구로 활용해야 한다고 주장한다.(주13)(도6-36) 이것은 그가 건물 자체와 파사드를 분명하게 구분하는 수법에서 잘 드러난다. 그에게 파사드의 디자인은 건물 전체의 디자인만큼이나 중요하다. 따라서 건물 전체는 근본적으로 미스 식의 상자와 같은 집이 되어도 무방하지만, 파사드와 같은 외벽의 표현은 독자적인 상징 기호로서 기능을 수행해야 한다는 것이 벤츄리의 논리이다. 이를 위해서 파사드는 상자 앞에 세워진 장식된 벽이 되어야 한다. 이것은 '장식된 쉐드', 즉 장식을 갖춘 상자를 의미한다. 이 장식된 쉐드는 수사학적 정면과 평범한 배면을 갖기 때문에, 그가 추구하는 상징성 실현의 중요한 도구였다.

그러므로 상징성은 벤츄리가 그의 이론과 작품을 통하여 실현한 가장 중요한 주제이며 관심사이다. 그에 따르면, 유사 이래 건축은 항상 상징적이있다. 건축가의 창조성이라는 것은 새로운 형태를 창조하는 데 있기 보다는 이미 알려져 있는 상징들에 적합하게 만드는 데서 얻어진다는 것이다. 그러므로 건물은, 추상적 수단보다는 과거의 경험과 이미지, 기억, 연상작용을 통하여 의미를 획득하게 되는 도상학적 수단을 바탕으로 상징적 효과를 얻어야 한다고 그는 강조한다.(주14) 기억, 이미지를 건축화한 필라델피아의 **프랭클린 광장**(Franklin Court in Philadelphia, USA, 1972-1976)(도6-37a, b, c)은 '기호와 상

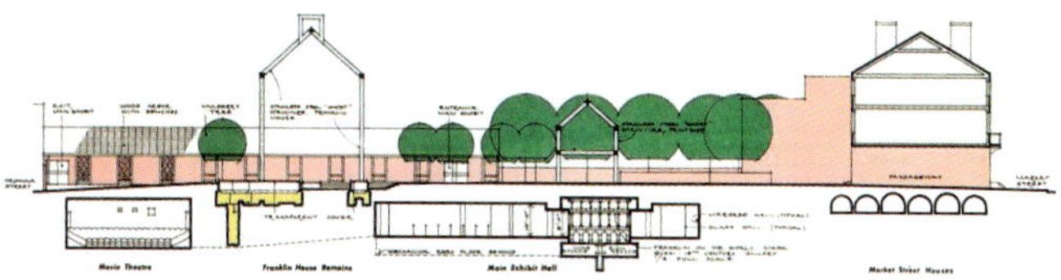

도6-37a, b, c
R. 벤츄리, 프랭클린 광장,
필라델피아, 미국, 1972-1976

징으로 건축을 나타내는 시적인 상상력이 가미된 작품' (H. Klotz, 1984, p.163)으로 평가되고 있다. 여기서 벤츄리는 박물관의 기능적 공간은 광장의 하부에 팝 아트적인 분위기로 계획한 반면에, 지상에 그려진 바닥의 평면 위에는 박공지붕과 굴뚝이 공중에 매달려 뼈대만 서 있는 철골구조로 옛집의 윤곽을 만들어 이미지화하는 혁신적인 수법을 도입하였다.

영국 국립미술관 세인즈버리 증축(Sainsbury Wing, The National Gallery, London, UK, 1986-91)(도6-38a.b.c)은, 벤츄리가 역사적이고 고전적인 언어를 지역의 문맥에 맞도록 새로운 방법으로 변용하는 과정을 통해 자신이 주장한 도시적, 상징적 건축문제에 대한 이론적 담론을 구체화하여 보여준 작품으로 평가된다. 여기서 벤츄리는 윌리엄 윌킨슨(William Wilkinson)이 설계했던 기존 박물관 건축의 홀에 만들어진 크기와 치수의 질서를 수용하고, 기존 건물에 연속성을 형성하는 축을 통해 기존 건물의 십자형태를 새로운 베이(bay)에 연결하고 있다. 그러나 새로운 베이는 축을 따르지만 증축 부지에 이르러 가로의 방향을 암시하는 사선을 따라 배치하여 형태의 자율성보다는 도시적 성격의 기존환경에 의해 전체의 배치형상이 결정되도록 의도하였다. 특히 기존 박물관의 단부와 새로운 계단의 계단참을 연결하는 연결부 기능을 수행하는 로튠다의 모호한 공간은 평범하고 전통적인 기존 가로의 패턴을 수용하여 연결시키는 방식으로 방향성과 기억할 만한 공간구성을 제공하고자 의도한 것이다.

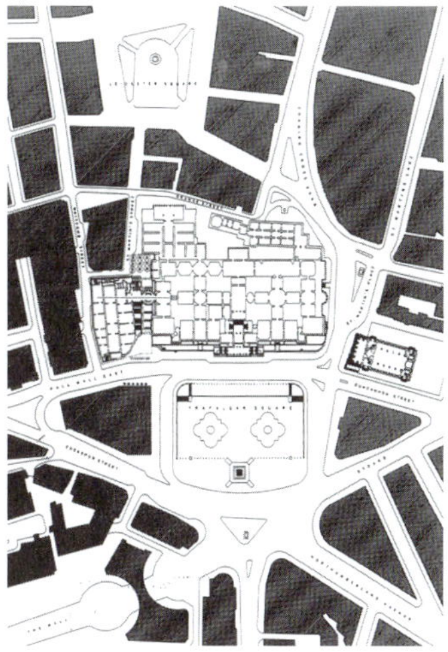

도6-38a, b, c
R. 벤츄리, 영국 국립미술관 세인즈버리 증축, 런던, 영국, 1986-1991

| 정보전달 매체로서의 건축 : 한스 홀라인 |

a.

모든 것이 건축이다.

인간의 공간 경험의 다차원성에 대한 인식과 이를 바탕으로 한 디자인 접근태도는 현대의 하이-테크적 재료를 이용하여 심리적, 생리적 요구뿐만 아니라 촉각적, 시각적, 청각적 특질들을 건축 구성과정에 반영하는 데서도 발견된다. 1960년대 우주시대와 커뮤니케이션 미디어시대로 발전된 환경의 변화현상을 주목한 비엔나 건축가 홀라인(Hans Hollein 1934-2014)은, 예술 및 건축에 대한 자신의 개념을 인간 행위와 상황들의 욕구와 직접적인 관계 속에서 포괄적인 관점으로 전개하였다. 따라서 그는 건축가들은 인간이 자신의 물리적, 정신적 영역을 변화, 확장시키는 작업과 가장 넓은 의미로서 '환경에 대한 인식결정' 을 물리적으로나 정신적인 측면으로 계속 반복해 나간다는 사실을 인식해야 한다고 주장하였다. 이는 "오늘날에는 생활의 모든 것이 건축이 되었으며, 건축은 바로 이러한 미디어의 하나가 되어야 한다." (H. Klotz, 1984, p, 293 재인용)는 말에서 잘 드러난다.

> "건축에 대한 전통적 정의와 제한된 개념, 그 수단들은 이제 상당한 정도로 그 타당성을 상실하였다. 전반적으로 환경이 우리의 관심의 대상이며, 그것이 통제하는 모든 미디어도 그러하다. 텔레비전과 공기조화장치, 운송과 의복, 전화와 하우징 등에 관심을 갖는다. 인간 영역의 확장과 환경을 결정하는 수단들은 이제 건물이라는 영역을 넘어서 가고 있다. 오늘날, 포괄적의 의미에서 모든 것이 건축이 되어간다. '건축' 은 미디어의 한 부분이다.....
> 자신의 요구와 욕망에 따라 인간은 이러한 요구를 만족시키기 위해 수단을 채용하여 이러한 소망과 욕구를 충족시킨다. 그는 자아와 그 자신의 신체를 확장한다. 그는 의사소통 한다. 건축은 의사소통의 매체이다 ... 의사소통 매체를 통해 건축의 이와 같은 확장의 초기 예로는 전화부스가 있다–최소의 크기이지만 우주환경이 직접적으로 연결되는–.... 건축가는 물질의 관점에서 사고하는 것을 중지해야 한다... 그러므로 우리 시대의 건축은 그 자신을 하나의 매체로서 새롭게 정의하고 그 수단의 영역을 확장하기 시작한다. 건축 이외의 여러 영역들이 건축 안으로 도입되고 있으며, (그리고) 건축과 '건축가들' 은 보다 넓은 영역을 수용하기 시작했다......모두가 건축가이다. 모든 것이 건축이다."(Hans Hollein, 1968. p.2./ Heinrich Klotz, 1984, p.360 재인용)

홀라인의 이러한 생각은 그가 1962년에 한 강의에서 건축의 실제적인 문제가 아니라 '건축의 의미에 대한 해석' 의 문제를 탐구한 데서도 발견된다. 이 시기에 그는 모더니즘의 기능주의를 비판하면서 자신의 미디어와 저널리즘의 작업들, 영속적으로 사용가능한

'모바일 오피스' 및 새로운 도시의 랜드스케이프, 하우징과 리빙 캡슐 등과 같은 미래파적인 계획안을 제시하였다. 특히 "모든 것이 건축이다"라는 그의 이러한 역설적이고 신선한 사고와 접근방식은 1960년대와 1970년대의 건축과 디자인 담론을 둘러싼 논쟁에서 주역으로서 도발적인 논쟁들을 촉발하였으며, 1980년대에 포스트-모더니즘과 디자인 담론의 국제화라는 흐름에도 영향을 끼쳤다. 이 시기에 홀라인은 다음과 같이 목적이 없는 '순수 건축'을 주장한다.

> "건축은 아무런 목적도 지니지 않는다. 미리 계산된 물질적 실용화라는 측면에서 말하자면, 건축은 목적이 없는 것이다."(Heinrich Klotz, 1984, p.343 재인용)

그의 이러한 사고는 건축을 발생학적 공간예술(generic spatial art)로 간주하는 예술적 및 인류학적인 사유방식을 보여주는 것이다. 홀라인에 따르면, '건축의 기원은 신성한 것이며, 세우고자 하는 인간의 요구는 신성한 목적을 지닌 구조물을 세움으로써 맨 처음으로 구현되었다'고 보는 고고학적인 견해에서 기인한 것이다. 이 시기의 구조물의 기능은 순전히 정신적이고 주술적인 것이기 때문에 아무런 물질적 기능도 지니지 않았다는 사실을 건축가들이 오랫동안 잊었다고 그는 지적한다. 그의 이러한 주장은 건축을 '건물을 통한 개념의 변형(as the transformation of an idea through building)'으로서가 아니라 '하나의 형태 안에 물질적인 기능의 피복(as the clothing of material function in a form)' 행위로 간주했던 모더니즘의 철학으로 인해 상실된 것을 다시 회복하려는 태도를 보여준다.

> "형상은 목적이라는 물질적 조건에서 전개되는 것이 아니라, 목적 그 자체의 본질로부터, 그 정신적인 의미로부터, 물리적 실체의 의미로부터 전개된다. 물질을 정신화하는 것이 정신을 물질화하는 것에 이르게 된다. 그러므로 기능적인 또는 기능주의적인 건축이란 존재하지 않는다. 그러므로 구축적인, 구조적인 건축은 존재하지 않는다. 건물은 그것이 이용되는 방식을 표현하는 것으로 간주되지 않는다.. 그것은 그 구조, 시공의 표현으로 생각되지도, 피복이나 구실로 간주되지도 않는다.... 건물은 그 자체의 존재가 되어야 한다. 건물은 건물이 되기를 원한다. 건물은 그것이 의미하는 것을 보여주어야만 한다."(Hans Hollein, 1969, p.6/ Heinrich Klotz, 1984, p.345 재인용)

목적으로부터의 건축의 자유로움에 대한 홀라인의 이러한 주장은 건축의 기본적 선결조건으로서 시적인 초형상적 의미의 해석이 중요하다는 점이 전제되어 있다. 그에게 건축은 그 기능적인 직접성이 상징적인 면으로 변형된 다음에 비로소 '문화적 오브제'가 될 수 있기 때문이다. 이렇게 지어진 건물은 고지식한 실제의 물질성을 상실하게 되고, 상징적인 것으로 간주되어 개인의 지각과 경험에 열려 있는 것이 되는 것(Heinrich Klotz, 1984, p.345)이다. 이때 건축의 효과는 목적에의 탐닉이 아니라 조크, 아이러니, 심오한 의미 등 허구적인 그 호소 능력에 놓여 있다.

도6-39a, b
H. 홀라인, 슐린 보석상, 비엔나, 오스트리아, 1972-1974

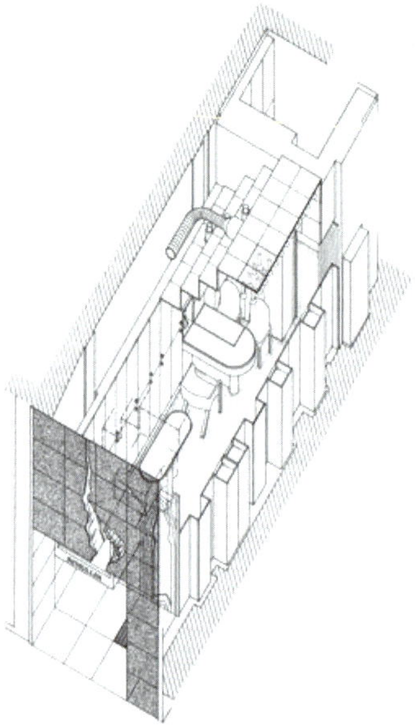

홀라인의 초기 작품인 **슐린 보석상** (Schullin Jeweller's Shop, Vienna, Austria, 1972-1974)(**도6-39a, b**)은, 파사드의 기능적인 요소를 재해석하고 변형하여 기호학적으로 연상에 의한, 감정이 병존하는 건축적 표현의 특성을 지니도록 의도한 작품이다. 이 상점 건물의 파사드에는 특정한 형태뿐만 아니라 불규칙하고 분열적인 형태로 이루어진 다양성이 나타난다. 특히 부드러운 돌 표면을 찢어내듯이 관통하여 벌어진 틈으로 보여지는 금속 튜브는 그것이 분열할 듯한 허구를 만들어낸다. 상점의 목적이나 내용에 대한 어떤 일화적인 메시지도 전하지 않으며, 의사소통의 수단은 외적으로 적용된 것이 아니다. 홀라인은 여기서 공기조화관인 튜브를 파사드의 기능적 요소로 재해석하고 변형시켜 건축의 통합된 부분으로 만듦으로써, 그 자신의 표현처럼 "의사소통이 되는 상점 정면을 기호학적이고, 연상적이며, 모호한 건축"으로 만들어내고자 하였다.

b.

건축은 정보전달 매체의 형태로 창조된 시각적 이미지이다.

"건축은 목적이 없다"는 홀라인의 초창기 주장은 1970년 후반에는 프로그램적인 요구사항을 보다 현실적인 관점으로 해석하는 방향으로 전개된다. 여기서 그는 건축을 다음과 같이 새롭게 정의한다.

> "건축은 밀교적, 제의적이며, 의사소통 매체이다. 건축은 신체의 체온을 보존하는 수단이다. 이것들은 분명 강하게 단순화되고 압축되어진 양극들인데, 이 사이에 건축의 개념-건축에 대한 나의 개념-이 놓여 있다....."
>
> "의사소통 매체로, 하나의 기호로, 하나의 수단으로서 고안된 건축—제의적이고 기호학적인 건축—은 다른 모든 것들 중에서 휴머니티, 인습적 기억, 그리고 경험이라는 격세유전의 기본적인 속성에 의존하고 있다. 커뮤니케이션과 수용성은 직접적인 경험을 통해서 뿐만 아니라 마찬가지로 연상적인 변형 작업을 통해서 발생한다."
> (Hans Hollein, 1979, / Heinrich Klotz, 1984, p.347 재인용)

이 점에서 클로츠는 건축을 형태와 의사소통의 매체로 간주하는 홀라인의 건축은 '연상적 사고의 건축(architecture of associative thought)' (Heinrich Klotz, 1984, (trans.) Radka Donnell, 1988, p.347)을 추구하

는 것이라고 지적한다. 여기서 이미지는 직접적으로 재현된 것 이상의 것을 인유한다.(주15) 그가 건축에서 채택한 암시와 연상, 인습을 전제로 은유가 수반된 비유를 통해서 형성되는 기억과 경험 등의 개념들은, 역사화된 형태 언어의 사용을 통해서 얻어지는 인간성의 축적된 경험에 대한 은유적 언급이며, 의미를 소통하고 연상을 드러나게 하기 위하여 의도된 장치들이다. 그러므로 건축을 의사소통이 가능한 매체가 되도록 만들어주는 연상적 사고라는 선결조건을 명명하는 작업은 반드시 역사로 귀결된다. 여기서 홀라인이 기억과 경험에 대해서, 소외의 선결조건으로서 친숙함에 대해서, 또 기지(旣知)와 미지(未知)의 상호간의 긴장감에 대해 언급하였을 때, 그것은 단순한 과거의 형태를 향수적으로 컬렉션하는 것을 말하는 것이 아니다. 오히려 그가 강조하는 역사성은 인간성의 축적된 경험에 대한 은유적 참조를 의미한다. 쉬름벡(E. Schirmbeck, 1987, pp.40-41)은 홀라인의 이러한 건축을 '정보전달매체의 형태로 창조된 시각적 이미지로서의 건축' 이라는 특성을 지닌다고 평가한다.

특히 홀라인은 자신이 설계한 박물관 건축에서, 개별적인 건물이라는 기능주의의 유형학-미술관의 유형으로서 신전, 창고형 건물 형태-을 거부하고, 미적인 대상으로 뿐만 아니라 도시적인 대상으로도 다룰 필요가 있다는 점을 강조한다. 따라서 그는 다양한 크기와 형상들로 이루어진 개별적인 요소들을 다층적인 방식으로 조합하여 건물의 내부와 외부에서 다양한 즐거움을 제공하도록 의도한다. 이처럼 단일체적인 형태 안에 개별적인 공간들을 담아두기보다 이러한 개개의 볼륨들을 공간 속에 분산배치하여 도시의 풍경으로 보여지도록 하는 수법을 선호한다. 또 일부 박물관 건축에서는 '광산으로서의 박물관(museum as mine)' 의 개념과 지형학적인 관점에서 접근하는 방식을 보여주고 있는 데, 이것은 한때 유년기를 광산 가족으로 지낸 자신의 경험과도 연관되어 있다.

묀휀글라트바흐라는 역사적인 시내 중심가에 위치한 **아타이베르크 박물관**(Museum Atteiberg, Mönchengladbach, Germany, 1975-1982)(도6-40a, b, c, d)은 부지 인근 지역의 역사적인 맥락과 경사지형이 지닌 지형학을 맥락적으로 통합시킨 개념을 보여주는 작품으로 평가받고 있다. 여기서 그는 개별적 건물에 대한 기능주의자의 유형학을 거부하는 동시에 도시건축의 측면에서 대규모 건물의 프로그

도6-40a, b, c, d
H. 홀라인, 아타이베르크 박물관, 묀헨, 독일, 1975-1982

램을 분절해야 하는 새로운 필요성을 수용하는 방식으로 '건축적 랜드스케이프(architectural landscape)' 를 만들어내는 수법을 보여준다. 또한 박물관 건물을 인근의 로마네스크, 고딕성당과 대수도원의 구조물과 조화를 이루도록 불규칙한 삼각형의 조각적인 형상으로 분절하여 역사에 대한 인식을 의미론적 암시로 보여 줄 뿐만 아니라, 동아시아의 계단식 논에서 차용한 듯한 형태로 지형학적인 상황에 대응하여 공원과 같이 조성한 랜드스케이핑 개념 또한 디자인의 통합된 부분을 이루고 있다. 입구 신전형식의 플랫폼이 언덕 안으로 파고들어간 박물관 공간을 덮고 있으며, 여기에서 사람들은 조각이 설치된 곡선형 테라스로 내려가도록 하였다. 테라스의 경계는 전면 성당의 정원이 되도록, 테라스 아랫부분은 추가적인 전시공간으로 처리하였다. 특히 이 건물에서는 무정형의 융통성 평면보다 개별적이고 특징 있는 공간들로 만들어 다양성을 확보하고 있다. 박물관 공간의 볼륨과 예술전시를 고려한 조각적 건축의 처리수법과 시각적 흥미유발을 위한 방향성 부여를 위한

탁월한 접근 등은 박물관 건물 자체가 예술작품으로 취급되는 박물관 건축발전의 시작을 알리는 국제적인 포스트-모던 건축으로 간주된다.(주16) 여기서 그는 사람들이 '배회하는 건물' 을 만들고자 계단이나 테라스 등을 활용하였고, 건물 형태의 표면들은 공공의 용도를 내포하도록 의도하였다. 그 결과, 외부에서는 복합적인 건축적 총체로 드러나지만, 내부에서는 백색의 중성적이지만 특징 있는 다양한 공간들이 서로 다른 형상들과 발랄한 상황들 가운데서 연속적으로 전개된다. 특히 여기서 그는 전통적인 박물관에서 채택해 왔던 선형적 배열방식을 따르는 예측가능한 관람 경로를 거부하고, 그 대신 신비스럽고 다형의 경로를 3차원적 매트릭스로 구성하여 박물관을 통해 걷는 행위가 변증적이고 공간적인 경험을 만들어내도록 하였다. 이것은 관람자들이 스스로 결정하지 않고 배회하다가 예기치 않은 장소들을 발견하도록 의도한 것이다. 그 결과, 끊임없이 예측하지 못한 것과 조우(遭遇)하는 방문자는 전시된 예술품의 대담한 독창성에 더 민감하게 반응하게 된다.

프랑크프르트에 위치한 **현대미술 박물관**(Museum Moderner Kunst in Frankfurt, Germany, 1987-1991)(도6-41a, b, c, d, e)에서, 홀라인은 역사적 도심부에 위치한 도시계획상의 고려사항과 부지의 특정 조건, 그리고 박물관의 의도된 프로그램을 수용하고 주변 환경의 맥락에 대응하도록 형태, 색채, 재료 등에 다양한 의미를 부여하였다. 협소한 삼각 형상의 부지에 배치된 건물형상은 규정된 처마높이를 준수하고 기존의 가로-아케이드의 재료와 연속성의 관점에서 도시구조와 통합되도록 의도하였다. 따라서 건물형태는 대칭적인 구성으로 이루어졌으며, 이러한 대칭성은 건물을 통해 사선방향으로 비대칭성을 이루는 통로로 중첩되도록 하였다. 삼각형 형상의 이 건물은 3면에 공간을 지니도록 하였고(주17), 중앙부의 공간 뒤에 조용한 전시 공간들이 배열되어 있다. 특히 "모든 것이 건축이다"는 홀라인의 신조가 이 미술관의 개개의 실들에 독특한 디자인이 반영되어 연출된다. 방문자들이 복잡하고 다양한 방들의 형태와 서로간의 관계, 예술작품을 비추는 자연광(光) 등을 보여주는 내부공간에서 건축을 통해 예술을, 예술을 통해 건축공간의 특성들을 쉽게 인지할 수 있도록 의도하였다. 따라서 전반적으로 복잡한 내부와의 연결 방식에도 불구하고, 이 공간 속에서 관찰자는 적절한 공간의 참조 체계로 인해 공간을 쉽게 인지하는 것이 가능하다.

도6-41a, b, c, d, e
H. 홀라인, 현대미술 박물관, 프랑크프르트, 독일, 1987-1991

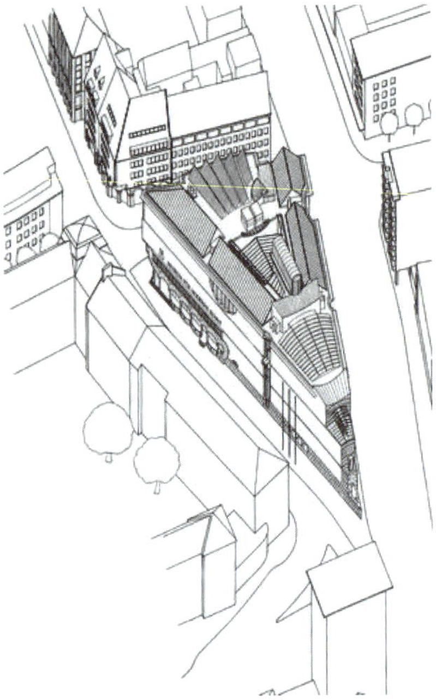

MUSEUM FÜR

| 신체-상(身體-像, body-image)과 공간의 영역성 : 찰스 W. 무어 |

a.

역사적 인유와 이미지의 도입은 신체의 공간 체험에 중요하다.

신체와 기억을 건축 체험의 중요한 개념으로 설정하고 접근한 무어(C. W. Moore 1925-1993)는, 1960년 이후 벤츄리와 함께 미국 건축계에서 포스트 모더니즘 운동에 지대한 영향을 끼쳤다. 그는 건축을 단지 시각 차원의 의미 전달로 보지 않았다. 오히려 기억을 통해서 지각되는 '장소의 창조'를 자신의 건축 이론의 출발점으로 삼았다. 무어에게 장소의 이미지를 내포하는 공간은 인간의 지각 차원이 무시된 기하학적인 유클리드적 공간을 부가적으로 구성하여 만든 것이 아니라, 건축가가 공간에 의례적인 의미(ritualistic meaning)를 부여한 결과로 생성된 것을 의미한다. 이것은 지각된 공간 체험으로서의 장소의 개념을 의미한다.

> "건축의 1차적 목적은 영역성의 창조이며, 건축가의 역할은 인간(거주자)이 장소의 이미지를 체험할 수 있도록 건축적 자극을 한정시키는 것이다"(R. A. M. Stern, 1977, p.70 재인용)

그러므로 무어에게 건축이란 우리의 감성을 확장시켜 주는 것을 의미한다. 그는 "건축의 중요한 특성은 현존하는 것과 인간의 기억 속에 내재하는 것 상호간에 어떤 연계의 가능성을 만들어내는 능력에 있다"(C. W. Moore, 1977, p.255)고 보았다. 그는, 건축가는 거주자가 경험하는 공간이 보다 쉽게 이해되도록 그 주위에 있는 모든 것들과 연결지을 수 있는 친숙한 환경을 만들어내야 한다고 생각한다. 이 때문에 그는 주거의 행위를 촉진시키고 어떤 유형의 메시지를 전달하기 위해서, 또 공간, 시간, 사물들의 질서에서 자신이 어디에 있는지를 지각할 수 있는 가능성을 확장시키기 위해서, 친숙한 요소들 뿐만 아니라 친숙하지 않은 요소들을 디자인 어휘로 사용해 왔다. 또 그가 사용자들의 유희, 태도, 변덕, 연상 등을 거부하지 않고 수용하여 '감성적 질서'가 담긴 공간을 창조하려고 하는 것은 건축가와 사용자가 비실제적이고 비합리적인 세계의 기쁨과 복합성을 인식하고 동화할 수 있도록 하기 위해서이다. 이러한 이유에서 그는 다양한 역사적인 기억과 회상의 요소들을 포섭적인 태도(주18)로 수용한다.

도6-42
K. C. 블루머, 무어인간 1977

도6-43
신체의 정신물리학적 좌표

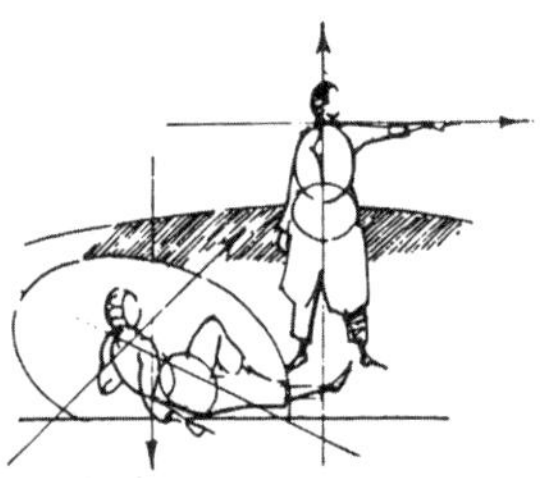

도6-44
C. W. 무어, 애디큘러와 신체의 중심성

무어는 〈신체, 기억, 그리고 건축 Body, Memory and Architecture, 1977〉에서 단순하게 시지각에만 치중되지 않는 환경체험의 기본적 모델을 '신체-상 이론(body-image theory)' 으로 제시한다. 여기서 블루머와 무어(Kent C. Bloomer & C. W. Moore, 1977, pp.41-42)는 우리가 내적 참조물에 할당하는 가치와 감정들을 정신-물리적 좌표계에 부여하는 도덕적 특질들—좌 · 우, 상 · 하 등—과 조합하는 방식으로 예기치 않은 풍부하고 민감한 신체적 의미의 모델을 상정할 수 있다고 제안한다.(도6-42) 무어에 따르면, 우리의 생활상의 모든 경험과 3차원적 공간에서의 움직임 등은 언제나 신체라는 특수한 형태에 의존하고 있다는 점이다.(도6-43) 우리들이 무의식 중에 3차원의 경계 속에 자신의 신체를 두고 있다는 사실이 신체-상 형성의 가장 근본적 요인이다. 신체-상을 바탕으로 인간은 자아의 신체의 중심은 물론 상 · 하, 전 · 후, 좌 · 우의 감각을 구성하는 정신적이고, 물리학적인 좌표 체계를 발달시켜 왔기 때문이다.(주19) 이러한 과정을 통해서 형성되는 공간적 질서는, 우리가 물리적 환경을 선택하고 구성하는 방식에 영향을 끼치게 된다. 인간이 자신의 신체로 포착하는 이러한 공간의 감각은, 신체를 바탕으로 한 중심의 존재를 필요로 한다는 점에서 이것은 수학적이고 도형적인 치수에 의해 개념적으로 인식되는 객관적 공간과는 본질적으로 그 성격을 달리한다.

그러므로 무어는 건축을 단지 보기 위한 것보다 거주를 위한 것임을 강조하였다. 그 안에서 움직임을 통해 그것을 느끼고 체험하는 인간을 중요시한 무어는, 젱크스가 언급한 바와 같은 다의성의 개념은 건축을 단지 언어처럼 시각에 의한 수평적 연계성의 문제로만 보는 입장이라고 비평하였다. 건물에는 의미론적으로 피복하는 그 이상의 행위가 반영되어야 한다고 보았기 때문이다. 따라서 무어에게 보다 중요한 것은 '우리가 건물을 어떻게 느끼는가 하는 방법' (C. W. Moore, 1977, p.255)이다. 신체-상과 관련된 공간개념은 그의 주택 공간 구성에서 신인동형론적인 초점(주20)을 지니는 형식으로 나타난다. 이러한 공간 개념을 실현하기 위해서, 그는 초기 작품에서 구조적으로 자유로운 4개의 목재 기둥으로 지지된 닫집 형상(baldachino form)이나 벽이 없는 오두막의 형상을 도입하였다.(도6-44) 이러한 요소들은 신인동형론적인 초점을 지니고 있다. 이를 중심으로 연속적인 흐름 속에서 상 · 하, 좌 · 우로 흐르면서 주위를 감도는 공간구성의 수법에는 인체의 움직임이 반영된 무대장치와 같은 공간적 특성이 내포되어 있다.

b.

주택에는 꿈의 질서가 담겨 있어야 한다.

무어는 〈주택의 장소성 The place of House, 1974〉에서 칸의 공간개념에서 보이는 실의 질서(order of room), 기계의 질서(order of machine) 이외에 꿈의 질서(order of dream)라는 개념을 새롭게 도입하여 장소에 대한 원리를 구체적으로 제시하였다.

도6-45a, b, c, d
C. W. 무어, 무어주택, 오린다, 캘리포니아, 미국, 1962

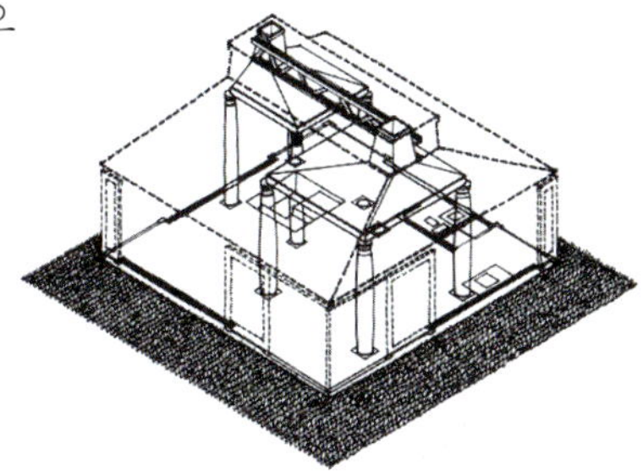

> "실의 배열, 즉 '실의 질서'는 일상적인 활동을 위한 맥락을 제공할 수 있다. 그리고 내부 설비의 질서있는 배열, 즉 '기계의 질서'는 그 안에서 일어나는 특정한 활동을 고양시킬 수가 있다. 그러나 보다 좋은 주택을 짓기 위해서는 또 다른 측면, 즉 '꿈의 질서'에 주의를 기울이는 것이 필요하다. 모든 인간의 활동에 수반되는 꿈은 인간이 그 안에서 거주하게 되는 장소에 의해서 충족되어야 한다."
> (P. Portogeshi, 1982, p.86 재인용)

이러한 꿈의 질서를 표현하는 가장 단순하고 자연스러운 방법은 다른 시간과 장소로부터 이끌어 온 기억 가능한 사물을 활용하는 것이다. 그것은 장소감의 창조를 위해 기억, 이미지와 역사적 인유(引喩)에 의존하는 것이다. 그가 역사적 모티브를 절충주의적으로 채용하는 것은 바로 이러한 의도에서였다.

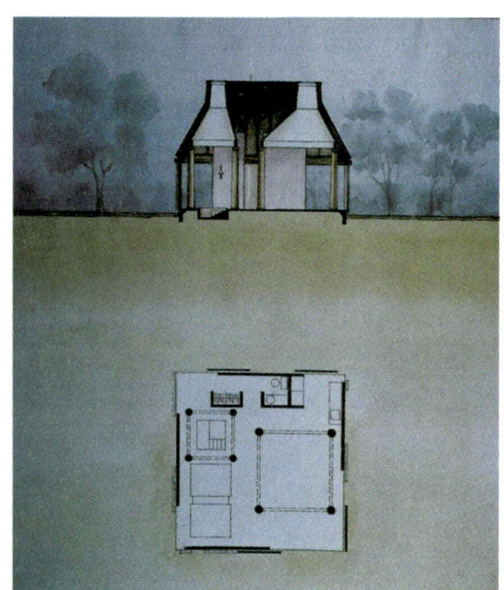

특히 무어는 주거의 공간을 창조하기 위해서 강한 중심성뿐만 아니라 빛이 도입되는 스크린으로서의 내부 벽의 개념을 활용한다. 그의 주택 작품에서 빈번히 나타나는 절단된 가벽의 스크린과 천개(天蓋, aedicula)는 이러한 개념을 구체화하기 위한 도구이다. 여기서 천개는 중심을 상징하는 어떤 것이 있기를 바라는 우리의 욕구를 충족시켜 주는 원형적 인소원에 대한 형식론적 해결책이다. 뿐만 아니라 이것은 공간 경험의 중심적 마디와 참조점으로 작용하여 다른 경험의 요소들과 상호 연계의 감각을 유지시켜 주는 인지적 요소이기도 하다. 오린다에 위치한 **무어주택**(Moore House, Orinda, CA, USA, 1962)(**도6-45a, b, c, d**)에

도6-46a, b
C. W. 무어, 무어주택, 코네티컷, 미국, 1966

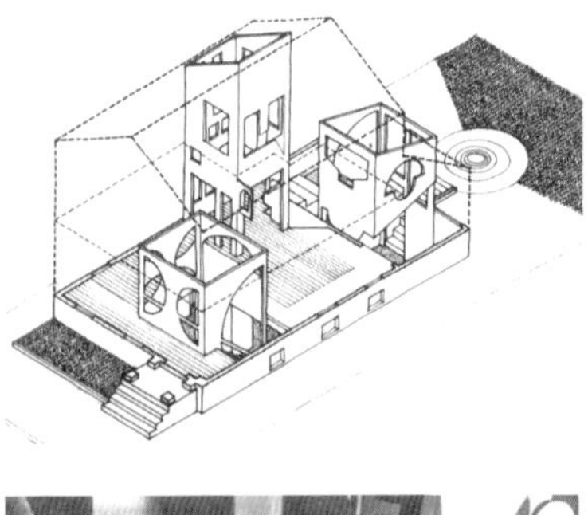

서, 천개는 특정기능의 목적달성을 위한 장치라기 보다는 '우주의 중심이라는 시각적인 은유이자 환상적인 요소' (H. Klotz, 1984, p.171)로 사용되었다. 여기서 단일의 사각형 안에 독립되어 서 있는 4개의 기둥들은 거실과 식당을 경계짓고 개별의 천정과 조명장치를 지니고 있어 '건물 안의 건물', '집 안의 집' 이라는 이미지를 만들어 연출해내며 우주의 중심을 의미하는 의식적 공간을 암시한다. 이러한 개념은 그가 코네티컷의 뉴헤이븐에 위치한 **무어주택**(Moore House, New Haven, Connecticut, USA, 1966)(도6-46a, b)에서 3개의 독립된 타워형의 가벽을 배열하여 각 공간의 영역적 분할을 획득함과 동시에 시계(視界)와 공간이 막힘없이 내부로 유입되어 확장되도록 의도한 데서도 반복적으로 나타난다.

건축 공간 안에서 신체의 이동과 활동 공간의 경험을 강화하기 위한 디자인 개념들은 **탈버트주택**(Talbert House, Oakland, CA, USA, 1963)(도6-47)에서 '통로로서의 주택' (H. Klotz, 1984, p.175)이라는 개념으로 발전되어 나타난다.(주21) 이 주택에서 통로는 별개로 구별된 것이 아니라 건물의 전체 공간상에 통합되어 있다. 따라서 통로와 계단은 별도의 통로 공간과 구별되지 않고, 거주공간 안에 결합되어 특성있는 활동 공간이 된다. 거주자는 이러한 공간의 결합과 연결 수법을 통해서 상 · 하로 개방되어 중첩된 공간 전체를 체험하게 된다. 계단과 통로는 주택의 상하 축을 이루며 옆으로 배열된 공간을 결속시킨다. 여기서 거주자는 중앙의 공간으로 스며드는 빛과 골짜기와 같은 공간의 다양함이 있는 계단을 오르내리며, 여러 공간들의 상호관입과 다양한 흐름의 연속성을 경험하게 되는 것이다.

도6-47
C. W. 무어, 탈버트주택, 오클랜드, 캘리포니아, 미국, 1963

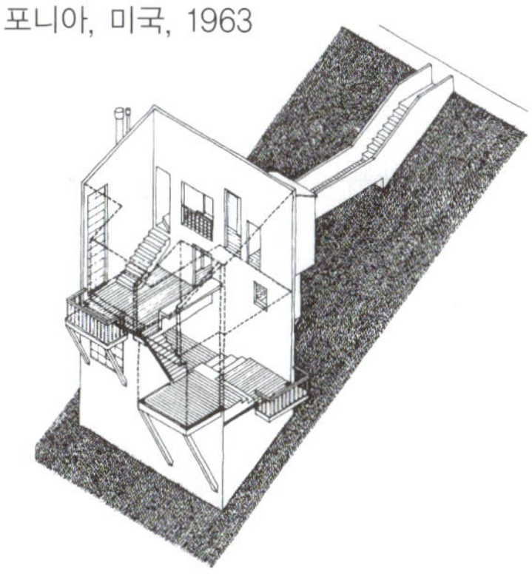

이미지와 역사적 인유의 방식, 그리고 '보행로 건축'의 개념들은 산타크루즈에 소재한 캘리포니아 대학의 **크레스게 칼리지**(Kresge College, University of California at Santa Cruz, USA, 1966-1974)(도6-48a, b,

도6-48a, b, c
C. W. 무어, 크레스게 칼리지, 산타 크루즈, 미국, 1966-1974

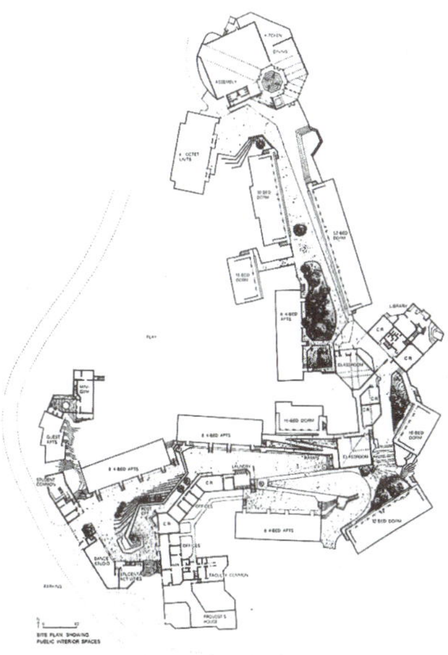

c) 기숙사에서 장소감을 창조하기 위해 보다 큰 스케일로 실현되었다. 울창한 숲 속에 위치한 이 건물들에서 중세의 가로를 연상시키는 건물의 배치방식과 2중으로 된 스크린 벽은, 가로에서는 이동감과 깊이감을 더해 준다. 특히 스크린 벽은 갤러리 안에서 이동하는 사람에게는 자신의 신체를 자각하고 무대장치의 배우처럼 행동하게 함으로써 신체적 체험을 강화시키고, 인간의 경험에 다양성을 부여해주는 역할을 한다. 무어가 이처럼 절단된 벽과 같은 의사-입면을 즐겨 쓰는 것은 그 안에서 움직이는 신체의 공간체험을 풍부하게 해주는 무대와 같은 스크린 효과(주22)를 위해서였다. 이것은 벤츄리처럼 형태의 연상적 의미로 상징성을 얻기 위한 효과와는 그 성격을 달리한다. 또 무어는 거주자인 학생들이 장소감과 위치감각을 쉽게 갖도록 하기 위해서, 가로를 따라 우체국, 세탁장, 전화부스, 분수, 학생 연단, 쓰레기 처리장, 가로의 낮은 쪽에 위치한 입구, 도서실 곁의 기울어진 개선 아치, 가로의 상부에 있는 노란띠를 두른 로툰다(rotunda) 등과 같은 일상의 평범한 기념물들을 배치하였다. 이러한 장소감과 커뮤니티의 은유는 강한 역사적 인유에서 얻어진 이미지뿐 아니라, 각 시설물의 배치로 인해 항상 일어나는 이동과 접촉 등 활동의 적절한 분산에 의해서도 발생된다.

건축에서의 설화(說話)의 개념은 이탈리아 광장의 물과 분수대 등 역사적 재현 요소가 설화적으로 사용된 **이탈리아 광장**(Piazza d'Italia Fountain, New Orleans, Louisiana, USA, 1975-1978)(도6-49a, b)에서 극적인 방식으로 구체화되었다. 이 광장 계획에서 공공 이미지와 기억, 역사의 유형은 고전적 기둥, 돌림대, 아치, 주두 등의 전통적인 요소를 사용하는 구상주의적인 방향으로 확장되어 새로운 의미를 만들어 낸다. 그러므로 무대 세트와 분수대, 포장된 도로에 그려진 이탈리아의 지도, 네온 장식과 노랗게 채색된 고전적인 코리트풍 기둥들의 조합은, 계획된 무대 장치로서 건축과 도시의 통합을 보여주는 절충주의적인 성격을 띠며, 의미의 여러 레벨에서 상징적이고 미학적인 특성을 지닌다. 클로츠(H. Klotz, 1984, p.180)는 이러한 모든 의도와 개념들은 '설화적으로 인간화되기 위한 것' 이라고 평가하고 있다.

도6-49a, b
C. W. 무어, 이탈리아 광장, 루이지에나, 미국, 1975-1978

징검다리 2

우리는 061에서 바흐친이 언급한 대화성, 다성성, 미정성, 비종결성 등의 개념들이 모더니즘 시기에 활동한 건축가들의 담론과 작품 속에서 다양한 방식으로 전개되어 왔음을 고찰하였다. 건축과 신체 상호간의 대화성, 건축공간-신체의 상호작용에서 발생하는 다성성과 다층성, 건축적 의미의 다양성과 복합성 등의 개념은 1960년 이후의 현대 건축 담론과 작품에서 두드러지게 나타나는 현상 중의 하나이다. 이것은 몸(신체)의 현상학적 탐구를 통해 건축공간이 주는 단성성을 벗어나 다성성의 경험을 부여하는 건축을 탐구하는 것을 의미한다. 우리는 여기서 신체의 기억과 공감각이 확장되는 현상에 주목할 필요가 있다. '인간을 건축의 대상이자 주체' 로 설정한 알도 반 아이크는 인간이 개입된 공간을 장소로, 인간이 개입된 시간을 상황으로 자신의 개념을 확장하고 '매개 공간' 과 대립적인 두 현상을 수용하는 '쌍생 현상학' 을 전개하였다. 이것은 소통과 사회적 접촉을 강화하고 신체의 능동적인 참여의 가능성을 제공하여 다층성, 미확정성의 건축적 길서를 보여주고자 한 것이다. 헤르만 헤르츠베르거가 다양성의 질서와 의미를 지닌 형태를 탐구하고 사회적 접촉과 소통을 위한 사회적 공간을 제공함으로써 참여자에게 정체성을 부여하고자 하는 것도 아이크와 동등한 맥락에서 해석이 가능하다. 특히 그는 모더니즘의 융통성과 가변성을 단성적 공간경험을 제공하는 것으로 거부하고, 미완결성과 융통성을 부여하여 사용자인 거주자의 해석과 요구에 대응할 수 있는 미완의 상태를 중시한다. 이것은 건축과 인간의 대화적 관계를 통해 다성성의 공간 경험이 가능하도록 열린 상태의 건축을 지향하는 것이다.

우리는 로버트 벤츄리가 주장하는 건축의 복합성과 대립성, 애매성, 양자포섭적인 태도, 그리고 상징성과 의미의 다의성 등을 강조하는 의사소통으로서의 건축담론과 작품 속에서 생소화 수법과 인간의 지각, 기억과 연상에 근거한 건축적 경험현상에 대한 논의를 보게 된다. 그는 역사적인 요소의 연상과 관련된 인습적인 요소들을 비인습적인 방법으로 활용하고, 친숙한 요소들을 친숙하지 않은 맥락에 배치함으로써 '애매성의 미적 가치' 를 드러내고자 한 것이다. (이것은 필자가 〈수용미학과 현대건축, 2003〉에서 생소화 수법과 지각의 건축 편에서 논한 바 있다.) 한스 홀라인은 인간의 심리, 생리적 특성뿐만 아니라 다양한 감각들로 경험되는 공간 경험의 다차원성을 중시하면서 미디어 시대에 있어서 신체에 대한 새로운 인식을 확장해 나간다. 그는 기호학, 연상, 문화적 메타포를 통해 전달되는 상징과 지각 경험을 위한 건축을 추구한다. 특히, 예측 가능한 경로 대신에 예기치 않은 경험과 경로를 구성하여 이러한 장소들을 관찰자 스스로 발견하고 조우하도록 하는 수법은 그가 지각적 경험에 열려 있는 '열린 건축'을 만들고자 한 데서 기인한 것이다.

상징과 의미의 다층성, 지각적 경험의 애매성을 강조한 벤츄리와는 달리, 무어는 신체의 기억과 관련된 신체-상을 중요한 개념으로 설정하고 장소성을 지닌 공간을 만들어내는 것을 중시한다. 그가 고전적인 역사 요소들을 생소화 수법으로 사용하고 있지만, 이것은 시지각에 의한 의미론적인 피복, 상징성보다 신체의 중심성에 바탕을 둔 장소성의 체험을 강조한 것이다. 건축이 지니는 3가지 질서 중 꿈의 질서는 바슐라르가 언급한 '몽상'의 시적 상상력과도 상통한다. 여기서 우리는 바흐친이 언급한 작가-작품-독자의 관계에서 요구되는 대화적 상상력처럼, 건축공간 경험에서 신체-공간의 대화적 관계와 소통방식을 발견하게 된다.

신체와 공간 경험의 현상학 : 알바로 시자, 안도 다다오, 스티븐 홀

| '변형' 과 정신적 행위로서의 건축 : 알바로 시자 |

현대 건축가의 신체-공간 담론 중에서 신체와 시간의 지속성에 대한 개인적 경험과 기억 등을 공간 체험의 본질로 인식하는 건축가들로 알바로 시자 (Álvaro Siza Vieira, 1933-), 안도 다다오(Tadao Ando, 1941-), 스티븐 홀(Steven Holl, 1947-), 베르나르 츄미(Bernard Tschumi, 1944-), 다니엘 리베스킨드(Daniel Libeskind, 1946-) 등이 주목되고 있다. 이들이 추구하는 건축적 테마는 로버트 벤츄리, 찰스 무어 등 포스트-모던 건축가들이 역사적 형상에 기초하여 연상적 의미를 탐구하는 것과는 그 성격을 달리한다. 신체와 공간 상호간의 다층적 대화의 관계를 탐구하는 개방성의 건축(시자), 신체와 정서에 바탕을 둔 틈새공간과 경계영역(안도), 주체의 지각을 통한 경험의 지속성과 현상학적 공간(홀), 공간에서 발생하는 이벤트로서의 건축(츄미), 회상과 기억을 바탕으로 영혼의 감동을 이끌어내는 공간성(리베스킨드) 등은 건축에서의 시간성과 공간성을 신체라는 관점에서 재해석한 것으로 우리가 현대건축 담론을 이해하기 위해서는 주목해야 할 필요가 있다.

a.
건축에는 지적 및 감각적 측면이 공존한다 .

포르투갈 출신의 건축가 알바로 시자는 모더니즘 건축의 전통을 따르면서 지역적인 것과 국제적인 것의 공존을 지향하는 건축을 추구하였다. 그는 건축이란 실용적, 기술적인 차원에 머물지 않고 이것을 예술적인 차원으로 만드는 작업임을 강조한다. 무엇보다도 시자는 공간과 그 안에서 발생하는 활동 사이에서 '대화' 가 존재하고 열려 있는, 미확정된 건축을 만드는 것이 중요하다고 보았다. 이러한 이유는 그가 특정한 목적을 지닌 공간을 디자인하지만, 미래에 프로그램이 변화하는 상황에 대응하여 무한한 개방성을 지닌 건축을 창조하는 것만이 건축에 다양한 생명력을 부여할 수 있는 방법이라고 생각하기 때문이다. 시자는 역사적 선례와의 의식적인 관계 속에서 과거의 건축언어를 통합하여 새로운 의미를 형성해내는 재능을 보여주고 있다는 점에서 주목받았다. 특히 라이트, 르 꼬르

뒤지에, 아돌프 로스뿐만 아니라 가우디의 조각적 건축과 알토의 풍토적, 유기적 곡선으로 구성된 건축작품에서 깊은 영향을 받은 시자는, 건축이 자연의 물리적 세계와 맺는 관계를 작품 창조에서의 근본적인 차원으로 간주한다. 따라서 시자는 건축, 랜드스케이프, 환경이 지속적으로 장소들을 교환하는 건축을 추구한다. 그는 인간이 공간과 자연과 맺는 관계는 지적인 측면뿐만 아니라 감각적인 측면도 포함해야 한다고 보았다. 이 두 가지 지적, 감각적 측면들은 오늘날 현대 사회 안에 나란히 공존한다는 것이 그의 생각이다.

특히 시자는 건축 영역 안에서 그리고 그것이 인공적 및 자연적 세계와 맺는 다층적인 관계 안에서 다양한 사물들 간의 관계가 이루는 구성에 대해 탐구하는 "정신적 행위(mental activity, Cosa Mentale)로서의 건축"(Peter Testa, 1996, p.7)을 제시한 점에서 많은 사람들의 주목을 받았다. 실제로 그는 새로운 형태를 창안하기 보다는 개별적인 형태요소들이 건축적 구성에서 다른 요소들과 맺는 관계를 통해 발견되는 가치를 재정의 하는 작업을 하였다. 따라서 그의 건축에서 개별적인 형태적 및 공간적 요소들은 물리적, 사회적 차원을 지닌다. 그리고 이러한 요소들의 조합은 문화적 의미를 지니도록 '변형의 과정(process of transformation)'을 통해 조정되면서 구체화된다. 그는 이러한 변형의 작업을 통해서 추상적인 언어들로 구성된 자신의 작품들을 현대문화와 맥락의 변형을 반영한 보편적인 언어로 만들어내고 있다. 이처럼 시자가 '신체', '자아와 자연', '변형' 등 새로운 개념들을 구체적으로 제시한 것은, 정신과 물질의 이원론과 자아의 통일성이라는 데카르트적인 이분법적 패러다임에 도전하고 '물리적인 것과 현상적인 것의 상호작용'을 지속적으로 확장해 나가려는 의도에서였다. 이 점에서 테스타(Peter Testa, 1996, p.8)는 시자가 자연 안에서 건축을 위해 감추어진 근본적인 것을 발굴하기 보다는 사고의 프로세스를 작동하여 '위대한 지적 존재로서의 신체'를 드러내고자 추구했다고 지적한다. 건축을 관계성의 문제로 정의하는 시자의 다음 글에는 이질적인 것들의 공존을 수용하는 헤테로피아적인 사고를 잘 보여 준다.

> "…. 나는 당신이 작은 스케일을 경험하지 않고는 큰 스케일의 훌륭한 공공의 건물을 만들 수 없다고 믿고 있다. 그 반대도 역시 진실이다. 결국 당신이 대립되는 경험이나 타자의 경험을 헤아리지 못한다면 작은 스케일도 만들어낼 수 없다. 도시는 도시의 생활에 중요한 건물들과 함께 반복되는 작은 건물들로 이루어져 있다. 당신은 개개의 경우를 작업할 때마다 적절한 스케일을 발견하기 위해 이 양자의 경험을 필요로 한다. 우리는 계속적으로 그러한 경험을 발전시켜 왔다. 그렇지만 결국 문제는 동일하다. 건축은 관계성의 문제이다. 그러므로 당신은 하나의 대상(오브제)에 집중하여 작업하기 보다 그것이 공간 안에서 다른 것들과 함께 의미하는 것을 바탕으로 작업할 필요가 있다."(Álvaro Siza, Interview with Tachi Tomuro, 2007, p.213)

따라서 시자의 작품은 결코 고립되어 있지 않으면서 다른 사물들과의 관계성 병합-제휴),

소속 등-속에서 존재한다. 그것은 특수한 시간적 차원과 관련하여 속성상 물질과 에너지의 흐름에 종속해 있다. 그에게 건축(물)이란 그 구축 행위가 지형학적으로, 시간적으로 결정되는 것으로, 불확실한 우발적인 산물로 간주된다. 따라서 시자의 작업은 "우리가 할 수 있는 모든 것은 이러한 행위가 역사의 한 순간과 다음 순간 사이에 존재하는 전이(轉移)의 순간에 발생할 때 그 구조를 수정하는 것"에 불과하다는 것을 상기시킨다. 이것은 건축을 문화적 변형의 일부로 간주하는 것을 의미한다. 시자는 이러한 변형적 및 변성적 능력은 생명력이 있는 특질을 지닌 건축을 만들어내는 기초가 된다고 언급한다.

> "건축의 명료성과 유용성은 공간을 가로지르는 변형의 복잡성에 개입하는 정도에 달려 있다; 건축을 유일하게 변형시키는 이러한 개입 행위는 디자인을 통해서 안정과 일종의 침묵, 보편성과 영속적인 질서의 영역에 도달하게 될 때 발생한다."(Carlos Machado, 2007, p.33 재인용)

> "... 나는 이러한 변형에 참여하고 있다. 부지는 결코 얼어붙은 그 무엇이 아니다. 부지 위에서 작업한다는 것은 그 부지가 변형되어 가고 있으며, 사람이 이러한 변형에 참여하고 있다는 사실을 알게 되는 것을 의미한다."(Álvaro Siza, 1978/ Wilfried Wang, 1989, A+U, p190 재인용)

시자에 따르면, 변형의 프로세스는 "건축가 자신의 개념뿐만 아니라 거주자들의 아이디어를 포함하는 사고행위의 변형에서 중요한 과정"이다. 이 점에서 프램톤(K. Frampton, 1989, A+U, p.178)은, 시자에게 있어서 "건축에서의 변형의 개념은 구체적 개입을 형태를 통해 합리적 유형을 상황적으로 수정하는 작업에서 실제적 맥락을 물리적으로 변형하는 것에 이르기까지 매우 복잡한 행위의 장"(場)을 의미한다고 지적하고 있다.

따라서 시자가 개개의 요소들을 동등하게 취급하는 태도는 그가 전통과 비전통적인 것에 동등한 가치를 부여하고, 탈권위적인 구성을 추구하는 '변형적 과정'에서 잘 드러나고 있다. 그의 작품에서는 구조적인 요소와 감각적인 요소들은 동등한 중요성을 지닌 구성요소로 취급되는 경우가 허다하다. 또한 유기적인 요소와 기하학적인 요소들의 대비에서 드러나는 분열적 현상은 지속적인 긴장을 유지하는 데 기여한다. 그의 작품에서 발견되는 유기체적 특성은 모더니즘의 유기적 공간개념과 유사성이 다소 있다고 하더라도, 이것은 그가 불연속적인 현대도시 안에 건축을 개입시키고 현대의 생활과 생산물 사이의 단절을 인정하는 방식으로 새로운 복합성을 만들어내고자 한 결과이다. 시자는 이러한 불연속성을 통일하는 작업을 본질적으로 다양한 지역들에서 얻어지는 지역적 문제와 관련된 문화적, 관습적, 공간적인 환경 조건들의 불일치성과 이질성을 조합하는 작업으로 중요하게 인식하고 다양한 전략으로 접근한다.

시자는 20세기 후반에 확산된 도시구조에서 새로이 출현한 공간적 및 물질적 형상의 특성을 인식 가능한 실체로 변형하는 작업을 중시하고 있다. 이것은 건축과 상실된 자연의 교환을 다시 활성화하고자 하는 데서도 나타난다. 시자는 자연을 도구적으로 해석하여 기술로 자연을 침범했던 모더니즘 건축가들의 태도, 복고적인 자연주의에 매몰되지 않고, 자연적 상황을 건물의 추상적이고 기하학적 선들이라는 인공적 수단을 통해 강화하는 수법을 사용한다. 그는 부지-그것이 자연적이든, 인공적이든, 도시적이든 간에-를 변형의 과정 속에 있는 인공물로 해석하며 개체적 및 집단적으로 구성되고 재구성되는 것으로 간주한다. 따라서 그에게, 부지는 백지상태(tabula rasa)가 아니라 서로 상충하는 것을 인정하면서 현실의 발산하는 차원들을 통합하고 있는 존재로 간주된다. 이 점에 대해 시자는 다음과 같이 언급하고 있다.

> "자연과 구축의 상관관계는 건축에서 중요하다. 모든 프로젝트에서 지속적인 원천이 되고 있는 이러한 관계는 나에게는 일종의 강박관념이기도 하다; (....) 건축은 어떤 특정 지점에서 끝나지 않으며, 그것은 대상(오브제)에서 공간으로, 그리고 계속하여 공간들 사이의 관계로 진행되어 종국에는 자연과 만나게 된다. 이러한 연속성의 개념은(....) 불일치점들로 가득차 있어서 존재하기 위해 멈추는 일은 발생되지 않는다.(....) 건축은 단지 자연과의 관계 안에서만 그 의미를 갖게 된다."(Carlos Machado, 2007, p.35 재인용)

이 점에서 시자의 건축은 우리가 인지하지 못하지만 그에게는 매우 친숙한 고고학적 기반과 관련된 특정의 시간적 차원을 발전시키면서 생성되는 것으로 생각할 수 있다. 이러한 고고학적 기반은 오랜 시간의 사고과정과 드로잉이라는 프로세스를 통해서 대지의 속성을 관찰하지 않는 사람들은 볼 수 없는 단서들이다. 이것은 "기존의 주변 환경 속에서 존재하는 우연적인 인자들의 반영일 뿐만 아니라 프로젝트 자체의 내적인 배태(胚胎)를 기록하는, 일종의 '자율적 고고학' 을 지향하는 것" 이다. 그레고티(Vittorio Gregotti, A+U, 1989, p.174)는 시자에게 있어서 "프로젝트의 역사에 대한 감각은 물리적 부지 자체만큼이나 실질적인 맥락으로서 '정신적 부지(mental site)' 를 구축하는 작업으로 변형되어진 것" 을 의미한다고 지적한다.

그러므로 시자는 부지 환경의 기후적 조건들과 고유한 문화라는 맥락을 이해하는 것이 중요한다는 점을 강조한다. 시자에게 "건축과 그랜드스케이프는 언제나 인공적 구축이며, 여러 문화들이 상호교차된 결과" 이고, "이러한 통합행위는 전통을 활성화하는 치환행위" (K. Frampton, 1989, A+U, p.183 재인용)를 의미하기 때문이다. 이러한 이유로 그는 역동적이며 변형되어 가는 '전통의 내적인 생명력' 에 관심을 갖는다. 따라서 건축개념의 적절성, 이를 실현하는 데 있어서의 명료성과 통일성, 그리고 추상적 기하학을 통해 그 자신의 개념이 부지의 상황들에 합리적으로 반응하고 있는 시자의 작품들에는, 변형을 기다리는 리얼리티를 예시하는 도구로서의 건축이라는 개념이 깔려 있다. 이것은 리얼리티를 드러내는 것뿐만 아니라 은폐하는 것을 발견하는 도구로서의 건축을 의미한다. 이 점에서 시자는 "건축가는 어느 것도 창조하지 않으며, 다만 리얼리티를 변형할 뿐"(K. Frampton, 1989, A+U, p.177 재인용)이라고 강조한다.

시자가 1950년대에 설계한 **보아 노바 레스토랑과 찻집**(Boa Nova Resataurant & Tea House, Leça da Palmeria, Portugal, 1958-1963)(도 6-50a, b, c, d)과 **레자의 해변가 수영장**(Ocean Swimming Pool, Leça da Palmeria, Portugal, 1965-1966)(도6-51a, b, c, d, e)은 사회, 공간, 자연에 대한 연구를 통해서 부지의 특성, 랜드스케이프와 직접 조화를 이루도록 시도한 초기 작품들이다. 또 여기에는 시자의 건축연구의 관심사인 전통과 현실, 수공예와 산업화 과정의 상호작용이라는 주제가 담겨 있다. 마치 은거지(隱居地)와 같은 건물의 개념을 보여주는 보아 노바 레스토랑에서, '시자는 건물 형태의 본질에 균열과 불연속성을 만들면서, 땅에 뿌리를 내리고 있는 전체의 볼륨과 벽 모두를 파편화시켰다. 여기서 바위로 된 토대와 같은 지면은 시자의 초기 작품에서 나타나는 구축 작업과 장소의 중요성의 측면을 인식하는데 핵심적인 요소' (Rafael Moneo, 2004, 이영범 외 역, 2008, p.257)이다.

도 6-50a, b, c, d
A. 시자, 보아 노바 레스토랑, 레자, 포르투갈, 1958-1963

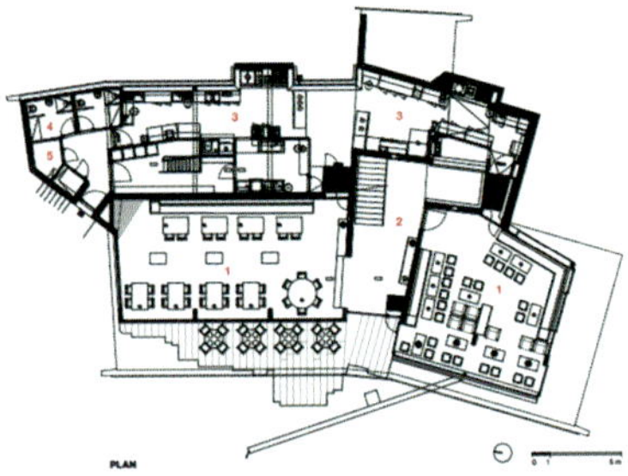

특히 주목을 받은 작품인 레자의 수영장은 최소한으로 개입하여 자연의 암반과 바다의 풍경이 균형을 이루도록 접근하여 이전의 보아 노바 레스토랑과는 다른 독특한 방식으로 건축과 랜드스케이프의 관계를 만들어냈다. 여기서 가로의 레벨보다 낮게 건물의 볼륨을 구성하여 바다에 대한 조망권을 확보하고 경제적인 수영장을 만들기 위해서 시자는 벽, 램프, 계단, 보도 등 건축적 요소들을 콘크리트의 수직벽으로 처리하여 수영장의 경계에만 배치해 구축하고, 이 벽들을 자연 그대로의 바위와 결합하여 독특힌 기단 시스템과 공간을 구성하였다. 이러한 구축시스템은 일상세계와 분리시키고 자연과 독특한 방식으로 조우하게 하는 필터 역할을 수행한다. 특히 전통적인 개구부가 없어 마치 조각물처럼 보이는 건물은 포티코와 파고라와 같은 전통적인 요소를 변용하여 만든 것으로, 공간적 및 물질적인 연속성으로 내부와 외부 사이에 이중적인 영역을 만들어내며 풍경과 바다의 경치를 새롭게 변형시켜 조화를 이루고 있다.

도 6-51a, b, c, d, e
A. 시자, 레자의 해변가 수영장, 레자, 포르투갈, 1965-1966

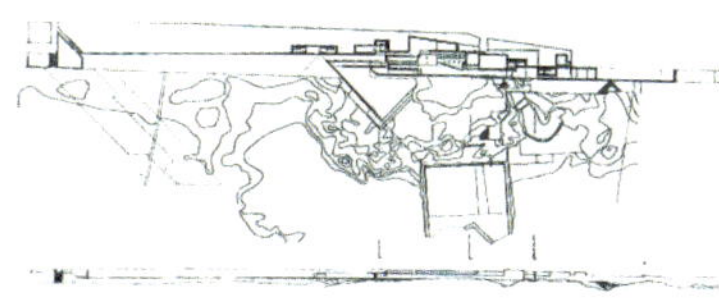

뚜렷한 특성이 없는 도시 외곽지에 위치한 **포르토대학 건축학부**(Faculty of Architecture, University of Porto, Portugal, 1986-1993)(도6-52 a, b, c, d)에서, 시자는 이질적인 것들이 상호 시너지 효과를 내도록 통합적인 디자인과정의 알레고리로 형태발생학적 과정을 전개하였다. 이 환상적인 독특한 건축형태는 단세포적 모델인 중정 형태를 다양한 공생상태에서 여러 종류의 세포들로 구성해 가는, 도발적인 변형작업을 통해 생성된 결과이다.

이것은 시자가 임시적인 대지에 근거하여 통합된 공공시설을 탈사회계층화하고, 삶과 그 환경 사이의 경계를 해체하는 작업을 통해 서사적인 구조의 건축 특성을 지닌 공공시설의 개념을 재추적하고자 한 것이다.

도 6-52 a, b, c, d
A. 시자, 포르토 대학 건축학부, 포르토, 포르투갈, 1986-1993

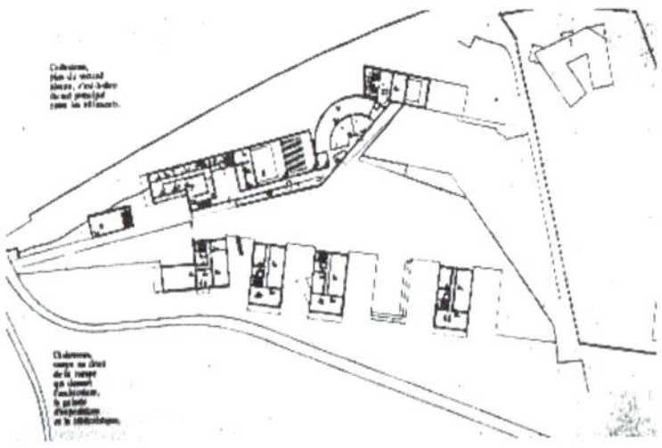

b.

단편화와 변형화 과정을 통해 통합적 관계를 지닌 열린 건축을 만들어야 한다.

시자는 '단편화와 개별화(particularization)의 과정'을 통해서 요소들의 본질적인 의미와 가치를 재정의하여 타자와 연결하고 관계를 맺으며 연합하는 방식으로 요소들을 선택하는 작업을 중시한다. 건축적 요소들이 평면에서 동등한 가치를 지니고 있는 경우, 제유법적인 접근을 통해 통제라는 위계를 깨트린다. 이것은 프로그램을 구성하는 요소들 간의 일시적인 평형이 하나의 절대적 시스템에 의존하지 않고도 이루어지도

록 하기 위해서이다. 시자는 이러한 디자인 과정을 통해 여러 기능(성질, 형태)을 지닌 '다형성의 요소들(polymorphous elements)' 가운데 불안정한 균형을 만들어낸다. 이러한 구성이 보여주는 다차원적인 복합성은 부분들 사이의 '상동관계'-구조, 위치, 성질 따위가 일치하는 상응관계-라는 메타포로 해석이 가능하다. 따라서 그의 건축에는 위계가 없으며, 그 안의 모든 것은 동등한 위계를 지니고 있다. 또 시자가 "건축을 무언가 만질 수 있는 것으로 이해하고 무언가 우리가 감지할 수 있는 것, 현상으로 이해하면서 모든 재료에 동등한 중요성을 부여하는 것은 건축을 감지 가능한 공간적 경험으로 만들고자 하는 욕망"((Rafael Moneo, 2004, 이영범 외 역, 2008, p.289)에 기인한 것이다. 따라서 총체적이고 통일적인 성격이 나오게 된다. 여기서 건축요소들은 근접, 대비, 상보 등으로 서로 관련된다. (이러한 개념은 '비위계적 질서' 의 개념을 공간구성의 주요 원리로 설정하고 있는 세지마의 건축에서도 찾아 볼 수 있다. 1권 01을 참조할 것)

시자가 자신의 작품에서 "위상학적인 공간을 구성하고 '단편화' 로 비-통일성을 지닌 전체(non-unitary whole)를 만들어내는 것은 바로 이러한 모순된 관계성이라는 수단" (Peter Testa, 1996, p.10)을 통해서이다. 여기서 '단편들의 재구성으로서의 건축' 을 지향하는 시자에게, 형태와 공간의 변증법은 '단편들을 배태하는 공간을 탐구' 하기 위해 '고립된 단편들' 에서 출발한다. 공간 안에서 탄생된 이러한 단편들은 관계를 설정하도록 의도된 것이다. 따라서 시자가 요소들의 소원한 관계, 즉 단편화로 구성되는 형태로 전체를 재구성하는 작업은 꼴라주 기법의 개념과는 그 성격이 다르다. 왜냐하면 이러한 요소들이 지니는 소원한 관계적 특성은 자신의 존재이유를 즉시 드러내기보다 다른 형태요소들이 갖는 상대적인 일상성을 지지할 뿐 아니라, 문화적인 맥락에서 고립된 채로 실행된 것이 아니기 때문이다. 이 점에서 시자는 "개개의 디테일이 중요하지만, 지배적인 특징은 '전체성' 이다. 평형상태는 건축의 중요한 특질" 이라고 언급한다. 시자의 작품에서 복잡성은 이러한 장들의 중첩에서 쉽게 발견할 수 있다. 이것은 그가 새로운 프로그램이나 부지에 건축적으로 대응하는 작업에서 완전히 결정되지 않은 미결정성을 중시하는 것으로, 이러한 시스템의 가치와 그것이 기여하는 인간적인 목적을 인간 스스로 정의하도록 남겨두려는 의도에서이다.

그러므로 시자의 건축은 폐쇄적이거나 감성적이거나 개념적인 것이 아니라, 개별적 작품의 특별한 상황에서 재정의하는 작업에 개방적이고 반응하는 특성을 보여 준다. 시자가 탐구하는 이형적(異形的)인 건축은 위대한 예술이라면 지니고 있는 이상적인 동시대성을 실현하려는 것이다. 따라서 그에게 있어서, 개개의 작품들은 상이한 '미결정된 과정(a procesus infinitum)' 위에서 진행되는데, 이것은 세계를 생성과 삶으로 해석하려는 능동적 결정행위이다. 여기서 감각, 기억, 상상력은 이러한 정신적 프로세스에서 중요한 역할을 하며, 그의 건축이 역사에 대해 갖는 관계를 확언하는데 기여한다. 시자의 작품에서 과거에 대해 노스텔지어가 전혀 없이 여러 대립적이고 이질적인 요소들을 조합하는 '혼합주의적 디자인 접근' (Peter Testa, 1996, p.12) 방식이 21세기 다원주의 사회에서 설득력을 갖는 것은 바로 이러한 이유에서이다. 류 니시자와(Ryue Nishizawa, 2007, p.28)는 시자의 작품에서 "대지의 역사성과 특성을 지향하는 지역주의와 예술가로서 개인의 창조성을 추구하는 모더니즘의 표현성이라는 두 대립적인 영역이 아무런 모순없이 독창적인 방식으로 동시에 실현되어 있다"고 지적한다. 시자 건축의 창조성은 그 지역에 존속해 온 역사와 기후에 완전히 연속된 것처럼 보이는 데 있다.

시자는 디자인 과정을 "분석에서 종합에 이르는 선형적 과정이 아니라, 개방적, 복합적, 포괄적이며 연속적인 과정"(Wilfried Wang, 1989, A+U, p.188 재인용)으로 인식한다. 따라서 그의 작품에서 연속과 불연속의 반복으로 구성된 유기체적 구성은 통일성에의 요구를 강요하지 않으면서 '관계적 감성' 을 지닌 미적인 통합을 이루어내고 있다. 따라서 시자의 작품은 맥락, 공간적 관계, 빛의 사용 등과 같은 보다 난해한 특질들을 구사하여 직선과 곡선 형상의 흰색 벽체, 기하학적 볼륨들로 구성된 모더니즘적인 단순성의 미학을 보여 준다. 이러한 상대적인 침묵으로 시자는 자신의 건축을 의사소통 그 자체 수단으로 경험하도록 유도해 간다. 그의 작품에서 다양한 스케일 상태의 건물의 요소들은 거의 독립적인 존재의 근거를 지니고 있지만, 여전히 전체로서의 형태 안에서 그 역할을 지니고 있는 것처럼 보인다. 이 점에서 테스타(Peter Testa, 1996, p.8)는 시자가 '감각의 물리적 특성' 을 실행하여 공간과 물질의 식역(의식의 한계, limen)적인 특질을 강조하고 있다고 지적한다.

시자의 건축에서 전이적 공간들로 강조되는 형태적 및 공간적 연속성은 "시간 속에서의 형태의 연속성과 공간의 연속성이 상호교차하여 발생한 것"(Carlos Machado, 2007, p.35)이다. 따라서 그의 작품에서 발견되는 시간과 공간의 이중적 연속성은 외부와 내부 사이의 추이(推移)를 조직하거나 통합한 것으로 '통로로서의 건축(architecture as a path)' 이라는 특성을 강하게 보여 준다. 여기서 디자인 행위는 자연과 기존 건물을 함께 취급하여 구성하는 관계에 근거한다. 이때 건축의 1차적 구성요소로서 중요성을 부여받는 벽들은, 건물의 구조의 일부이며 동시에 건물에 접근하는 과정에 차원을 부여하여 구성하는 역할을 수행한다. '빛의 조각과 같은 명료함과 부드러움으로 연출되는, 자유분방한 현대적 분위기로 가득 찬 공간', 그리고 '지역의 환경, 기후, 전통과의 연속성' 등은 시자의 건축 작품에서 경험되는 주된 특성들이다. 그가 설계한 건물들은 "마치 기후 조건 그 자체로 존재해 온 것처럼 보이며, 마치 그것이 오래전 과거 이래로 계속하여 존재해온 것과 같은 분위기에 휩싸여 있어 기후, 환경, 전통에서 결코 소원한 상태로 존재하지 않는다" (Nishizawa, Ryue, 2007, p.353)는 점이다.

갈리시안 현대미술관(Galician Center for Contemporary Art, Santiago de Compostela, Spain, 1988-1993)(도6-53a, b, c)에서, 시자는 건물, 기후, 역사, 공공시설의 이상적 개념 등을 수용하는 '지형학적이고 위상기하학적인 공간' 의 개념을 제안해 그가 오랫동안 탐구한 많은 주제들을 통합한 작품을 만들어냈다. 여기서 그는 램프와 다양한 레벨들로 연결되어져 있는 지형학적 사건으로서의 건물이라는 개념을 바탕으로 접근한다. 따라서 이 새로운 미술관을 오랜 역사의 시간 동안 존속해

도 6-53 a, b, c
A. 시자, 갈리시안 현대미술관, 산디에고 데 콤포스텔라. 스페인, 1988-1993

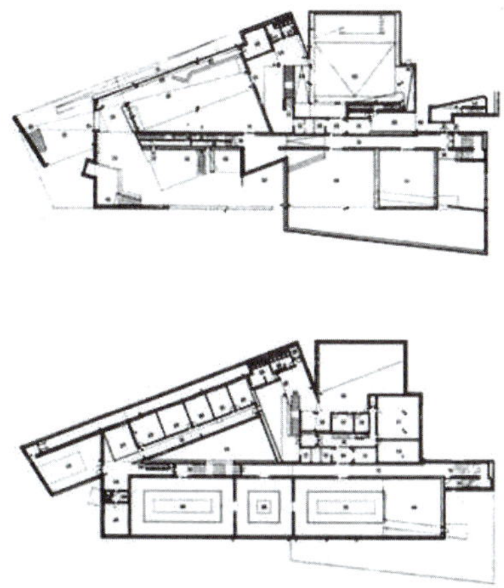

온 돌의 도시와 갈리시안의 랜드스케이프 양자 간에 전이를 이루는 지점으로 해석하고, 산디에고의 전승 속에 동일한 공간성, 다른 사물과 사람들에 대한 동일한 관계, 자연적 오브제로서 동일한 효과를 갖는 작품을 만들어내고 있다. 여기서 시자는 미술관을 공원의 안쪽에 배치하기 보다는 도로에 인접한 수도원인 역사적 구조물과 관계성을 갖도록 배치하고, 수도원과 공원을 재구성하여 지역 전체를 재활성화 하고자 의도하였다. 대지, 볼륨, 표면들 간의 분리된 관계는 미술관 건물을 도시와 랜드스케이프에 열어 주는 일련의 공간적 전도(顚倒, inversion)를 만들어낸다.(주23) 이 건물에서 시자는 압축과 확장의 시퀀스, 조절된 조망, 다양한 빛의 강도 등이 정교하게 조율되면서 연합하여 압도적인 '건축적 산책로' 를 만들어내고 있다. 이 건물은 빛, 텍스처, 이동, 공간을 탐색하는 과정에서 보고, 사유하고, 느끼게 하는 다양한 방식으로 감각을 자극한다. 자연의 단편과 건축의 단편을 적극적인 상호작용의 관계로 설정하는 복잡한 변성적인 방법은 그의 다른 작품들에서도 반복적으로 나타나는 수법이다. 특히 시자는 이 갤러리의 내부 공간을 순회 전시를 위해 다양한 전시의 설치작업에 대응할 수 있는 융통성 있는 공간으로 만들기 보다는 고유한 특성을 지닌 공간 안에서 전시작품의 설치작업을 실행하도록 한다는 개념으로 접근하였다. 이것은 독특한 성격을 지닌 전시공간에서 예술작품이 설치 제작되는 것을 통해서 대화라는 관계성을 만들어내기 위한 것이다.

구아이바강변(Guaíba River)에 인접해 가파른 절벽으로 둘러싸인 협소한 대지에 위치한 **이베레 카마르고 재단본부 건물**(Iberé Camargo Foundation, Porto Alegre, Brazil, 1998-2008)(**도6-54a, b, c, d, e**)에서 시자는 북, 동측 상에 직사각형의 벽을, 남, 서측 상에는 파상형 벽을 활용하여 건축과 RC구조라는 공학기술적인 해결로 독특한 수직적

도 6-54 a, b, c, d, e
A. 시자, 이베레 카마르고 재단본부, 포르토 알레그레, 브라질, 1998-2008

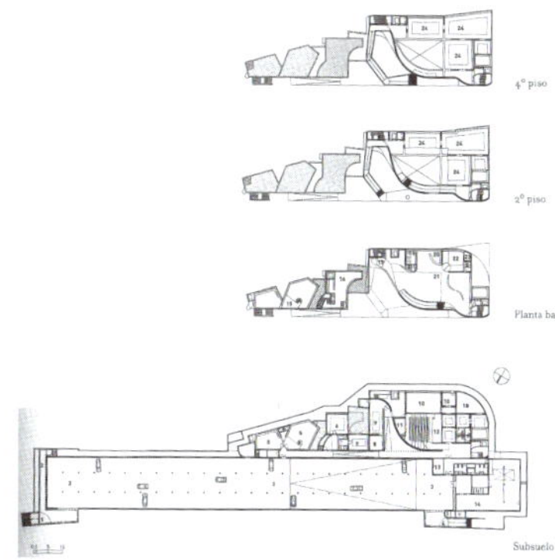

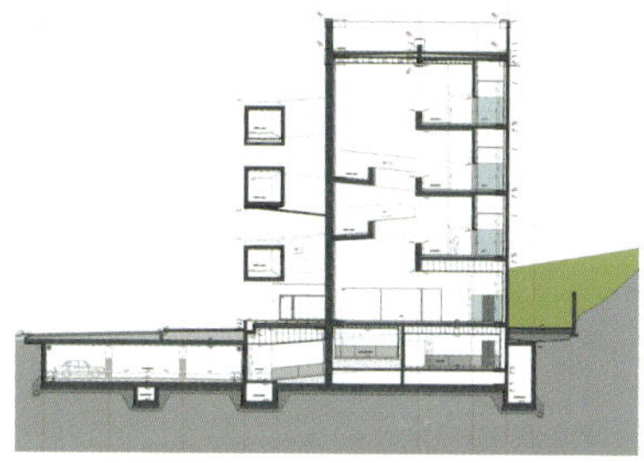

인 볼륨을 만들어내고 있다. 특히 전 층에 걸쳐 있는 파상형 벽체는 내부에 입구성격의 아트리움 공간을 한정하는 역할을 할 뿐만 아니라 경사로의 형태와 이동성을 부여하는 조각적인 형상으로 드러난다. 다양한 위치로부터 자연 채광이 유입되는 이 아트리움 공간은 이동가능한 간막이벽으로 전시공간의 층과 개방하거나 폐쇄하는 방식으로 연결되어 있다. 방문객들은 켄티레버 형태로 외부에 그 모습을 드러내는, 그리고 랜드스케이프와 천창 채광을 프레임하는 작은 틈들로 개방된 램프 시스템을 통해서 전시공간층에 접근이 가능하다.

서펜타인 갤러리 파빌리언(Pavilion for the Serpentine Gallery, London, UK, 2004-2005)(도6-55a, b, c, d)은 고립된 건물이 아니라 갤러리와 주변 나무와의 관계성을 유지한다는 시자의 개념에서 출발한 것을 보여주는 작품이다. 여기서 그는 건물 앞에 반 타원형을 이루는 두 개의 언덕 곡선 표면을 연장하여 타원형을 만든다는 의도로 나무들의 위치를 고려해서 직각형의 형상을 피해 4개의 면을 곡선 형상으로

도 6-55a, b, c, d
A. 시자, 서펜타인 갤러리 파빌리언, 런던, 영국, 2004-2005

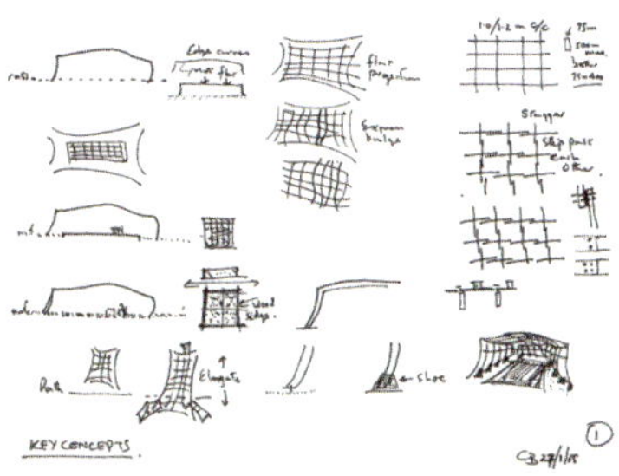

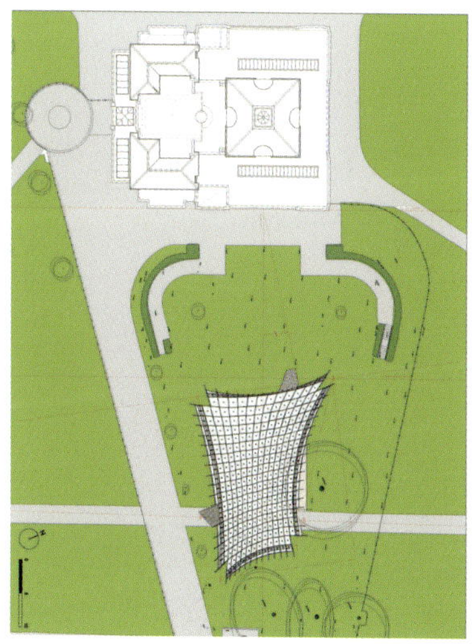

만들었다. 격자형 목재로 구성된 이러한 곡선 형상은 나무들의 위치로 인해 비대칭적으로 구성되어 주변 상황에 민감하게 적응하고 있다. 폴리카보네이트로 피복된 볼트 형상의 지붕은 격자 그리드를 통해 채광이 안으로 유입되도록 하였으며, 갤러리에 접근하면서 그 모습이 드러나는 방식으로 사건의 우연성과 어려움을 반영하여 형상화되었다.

| 신체와 공간의 관계성의 건축 : 안도 다다오 |

a.

건축은 신체를 담는 그릇이다.

일본의 건축가 안도 다다오(Ando Dadao, 1941-)는 자신의 작품세계에서 정신과 신체의 두 영역에 호소하여 감동을 주는 건축을 추구해 왔다. 그에게 건축의 본질은 정신의 심오한 영역에 닿아 있는 보이지 않는 영역을 공간을 통해서 체험시키는 것을 의미한다. 그러므로 그는 "건축은 이성적 추론으로 이해되는 것이 아니라 정신과 육체가 통합된 의미를 지닌 신체를 통해서만 경험되어 이해될 수 있다"(T. Ando, 1988, p.453)고 주장한다. 그것은 인간의 일상 생활과 관련된 현상에서 묻어나는 기억과 신체(shintai)(주24)를 통해서 전달되는 장소의 경험을 말한다. 그러므로 안도에게 있어서 건축의 목적은 "에워싸인 공간으로 한정된 장소(topoi)를 만들어내는 것"(T. Ando, 1988, p.453)이다. 이러한 장소의 의미는 모더니즘 건축의 추상적인 공간개념의 한계를 인식하고 건축이 속한 역사, 문화, 풍토, 기후, 지역성, 도시성 등의 관계 속에서 건축을 통해 그 장소의 기억을 계승하도록 하는 '구체적인 공간'을 만드는 데서 실현된다. 구체적인 공간으로 경험되는 장소는 무엇보다도 신체로 분절되어 경험되는 것이기 때문에 장소의 개념과 신체성은 안도의 디자인 사고의 출발점이다.

> 인간은 자신의 신체(body)를 통해 세계를 분절한다. 인간은 상하, 좌우, 전후 면을 지닌 비대칭적인 육체적 구조를 지니고 있기 때문에, 분절된 세계는 이질적인 공간이 되는 것이다. 건축으로 세계를 분절하는 것은 실질적으로 인류의 작품을 통해서 세계를 분절하는 것에 다름 아니다.... 신체는 세계를 분절화한다. 그리고 동시에 신체는 세계에 의해 분절되고 있다. '나 자신'이 콘크리트가 차가우며 딱딱한 것이라고 인식할 때, 나 자신은 따뜻하며 부드러운 것으로 느끼는 신체를 인식하게 된다. 이러한 방식으로 신체는 세계와의 역동적인 관계 안에서 '신체(shintai)'가 되는 것이다. 이런 의미에서 건축을 구성하고 이해하는 것은 바로 '신체'이다. '신체'는 세계에 반응하는 정서적인 존재이다....(T. Ando, 1988, p.453)

그러므로 안도는 장소의 경험과 신체는 불가분의 관계를 유지한다고 보았다. 그에 따르면, 공간은 기억과 신체를 통해 경험되는 장소이다. 장소를 구체화하는 건축은 신체의 기억 속에 공간의 경험이 지속되는 건축을 의미한다. 그것은 장소적 특성을 띠며 정신과 관련된 심오한 것이다. 안도는 이것을 다양한 사람들의 일상생활에 담겨 있는 '정서에 기

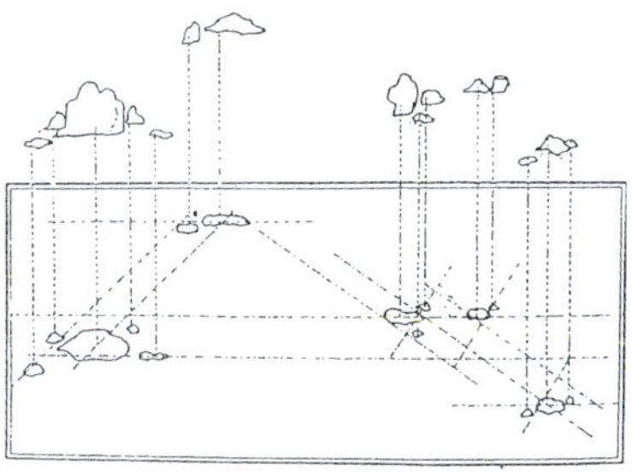

도 6-56a, b
료안지 신사, 교토, 일본 15세기

반을 둔 공간(sentiment-fundamental space)'에서 이끌어내고 있다. 정서에 바탕을 둔 공간은 심오한 정신적 차원과 연계된 것으로 평범한 일상사에서도 의미를 지니기 때문이다. 안도는 시간과 일상의 변화에 따라 신체가 이러한 공간적 특성을 경험할 수 있도록 공간은 고정화되지 않은 상태로 존재해야 만 한다고 보았다. 그러므로 안도가 만들고자 한 공간은 공간적 추상성이 아니라 일본인의 깊은 의식 속에 스며있는 공간적 원형, 즉 정서에 바탕을 둔 공간이다. 이것은 바라간이 추구한 건축, 즉 인간의 감성과 기억을 환기시켜 주는 '감성의 건축'과 일맥상통한다고 하겠다.

따라서 안도에게 건축이란 인간의 물리적이고 실제적인 요구뿐만 아니라 인간 정신의 실존을 위해서도 존재해야만 하는 것이다. 그는 건축을 통해 전달되는 언어적 측면뿐만 아니라 비언어적 측면도 중요하게 생각한다. 공간은 말로 표현되는 것이 아니라 그 공간 안에서 무언(無言)의 신체의 움직임을 통해서 경험되기 때문이다. 이 때문에 안도는 가상현실의 공간이 아니라 실제 공간 속에서 신체로 경험되는 건축을 만드는 것이 중요하다는 점을 강조한다. 이러한 이유로 안도는 자신의 작품에서 발견되는 추상적 공간은 단순히 지적 산물의 결과가 아니라 "거주자와 공간 상호간에 깊은 대화가 이루어지도록 나신(裸身)의 중재자로 존재하는 것"(T. Ando, 1977, p.135)이라 언급한다.(도6-56a, b)

그러므로 안도는 항상 건축적 경험의 문제를 신체가 공간을 어떻게 발견하는가 하는 문제와 관련지어 탐구하였다. 그는 공간을 발견해 가는 이러한 경험과정에는, 인간의 정서와 관련된 것들과 기능적으로 확정된 영역 사이에 존재하는 '틈새영역(interstitial zone)'의 존재가 필수적이라 생각한다. 그는 "건축에서 비어있는 공간에서 존재하는 틈새영역은 건물 그 자체만큼이나 의미를 지니고 있어야 한다"(T. Ando, 1984, p.449)고 강조한다. 그가 자신의 작품에서 이 틈새영역을 확정적인 요소로 채우지 않고 남겨두는 것은 거주자가 자신의 내부에 품고 있는 정서적 공간으로 스스로 채워가는 가능성을 열어두려는 의도때문이다. 그 결과, 건축은 정서적 존재인 신체의 감성과 대화하는 것이다. 그가 공간에서 건축가가 부여한 확정적인 영역(질서)뿐 아니라 미확정의 여러 영역들을 신체를 통해 체험하는 과정을 중시한 것은 바로 이런 이유에서이다. 안도는 '정서에 기반을 둔 공간' 개념을 틈새영역과 관련지어 다음과 같이 설명한다.

> 내 작품은 다음 2가지의 특성을 지닌다. 첫째, 나는 한정된 재료(콘크리트)를 사용해 그 특성인 텍스처를 탐구한다. 둘째, 나의 공간은 언제나 명확한 기능적인 분절로 되어 있지는 않다....(중략) 명확한 기능적 분절이 결핍된 것은 외부와의 접촉에서 발생하지 않는다. 왜냐하면 공간은 전적으로 에워싸여 있기 때문이다. 내가 이러한 작업 방식을 택하는 이유는 개인의 내면에 내적인 조망을 고무시키고, 자신의 내부에 품고 있는 공간에 대응하고자 하는 이유에서이다. 이러한 이유 때문에, 나는 인간의 정서에 관계된, 그리고 기능적으로 확정된 공간들 사이에 존재하는 틈새영역에 관계된 미확정적인 부분들을 강조한다. 나는 이러한 공간적 전형을 '정서에 기반을 둔 공간' 이라고 부른다. 이러한 공간이 만들어진 후, 나는 그것을 상징적 공간으로 순화시키는 과정을 거친다. 나는 공간만을 창조하기 위해서 이러한 과정을 따르지 않는다. 그 대신 나는 현대의 일상 공간을 상징하고 포함하는 건축을 목표로 한다. 이렇게 함으로써 나는 매우 근본적인 차원에서 공간의 거주자와 함께 사회적 의미와 상호간의 정서을 만들어내기를 희망한다...(T. Ando, 1977, p.134.)

위의 글에서 알 수 있듯이, 안도는 건축 공간을 기능적인 쉘터 이상의 어떤 것, 즉 정서를 유발하는 장치로 간주한다. 그것은 인간의 의식 속에 내재해 있는 깊은 정서와 기대감에 반응하는 공간을 만드는 것이다. 건축에서 중요한 것은 "건축과 기능 사이의 거리" (Juhani Pallasmaa, 2012, 김훈 역, 2013, p.91 재인용)라고 생각하는 안도는, 건축의 기능적인 부분을 보장한 후에 다시 기능으로부터 건축을 제거하는 작업을 추구해 왔다. 이러한 이유로 안도는 자신의 작품에서 기능의 영역으로만 한정될 수 없는 틈새영역과 미결정성의 영역들을 연속성과 비연속성의 관계로 전개되는 공간으로 구체화하고 있다. 그의 작품에서 반복적으로 나타나는 영역의 분절, 이중성, 벽과 기둥의 대립, 반투명성, 다실 풍의 스키야 미학(주25), 자연의 건축화, 빛과 중정 등은 바로 이 틈새영역으로 인해 활성화되는 '정서에 기반을 둔 공간' 을 만들기 위한 개념들로 해석될 수 있다. Y. 도미나가(Yuzuru Tominaga, 1995, p.512)는 "안도 건축의 내부공간은 신체를 담는 저장소로서의 건축(architecture-as- receptacle of a human body)에 필수적으로 요구되는 불충분함, 즉 결핍의 감각에 보다 관심을 보인다" 고 지적한다. 그것은 정신적인 것이 소멸되어 가고 과도한 사물과 형태로 넘쳐 흐르는 현대 사회에서 가장 결여되어 있는 결핍의 감정, 즉 형태적 비움을 의미한다. 건축이 이러한 비움과 틈새를 보장하는 한, 행위나 해석의 자유가 인간에게 일어나는 것이 가능하기 때문이다.(주26) 이러한 방식으로 건축은 기능적인 존재가 되는 것이 아니라 모호한 의미가 끊임없이 그 위에 던져지는 장소(locus)가 되는 것이다. (틈새 영역과 관계된 미확정적인 요소들을 작품 속에 담아두려는 태도는, 앞으로 살펴보겠지만 B. 츄미가 프로그램화되지 않은 공간들을 이벤트 행위를 위한 '사잇(틈새)공간' 으로 남겨두려는 것과 유사하다. 그것은 또 S. 홀이 대지, 관념, 신체가 상호 얽힘(交織)의 과정에서 생성된다고 본 현상학적인 미결정성의 '틈' 과도 유사하다.)

그러므로 안도에게 있어서 건축의 본질은 형태의 조작이 아니라 정서에 기반을 둔 공간의 구축이며, 건축의 토대로서 장소를 설정하는 것을 의미한다. 안도는 이것이 영역적 경계가 되는 벽으로 에워싼 공간에 자연요소-빛, 바람, 비, 하늘 등-와 일상생활의 여러 측면들을 담아 풍부한 의미를 부여하는 데서 가능하다고 보았다. 안도 자신이 말했듯이, 그는 형태보다 형태의 공간성에 관심이 있다. 건축은 기하학을 통해 질서가 부여되지만, 이러한 질서는 본질적으로 일상의 질서와는 다른 것이라고 보았기 때문이다. 안도는 복합적이고 모순적인 현실 세계를 투명한 논리를 통해서 공간적 질서로 구체화하는 변형작업이 건축 창조의 핵심이라 보았다. 이것은 무엇인가를 제거하여 만든 단순한 추상화와는 다르다. 오히려 추상화의 능력을 통해서 건축에 질서를 부여하기 위해 현실 세계를 본질적인 관점으로 조직화하려는 시도이다. 그가 건축을 기능으로부터 해방시키고 질서를 통해 생활에 존엄을 부여하고자 하는 것은 이러한 이유에서이다. 그는 질서의 필요성, 기능과 건축이 서로 유지해야 하는 관계에 대해 다음과 같이 말한다.

> "나는 절제된 조건 속에서의 생활로부터 새로운 형태의 생활 패턴을 끌어내고 발견하는 데 흥미가 있다. 또한 나는 질서는 삶에 존엄성을 부여하기 위해 필요하다고 느낀다. 질서는 제약을 낳는다. 그러나 그로 인해 사람들은 보편적으로 얻을 수 없는 것을 획득하게 된다고 나는 믿고 있다. 나는 기능상의 기본을 바탕으로 하여 건축을 기능으로부터 해방시키려 생각한다. 다시 말하면 나는 건축이 얼마나 기능을 추구할 수 있는가, 끝까지 지켜본 뒤 이번에는 건축이 얼마나 기능으로부터 떨어져 나올 수 있는가 확인해 보고 싶은 것이다. 건축의 중요함이란, 건축과 기능 사이의 좁은 틈새에 존재하기 때문이다.(T. Ando, 1980, pp.45-46)

특히 안도의 건축에서 주요 테마가 되고 있는 벽은 '영역적 경계의 장치' (T. Ando, 1978, p.445)이다. 안도는 내부이자 동시에 외부이기도 한 이 벽의 이중성과 애매성에 주목한다. 그리고 외부세계와 물리적으로나 심리적으로 고립된 공간을 경계화하기 위해 벽을 사용한다. T. 헤네간(Tom Heneghan, 1993, p.500)은, 안도의 벽은 '내면세계의 중재자' 라고 말한다. 이 벽에 의해서 영역의 물리적, 심리적인 고립이 성립되며, 개인의 평온을 위협하는 대도시의 혼돈으로부터 영역의 '타자화(otherness)' 를 유지할 수 있기 때문이다. 이 점에서 프램톤(K. Frampton, 1987, 이범재 역, 1994, p.12)은 "벽은 안도에게 있어서 경계를 정하는 장치이며 이화작용(異化作用)의 도구" 라고 평가하고 있다. 시간과 공간적인 이행을 내포하고 있는 이 틈 공간은 관찰자에게 마치 하나의 텍스트를 읽듯이 기대감을 갖게 하며 신체에 의한 공간체험의 감동을 이끌어 내는 호소력을 지닌다. 따라서 건축은 개념적인 사고의 산물이 아니라, 신체의 여러 감각에 호소하는 장소적인 성격을 부여받는다. 이 점에서 K. 네기시(Kazuyuki Negishi, 1990, p.11)는 안도의 건축을 그 자체가 구조적 특성을 초월하여 건축 자체가 되어 버린 "벽의 건축" 이라고 평가한다. 벽으로 한정된 내부 공간의 영역은 P. 아이젠이 지적한 바처럼 '무(無)의 세계'로 근원적인 '부재(不在)'로 채워져 있다는 것이다.

안도의 초기작품 중 주목을 끈 **스미요시의 공동주택**(일명, 아즈마 주택)(Row House in Sumiyoshi, (Azuma House), Sumiyoshi, Osaka, Japan, 1975-1976)(**도6-57a, b, c**)은, 안도가 정서에 바탕을 둔 공간을 만들기 위해 건물에 자연이라는 테마를 어떻게 도입하고 있는지를 잘 보여주는 대표적인 작품이다. 여기서 안도는 "자연의 일부로 존재하는 생활이 주거의 본질"(Tadao Ando, 2008, 이규원 옮김, 2009, p.88)이

도6-57a, b, c
T. 안도, 스미요시(아즈마) 주택, 오사카, 일본, 1975-1976

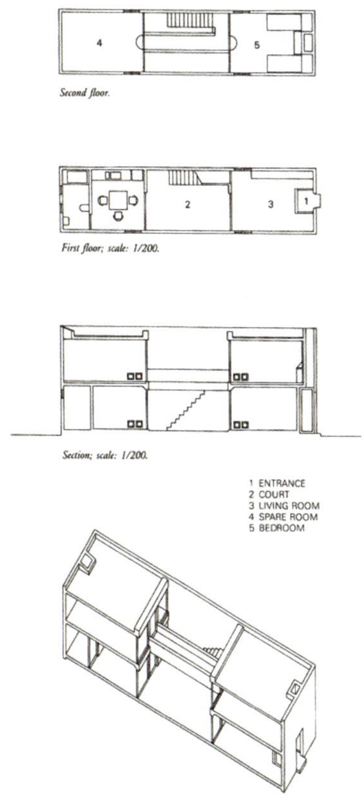

라고 역설하듯이, 오사카의 밀집된 도시에서 기하학적 질서 안에 중정을 만들어 자연을 향해 열리고 자연과 일체가 되는 소우주를 만들어내고자 하였다. 폭 3.6m, 깊이 14.4m의 사방을 벽으로 에워싼 콘트리트 상자 안에 삽입된 중정은 계절적인 변화를 신체의 감각을 통해 직접적으로 지각할 수 있는 중요한 장소이며, 일상 생활의 중심이면서 때로는 상상력이 넘치는 세계의 중심(주27)이 된다. 이 중정은 바람과 빛의 감촉 등과 같이 시시각각으로 변하는 '자연 현상의 단편을 감상하기 위한 장치'이기도 하다. 여기서 신체는 침묵과 시간의 이행 속에서 경험되는 자연의 변하는 공간을 활성화하고 계절을 인식하게 한다. 이 작품은 "건축은 인간이 자연과 접촉하도록 만드는 중재자"(T. Ando, 1984, p.449)라고 언급한 안도의 사고를 잘 보여주고 있다.

영벽(領壁)의 집으로 불리는 **마츠모토 주택**(Wall House, Matsumoto House, Ashiya, Hyogo, Japan, 1976-1977)(도6-58a, b)에서 안도는 벽을 자연 속에 자립하며 인간을 위한 영역을 만들기 위한 도구로 사용하였다. 그는 "여기에 사용된 두 개의 벽은 내부를 보호하는 장치이며, 자연 세계에서 일어나는 변화를 반영하고 그것을 거주자의 일상 생활 속으로 끌어들이는 유입장치"(T. Ando, 1978, pp.12-13)라고 설명한다. 여기서 안도는 벽을, 배제한 것과 내포된 것을 분리하는 수단으로 뿐만 아니라 내포된 영역에서 안쪽 벽의 표층에 근접하도록 둘러싸인 그 어떤 기둥과도 완전히 대립되도록 이중적인 의미로 사용하였다. 이러한 구성에서 벽은 단지 외계와 대치하고 있을 뿐 아니라 내부의 기둥에

도6-58 a, b
T. 안도, 마츠모토 주택, 효고,
일본, 1976-1977

대해서도 대치한다. 양쪽의 경우에서 가장 중요한 것은 '다름의 공간적 분절' (K. Frampton, 1987, 이범재 역, 1994, pp.14-15)이다. 안도는 이러한 분절만이 이 양쪽 요소들 상호간의 존재론적인 실재를 보장하는 것이며, 이와 동시에 양자 사이에 '말로는 형용할 수 없는 공간(ineffable space)' 을 생성한다고 보았다. 이러한 접점에서 두 개의 속성 또는 두 개의 실재 사이에 가로놓이는 틈새영역은, 앞에서 말한 것처럼 시간의 이행과정을 거쳐 공간적으로 경험되는 장소 또는 존재이다.

안도는 불규칙한 자연의 급경사 지형과 동질적인 입체 프레임 유닛 구성방식을 적용한 집합주거 형태를 조화시킨 **로꼬 집합주택**(Rokko Housing I, Kobe, Hyogo, Japan, 1978-1983)(도6-59a, b, c, d)에서, 일상생활과 비일상적인 부분들을 중첩시켜 정서에 기반을 둔 공간을 만드는 방법으로 일본의 '골목(roji) '이라고 불리는 세미 퍼블릭한 중정공간을 일종의 미분화된 공동공간으로 해석하여 보다 큰 스케일로 재현한 작품을 만들었다. 여기서 안도는 "각 가구의 면적과 내부 공간의 배치가 각기 다른 변화가 풍부한 계획을 세우는 것, 그리고 집합주택 안에 골목을 끌어들인 것 같은 인간적이고 친밀한 공적인 공간을 만들고 경사지라는 입지특성을 구성에 반영하는 것" (Tadao Ando, 2008, 이규원 옮김, 2009, p.192)을 목표로 설정하였다. 건물 외부의 길을 내부로 침투시켜 그것을 축으로 각 주호가 공적 및 사적인 영역

도6-59a, b, c
T. 안도, 로꼬 집합주택I, 효고, 일본, 1978-1983

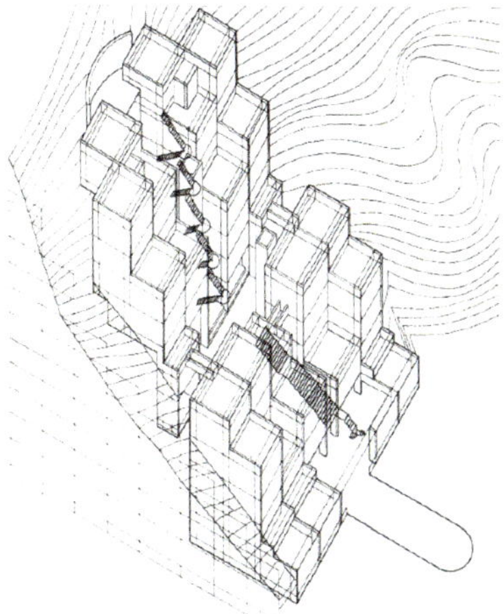

을 침투하도록 구성함으로써, 일본 전통주거 지역에서 골목길이 상징하는 이웃끼리의 공동공간의 개념을 재생해내고자 하였다. 특히 이 테라스형 집합주택에서 3종류의 서로 다른 계단과 일정한 층위로 분리된 2개의 수직동선 엘리베이터는 전체의 동선체계에서 의식적인 틈새공간을 만들어내고 있다.(주28) 두 개의 분리된 엘리베이터 사이에서 발생하는 공간적, 시간적 비연속성은 본질적인 비연속성을 생성하는 역할을 담당한다. 이 '사이'의 비연속성은 신체의 움직임을 통해 장소로 체험된다. 그 결과, 이 주택에서 의도한 '골목'과 '광장(plaza)의 조합은 경험적이고 정신적인 의미를 갖게 되는 것이다.(주29)

물의 교회(Church on the Water, Shimukappu-Mura, Japan, 1985-1988)(도 6-60a, b)에서 안도는 신체의 움직임과 자연의 변화라는 개념을 도입하여 현상적 거리의 변화를 통해 대상을 다양하게 경험시키고자 하였다. 여기서 안도는 서로 다른 크기의 정방형 평면을 겹쳐 인공 호수에 면하여 배치하고, 이것을 둘러싸는 자립 벽을 L자형으로 세워 경계를 한정하였다. 따라서 방문자 동선은 건물을 돌면서 긴 벽을 따라 접근하는 과정을 거친다. 이것은 동선을 회유시킴으로써 사람들에게 직접적으로 보이지 않도록 처리된 물과 자연의 풍광에 신비감을 부여하기 위한 것이다. 그 결과, 이 교회는 시간의 추이에 따라 다양한 풍광을 만들어내는 자연의 변화를 끌어들인다.

도6-60a, b
T. 안도, 물의 교회, 시무카푸-무라, 일본, 1985-1988

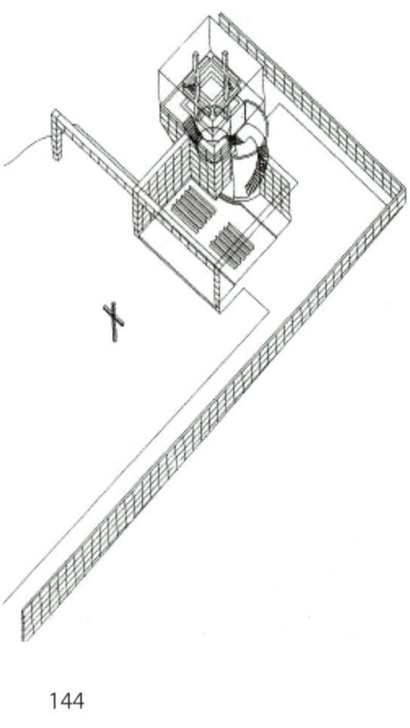

로꼬 교회(Chaple on Mt. Rokko, Kobe, Japan, 1985-1986)(도6-61a, b)에서도 동선은 여러 풍광을 접하도록 회유하는 수법으로 처리되었다. 안도는 이 교회에서 빛과 그림자의 연속, 즉 빛과 어두움의 대조라는 주제를 보여준다.(주30) 콘크리트, 돌, 철, 유리로만 한정된 단색의 내부공간은 경계의 벽 안에 있는 외부 자연의 초록빛을 실내로 끌어들여 내부 풍경으로 만들어내면서 자연의 깊이를 더하고 있다. 이처럼 빛과 어두움의 대비를 통해 종교적인 신비감과 영적인 분위기를 만든 수법은 폭과 높이가 모두 6m, 깊이 18m의 콘트리트 박스에 벽 하나를 어슷하게 꽂아 넣듯이 배치한 구성으로 이루어진 **빛의 교회**(Church of the Light, Ibaraki-shi, Osaka, Japan, 1987-1989)(도6-62a, b)에서 반복되고 있다.

도6-61a, b
T. 안도, 로꼬교회, 고베, 일본, 1985-1986

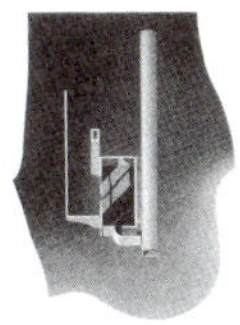

도6-62a, b
T. 안도, 빛의 교회, 오사카, 일본, 1987-1989

b.

자연, 건축, 인간은 이동과 시간의 이행 속에서 현상학적 거리를 발생시킨다.

안도는 자신의 작품에 담겨 있는 정서에 바탕을 둔 공간경험의 시간적 비연속성은 신체의 움직임과 관계된 '의식적인 이접' 의 현상을 통해 구체화된다고 보았다. 안도가 〈신체와 공간 Shintai and Space, 1988〉에서 말했듯이, 신체의 움직임을 통해서 분절된 세계만이 "거주하고 있는 공간(lived-in space)" (T. Ando, 1988, p.453)이기 때문이다. 더욱이 신체의 움직임은 자아와 대상 사이에서 여러 방식으로 발생하는 "현상학적 거리" (T. Ando, 1988, p.453)를 변화시킨다. 안도는 신체의 움직임과 관련된 현상학적 거리와 질서의 개념을 다음과 같이 설명한다.

> "하나의 대상의 다양한 방식으로 지각되기 위해서는 대상과 신체 사이의 거리가 어떤 방식으로든 변화되어야 한다. 이러한 변화는 신체의 움직임을 통해서 발생된다..... 신체의 움직임뿐 아니라 빛, 바람, 비 등과 같은 자연요소의 움직임도 신체와 대상 사이의 거리-이 거리는 물리적인 거리와 반대되는 개념인 현상학적인 거리이다 -의 변화를 가져온다. 나는 자연과 인간의 움직임을 단순한 기하학 형태 속에 도입함으로써, 복합적인 공간을 만들려고 시도해 왔다..... 나의 관심사는 엄밀히 말하면 개인이 건축과 관계를 맺는 방식이다." (T. Ando, 1988, p.453)

따라서 안도는 신체의 움직임을 통해 현상학적 거리가 변화될 때, 대상을 보다 다양한 방식으로 지각하게 된다는 점을 역설한다. 그에 있어서 "공간성은 하나의 절대적인 방향에서 보는 시선의 결과가 아니라, 신체의 움직임으로 만들어지는 다수의 관점에서 생기는 다양한 시점이 만들어내는 결과" (T. Ando, 1988, p.453)이다. 안도는 신체성과 관련된 공간개념을 일본적인 정서가 배어 있는 스끼야 양식의 전통 건축이 자연과의 일체성을 중시한 미의식, 그리고 전통 농가의 단순성에서 찾아 왔다. 특히 스키야 전통에서 발견되는 건축과 자연의 일체성, 빛의 다양성, 시간의 추이에 따른 심상(心想) 공간의 전개 등은 안도의 디자인 사고의 매우 중요한 원천이다. 그가 〈신체와 공간, 1988〉에서 언급한 바 있는 자연과 신체의 움직임에 따라 발생하는 현상학적 거리의 개념이나 시간의 이행에 따라 상호 중첩되어 얽혀 짜이는 장면의 전개방식은 스키야 미의식에 깊은 뿌리를 두고 있기 때문이다.

그러므로 신체의 움직임은 항상 시간의 이행에 관련된 공간적, 시간적인 틈을 결합하는 것과 관계가 있다. 안도는 신체의 움직임으로 채워지는 이러한 비연속성의 영역들을 시간의 이행과정에서 생기는 비연속성의 개념으로 인식한다. 그는 이것을 일본 고유의 공연예술에서 발견되는 '마Ma(사이, 間)의 개념' (주31)으로 설명하고 있다.

> "제아미Zeami에 따르면, '마Ma'는 연기자가 자신의 역할을 하는 동안 행하는 한 동작과 다른 동작의 사이에서 생기는 이행(移行)에서 발견된다.... 나에게 'Ma'라는 개념이 중요한 것은 모든 방들이 연속적으로 기능하고 있을 필요가 없기 때문이다. 방은 비연속적인 움직임의 상태에 있는 쪽이 훨씬 바람직하다. 나는 건물의 연속성 안에 비연속적인 움직임을 도입하고자 한다. 다시 말하면 비연속성을 축으로 하여 방과 공간을 통합적으로 조직화하려는 것이다. 언뜻 보면 방과 방은 분리되어 있는 것 같은 인상이지만 사실은 사이를 띄운 비연속성에 의해서 한층 더 강하게 연결되어 있다."(T. Ando, 1987, p.46)

시간의 이행 속에서 신체의 경험으로 체험되는 공간을 만들기 위해서, 안도는 건축에 접근하는 방법에서 길고 우회적인 동선을 도입한다. 이것은 그가 신체의 움직임 과정을 통해서 그 앞에 펼져지는 연속적, 비연속적인 풍경과 장면들과 지속적인 관계를 유지시키기 위한 의도이다. 신체는 이러한 이동의 경로에서 자연의 풍경을 단속적이거나 연속적으로 체험하며 장소의 감각을 경험하게 되는 것이다. 빛의 건축으로 불리는 그의 작품의 특징은 빛의 시학(주32)과 정교한 콘크리트의 그물망 안에서 공간을 현상학적으로 경험하도록 하는 데 있다. 따라서 공간은 비물질적인, 유동적인 빛과 엄밀한 기하학적 요소들 사이에서 진동한다. 이러한 공간은 관찰자가 '보는 것'과 '경험하는 것'을 통해서만 간접적으로 인지 가능한 중간영역 안에 부유하는 듯해 보인다. 이렇게 함으로써 그의 건축은 외부공간과 내부공간의 일체화를 위해 투명성, 빛, 가벼움 등을 심도 있게 탐구함으로써 '평정의 건축'를 만들어내고 있는 것((ed.) Suzanne Greub and Thierry Greub, 2006, p. 27)으로 평가받고 있다.

안도의 작품세계는 건물이 놓여 있는 장소-특성과 보편성을 통합할 뿐 아니라, 추상화된 자연이 건축의 매체를 통해 인간과의 교감을 추구한다. 특히 추상화라는 투명한 논리의 과정을 통해 엄격하게 구성된 건축의 질서는 인간이 자연과 접촉할 수 있는 매개체이다. 따라서 안도의 작품에서는 기하학적 질서 속에 일상생활을 공존시키려고 하는 의도가 강하게 나타난다. 이것은 건축 속에 추상화된 자연의 요소를 설정하여 인간과 자연의 관계를 진지하게 명상할 수 있는 건축(주33)을 만들고자 한 것이다. 이러한 사상은 다음과 같은 그의 글에서 잘 나타난다.

> "나의 목적은 있는 그대로의 자연을 마음의 벗으로 삼고자 한 것이 아니다. 오히려 건축을 통해 자연의 의미를 변화시키고자 시도하는 것이다, 이러한 과정은 건축을 통해 자연을 추상으로 만드는 것이 된다. 나는 이것이 발생할 때, 인간은 자연과의 새로운 관계를 발견할 수 있다고 믿는다."(T. Ando, 1989)

특히 안도는 인간과 자연이 서로 만날 수 있는 장소는 건축의 내부에서 만들어진다고 보았다. 그에게 빛과 바람 같은 것들은 그것들이 외부세계와 단절된 형태, 즉 건축의 내부로 도입될 때에 비로소 의미를 갖게 된다. 여기서 고립된 빛과 바람의 파편들은 전체의 자연 세계를 암시해 주기 때문이다. 안도가 주택 속에 틈새의 공간으로 도입한 중정(中

庭)은 빛, 바람, 구름, 하늘에 열려 있어 우리가 계절의 변화를 신체의 감각을 통해 직접 지각할 수 있는 중요한 장소이다. 이러한 태양, 바람, 비 등은 신체의 감각에 영향을 끼치며, 생활에 다양성을 부여하고 건축적 공간처럼 의미있는 장소를 만드는 데 기여한다. 특히 빛과 그림자는 공간을 풍부하게 만들어주는 장치로 시간의 추이에 따라 다양한 모습으로 현상학적 거리를 변화시킨다. 또한 안도는 신체의 움직임뿐만 아니라 빛, 바람, 비와 같은 자연의 움직임도 자아와 대상 사이에 생기는 현상학적 거리를 변화시킬 수 있다고 보았다. 그래서 자연과 신체의 움직임을 단순한 기하학에 도입함으로써 복합적인 공간을 창조하려고 의도하였다. 자기 완결적이고 정지된 사물(기하학)은 동적인 상태의 존재자인 신체와 자연의 움직임이 개입될 때 변형되며, 이 때 다양한 관점들이 순회하는 관찰자의 눈에 중첩되어지기 때문이다. 그러므로 안도는 "질서란 이러한 중첩으로 신체에 새겨진 전체 상(이미지)과 시각적으로 지각된 사물에서 생기는 다름에 대한 인식을 통해 신체 안에 재구성되는 것"(T. Ando, 1988, p.453)이라고 보았다. 안도가 기하학의 형상 속에 시간의 추이에 따라 변화하는 자연적 요소들을 도입하는 것은 바로 이러한 이유 때문이다. 더욱이 그는 건축구성의 소재로 나무나 콘크리트 같이 가시적 형태의 물리적인 재료뿐 아니라, 신체의 감각에 호소하는 빛, 바람 등과 같이 비가시적인 자연요소들도 중요하게 생각한다.

안도가 최근의 작품에서 추구하는 자연/건축, 자연/인간의 관계에서 시간의 이행에 따른 기대감과 장면의 변화 현상들과 외부 정원에 대한 관심은 그가 일본의 전통－일본 고유의 다실풍의 전통건축이 만들어낸 스키야 미학－에 점착해 간다는 점을 보여준다. 안도는, 일본 전통 정원이 지니는 지고한 형식은 그것이 결코 정지해 있지 않다고 말한다. 이러한 정원은 만물들이 끊임없이 움직이는 변화하는 공간이다. 정원을 일종의 생명체처럼 연속되는 시간의 과정을 위한 메타포이며, 시간 속에서 부유하는 건축, 즉 '생명력 있는 건축' 이라는 개념을 표상한다. 안도의 작품들에서 기하학의 상자 안에 담겨진 내부 공간보다 외부 중정은 인간의 시야를 외부로, 자연으로 확산시킴으로써 평정과 안정을 찾을 수 있게 해 주도록 의도된 것이다. 최근에 안도는 일본 고유의 전통적인 '경관(fukei)' 의 개념(주34)에 바탕을 두고 새로운 경관의 질서를 만들고자 하였다. 이것은 그가 기존 지형을 변형시킴으로써 자연보다 더 자연적인 자연－이상적인 자연, 인간적인 자연, 즉 경관－을 재구성하려는 것이기도 하다. 특히 기하학을 자연으로 감추고, 이 기하학들과 이것들 사이에 있는 공간으로 한정되는 자연, 빛, 바람 등의 조망을 연출하는 것은 안도의 최근 작품에서 반복되어 나타나는 일관된 주제이기도 하다. 그에게 이것은 삶을 위한 이상적 공간의 원형적인 이미지를 의미한다. 이처럼 기하학의 윤곽을 대지와 혼합하는 과정을 통해 접근하는 안도의 작품 세계는 "인간적인 장소(human topoi)를 건축의 영역을 넘어 자연 전체의 영역으로 확장하여 환경화하려는 것"(Yuzuru Tominaga, 1995, p.510)으로 평가되고 있다. 이러한 사실은 안도가 물질보다 '상황'에, 대상보다 '관계'에 더 관심이 있으며, 인간화한 자연, 즉 '랜드스케이프'를 만드는 데 천착하고 있다는 사실을 보여주는 것이다.

따라서 우리는 안도의 작품세계에서 정신과 신체가 강하게 교감할 수 있는 건축은 인간과 건축, 건축과 자연, 인간과 자연의 관계에 대한 새로운 인식에서 출발하고 있는 점에 주목해야 한다. 안도는 건물이 자연의 일부로 침윤해 들어가는 개념을 일본 전통의 정원에서 이끌어내고 있으며, 부지의 장소성은 신체의 움직임을 통해 정신적 영역으로 실체화되는 과정을 중시하여 왔기 때문이다. 신체가 수용될 수 있는 건축에는 틈으로 존재하는 비움, 결핍의 감각이 존재해야 한다고 강조한 그의 논리에는 현대건축의 주요 담론의 하나인 작품 속에 담겨 있는 미결정성의 다층구조를 신체의 움직임을 통해 채워 나간다는 점을 전제로 한 것이다. 안도의 건축이 이성적 추론이 아니라 신체의 감각을 통해 깊은 정신의 영역에서 느껴지는 이유가 바로 여기에 있다.

교외지역의 숲 속에 위치한 **고시노 저택**(Koshino House, Ashiya, Hyogo, Japan, 1979-1981)(도6-63a, b, c, d)에서, 안도는 높이가 다른 2개의 콘크리트 상자를 지형을 따라 땅 속에 절반쯤 묻어 자연의 논리에 철저히 순응시킴으로써 '건물을 포함한 대지 전체가 하나의 정원이 되는 건축'을 지향하였다. Y. 도미나가(Yuzuru Tominaga, 1995, pp.509-510)는 이 주택을, 안도가 자연과 건축의 관계와 벽의 구성에서 새로운 태도의 변화를 보여주는 작품으로 평가한다. 그것은 이 주택에서 안도의 스미요시(아즈마) 공동주택이 갖는 폐쇄적인 벽으로 된 상자가 해체되고 그 단부가 개방되어 있으며, 이제 벽은 자율적인 평탄면으로 취급되고 외부의 자연을 주택 안으로 유도하기 때문이다.(주35) 이 주택의 안과 밖 모두 노출 콘크리트로 일관하는 금욕적 공간, 철저히 기하학에 의지한 단순한 구성은 스미요시 공동주택에서 채용한 수법과 동일하지만, 안도는 이 주택에서 콘크리트 상자 속에 자연을 끌어들이는 장치로서 '빛'이라는 새로운 주제에 도전하였다. 특히 두 개의 직사각형 볼륨 사이에 조성된 계단형의 중정은 대지의 경사진 등고선에 맞추어 조성되었다. 여기서 중정이 계단형이 된 것은 대지의 고유한 속성 때문이다. 벽의 틈새를 통해 중정에서 스며드는 빛은 천장과 복도의 바닥을 비춘다. 이 빛은 시간의 이행을 기록하며 주변의 에워싼 물체에 생명을 부여하여 그것이 드러나는 방식을 새롭게 한다. 여기서 중량감 있는 콘크리트의 물질성은 약간 울퉁불퉁한 표면의 질감을 보여 주는 밝기에 의해 표현되는데 그 결과, 콘크리트의 물질성은 빛에 의해 비물질성으로 나타난다. 이 건물

도6-63, a, b, c, d, e
T. 안도, 고시노 주택, 효고, 일본,
1979-1981

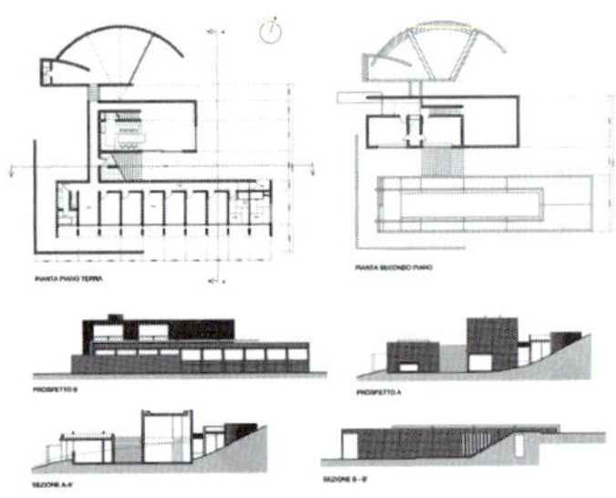

의 내부를 에워싸는 면들을 따라 빛이 떨어지는 방식과 비물질성의 효과로 인해 내부공간에서 경험되는 지속적인 감각은 공간 자체에 담겨 있다기 보다는 신체의 움직임의 활동과정을 통해 발견되는 것과 밀접한 관계를 갖는다. 이 주택에서 건축과 자연에 대한 새로운 인식은 기하학 상자와 벽이 부분적으로 땅 속에 묻히는 과정을 통해서 자연-인간의 새로운 관계를 설정하는 '장소(topos)' 로 발전된다.

나오시마 현대미술관(Museum for Contemporary Art, Naoshima, Kagawa, Japan, 1988-1992)(도6-64a, b, c, d)과 인접 부지에 위치한 **나오시마 치추미술관**(Chichu Art Museum, Naoshima, Kagawa, Japan, 2000-2004)(도6-65a, b, c, d)에서, 안도는 기하학을 땅 속에 묻는 방식으로 인간과 자연이 새로운 관계를 가지는 장소, 즉 예술과 건축, 자연이 상호 관계 속에서 자연을 향해 열린 미술관이라는 이미지로 일체화되는 장소를 만들고자 하였다. 나오시마 현대 미술관에서 안도는 섬 남단부의 삼면이 바다로 둘러싸인 절경을 가진 곶 위의 대지가 지닌 아름다운 풍광을 그대로 유지하려고 지형을 따라 땅에 묻힌 듯한 건축을 구상하였다. 특히 자연과 건물이 주변 경관과 풍광을 담아내기 위해서 지하에 묻혀 있는 타원형의 중정을 통해 빛과 바람의 요소들이 갤러리 공간으로 유입되도록 의도하였다. 이 중정에 있는 인공적인 연못의 물

도6-64a, b, c, d
T. 안도, 나오시마 현대미술관, 카가와, 일본, 1988-1992

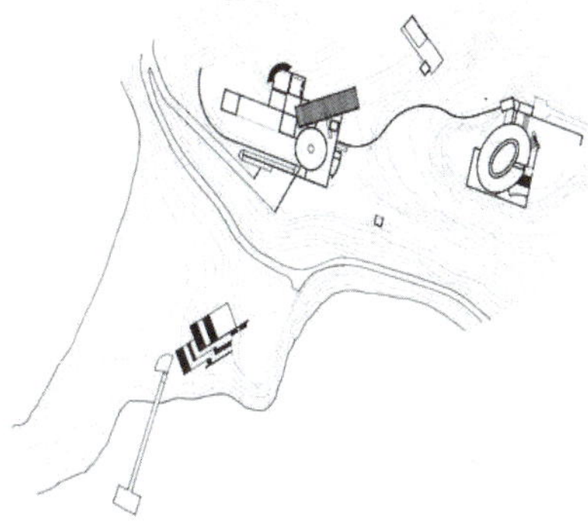

이 바람에 의해 반사되는 이미지를 통해 평정과 평온을 유발함으로써, 자연과 예술이라는 주제를 부각시켜 준다. 이러한 표면들이 만들어내는 은둔과 평정의 효과들이 텅빈 공간에 예술적인 속성을 부여하여 감각적인 고요함을 강화한다.

인접한 위치에 있는 치추 미술관(주36)에서도 안도는 '지형과 일체화된 건축' 이라는 개념을 채택한 현대미술관처럼 바다의 풍광과 자연을 보존하기 위해 건물을 땅 속에 가라앉혀 묻는 개념을 채택하였다. 여기서 그는 기하학적인 형상의 건물을 대지 안으로 가라앉혀 땅 속에 묻힌 선큰형 중정(주37)을 만들고, 꼭 필요한 만큼만 인공적 볼륨의 구조물로 자연을 최소한으로 잠식하여 '지하에 입체적으로 전개된 어둠의 공간' 을 제안하였다. 안도는 이 건물에서 드러나는 "밝음보다 어두움, 지상보다 지면 아래와 같은 개념들은 자신

도6-65 a, b, c, d
T. 안도, 치추 미술관, 카가와, 일본, 2000-2004

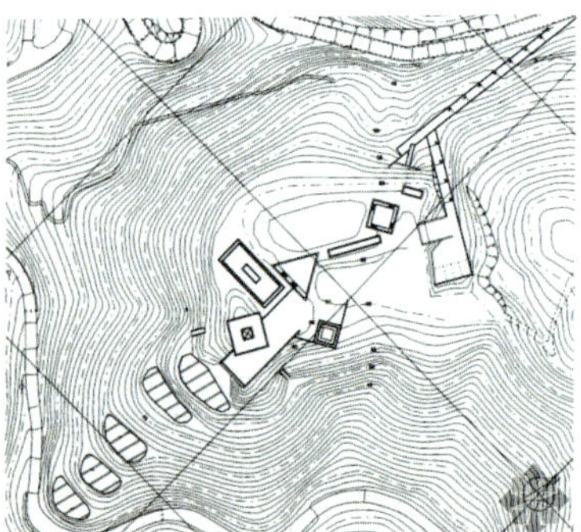

의 내면에 깊이 뿌리박혀 있는 감정을 표현한 것"이라 설명한다. 안도 자신은 "예술이 자연과 건축의 경계를 초월하여 자유롭게 터를 얻는 '현대미술관'이 나오시마 아트 프로젝트의 '동(動)'의 활동적 성격을 담당한다면, 폐쇄된 어둠 속에서 미술과 건축이 긴장감 있게 대치하는 '치추 미술관'의 집약적인 공간세계는 '정(靜)'의 고요함의 성격을 지닌다"(Tadao Ando, 2008, 이규원 옮김, 2009, p.251)고 언급한다.

독일의 **랑겐재단**(Langen Foundation, Neuss, Germany, 2002-2004)(**도6-66a, b, c**)에서, 안도는 한때 미사일 탄두저장소로 사용되다가 방치된 부지의 자연경관과 건축, 미술을 독특한 방식으로 통합하여 마치 경관 속에 파묻히듯 조화롭게 놓여 있는 고요함의 건축을 만들어낸다. 주 건물은 유리 외피로 에워싸인 장방형의 콘크리트 구조물로 이루어져 있으며, 이것에 45도 각도로 배치된 2개의 평행한 콘크리트 벽이 지하에 약 20피트 묻혀 있고 단지 11피트만이 지상으로 돌출되어 있다. 부드럽고 매끈한 콘크리트, 유리, 스틸로 구성된 건물군은 인공적으로 만들어진 연못과 조각적으로 다듬어진 주변의 자연 구릉지로 에워싸여 그 모습을 드러낸다. 고요한 공간은 유리 케이스 안에 놓인 콘크리트 박스

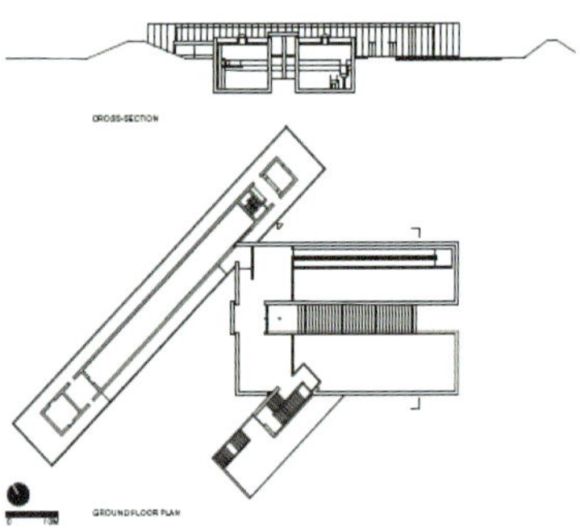

도6-66 a, b, c
T. 안도, 랑겐재단, Neuss, 독일, 2002-2004

사이에서 발생하는데, 이 완충공간의 주변부 영역은 마치 일본 전통건축의 특징인, 베란다와 같은 엔가와(engawa)와 유사하다. 빛을 반사하는 인공연못은 건물을 경관과 추상적으로 연결시켜 준다. 또한 배경을 이루며 이전의 부지기능을 상기시켜 주는 2개의 자연제방의 구릉지 등은 자연과 일체가 되도록 디자인하였다. 그 결과, 이 건물은 "외부와 내부, 미술과 자연, 무거움과 가벼움 간에 평정한 대화를 유지하면서 순수성을 지닌 걸작"(Ana G. Can'izares, 2005, p.96)으로 평가되고 있다.

도쿄 중심가에 위치한 복합재개발 빌딩인 **오모테산도 힐즈**(Omotesando Hills, Tokyo, Japan, 1998-2006)(도6-67a, b, c, d, e)에서 안도는, 그의 초기 작품인 스미요시 공동주택에서처럼 '도시에 대해 어떤 시선을 가진 건축, 도시에 말을 건네는 건축'이라는 주제를 발전시켰다. 여기서 안도는 "과거와 현재를 직접적인 형태가 아닌 하나의 '풍경'으로 연결해 주는 건축"(Tadao Ando, 2008, 이규원 옮김, 2009, p.154)을 제안했다. 이를 위해 모든 건물의 높이를 느티나무 가로수의 높이 이하로 억제하고, 파사드는 가능한 한 상업적인 요소를 배제하고 차분히 표현하며, 양쪽 가장자리의 2개 동은 옛 아파트 건물의 형태로 남겨 물체가 아니라 기억으로 과거를 현재에 전하는 하나의 기념비라는 의미를 담아내는 방식으로 접근하였다. 이 프로젝트에서 오랜 시간의 역사와 도시의 풍경을 이루어온 기존 느티나무 가로수보다 건물높이를 낮게 억제하고, 긴 파사드를 유리외관으로 통일하여 보다 많은 바닥면적과 경제효과를 얻기 위해서 도시공간을 침식해 가는 시장원리에 저항하고, 반세기 이상 지속될 만한 풍경을 남기고 싶다는 공공의 의사를 표현하였다. 특히 도심의 상업공간을 가로의 경사구배와 동일한 방식으로 지하 30m까지 땅에 묻혀 침식해가는 방식으로 만들어서 비운 내부 지향적인 공간구성은, 지상 3층, 지하 3층, 총 6개층을 잇는 나선형의 경사로 구조와 가로의 보도와 동일한 포석패턴으로 마감하여 거리를 건물 안으로 끌어들인 듯한 분위기를 만들어 지하층도 노면의 점포 같은 분위기를 갖도록 연출하였다.

도6-67 a, b, c, d, e
T. 안도, 오모테산도 힐즈, 도쿄, 일본, 1998-2006

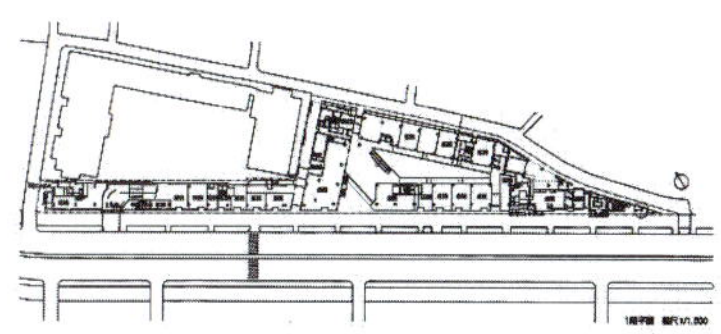

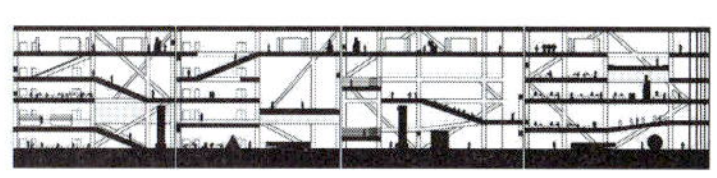

| 공간경험의 현상학 : 스티븐 홀 |

a.

현상학적 건축은 정신과 육체의 통합을 전제로 한다.

스티븐 홀(Steven Holl 1947-)이 추구하는 현상학적 건축(phenomenal architecture)은(주38), 작품 속에 깔려 있는 수 많은 경험의 층들이 신체의 현상적 경험을 통해서 구체화되는 것을 전제로 하고 있다. 따라서 홀은 보편성, 일반성, 절대성을 중시한 모더니즘 건축의 환원주의적 태도를 벗어나 상황과 대지의 구체성, 특수성, 상대성에 근거하여 현상학적 질서를 만들어내는 과정을 중시한다. 그의 관심사는 "건축이 그 상황-대지, 맥락, 구체적 프로그램의 상황조건 등-과 형이상학적, 현상학적으로 결속된 건축"(Steven Holl, 1989, p.2)을 만들어내는 데 있다. 홀에게 "건축이란 강력한 감동을 일으키는 것이며, 고유한 장소와 존재감을 갖는 것"((ed.)Yukio Futagawa, 1996, p.16)을 의미한다. 이러한 이유는 건축이 지니는 잠재적 가능성은 시처럼 우리 신체가 느끼고 경험하는 것의 깊은 영역에 존재하기 때문이다.

홀은 메를로-퐁티의 〈지각의 현상학, 1945〉을 자신의 건축담론의 출발점으로 삼고, 자신의 저서〈정착(定着), Anchoring, 1989〉에서 건물과 대지의 통합 개념을 제시하면서 현상학적 건축을 제안한다. 여기서 홀은 "건축은 장소와 결합하고 상황, 즉 대지의 의미를 집결시켜 물리적이고 기능적인 조건을 초월하는 것"이어야 한다(S. Holl, 1989, p.9)고 선언한다. 그에게 있어서 건축은 대지의 상황과 역사, 의미와 결합되어 현상학적 건축을 위한 개념을 형성해 나가는 것이다. 이러한 현상학적 건축은 물리적인 대지의 상황을 초월하여 시간, 문화 프로그램, 대지에서 이끌어낸 관념의 범주 안에서 빛과 재료의 물성을 통해 현상학적 체험을 만들어내는 공간을 창조하는 것이다. 이 점에서 홀은 "건축은 상황과 결속되어 있다"(S. Holl, 1989, p.9)고 말한다. 왜냐하면 음악, 미술, 조각, 영화, 문학과는 달리 이동할 수 없는 건축은 장소의 경험과 상호 얽혀(交織) 결속되어 있기 때문이다. 그는, 한 건물의 대지는 건물의 관념차원에서 단순한 구성요소 이상으로, 건물의 물리적이고 형이상학적인 기초라고 강조한다. 이 때문에 "건축과 대지는 경험적인 결속, 형이상학적인 연결, 시적인 연계를 지녀야만 한다"(S. Holl, 1989, p.9)는 것이 그의 논리이다.

여기서 홀이 제시하는 '정착' 의 진정한 의미는 대지(site)/상황(situation)이 주체와 객체, 존재와 본질, 이 양자가 되는 현상학적 통합을 말한다. 대지와 건물의 '상호 얽힘(交織, interwining)' 속에서 생성된 개념은 다시 지각적이고 감각적인 경험과의 상호 얽힘의 관계를 통해 현상학적인 건축공간으로 구체화되어야 한다는 것이 그의 생각이다. 이 때 현상학적 건축공간의 경험은 신체의 참여, 즉 몸으로 경험되는 것이다. 홀이 정신과 신체, 신체와 세계의 '상호 얽힘' 의 관계(주39)를 중요하게 인식하고 강조하는 것은 바로 이러한 이유에서이다.

> "건축은 기하학을 초월한다. 그것은 관념과 형태 상호간의 유기적인 결합이다. 건축의 의미는 건축이 속한 대지와 현상과 관념, 이 세 가지의 상호얽힘 속에 존재한다."(S. Holl, 1996, p.15)

따라서 홀은 포스트-모던 건축의 역사적 인유나 해체주의 건축의 전위적인 구성처럼 건축을 단지 형태적 조작으로 보는 입장에 반대한다. 오히려 그는 사고(이성)와 감각(경험)의 균형을 강조하고 객관과 주관의 통합을 지향하는 현상학적 공간개념을 중시한다. 이러한 이유로 홀은 공간, 빛, 재료의 질서를 지성에 의한 외적 지각과 감성에 의한 내적 지각이 그 안에서 통합되는 수단으로 사용하고 있다. 이것은 그가 "건축작품의 본질은 관념과 형태 간에 유기적인 결속을 만들어내는 것" (S. Holl, 1989, p.10)이라고 보았기 때문이다. 홀은 이 점을 다음과 같이 언급하고 있다.

> "지적인 영역, 즉 관념의 영역이 경험의 영역, 즉 현상의 영역과 균형을 이룰 때에만, 건축 형태는 의미가 부여되어 생명력을 지니게 된다. 이와 같은 균형 속에서만 건축은 정신과 눈과 영혼을 감동시킬 수 있는 강력한 지적이고 물리적인 잠재력을 지니게 되는 것이다."(S. Holl, 1993, p.26)

홀에 의하면, 관념의 영역은 대지, 역사, 장소성 등의 환경뿐만 아니라 경험적이고 현상적인 영역과의 지속적인 관계 맺음을 통해서 균형을 이루어가야 한다. 여기서 질서(관념)는 외적 지각이며 현상(경험)은 내적 지각을 의미한다. 지적인 영역이 경험의 영역과 균형을 이룰 때 형태는 의미와 함께 살아난다는 점이다. 홀은 건축이란 인간의 경험과 단절된 지적인 개념에서 나오는 것이 아니라, 경험에 밀접하게 연결되어 있는 개념에서 나오는 것이기 때문에, 건축 경험의 두 영역 간의 균형을 인식하는 일은 매우 중요하다고 생각한다. 이것은 우리가 신체의 욕구와 경험뿐만 아니라 현상 세계의 공간적 및 물리적 특성의 가치를 회복시키기 위해서도 필요하기 때문이다.

〈지각의 탐구, Question of Perception, 1994〉와 〈상호 얽힘, Interwining, 1996〉에서, 홀은 지각적 경험을 통한 현상적 영역들, 즉 일상적 현상의 본질적 체험을 구체적으로 분석한다. 여기서 그는 건축을 통해서 공간과 시간의 감각적이고 살아있는 상호 얽힘을 만들 수 있음을 강조하고 있다. 그는 빛, 색채, 물, 소리 등의 현상적 영역은 지각적 현상-시각은 물론 촉각, 청각, 후각, 미각 등-의 상호 얽힘의 결과로 인식한다. 그것은 하나의 감각적 영역의 이미지가 다른 감각적 영역의 이미지와 상호 작용하여 통합되는 것을 의미한다. 이렇게 드러난 현상적 영역은 빛과 재료의 물성, 그리고 신체의 움직임과 결합되어 현상적 공간으로 구체화되는 것이다. 이것은 또한 상호 얽혀 짜여진 지각적 중첩 현상을 통해서 교직된 공간(interwined space)을 만들어낸다. 이러한 이유로 그는 "공간, 빛, 색채, 기하학, 디테일, 재료 등을 상호 얽혀 짜여진 연속체"(S. Holl, 1996, p.12)로 간주한다. 〈상호 얽힘〉에서 홀은 건축의 현상학적 본질을 다음과 같이 설명하고 있다.

> "건축은 시간과 공간의 감각적이고 살아 있는 상호얽힘을 만들어낼 수 있다 .건축은 우리가 살아가는 방식을 변화시킨다. 현상학은 본질의 연구에 관계한다 : 건축은 본질을 존재(existence) 로 드러나게 하는 잠재력을 지닌다. 형태, 공간, 빛을 서로 엮음으로써 건축은 구체적인 대지, 프로그램, 건축 등으로부터 드러나는 다양한 현상을 통해 일상적인 삶의 체험을 고양시킬 수가 있다."(S. Holl, 1996, p.11)

그러므로 현상학적 지각을 활성화하기 위한 하나의 방법으로 홀은 신체의 움직임에 의한 시점의 변화와 공간지각의 현상을 강조한다. 신체의 움직임에 따른 지각의 현상적 변화는 다시점의 투시법적 공간, 다양한 동선으로 엮어지는 연속적 공간의 흐름, 분절된 개구부의 투시성 등 다양한 수법으로 나타난다. 그가 탐구하는 현상학적 건축은 신체의 움직임으로 주체와 객체의 상호 얽힘이 만들어내는 현상적 경험을 통해서 이루어지는 것이다. 홀은 이러한 현상적 건축의 특성을 신체와 관련하여 다음과 같이 설명하고 있다.

> "대지/상황이 주체와 객체, 존재와 본질, 이 양자가 되는 <정착 Anchoring, 1993>은 〈상호 얽힘 Interwining, 1996〉으로 새로운 영역에 들어간다. 가시적인 것(촉각적인 것 the haptic), 사고(관념의 힘(idea-force), 그리고 대지가 상호 얽히는 데서 새로운 강렬함이 예상된다. 관념의 힘, 현상학적 속성, 대지의 힘(site-force)이 상호얽힘을 이루는 데서 이 세 가지는 단순히 하나로 통합되는 것이 아니다. 거기에는 낯익지만 설명되지 않은 신비가 존재한다. 상호 얽힘은 안, 밖에 걸쳐있는 "틈"(between)을 갖는다. 우리의 신체는 건축 공간의 실체를 통과해 움직이며, 이와 동시에 그것과 함께 짝을 이룬다. 퐁티는 이것을 '세계의 몸' 이라고 불렀다."(S. Holl, 1996, p.16)

여기서 홀은 보는 자와 보이는 존재라는 이러한 역설은 사고를 수반하는 촉각-시각의 재귀라고 설명한다. 그는 3차원적인 3중음에서 상호 얽혀짜인 건축의 경관 속에 신체-자아가 상호관계를 맺으며 침입하는 것은 정체성과 다양함을 만들어낸다고 보았다. 이같이 자아의 침입은 건축이라는 타자와 자신의 상호 얽힘을 이룬다. 오브제로서의 목적이나 양식적인 권위에 의지하지 않는다면, 건축은 타자와 자아가 이와 같이 상호 관계적으로 침입하는 여부에 달려 있다. 여기서 신체는 현상학적 경험을 통해서 아직까지 경험해 보지 못한 신비를 강화한다. 대지의 특수성과 문화에 기반을 둔 개념은 촉각-시각과 현상학적 경험을 지향한 관념으로 더 한층 가속화된다. 그것은 단순히 '감성의 건축' 을 만드는 것이 아니라 주체-객체가 상호 얽힘을 이루는 것이다. 홀은 이러한 상호 얽힘은 "강한 현상학적 속성을 갖는 공간을 구현하여 동시에 건축을 사고의 수준으로 고양시키는 것"(S. Holl, 1996, p.16)이라고 말한다.

도6-68a, b, c, d
S.홀, 스트레토 주택, 달라스, 텍사스, 미국, 1989-1992

따라서 홀의 건축에서, 공간과 시간에 따라 변화되는 현상을 지각적으로 활성화하기 위해 빛의 변화와 신체의 움직임에 따른 시점의 이동은 디자인 과정에서 중요하게 다루어진다. 그는 시간에 대한 개인적 감각

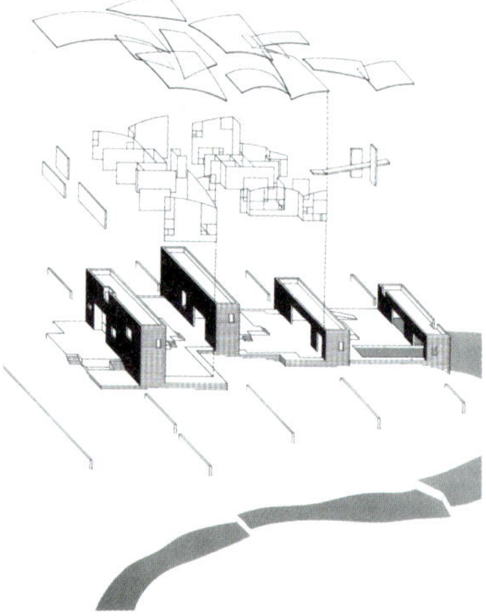

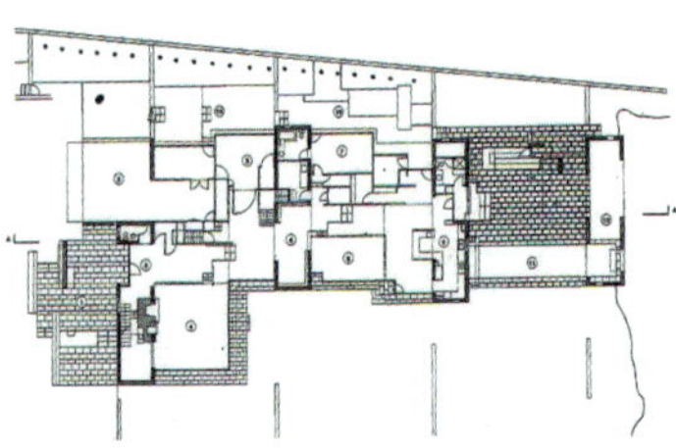

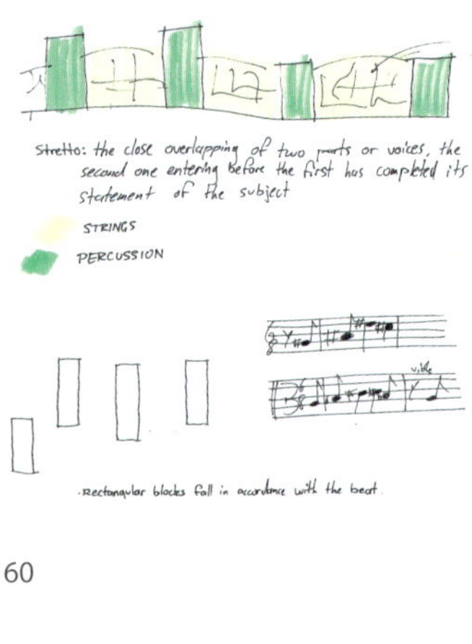

을 피터 아이젠만이 베를린의 유대인 학살기념비에서 보여준 것처럼 건축의 한 요소로 중요시 한다. 그에게 시간을 경험한다는 것은 공간을 경험하는 것과 같다. 사람은 공간적 진행의 관점에서 시간의 흐름을 느낄 수 있고, 공간은 시간을 통해 움직이는 신체에 의해 인지되기 때문이다. 시간을 경험하는 것은 항상 인간의 신체와 '발생한 사건' 간의 관계를 의미한다. 경험 그 자체는 일시적이지만 경험이 일으키는 공간, 즉 건축적 환경은 일시적인 것을 초월하는 특성을 지니고 있기 때문이다.((eds.) Tom Avermaete, 2009, 권영민 역, 2011, p.260) 홀은 이러한 신체와 사건들의 경험적인 척도는 '지속성' 이라고 언급하였다.

도6-69a, b, c, d
S. 홀, 성 이그나티우스 채플, 시애틀, WA, 미국, 1994-1997

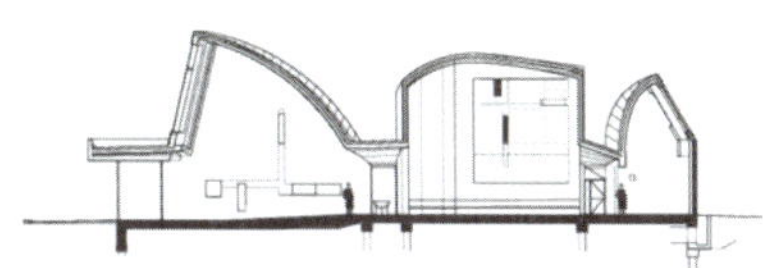

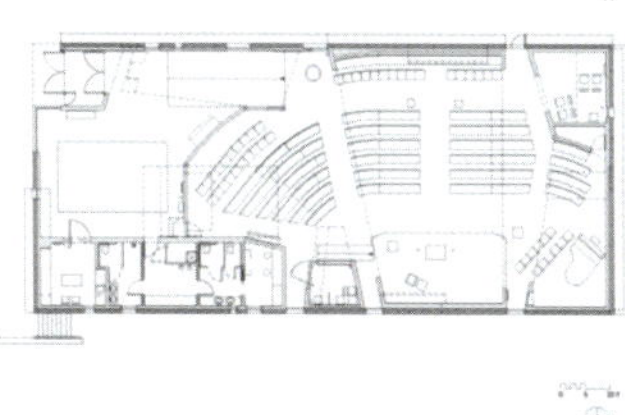

대지에서 추출한 개념을 건축 공간과 형태로 구체화한 작품은 달라스에 있는 **스트레토주택**(Stretto House, Dallas, Texas, USA, 1989-1992)(도6-68a, b, c, d)에서 찾아볼 수 있다. 여기서 홀은 4개의 콘크리트 댐이 있는 세 개의 연못에서 유동성의 디자인개념을 유추하여 현상학적 영역을 경험시키는 건축을 만들고자 하였다. 이 주택은 콘크리트 블록으로 만든 '공간적 댐들' 과 그 사이를 흐르는 철제프레임의 '유동적 공간' 을 모두 지니고 있어 그곳의 장소성을 반영한다. 이 주택의 내부에서 방문자는 대지의 경사를 따라 배치된 건물의 레벨 차가 만들어내는 면들의 중첩으로 인해 점층적으로 겹쳐지는 유동적인 공간을 지각하게 된다. 따라서 주택 평면들은 한 공간의 레벨을 다음 레벨로 끌어들이고, 지붕면은 공간을 벽 위로 끌어올리고, 아치형의 벽은 채광창으로부터 빛을 아래로 끌어내리는 역할을 한다. 홀은 내부에서 빛의 효과와 함께 외부 풍경을 중첩시켜 끌어들임으로써 신체의 움직임에 따라 다양하게 지각되고 유동하는 공간의 연속성을 체험하도록 의도하였다.

시애틀에 위치한 **성 이그나티우스 채플**(Chaple of St. Ignatius, Seattle, WA, USA, 1994-1997)(도6-69a, b, c, d)은 단순한 직사각형의 기하학 속에 분절된 공간의 단위들이 빛과 함께 다양한 지각적 층위를 이루며 통합된 공간적 질서를 만들어내는 방식을 보여 준다. 홀은 이 채플에서 '돌 상자 안에 담긴 7개의 빛의 우물' 이라는 개념(El Croquis, vol.93,

1999, p.88)을 채택하고 다양한 빛으로 드러나는 상이한 볼륨들을 하나로 통합하고 있다.(주40) 마찬가지로 입면에 도입된 다양한 개구부와 창들은 태양의 변화에 따라 시시각각 서로 다른 성질의 빛을 내부에 끌어들인다. 이 건물에서 영적인 삶의 은유로 사용된 빛은 영적인 삶을 구성하는 내부의 빛과 어두움의 대조를 통해 암시된다. 단순한 기하학 형태 안에서 풍요롭게 분절된 내부공간의 분화는 입면에 새겨진 단면을 읽음으로써 도로에서도 지각되도록 하였다. 이것은 서로 독립된 입면을 병치시켜 관찰자의 위치변화에 따른 시점 변화에 따라서 건물을 여러 측면에서 볼 수 있도록 의도한 결과이다.

b.

신체는 건축공간의 다양한 틈들을 채워 간다.

홀이 추구하는 현상학적 건축의 목적은 이와 같이 신체의 참여를 통해 건축 공간 속에 존재하는 다양한 층위의 틈들을 채워가면서, 이전까지 경험하지 못한 현상학적 경험을 수용자(관찰자)에게 경험시키려는 데 있다. 홀은 이처럼 신체의 참여를 통해 경험되는 현상학적인 틈과 미확정성에 대해 다음과 같이 말한다.

> "건축은 그 침묵의 공간성과 촉각적인 물질성을 내포함으로써, 인간의 경험에 본질적이고 내재적인 의미와 가치를 다시 회복할 수 있다. 미래의 휴머니즘에 대해 생각하자. 다시 말하면 미확정성(the indeterminate)과 우연성(the acasual)의 측면에서 더 융통성을 갖게 될 건축을 말이다...." (S. Holl, 1996, p.11)

그러므로 홀이 탐구해온 '변위(變位)에 의한 공간경험'은 신체와 관련된 미확정의 많은 틈들을 공간구성의 배열 속에 의도적으로 전개해 놓으려는 것과 밀접한 관계가 있다. 그의 작품에서 경험되는 에워쌈의 공간적 속성은 다양한 각도로 놓여 각각의 면에 의해 생성된 다수의 소실점을 갖는 투시도가 중첩되어 '현상학적 공간의 장(場)' (S. Holl, 1989, p.11)을 만들어낸 결과이다. 그의 작품에서 발견되는 다초점, 이동 위치, 개구부의 중첩된 켜 등으로 만들어지는 공간적 변위, 공간경험의 다차원성 등은 공간을 지각하고 경험하는 관찰자의 여러 시점과 시퀀스를 의식하고 접근한 결과이다. 이러한 공간개념은 모더니즘 건축의 추상적인 공간개념과는 달리, 특정 상황 속에서 그 공간을 읽고 해석하는 관찰자에게 다양하게 경험되는 다층적인 이벤트의 공간구조의 속성을 지닌다.

홀의 작품에서 보이는 다층화된, 그리고 투명성을 띤 경계들로 경험되는 사잇(틈)공간의 개념과 지각적 잉여성의 개념들은, 건축작품 속에 미결정성의 여러 틈들을 설정하고 그것을 관찰자의 참여과정을 통해 완성해 나가도록 하기 위한 수법이다. 특히 공간의 중첩과 시퀀스에 의한 공간 지각효과와 다층성의 개념은 관찰자의 이동과 시점의 변위와 관계가 있다. 그것은 연속적으로 공간 상호간의 관계적 층위와 위상의 변화에 따라 여러 의미의 공간으로 지각되는 경우에 잘 나타난다. A. 꼬메즈(Alberto Pérez-Gómez)는, 홀의 작품에서 발견되는 이와 같은 건축의 감각적인 측면들이 매우 중요하게 나타나지만 그것 자체가 목적이 아니라 거주자의 상상력을 끌어들이기 위한 수단이라고 지적한다. 이것은 홀의 작품에 시간성과 관련된 중요한 이슈—그가 건축을 통해 제안하는 경험의 방식들—가 존재하는 이유이다. 이러한 이슈들은 '프로그램'에 대한 비판적인 재해석을 바탕으로 수동적인 관찰자를 능동적인 참여자로 설정하는 것이다. 이렇게 함으로써 "거주자는 경험을 통해 잠재되어 있는 전체성을 인식하는 것이 가능하다" 고 꼬메즈(Alberto Pérez-Gómez), 1996, p.9)는 지적한다.

홀이 디자인 초기단계에서부터 다시점의 수채 투시도(주41)를 그려서 빛과 신체 이동에 따른 현상의 변화를 검토하고, 모형을 실물 재료로 만들어 재료의 물성에 따른 빛의 효과를 실험하는 것은 바로 이러한 이유에서이다. 여기서 다시점으로 그려지는 수채 투시도는 그가 신체의 움직임에 따른 시점과 공간지각의 위상변화를 인지하고 다수의 시점에서 동시적으로 지각되는 공간경험을 표현하기 위한 도구이다. 홀은 작품 속에서 전개될 다시점의 여러 장면들을 스케치하는 과정을 통해서 공간 속에 있는 신체의 경험을 예측하고, 인식된 공간(space as conceived)과 체험된 공간(space as lived) 양자의 분리현상을 해소하고자 시도해 왔다.

이와 함께 홀의 현상학적 건축에서 그 주된 특성은 그가 공간을 빛의 현상으로 인식하는 데서 잘 드러난다. 홀은 "공간은 변화의 속성을 지닌 유동적인 것이며, 시간과 빛 등 비물질적인 속성들은 공간에 본질적인 생명을 부여한다" (S. Holl, 1994, p.63)고 보았다. 건축에서 눈에 보이는 것과 감각으로 느끼는 것은 빛과 그림자에 따라서 형성되기 때문이다. 인간이 지각하는 공간은 재료, 색채, 빛의 변화에 따라 상이하게 경험되기 때문에, 홀에게 빛의 변화를 고려한 현상의 지각적 활성화는 물의 도입, 재료와 텍스처의 변형, 색채, 야경으로 드러나는 빛의 공간 등 다양한 수법으로 채택되고 있다. 그의 건축에서 빛을 반사, 굴절, 투사시키는 물은 현상을 투영하는 '현상적 렌즈' 의 역할을 한다. 또한 유리, 마감재 등의 물성과 촉각적 영역에 대한 탐구를 통해서 빛의 산란과 다양한 층위의 그림자를 실험한다. 이때 색채는 자연의 빛과 인공의 빛의 상호 얽힘을 만들어주는 '색채 스크린' 의 역할을 한다.

신체 이동에 의한 시차와 공간적 변위에 의한 다시점의 투시적 공간구성의 개념은, 일본의 치바에 있는 **마쿠하리(幕張) 집합주거**(Makuhari Housing, Chiba, Japan, 1992-1996)(도6-70a, b, c), 핀란드 헬싱키의 **키아스마 현대미술관**(Kiasma Museum of Contemporary Art, Helsinki, Finland, 1993-1998)(도6-71 a, b, c), 그리고 미국 와싱턴주에 있는 **벨뷰 미술관**(Bellevue Art Museum, Bellevue, WA, USA, 1997-2001)(도6-72a, b, c, d) 등에서 구체화되었다. 마쿠하리 집합주거에서 홀은 인간 신체와의 관계에서 경험되는 촉각적 측면을 통해 집합주거에 다양성을 부여하고자 하였다. 여기서 홀은 공간과 투시도적 조망이 갖는 힘, 침묵적인 건물과 함께 공존하는 역동적인 건물(주42),

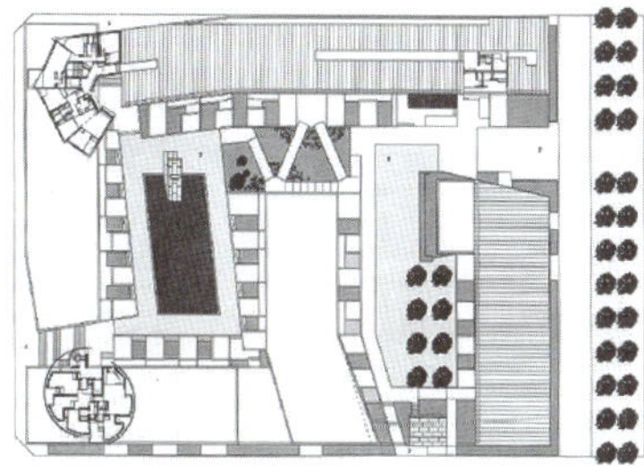

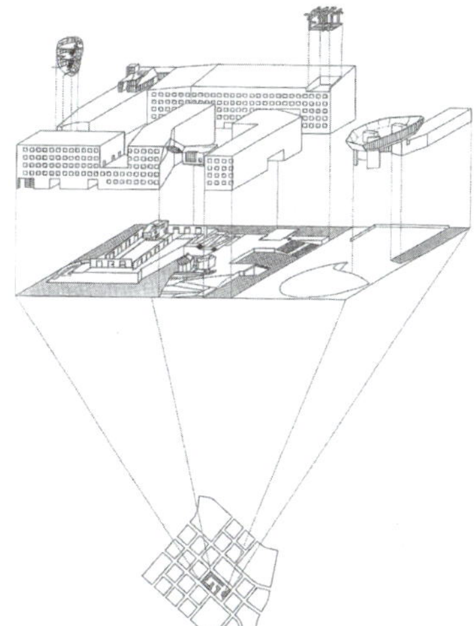

도6-70a, b, c
S. 홀, 마쿠하리 집합주택, 치바, 일본, 1992-1996

프로젝트 전체에 살아있는 다양한 공간적 시퀀스의 특성 등을 구체화함으로써 건축의 본질을 존재로 드러내는 현상학적 건축을 만들어냈다. 이러한 사실은 도시공간과 통행로를 형성하는 정적인 구조물을 태양의 변화와 투시도 효과를 고려하여 배치함으로써 그것들이 신체의 움직임에 반응하여 다양한 현상으로 지각되도록 의도한 데서도 발견된다. 여기서 다양한 각도로 꺾여 분절된 면으로 이루어진 3차원적인 벽면은 벽의 기울어짐에 따른 음영의 변화와 재료의 변화를 활성화시킨다. 이 분절된 면들은 신체의 움직임에 따른 시점의 이동을 디자인에 반영한 결과이다. 따라서 중정에 발을 들여 놓으면, 방문자는 언제 어느 위치에서도 건물의 위, 아래, 중간에, 그리고 틈 사이에서 공간을 신선하게 유지시켜 주는 소규모 활동영역-연못과 차실의 공간, 나무 숲과 게이트 하우스, 전망 데크 등(주43)-을 지각하게 된다.

키아스마 현대미술관에서, 홀은 도시와 랜드스케이프의 기하학을 직조하여 독특한 건물의 매스를 만들어내고 있다. 여기서 그는 프로그램과 태양의 궤적, 도시환경의 문화적 구조(축)를 분석하고 이것을 두 개의 이질적인 볼륨으로 통합하여 해결하였을 뿐만 아니라, 건물의 내, 외부에서 공간적이고 감각적인 다양한 경험들을 만들어냈다.(주44) 그 결과, 도시의 기하학과 자연의 기하학의 상호 얽힘의 관계는 두 개의 서로 다른 볼륨이 태

도6-71a, b, c
S. 홀, 키아스마 현대미술관,
헬싱키, 핀란드, 1993-1998

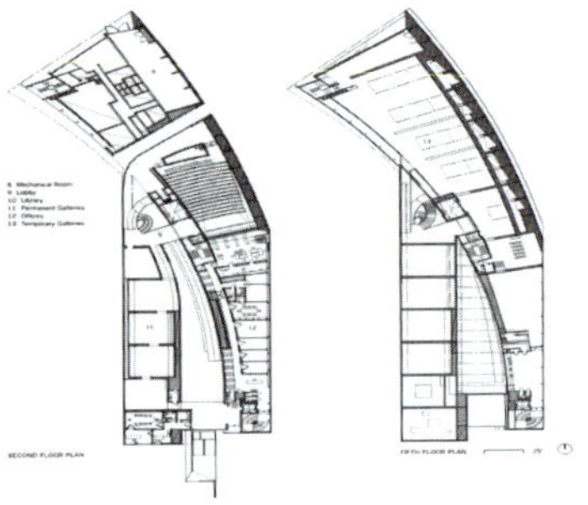

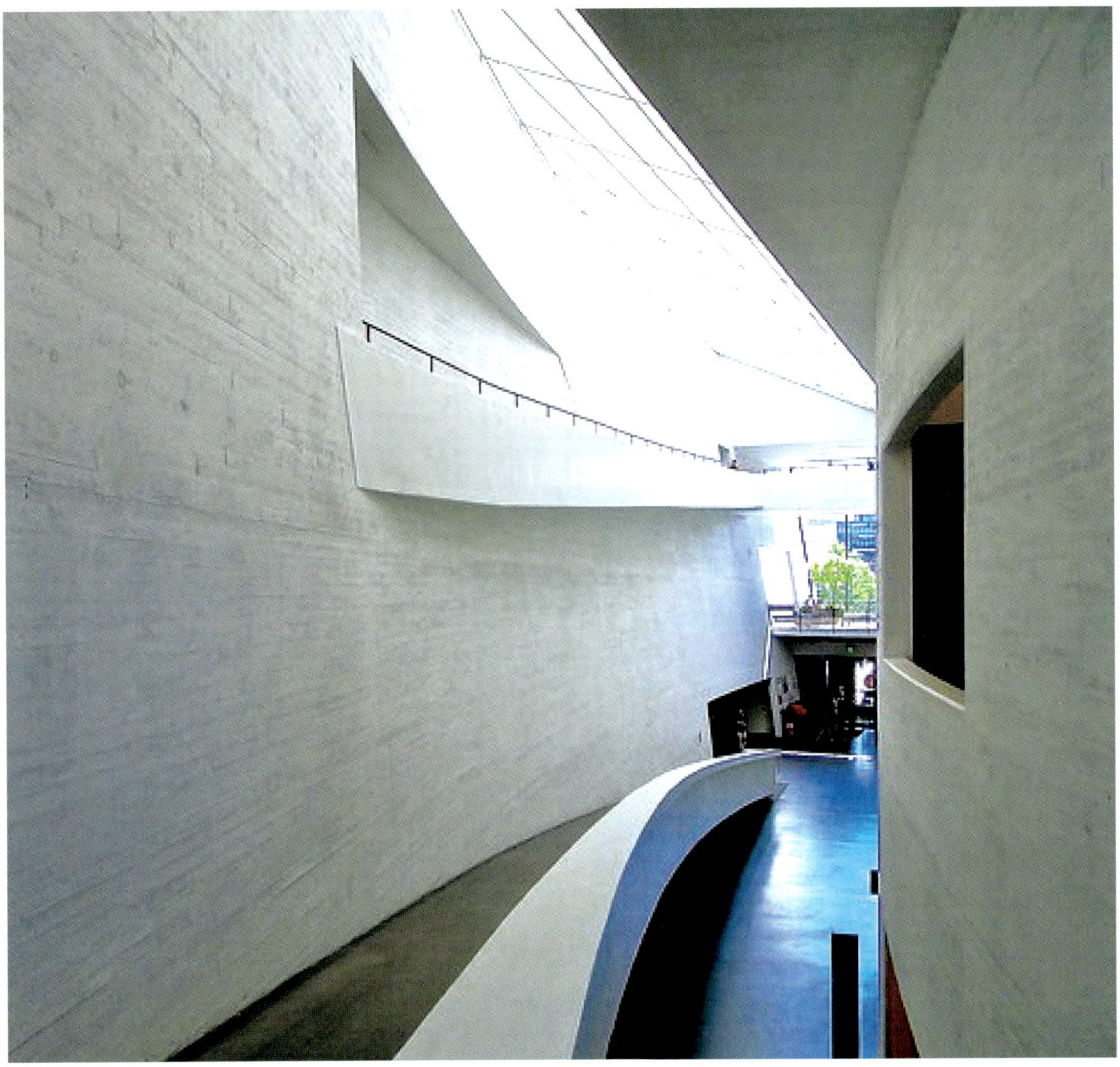

양의 궤적에 대응하여 점층적으로 통합되면서 그 사이에 빈 공간을 만들어낸다. 특히 입구에서 갤러리 공간 사이 사이에 펼쳐 있는 다양한 공간체험은, 방문자의 움직임에 따른 시점 이동과 빛의 현상을 관련시켜 만들어낸 촉각적이고 감각적인 공간의 특질을 연출한다. 따라서 미술관 건물은 전시실 영역의 틈이 벌어진 형상으로 되어 수평적으로 빛을 받는 단면과 내부공간의 연속성이 결합된 공간의 흐름을 만들어내고 있다. 여기서 방문객들은 시시각각 변화하는 조망을 통해 다양한 공간적 시퀀스를 체험하게 되는 것이다. 홀은 디자인 과정에서 공간 속에 존재하는 관찰자의 경험을 예측하는 여러 스케치 장면들을 그려 관찰자의 지각공간의 다양한 층위들을 탐구하였다.(주45) 이처럼 방문자들은 연속적으로 펼쳐지는 장면들의 변화를 다양한 투시를 통해 경험하게 되는데, 이것은 내부 공간에서의 경험을 키아스마(Kiasma)의 직조(織造)-얽어 함께 구성-한다는 디자인의 전체 개념에서 유래된 것이다.

벨뷰 미술관에서, 홀은 신체의 움직임에 의한 시차의 변화를 통해서 만들어지는 연속적인 공간의 흐름을 보여주고 있다. 여기서 홀은 건물의 구성개념으로 3중성의 개념을 도입한다. 그것은 경험과 사고와 접촉이라는 비(非)-변증적인 경험을 통해서 공간에 3가지 차원-3개의 갤러리, 3개의 상이한 빛의 조건들, 3개의 동선의 선택-의 특성을 부여하는

도6-72a, b, c, d
S. 홀, 벨뷰 미술관, 벨뷰, WA, 미국, 1997-2001

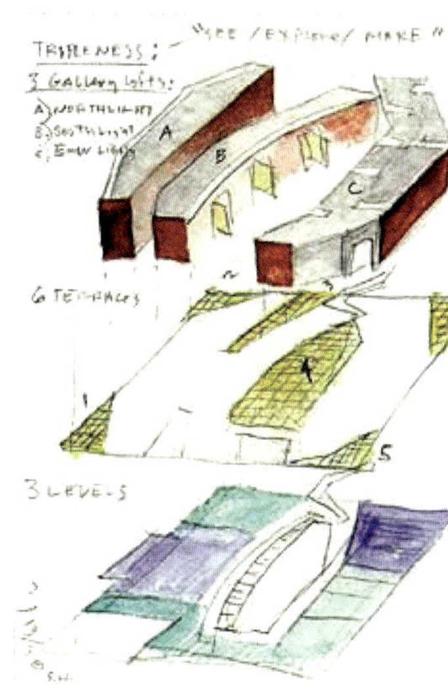

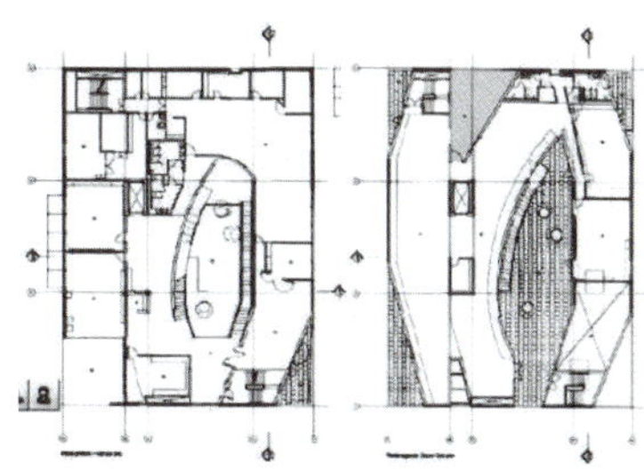

도6-73a, b, c, d, e
S. 홀, MIT 기숙사 시몬스 홀, 보스톤, MA, 미국, 1999-2002

것이다. 여기서 갤러리 공간은 주된 공공의 공간뿐 아니라 움직임의 시퀀스를 규정한다. 특히 3개의 갤러리 층에 나타나는 특징이 다른 3가지 빛은 3가지 서로 다른 시간의 개념에서 유추된 것이다. 이 갤러리 층들은 각각 경계 벽을 이루는 구조로 섬세하게 에워싸여 지지되어 있다.(주46) 1층 로비에 있는 포럼 공간과 갤러리 공간은 공간의 다층성과 다시점으로 서로 연결되는 개구부, 창문 등의 틈새와 동선의 병치 등을 통해서 변위에 의한 공간지각의 다차원성에 대한 경험을 촉진한다. 그 결과, 단순한 기하학 상자 형태 속에 담긴 반투시도적, 복층적인 공간질서의 전개는 단선적, 단층적인 아니라 복선적, 다층적인 질서를 갖는다.

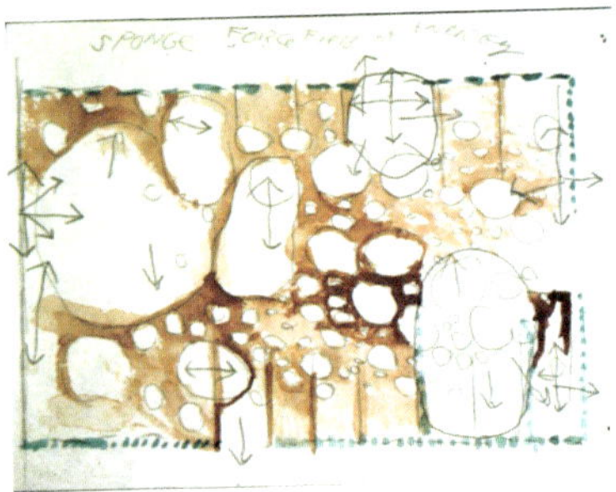

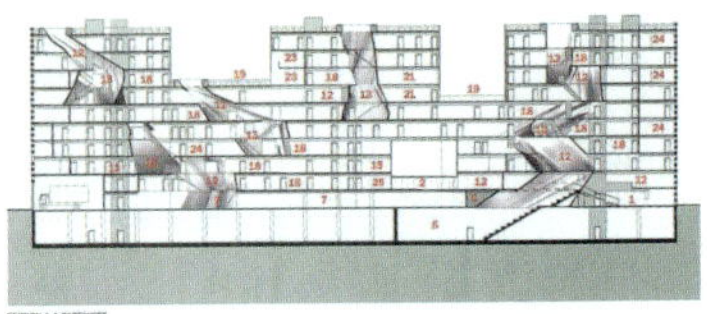

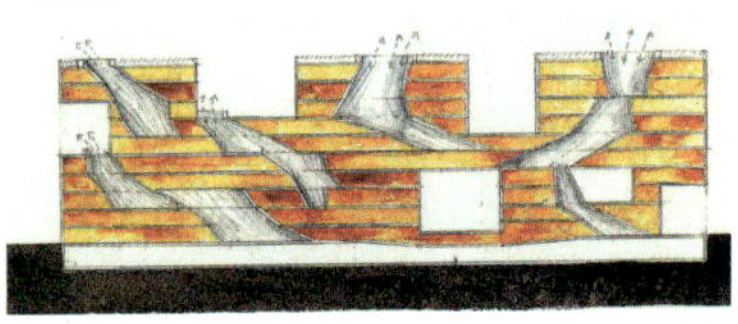

MIT 기숙사 시몬스 홀(Simmons Holl, MIT Undergraduate Residence, Massachusetts, 1999-2002)(도6-73a, b, c, d, e)에서 홀은 이 건물이 도시 형태와 캠퍼스 형태의 일부가 되도록 다공성(porosity)과 스펀지(spoung)개념을 도입하였다. 이 기숙사 건물 안에 도시적인 분위기를 연출하기 위해 가로변에 식당, 레스토랑 등 편의시설들을 배치하였으며, 기숙사 내부의 방들을 연결하는 복도는 마치 도시의 다양한 경험이 일어나는 좁은 가로와 같이 구성하였다. 건물의 매스는 5개의 거대한 스케일의 개구부로 구성되어 있으며, 이러한 개구부의 일부는 스펀지 프

린트 문양으로 평면에서 단면에 이르기까지 자유롭게 연결되어 있는 규칙적인 표면시스템을 갖는 블록 안에 수직적인 다공성을 만들어낸다. 이러한 개구부들은 자연채광과 외기를 단면을 통해 건물 안으로 끌어들이는 허파와 같은 역할을 한다.

도6-74a, b, c, d, e, f
S. 홀, 넬슨-아트킨 미술관, 칸사스 시, 미국, 1999-2007

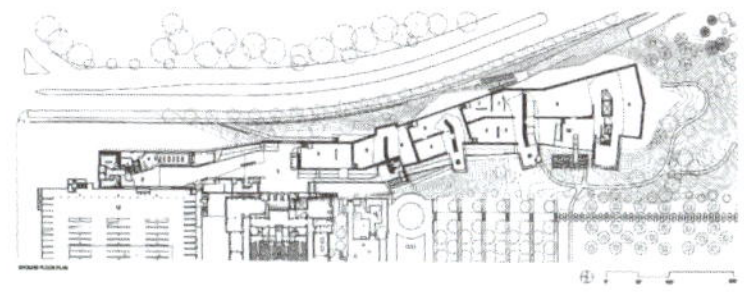

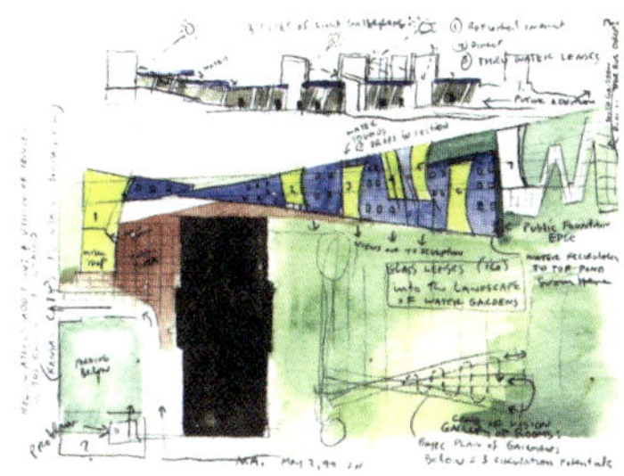

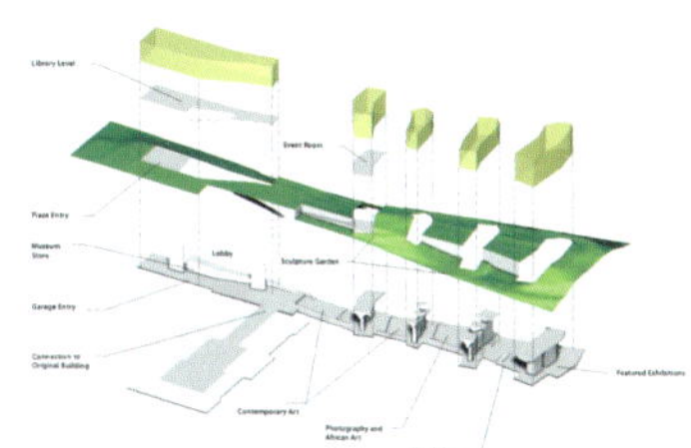

넬슨-아트킨 미술관 증축(Nelson-Atkins Museum of Art Expansion, Kansas City, MO, USA, 1999-2007)(도6-74a, b, c, d, e, f)에서, 홀은 미술, 랜드스케이프, 건축을 연결하는 개념에서 출발하고 건축과 랜드스케이프 상호 침투를 도입하여 새로운 건물에 '시간을 초월한 자극적이고 고무적인 효과'를 만들어내고자 의도하였다. 여기서 그는 5개의 투명하고 경쾌한 조각적 형상(주47)의 건물(Bloch Building)을 자기충족적인 육중한 신고전주의의 기존 석조건물(Nelson-Atkins Building)과 대비되는 방식(주48)으로 배치하였다. 따라서 새로 증축되는 건물의 대부분은 256m의 장축 방향의 테라스형으로 조성된 랜드스케이프 정원 아래에 묻혀 있으며, 단지 유리렌즈 또는 '랜턴(lanterns)'이라 불리는 5개의 조각적인 렌즈 형상들만이 지하로부터 솟아 올라 지상에서 보이도록 하였다. 이 렌즈 형상의 주위로 조각공원의 보행로가 미로처럼 만들어져 있으며 그 결과, 새로운 건물은 조각정원의 일부가 된다. 낮에는 반투명하거나 투명한 유리가 빛을 받아들이고, 밤에는 빛의 발광체처럼 그

주변을 밝히면서 드러난다. 이 렌즈의 굴절형상의 특성들은 굴곡된 보행로에 따라 시시각각 변화한다. 이것은 새로운 공간, 새로운 조망, 새로운 시야를 만들어낸다. 이것은 랜드스케이프 사이를 이동하는 신체의 움직임과 빛을 모으는 렌즈 사이를 자유롭게 이동하는 과정을 통해 색다른 경험을 제공해준다.((ed.) Suzanne Greub and Thierry Greub, 2006, p.189) 갤러리 내부공간들을 가로지르는 통로는 구관이 전통적인 방식으로 배열되어 있는 반면, 신관 건물에서는 다양한 레벨에서 방향성이 없는 흐름으로 대체되었다. 그 결과, 방문자에게 랜드스케이프와 조각 정원에 대한 조망과 새로운 시선을 끊임없이 열어준다. 홀은 이 새로운 건물에서 인상적이고 조각적인 형상뿐만 아니라, 방문자들이 구관과 신관이 보여주는 긴장 속에서, 문화공원에서, 그리고 내부의 새 갤러리에서 다양한 움직임과 조망을 경험할 수 있도록 한 것((ed.) Suzanne Greub and Thierry Greub, 2006, p. 193)(주49)으로 평가받고 있다.

중국 베이징의 **연결된 하이브리드 복합단지**(Linked Hibrid Complex, Beijing, China, 2003-2009)(도6-75a, b, c, d, e)에서, 홀은 도시의 여러 방향에서 접근가능한 보행자 지향적인 다공성의 도시공간을 조성하여 '도시 안의 열린 도시' 라는 개념을 진척시켰다. 특히 이러한 개념은 지상, 지하, 공중에서 전개되는 다양한 레벨의 다면적인 공간의 켜(층위, multifaceted spatial layers)를 통해 그가 베니스의 팔라쪼 델 치네마 계획안(Palazzo del Cinema, Venice, 1990)(주50)에서 시도해 본 '영화 같은 도시적 공공 공간(filmic urban public space)'을 만들어내고 있다. 그 결과, 모든 건물들이 전방위적으로 함께 융합된 3차원적인 도시공간은 통해 '상호 대화적 관계' 를 촉진시키고, 상업, 주거, 교육에서 레크리에이션에 이르기까지 다양한 공공장소에서의 만남을 장려하도록 의도하였다. 지상레벨의 개방된 통행로, 지속가능한 지열효과를 지닌 반사 연못, 다양한 공공 기능과 연결된 녹색공간과 공공 옥상정원, 공중의 다기능 스

도6-75a, b, c, d, e
S. 홀, 연결된 하이브리드 복합단지, 베이징, 중국, 2003-2009

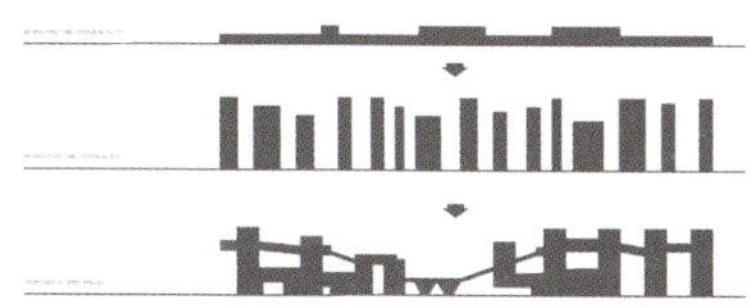

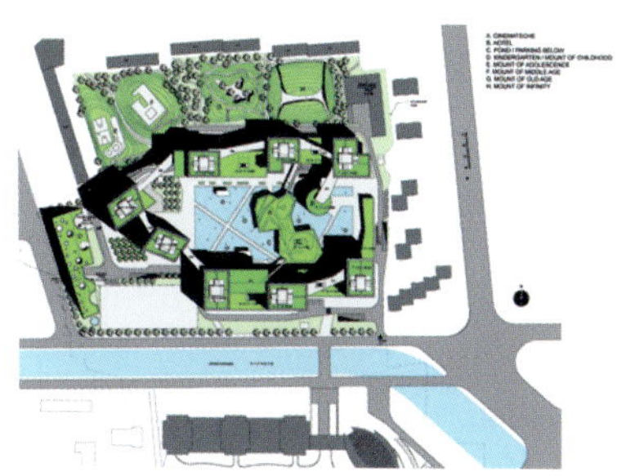

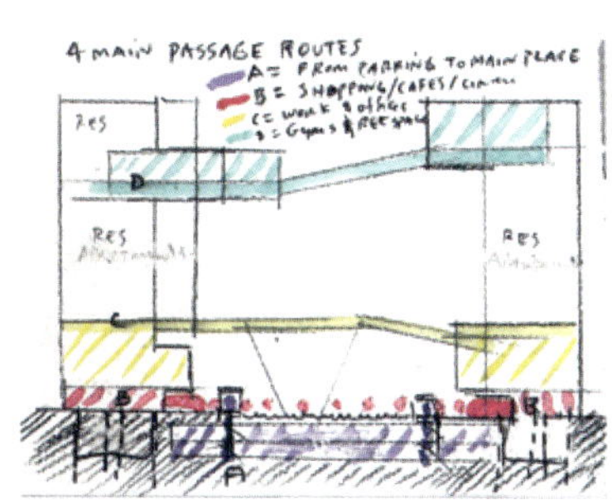

카이브릿지 및 지상의 순환형 루프의 무작위적인 관계망 구축 등을 통해서 펼쳐지는 공간성과 통로는, 신체가 움직임, 시간성, 시퀀스, 조망의 변화 속에서 공간을 이동하는 경험을 만들어내고 있으며, 거주자와 방문자 모두에게 도시 생활의 특별한 경험을 유발하는 사회적 응축기로서 작용하도록 의도된 것이다.

아이오와 대학의 **시각예술빌딩**(Visual Arts Building at the University of Iowa, Iowa City, USA, 2010-2016)(도6-76a, b, c, d, e, f)은 홀이 최근의 작품들에서 지속적으로 실험한 수평적인 프로그램을 상호 연결하도록 오픈된 바닥 플레이트에 수직적으로 절개하여 만든 수직적 다공성, 건물의 중심부에 도달하는 자연채광과 환기의 흐름을 위해 수직적인 켜로 계획한 다양한 빛, 우물의 중심성, 수평적인 만남 공간으로서의 복도와 비공식적인 미팅과 상호교류를 위한 '수직적인 사회적 응축기' 로서의 계단, 그리고 물질적 공명과 생태학적 혁신 등의 개념을 독창적인 방식으로 도입하고 있다. 홀이 이전(2006)에 설계한 예술학부 서관(Arts Building West)이 수평적으로 이루어진 다공성과 평면적 구성인 반면에, 이 새로운 건물은 수직적으로 이루어진 다공성과 입체적으로 구성하여 다양한 프로그램과 사회적인 순환 동선 사이에 최대한의 상호작용이 만들어지도록 의도하였다. 따라서 학생들은 다양한 활동들을 시각적으로 볼 수 있을 뿐 아니라 사회적 및 신체적인 상호작용을 통해서 풍부한 공간과 장소를 경험하게 된다.

도6-76a, b, c, d, e, f
S. 홀, 시각예술빌딩, 아이오와, 미국, 2010- 2016

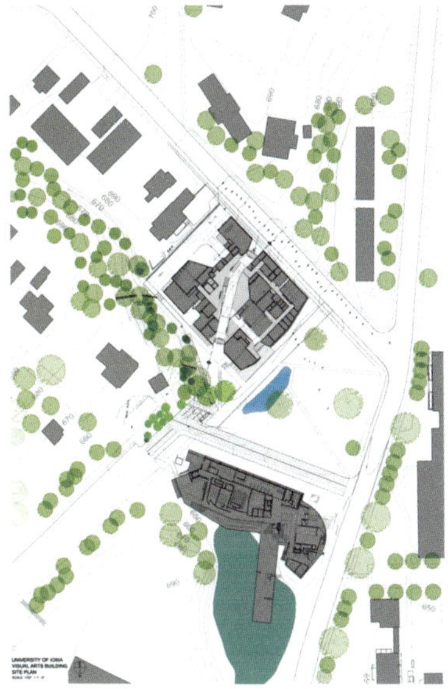

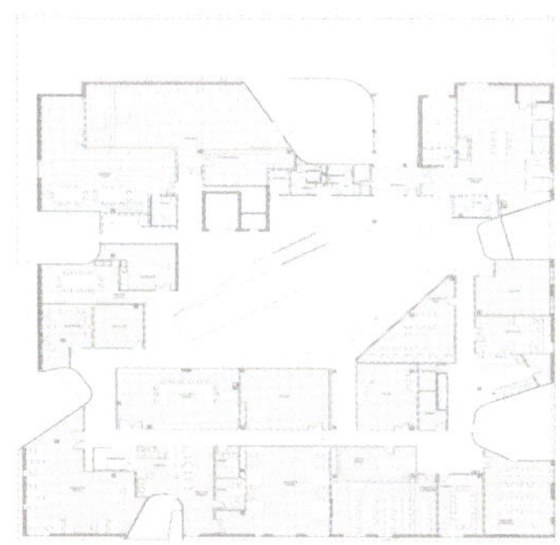

신체와 기억의 새로운 담론 : 베르나르 츄미, 다니엘 리베스킨드

| 이벤트로서의 건축 : 베르나르 츄미 |

a.

건축은 공간과 그 공간에서 일어나는 이벤트에 관한 것이다.

인간의 기억과 체험이 발생하는 장소로서의 건축 공간에 대한 탐구는, 건축을 '이벤트가 진행되는 공간화' 로 인식하고 접근하는 디자인 접근태도에서도 발견된다. 이러한 사고는 건축을 공간, 행위, 움직임이 만들어내는 '이벤트(event)' 로 정의하고 있는 츄미에게서 찾아볼 수 있다. 그는 건축이란 미래의 상황 속에서 발생하게 될 이벤트들의 구축에 존재한다고 보았다. 건축이란, 본질에 있어서 개념적이면서 동시에 지각적인 속성을 지니기 때문에, 여기에 '건축의 역설이 존재' 한다고 그는 강조한다. 이러한 역설은 건축을 지적인 문제로 바라보는 경향, 즉 언어적인 것이나 형태적인 변인들을 갖는 비물질화된 개념적 영역으로 건축을 사고하는 경향(피라미드)과 이와는 달리 감각과 공간에 대한 경험은 물론 장소와 실제성 사이의 관계에 집중하는 경험적인 영역들(미로)이 공존하는 데서 기인한다고 보았다.(주51)

따라서 츄미는 개념이자 동시에 지각이기도 한 건축의 이러한 역설을 부정하기보다는 가속화시키고 강화할 수 있는 대안으로 '경험된 공간' 을 제시한다. 이것은 공간의 지각이나 개념을 뛰어넘어 의미생성의 일반화라는 등가성으로 환원할 수 없는 공간, 즉 "이벤트를 실천하는 하나의 과정이자 방식" (Michael Hays, 2010, 조순익 역, 2011, p.162)이다. 그는 이러한 공간을 만드는 실제적 방법으로 조르쥬 바타이유의 내적 경험expérience intérieure과 상황주의자들의 사건(événement)과 관련된 이벤트 개념(주52), 그리고 롤랑 바르트의 텍스트의 즐거움이라는 시각에서 다시 쓰인 '경험된 공간' 이라는 관점에서 건축을 텍스트화한다. 츄미에게 "건축이란 개념과 경험, 이미지와 용도, 이미지와 구조가 결합되는 독특한 상황에서 발견되는 것" ((ed.) Peter Noever, 1991, p.128)을 의미한다. 〈이벤트 건축, Event Architecture〉 에서 츄미는 건축을 다음과 같이 정의한다.

> "건축은 공간 그 자체보다 공간 안에서 일어나는 이벤트에 관한 것이다. 기차역이 박물관으로, 교회가 나이트 클럽으로 변하는 현대 사회에서, 우리는 형태와 기능 간의 예외적인 상호 교환 가능성, 그리고 모더니즘이 신성시했던 전통적이고 규범적인 인과론적 관계가 상실된 것을 목도하게 된다. 기능은 형태를 따르지 않고, 형태 또한 기능을 따르지도 않는다. 그것은 허구였다. 그러나 형태와 기능이 충격 효과를 만들어낸다면, 분명히 상호 작용한다. 만일 '충격' 이 더 이상 파사드나 로비공간을 계승하여 병치하는 데서 만들어질 수 없다면, 이제 이러한 파사드 배후에 있는 공간 안에서 일어나는 이벤트를 병치함으로써만 만들어질 수 있다."(Event Architecture (ed.) Peter Noever, 1991, p.125)

그러므로 츄미는 "건축이란 디자인을 상황화하는 것이 아니라 상황을 디자인하는 것" ((ed.) Peter Noever, 1991, p.130)이라고 강조한다. 그는 "건축이란, 디자인의 조건들을 만드는 것(conditions of design) 이 아니라, 우리 사회의 가장 전통적이고 퇴행한 측면들을 교란시키고 동시에 이러한 요소들을 가장 자유분방한 방식으로 재구성함으로써, 우리의 경험이 건축을 통해 구성되고 전략적으로 계획된 이벤트의 경험이 되도록 만들어줄 조건들을 디자인하는 것(design of conditions)" (B. Tschumi, 1994, p.260)이라고 강조한다. 그에게 이것은 건물의 상황들을 충족시키는 것이 아니라 상황들의 구축을 만들어내는 것이 목표가 되어야 하다는 것을 의미한다. 여기서 상황이 의미하는 것은 형태나 구성에 관한 것이 아니라, 서로 다른 구성체들에 직면하였을 때 이것들을 어떻게 함께 구성할 것인가와 관련된 분석적 접근에 관한 것을 말한다. 이것은 그가 건축을 그것이 처한 상황의 맥락에 따라 사회와 문화를 반영하는 도구로 인식하는 것과도 관계된다. 츄미는 표면의 건축적 이미지에 사로잡힌 현대 사회에서, 이미지보다는 아이디어(주53)에 더 관심을 보인다. 이렇게 함으로써 우리 시대의 전통적으로 퇴행한 측면들을 재배치하고 동시에 자유로운 방식으로 이러한 요소들을 재구성할 수 있기 때문이다. 츄미는 이러한 작업을 통해서만 '우리의 경험이 조직되고 전략화된 이벤트의 경험이 되는 것' 이 가능하다고 보았다. 그의 관점에서 보면, 건축가의 역할은 이벤트와 공간이 상호간 충돌하는 것을 강화함으로써 현대 도시가 지향하는 새로운 헤테로토피아적인 질서를 제공하는 것이다.

츄미는 이벤트의 개념이 공간과 시간의 관계 속에서 이루어지는 우리의 공간 지각의 경험을 새롭게 하고 확장해 준다고 다음과 같이 말한다.

> "공간은 우리가 그 공간을 통해 이동하기 때문에 시간적 속성을 지닌다 ; 시간은 공간을 우리 건축가가 만든 것이기 때문에 공간적이다. 공간을 통해서 우리는 시간을 드러낸다. 그러나 시간 또한 우리의 공간을 촉진하기 위해 존재한다. 그리고 이따금씩 공간적 경계에 대한 지각의 변화로 인해 공간을 변형시킨다. 프로그램적인 측면과 공간적인 측면의 조합이 이루어질 때, 이벤트의 개념은 그 수학적인 차원을 보다 상세히 설명해 준다. 이벤트는 모든 가능성 있는 (우연한) 사건들 중의 어느 하나인데, 그것은 건축적 상황 하에서 반드시 일어나게 되어 있다."(Bernard Tschumi, 2000, p.13)

츄미는 〈맨하탄 트랜스크립트 The Manhattan Transcripts, 1994b〉에서 공간을 시간화하고 대도시의 지역들을 정열적이고 폭력적으로 떠돌아다니는 움직임을 분석한다. 그는 하나의 프로그램을 취해 그것을 분해하고, 절단하여, 어떤 시각적인 재료와 같은 방식으로 재구성하려고 하였다. 이것은 이러한 프로그램의 단편들을 위치시키는 것이 건축이라고 보았기 때문이다. 그의 건축이란 더 이상 형태, 벽의 문제가 될 수는 없으며, 이질적이고 상호 모순되는 용어들의 조합으로 재정의 되어야 한다고 주장한다. 그에 따르면, 공간, 움직임, 이벤트는 궁극적으로 독립적인 것이지만, 이 3개의 층위가 만들어내는 새로운 관계가 일상 행위라는 이벤트를 수용하는 건축 경험의 새로운 질서를 만들어낸다. 따라서 그는 이 3쌍의 기술양식을 통해 경험의 질서, 시간의 질서－움직임, 간격, 시퀀스－를 제시하고 이것을 도시를 읽는 데 필요한 새로운 표현양식으로 활용하고 있다. 츄미가 "프로그램 없는 건축이 존재하지 않듯이 움직임없는 건축 또한 존재하지 않는다" (Bernard Tschimi, 2000, p.17)는 명제를 제시한 데서 알 수 있듯이, 그는 움직임을 건축의 발생인자(Movement as Generator)로 설정한다.(주54)

> "이벤트 없는 건축이 없고, 행위 없는 건축이 없으며, 활동과 기능이 없는 건축은 없다. 건축은 공간, 이벤트, 움직임의 개념들이 이들 사이에 어떤 위계나 우열이 없이 조합된 것으로 간주되었다... 건축을 공간, 행위, 움직임 등과 같이 정의하는 데서 발생하는 이질성이야말로 건축을 이벤트로, 충격의 장소로, 우리 자신의 창조성을 위한 장소로 만드는 요인이 된다. 이벤트는 건축의 여러 요소들을 재고(再考)하고 쇄신하는 해답들이 발견되는 장소이기도 하다. 정의하면 그것(이벤트)은 다름(differences)의 조합이 발생하는 장소를 말한다."(Bernard Tschumi, 1994a, p.259)

츄미에게 이벤트는 인간의 움직임으로 완성되는, 프로그램화되지 않은 행위가 예상 밖의 결과로 전개되는 일종의 무대장치적 장소(주55)이다. 그는 푸코(Foucault)와 데리다(Derrida)의 개념을 차용하여 이벤트에는 행위로서의 개념뿐만 아니라 사고로서의 개념도 포함된 사실을 주목하고 있다. '사고로서의 이벤트' 의 개념은 푸코가 이벤트의 개념을 단일한 행위나 활동을 넘어 '사고의 이벤트(events of thought)' 라고 말하는 데서 연유한다.(주56) 여기서 이벤트는 기원이나 목적이 아니라 하나의 전환점으로 간주된다. 그러므로 이벤트가 일어나는 공간화는 중요하다. 그는 "거주하기 위해 우리 스스로를 구축하는 공간 안에는 이벤트가 존재하는데, 이것은 헤테로피아적"이라고 말한 바 있다. 또한 츄미와 함께 라 빌레뜨 공원 현상설계를 공동 작업한 데리다는, 이벤트는 '창조성' 과 그 어원을 공유한다고 언급하면서 라 빌레뜨 공원의 폴리(folies)에 관한 텍스트에서 이벤트를 '개별적인 다수성의 출현' 이라고 정의하여 그 의미를 확장하였다. 츄미는 푸코와 데리다의 이벤트 개념을 수용하여 건축의 미래는 '이벤트의 구축' 에 존재한다고 보았으며, 이벤트를 '충격' 의 개념으로 확대한다. 이 충격이 우리 시대의 이미지의 문화, 명상하는 문화 속에서 효과적이 되기 위해서는 발터 벤야민(Walter Benjamin)이 말한 정의를 넘어서 "기능 또는 행위의 개념과 이미지의 개념이 조합될 필요가 있다" ((ed.) Peter Noever, 1991, p.127)고 강조한다.

따라서 츄미는 프로그램에 의해 예측되는 공간뿐만 아니라, 예상 밖의 행위인 이벤트를 수용하기 위한 공간, 즉 '사잇공간(in-between space)' 을 함께 만들어야 한다고 강조한다. 우리가 디자인하는 공간은 그 안에서 일어나는 프로그램이 아니라 이벤트의 영향을 받아 결정되기 때문이다. 츄미는, 프로그램은 사물의 반복적인 속성인 반면, 이벤트는 단 한번만 일어나는 우연적인 사건이라고 보았다. 그것은 다시 일어날 수 없기 때문이다. 그는 프로그램과 이벤트의 차이를 다음과 같이 설명한다.

> "'프로그램' 을 '이벤트' 와 구별할 필요가 있다. 프로그램은 예측된 결과로 된 확정된 세트이며 필요한 유틸리트의 목록으로서, 이것들은 사회적 행태, 습관, 또는 관습 등에 근거해 있다. 이와는 달리, 이벤트는 예상 밖의 결과로 된 미확정된 세트(indeterminated set)이다. 프로그램 속에 감추어진 잠재성과 제약성을 드러내고, 그것들을 특별하게 적합한—혹은 가능한 한 예외적인—공간적 형상과 관련짓는 작업은 예상 밖의 이벤트를 위한 상황이 발생하도록 할 것이다.
> 예를 들어 프로그램화된 행위들을 결합하거나 조합하여 이것들이 하나의 공간적 형상을 담당하도록 하는 것이 가능하다. 다시 말하면, 일상적이고 예측 가능한 프로그램의 항목들을 그렇지 않은 방식으로 혼합함으로써, 이것들은 비일상적이거나 예측 불가능한 이벤트를 발생시킨다. 나는 종종 이와 같이 특별한 공간적 형상을 '사잇공간(틈, in-between)' 이라고 불러왔다."(Bernard Tschumi, 2000, p.13)

츄미는 프로그램에서 예상되지 않은 이벤트적 행위를 수용하는 공간을 만들기 위해서는 일상적인 프로그램을 비일상적인 방식으로 관찰하여 구성하는 방식이 필요하다고 주장한다. 아울러 프로그램에서 예측되지 않은 이벤트를 수용할 수 있는 공간적 형상, 즉 미

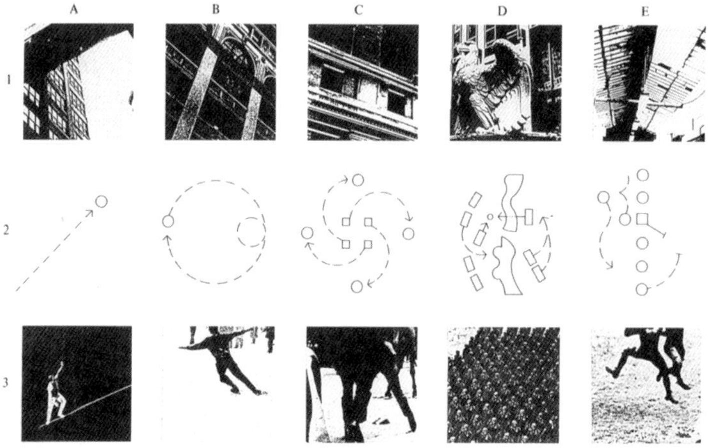

도6-77
B. 츄미, 의식, 1978

확정의 '사잇공간'이 건축공간의 질서 속에 내포되어 있어야 한다고 강조한다. 그것은 틈의 공간들이 다층적 질서를 이루며 건축작품 속에 전개될 때, 여러 해프닝과 이벤트의 행위를 수용하는 가능성을 제공하기 때문이다. 이것은 프로그램에서 예측되는 행위들만을 위한 확정적인 공간구성과는 달리, 이벤트를 위한 공간적 질서를 담고 있는 미확정적인 공간구성을 말한다. 후타가와((ed.) Yukio Futagawa, 1997, p.77)는, 츄미가 이벤트의 개념을 "다수성의 개념, 즉 서로간 아무 관련이 없는 사물들의 다수싱의 개념과 관련지어 설명한 것"이라고 지적한다.

츄미의 초기 실험작품인 **의식**(儀式)(Rituals, 1978)(도6-77)과 그의 데뷔작품인 **라 빌레뜨 공원**(Parc de la Villette in Paris, 1982-1998)(도6-78a, b, c)은

도6-78a, b, c
B. 츄미, 라 빌레뜨 공원, 파리, 프랑스, 1982-1998

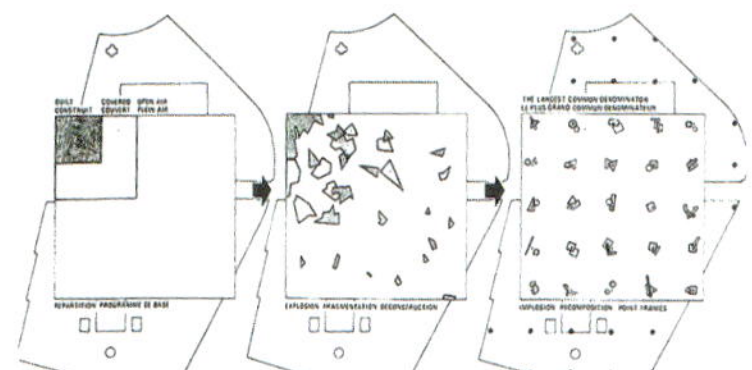

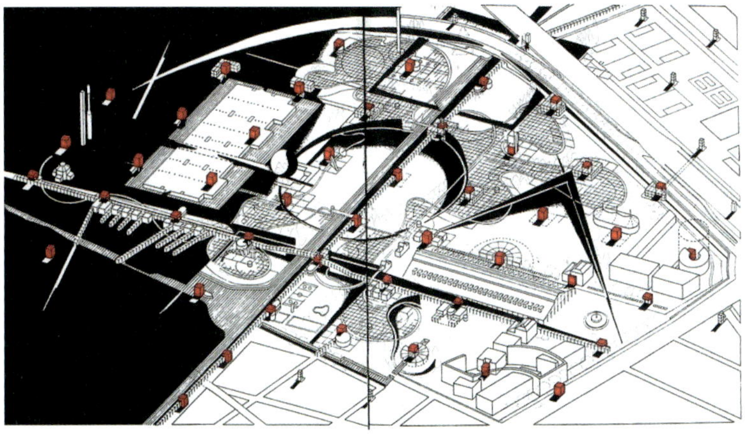

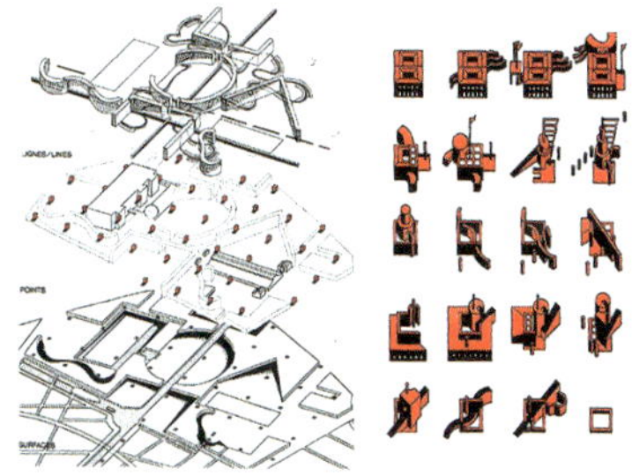

공간, 이벤트, 움직임의 상호작용이라는 테마를 보여주는 작품이다. 〈의식〉에서 건축과 프로그램의 관계는 상호보완의 관점에서 해석되었다. 반면, 라 빌레뜨 공원에서는 건축과 프로그램의 관계가 의도적으로 무관심, 상호의존, 충돌이라는 3가지 측면에서 해석되었다.(Bernard Tschumi, 2000, p.16) 특히, 츄미는 라 빌레뜨 공원에서 새로운 형태의 도시 개념, 즉 '도시성의 추상화' ((ed.) Yukio Futagawa, 1997, p.51)라는 개념을 제기한다. 여기서 그는 공원 계획의 보편적 개념인 자연보다는 점, 선, 면의 기하학과 포인트 그리드(point grid) 개념을 도입하고, 이를 바탕으로 연속된 도시와 비연속적인 도시구조의 개념을 병치시키려는 착상에서 출발하였다.(주57) 라 빌레뜨 공원에서는 3개의 서로 다른 질서 체계들이 중첩되고, 여기에 움직임의 개념, 이벤트, 점, 선, 면, 포인트 그리드 시스템(주58) 등 다양한 개념들이 공존한다. 이 공원에서 가장 두드러진 요소들은 점으로 읽히는 42개의 붉은 색의 폴리들이다. 츄미는 폴리라 부르는 이 점들을 행위와 프로그램과 이벤트의 점들이라고 말한다. 여기서 폴리들은 특별히 정해진 프로그램 따위는 없지만, 공원의 공간적인 특징을 결정짓는 다이어그램 격자 요소이다. 그는 이 폴리들을 사용해 공원 전역에 간이식당, 스포츠 센터, 미디어 실험실, 보육원 등과 같은 다양한 서비스 시설들을 배치하였다.(Dennis P. Doorman, 2002, pp.237-238) 포인트 그리드의 각 점에 위치한 폴리들은 공원 지역에 흩어져 있어 디자인의 다층적 질서의 기하학에서 개념적으로 각기 다른 양식과 수법으로 조립가능 하도록 의도되었다. 이 폴리들은 여러 라인 위에 겹쳐 공원을 관통하면서 움직임과 관련지어 구성될 수 있는 일련의 요소들로 계획되어 방문자들에게 다양한 공간경험을 제공한다. 그 결과, 포인트 그리드를 바탕으로 전개되면서 자신의 내적 논리를 갖는 개별적이고 독립적인 시스템은 중첩, 병치, 치환 등의 기법을 통해서 "복합적인 영역성"(B. Tschumi, 2000, p.12)이라는 다층적인 공간구조를 발생시킨다.

라 빌레뜨 공원이 건축에 관한 츄미의 이론적 담론을 구체화한 실험적 작품이라면, **르 프레노아**(Le Fresnoy National Studio for the Contemporay Arts, Tourcoing, France, 1994- 1997)(도6-79a, b, c, d, e)는 중간영역에 속하는 '사잇공간' 의 개념이 작품을 통해 구체적으로 실현된 경우이다. 이 프로젝트에서 가장 흥미로운 점은 이질적인 부분들과 그 사이에 있는 공간에서 발생하는 것들이다. 츄미가 중요하게 생각한 개념은 바로 이 이질적인 부분들을 어떻게 연결하는가의 문제, 즉 관계성과 사잇공간에 대한 것이다. 그는 여기서 복잡한 프로그램상의 요구(주59)를 기존 부지에 있는 일부 건물을 보존하면서 그 안에 끼워넣는 방식으로 해결하였다. 이를 위해 거대한 강철 프레임 지붕을 우산처럼 얹어서 그 아래에 있는 다양한 것들을 효과적으로 통합하고, 지붕 사이 사이로 뻗어나온 통행로와 플랫폼 시스템들로 내부에 다양한 공간적 시퀀스와 움직임을 설정하여 새로운 공간의 층위를 만들어낸 것이다. 그 결과, 거대한 지붕과 그 아래 만들어진 '사잇공간'은 그 아래에서 일어나는 움직임을 통해 새로운 공간적 상황화를 발생시키는 장치의 역할을 한다. 츄미는 이러한 방식으로 사잇공간을 활성화하는 방법을 찾아내고, 거기에서 위 아래로 오르내리는 다양한 방식들을 근간으로 프로젝트를 진척시켜 나갔다. 이것은 "이질적인 것들을 병치시킴으로써 어느 한쪽이 다른 한쪽보다 우위에 있다는 사실보다 모두 같은 기반 위에서 동등하게 다루고자 한 것"((ed.) Yukio Futagawa, 1997, pp.76-77)이다. 그 결과, 르 프레노아의 공간은 츄미 자신의 말처럼 '다층적 공간'의 속성을 띠며, 푸코가 말한 바처럼 하나의 통일된 논리에서 나오지 않은 "이질적인 공간"(B. Tschumi, 1999, p.34)으로 드러난다.

도6-79a, b, c, d, e
B. 츄미, 르 프레노아, 투르쿠앵, 프랑스, 1994-1997

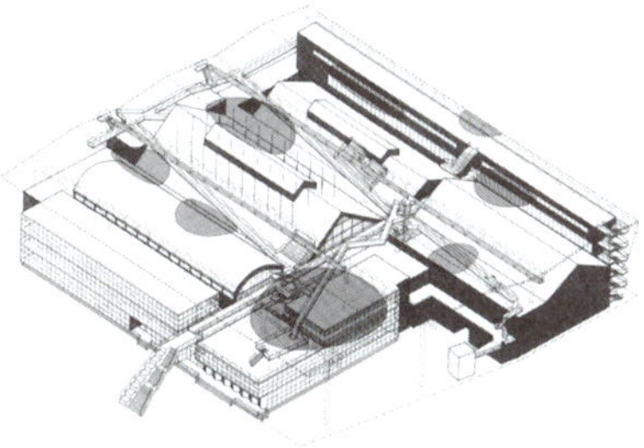

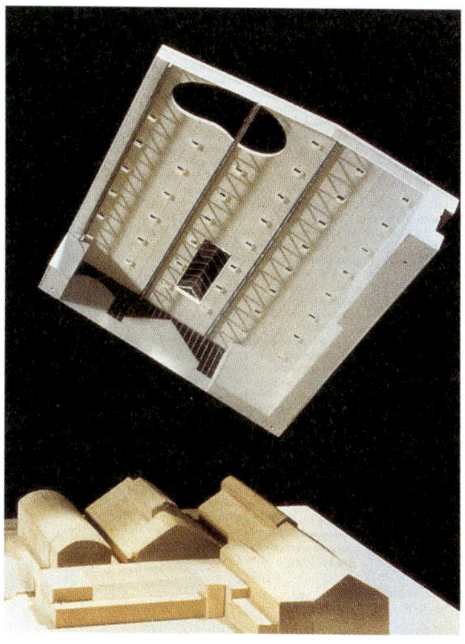

b.

엔벨로프, 벡터, 프로그램, 컨텍스트 : SITE-ING의 탐구작업

츄미는 확실하고 동시에 불확실한 역설적인 상황을 보여주는 사회에서 애매성의 전략을 통해 불확정성 안에서 확정성을 추구한다. 그 실천적 전략으로 그는 엔벨로프(envelope)(주60)와 벡터(vector) 이론을 제시하였다. 여기서 엔벨로프는 건축과 사회 사이의 필터 역할을 하며, 사회-문화적 조직 등을 통제하거나 수용하기 위한 도구로 사용된다. 그것은 파사드 보다는 사회적 경계를 결정하는- 그렇게 함으로써 양자 사이의 관계를 규정하는- 에워쌈의 개념에 더 근접한다. 엔벨로프는 '동질적인 것이라기 보다는 이질적인 요소들로 이루어진 일련의 중첩된 켜들로 구성된 것' 이다. 그것은 공간을 정의함으로써 사회적인 관계를 수용하고 강화하는 역할을 한다. 벡터는 프로그램적인 측면과 관련된 사람들의 움직임과 관계가 있다. 그는 건축가의 작업은 인간 행위를 결정지으려 했던 모더니즘과는 달리, 건물을 이용하는 사람들이 실제적으로 공간에 대한 결정행위를 스스로 내릴 수 있다는 측면에서 일정한 '거리두기' 가 있어야 한다고 생각한다. 그가 사람들이 그 안에서 실행할 수 있는 상황을 창조하고 디자인하려고 하는 것은 이러한 이유 때문이다.

> "건물은 가장 단순한 형태로 벡터와 엔벨로프로 이루어진다. 사람들이 어떻게 건물 안으로 들어가서 이동하는가에 관한 것이 벡터를 구성한다. 비, 한기, 열, 소음, 도둑 등을 막아주는 것들이 엔벨로프를 구성한다. 벡터는 활성화하고, 엔벨로프는 한정한다. 벡터는 전형적으로 프로그램과 관련된다. 엔벨로프는 통상적으로 사회적, 문화적, 정치적, 지리적인 그 무엇이든 간에 컨텍스트(맥락)에 반응한다. .... 벡터, 엔벨로프, 프로그램, 컨택스트 없는 건축이란 존재하지 않는다. 그러나 또한 개념이나 아이디어가 없는 건축이란 있을 수 없다. 누군가가 말했듯이 건축을 단순한 건물과 구별지어 주는 것은 형태가 아니라 개념이다."(CA 2003, Vol.52, p.48, B. Tschumi, : "Vector and Envelopes")

따라서 츄미에게 건축이란 단지 공간에 관한 것이 아니라 그런 공간 속에서 이루어지는 신체의 움직임에 관한 것이다. 그것은 공간이 특정한 프로그램에 의해 형성되는 것이 아니라, 그 안에서 일어나는 신체적 움직임이나 이벤트들에 의해 만들어지는 것이기 때문이다. 더욱이 이벤트와 공간 사이에 어떤 선형적인 인과관계는 존재하지 않기 때문에 이 둘은 모호하게 연결되어 있어서 독립적인 성격을 띠면서 동시에 서로 불가분한 관계를 지닌다. 따라서 츄미에게 공간 안에서의 신체의 움직임은 프로그램과 관련된 벡터라는 개념으로 설정된다. 그는 공간과 행동은 서로 불가분의 관계가 있으며, 이러한 관계를 '공간을 침범하는 신체들' 과 '신체를 침범하는 공간' 으로 구별하여 설명하고 있다. 여기서 전자는 모든 개인이 건축의 통제된 질서체계 안으로 침입함으로써 인간 존재 그 자체만으로 공간에 영향을 미치게 되는 폭력이 존재하는 것을 말한다. 사람의 신체는 유동적이고 불규칙한 움직임을 통해 새롭고 예상치 못한 온갖 종류의 공간을 형성하기 때문이다. 신체가 건축적 질서의 순수성을 교란시키는 것이다. 후자의 경우는 건축이 인체에 미치는 상징적, 또는 물리적인 공격성이다. 좁은 복도가 거대한 군중들에게 폭력성을 가하는 경우가 그러하다. "너무 좁거나 넓거나 낮거나 높거나 한 방의 공간에 의해 발생하는 폭력은 공간적 고문과 같다"((eds.) Tom Avermaete, 2009, 권영민 역, 2011, p.396, p.403)고 츄미는 설명한다. 이 점에서 츄미는 신체와 공간에서 일어나는 그 신체의 움직임 사이의 관계를 '폭력'이라는 은유를 통해 표현하였다. 그는 "건물과 그 사용자의 관계는 하나의 폭력"이라고 말한다. 여기서 폭력은 신체에 미치는 건축의 영향은 물론이거니와 건물과 그 사용자 간에 발생하는 어떠한 관계든 그것은 폭력의 일종이라고 보았다. 이것은 또 다른 방식으로 신체가 건축에 침입하는 것을 말한다. 어떠한 용도이든 그 관계는 주어진 공간 속으로 사람의 신체가 침입하는 것을 의미하고, 이는 또한 하나의 질서 속으로 또 다른 질서가 침범하는 것을 의미하기 때문이다.

츄미가 앞에서 말한 바처럼, 건축이 개념이자 경험이며, 공간이자 용도이고, 구조이자 피상적인 이미지가 공존하는 이질적이고 역설적인 속성을 내포하고 있다면, 건축은 이러한 개별적 범주들을 분리하여 생각하는 것에서 벗어나 프로그램과 공간의 전례 없는 방식을 통해서 이것들을 결합해야 한다는 것이 그의 입장이다. 그가 1970년대 이후, 건축의 역설에 대한 분석을 바탕으로 제시한 '크로스프로그래밍(crossprogramming)', '트랜스프로그래밍(transprogramming)', '디스프로그래밍(disprogramming)' (주61) 등과 같은 개념들은 이러한 범주들을 전치(轉置)하고 상호 혼합시키는 기법들이다.((ed.) Peter Noever, 1991, p.125) 이러한 기법들을 통해 츄미는 주어진 공간의 유형을 낯설고 기대하지 않았던 행위들과 결합시킴으로써 공간을 경험하는 또 다른 방식을 탐색하였다. 이것은 그가 건축의 사용자들에게 새로운 방식의 공간경험을 제공하려고 한 것이다. 헤이즈(K. Michael Hays, 1998, 봉일범 역, 2003, p.295)는 "이러한 기법들은 개념과 지각, 행위와 그것을 담는 건물 사이의 구분을 부정하며 새로운 이벤트-공간(event-space)이라는 프로세스를 촉발하는 것"이라고 지적한다.

그러므로 츄미에게 있어서 벡터, 엔벨로프, 프로그램, 컨텍스트는 이벤트 건축을 구성하는 기본 항목들이다. 엔벨로프는 모호성을 내포한 프로그램적인 이벤트를 담는 이중적인 외피의 성격을 띤다. 그는 최근에 벡터와 엔벨로프의 개념을 Site-ing이라는 개념(주62)과 관련지어 확장하면서 Site-ing이 엔벨로프에 영향을 끼치는 정도를 탐구한다. 츄미는 벡터는 종종 프로그램적으로 결정되지만, 엔벨로프는 훨씬 더 복잡하다고 말한다. 그것은 엔벨로프가 문화적인 이슈와 상당히 관련되어 있기 때문이다. 그리고 "Site-ing은 배경(setting), 부지, 켄텍스트와 같이 문화적이면서 동시에 지형적인 의미를 상당히 내포한다"(CA 2003, Vol.52, p.29)고 츄미는 설명한다. 그러므로 츄미에게의 건축이란 균질성이나 동질성의 문제가 아니라 일련의 대립성의 문제이며, 대립하는 프로그램들 사이에서 발생하는 일련의 긴장의 문제이다. 이러한 대립성은 벡터와 엔벨로프, 개념(concept)과 맥락과 같이 서로 다른 공간적인 조건에서 발생하는데, 그것은 건축에 역동적인 관계를 부여한다.

하나의 거대한 단일 공간 아래에서 발생하는 신체의 움직임과 잉여공간으로서의 틈공간의 개념은 르 프레노아 뿐만 아니라 **콜롬비아 대학교의 학생회관 러너 홀**(Lerner Student Center, Columbia University, New York, USA, 1994-1999)(도6-80a, b, c, d, e), 프랑스 **마르노-라-발레 건축학교**(School of Architecture, Marne-La-Vallee, France, 1998-1999, 1단계)(도6-81a, b, c) 등에서도 찾아볼 수 있다. 학생회관 러너 홀에서, 츄미는 틈공간과 잉여공간을 각종 이벤트가 발생하는 주요한 장소로 만드는 것을 프로젝트의 중요한 과제로 삼았다. 여기서 그는 규모가 큰, 실내화된 랜드스케이프를 만들고, 이것을 그 주변의 모든 행위들을 조직화하기 위한 출발점으로 삼았다.((ed.) Yukio

도.6-80a, b, c, d, e
B. 츄미, 콜롬비아 대학교 학생회관 러너 홀, 뉴욕, 미국, 1994-1999

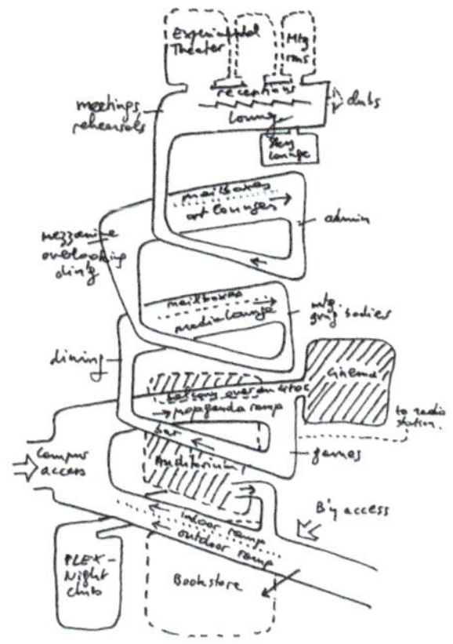

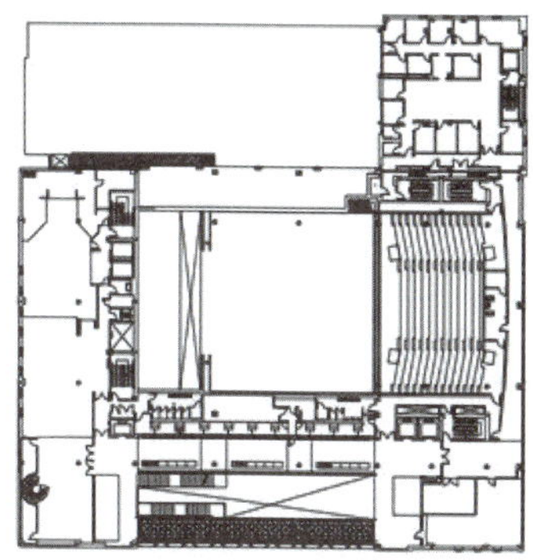

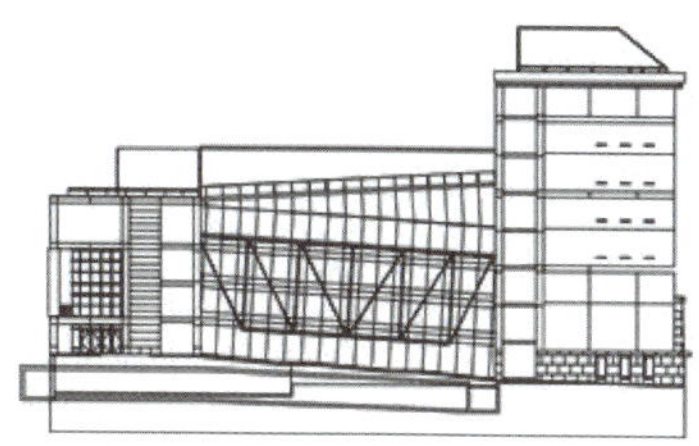

도6-81a, b, c
B. 츄미, 마르노-라-발레 건축학교, 프랑스, 1998-1999

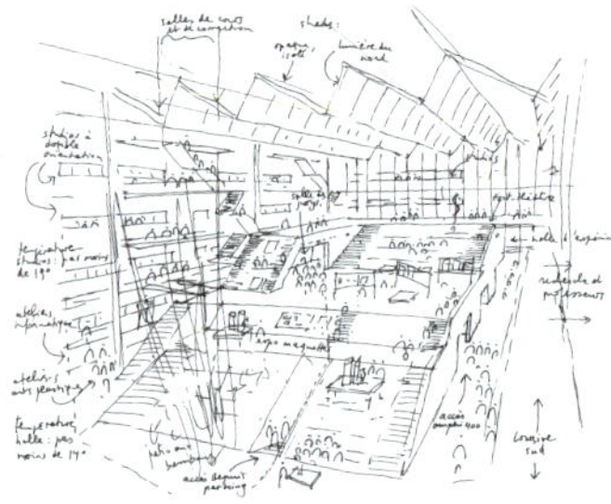

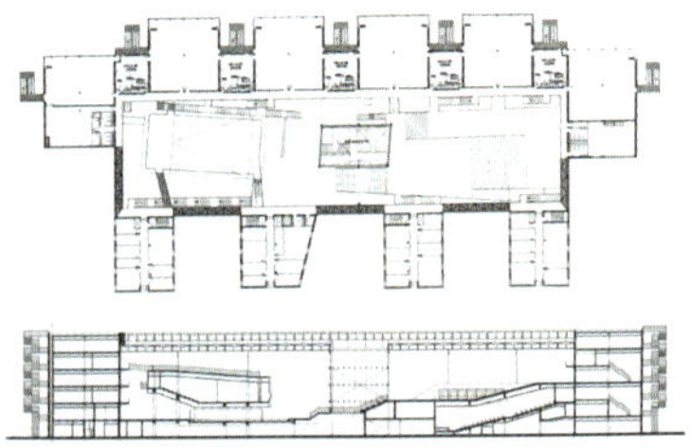

Futagawa, 1997, p.129) 여기서 움직임 벡터 인자는 중요한 구성요소이다. 그는 엔벨로프와 움직임 벡터 사이에 직접적인 연결관계를 만들기 위해서 경사로 시스템으로 지지되는 유리벽을 디자인하는 전략을 채용하였다. 따라서 램프와 엔벨로프의 관계는 절대적 상호 의존 관계를 갖는다. 그러나 이러한 통합관계는 디스프로그래밍이나 크로스프로그래밍-무용회사가 경사로를 무대로 사용하고 커튼월을 공연용 스크린으로 사용하는 경우처럼-과 같은 프로그램상의 이접으로 언제나 깨어질 가능성이 발생할 수도 있다.(CA 2003, Vol.52, p.49)

학생회관 러너 홀에서의 움직임이 '지시적인 움직임(directed movement)', 즉 벡터적인 움직임인 반면에 마르노-라-발레 건축학교에서의 움직임은 '개방된, 우발적인 움직임'으로 의도된 것이다. 이 움직임은 100m ×30m의 직사각형 공간 내부에서 일어난다. 츄미는 이 공간 안에 비평과 심사회에 사용할 수 있는 전시홀, 매달려 있는 강당 하부의 특별전

시실들, 강당, 카페테리아, 설치공간 등 공공적인 프로그램을 배치하여 예상 밖의 사회적인 상호작용을 촉진하고자 하였다. 또, 이 공간 주위에 스튜디오를 배치하여 스튜디오와 교실을 분리하는 대신 서로 혼합하여 여러 과목들의 다양한 활동의 조합이 일어나도록 의도하였다. 이 대형 공간 아래에 삽입된 다양한 공간들로 인해서 외부에 존재하는 내부공간, 내부에 존재하는 외부 공간 등과 같이 색다른 공간적 질서가 발생한다. 이것은 거대한 현관 홀과 강당-그 자체가 하나의 빈 공간(void)-이 있고, 이 빈 공간 안에 빈 공간(파티오의 공간)이 존재하는 방식으로 나타난다. 사람들은 밖으로 나갈 때 외부와 내부를 경험하게 된다. 그리고 안으로 들어오면 중앙 오른쪽에 있는 외부용 유리 입방체 안에서 다시 외부를 보게 됨으로써 다양한 층위로 전개되는 공간적 질서를 경험하게 되는 것이다.(주63) (이것은 웅거스가 독일 건축박물관에서 공간의 여러 켜들을 병치하여 내부와 외부공간의 전이를 보여주는 것과 흡사하다. 2권 05 참조) 사회적, 문화적 공간인 이 중앙 홀은 학교의 모든 동선을 결집시키고 있으며, 두 개의 강당은 홀 안에 위치한 오브제와 같은 볼륨으로 인식되며 다양한 공간적 질서를 만들어내고 있다.

'이중 엔벨로프(double envelope)' 개념으로 생성된 '사잇공간' 을 만드는 전략은, 프랑스 루앙에 있는 **콘서트 홀과 전시장 콤플렉스**(Concert Hall and Exhibition Complex, Rouen, France, 2001)(도6-82a, b)에서와 같이 대규모 복합적인 용도를 수용하는 건물에서 발견할 수 있다.(CA 2003, Vol.52. p.49) 여기서 콘크리트와 철 재료로 된 각 엔벨로프 사이에 존재하는 완충공간 성격의 '사잇공간' 은 공연장 내부에서 음향의 소음을 걸러내는 기능뿐만 아니라 램프와 계단에서 많은 사람들의 움직임(벡터)을 통해 활성화되는 사회적 공간, 즉 만남과 상호작용의 장소가 되고 있다.

도6-82a, b
B. 츄미, 콘서트 홀과 전시장 콤플렉스, 루앙, 프랑스, 2001

도6-83a, b, c, d, e, f, g, h
B.츄미, 뉴 아크로 폴리스 뮤지엄, 아테네, 그리스 , 2002-2007

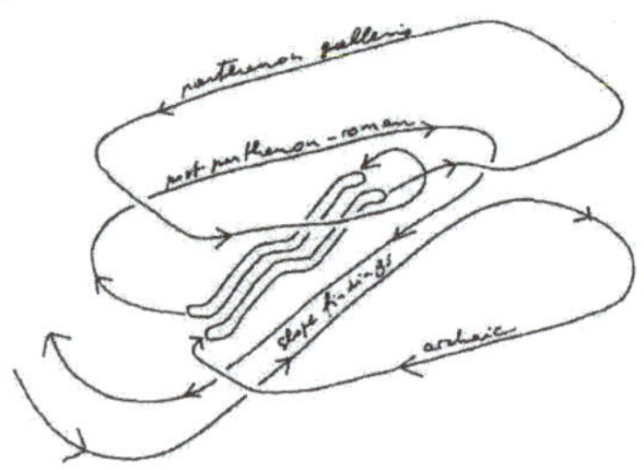

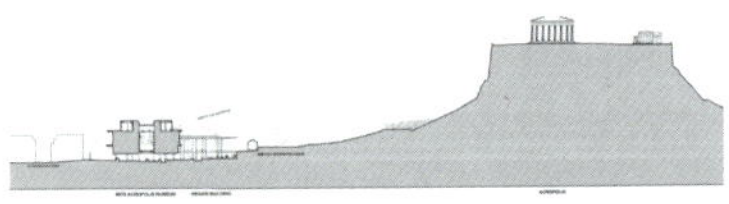

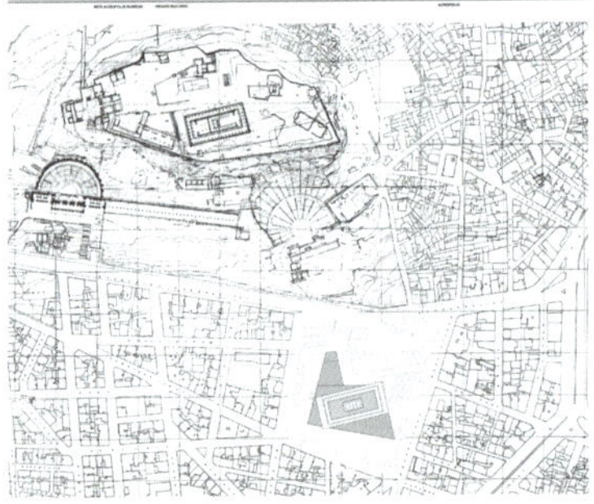

그리스 아테네 아크로폴리스 남 측면에 인접한 고고학 발굴 부지 위에 건립된 **뉴 아크로폴리스 뮤지엄**(The New Acropolis Museum, Athens, Greece, 2002-2007)**(도6-83a, b, c, d, e, f, g, h)**은 츄미가 벡터, 엔벨로프, 프로그램, 컨텍스트의 측면에서 켄텍스트와 개념의 새로운 관계를 탐구한 Site-ing 개념을 잘 보여주는 작품이다. 여기서 파르테논에 연결된 조망을 방해하지 않도록 건물에 요구되는 투명성을 해결하기 위해서 츄미는 3가지 개념적 전략**(주64)**을 채택하여 시간-장소가 결합된 인상적인 건축을 제안하였다. 최상부에 위치한 파르테논 갤러리는 신전의 내진(內陣)처럼 생긴 실내 중정 주변에 배열되어 있는데, 이는 고전 그리스 건축의 열주랑으로 둘러싸인(peripteros) 신전 유형을 현대적으로 석의(釋義)한 것이다. 또 츄미는 3가지 다른 역사적 층위에 기반을 둔 프로그램적 실행으로 이 뮤지엄을 아래층, 중간층, 최상부층 3가지 영역으로 나누어 프로그램적인 개념을 건축으로 변환하는 작업을 하였다. 이것은 고대 그리스 건축이 지닌 수학적 엄밀성과 개념적 명징성에 대응하고자 하는 의도에서이다. 아울러 건물의 골격에 해당하는 보행 접근로는 '움직이는 사람들' 이라는 동선 개념이 움직임 벡터로 도입되어 방문자 경로가 풍부한 공간체험과 이동 시퀀스를 제공하도록 하였다. 이러한 경험은 연대기적 발굴작업부터 파르테논의 전시실까지 3차원 고리를 형성하며 건물 전체를 관통한다. 츄미는 이러한 방식으로 건축적, 공간적 유기체로 구성된 공간에서 오브제와 신체 사이에 새로운 관계를 설정하려 하였다. 여기서 건물의 엔벨로프 개념은 빛의 처리 방식에 따라 3개의 층마다 다양한 외벽을 갖는데 이것은 대지의 역사적 컨텍스트가 파사드에 미치는 영향, 즉 Site-ing이 엔벨로프에 미치는 영향의 정도를 보여 준다. 특히 유리로 된 외벽들은 고도의 글라스 테크놀러지를 이용하여 지나친 열과 휘도에 프리즈 유물이 보호되도록 하였으며, 파르테논 신전과의 시각적 연결이 단절되지 않도록 하였다. 베르너(Frank R. Werner, (ed.) Suzanne Greub and Thierry Greub, 2006, p.130)는 "이 건물은 공간 안에 부유하는 오브제를 확신있게 정착시키는 은유로서 해석된다" 고 평가한다. 그 결과, 이 건물은 '부유해 있는 듯한 강렬한 시-공간 건축(time-space architecture)' 을 만들어내고 있다.

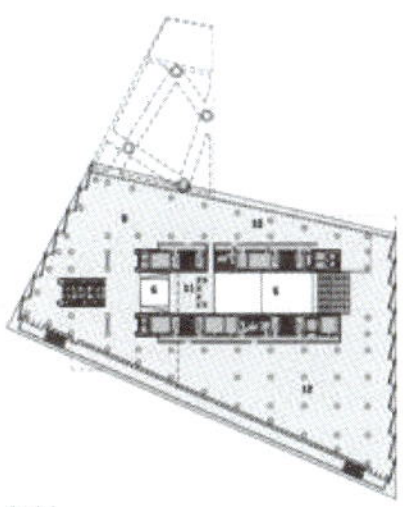
Level +1

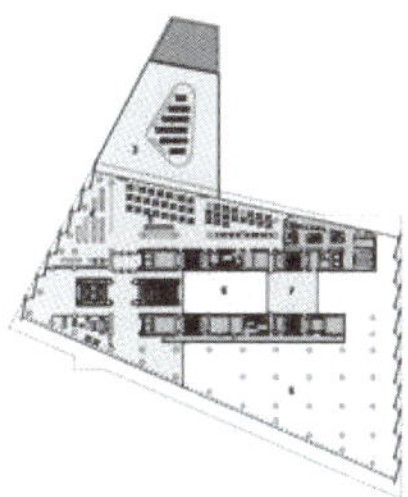
Level +2

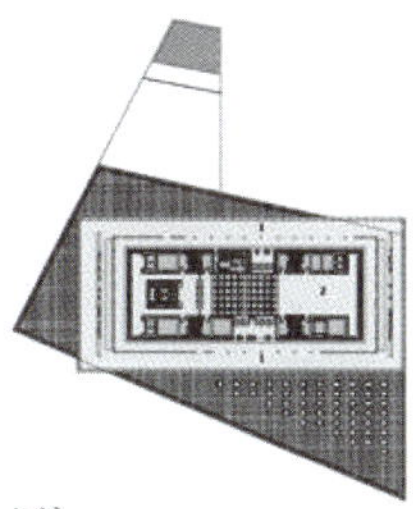
Level +3

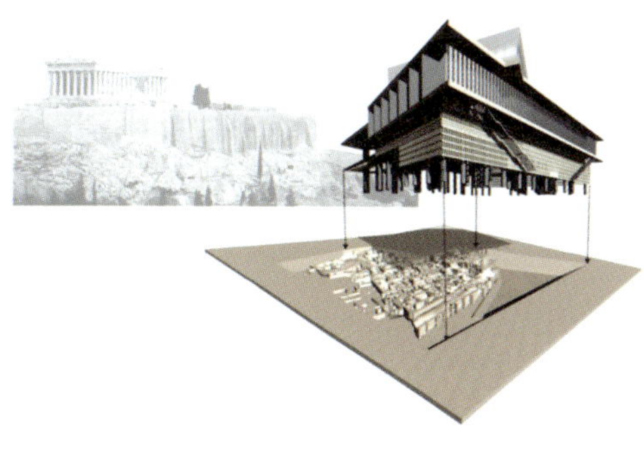

Level -1

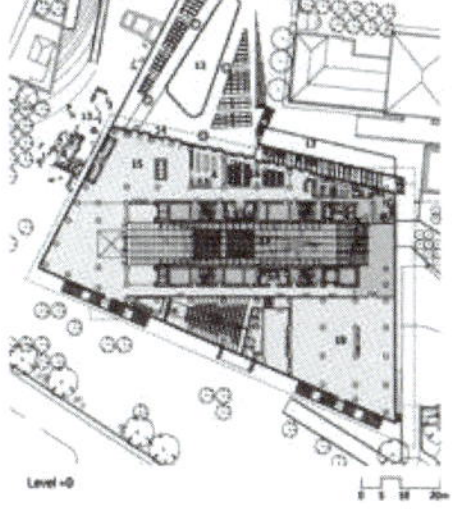

| 영혼이 깃든 건축 : 다니엘 리베스킨드 |

a.

건축은 기억의 회상을 통해 정신적인 상상력을 환기시키는 것이다..

건축을 통해서 기억을 소통시키고자 하는 건축담론은 독일 베를린 유대인 박물관 설계공모전 당선으로 탁월한 독창성을 보여준 다니엘 리베스킨드(Daniel Libeskind, 1946-)(주65)에게서 발견된다. 리베스킨드는 "건축은 이론이 아니라 삶"이라고 주장한다. 따라서 그의 주된 관심사는 '건축과 삶의 관계' 이다. 그는 무엇보다도 우리의 기억 작용 속에 거주하고 있는 상상력의 존재가 그 소통의 근거를 제공한다고 보았다. 그는 객관적으로 간주되는 물질적 구조인 건축의 '변용(metamorphoses)' 과정을 통해서 비건축적 요소인 개개인의 일상적 삶의 특성들이 반영된 공간을 창조하는 작업을 건축의 의미를 구조화하기 위한 출발점으로 삼고 있다. 이러한 이유는 어떤 이미지나 상징도 상상할 수 없는 것을 표현할 수가 없고, 오로지 심화된 본질적인 존재를 내포한, 이미지 없는 표상만이 이를 가능하게 할 수 있기 때문이다. 그가 건축에서 과거의 기억(주66)이나 상징과 관련된 정서적 경험 또는 정신적 의미를 부여하는 작업을 중시하는 것은 바로 이러한 이유에서이다. 이것은 중복되는 기억의 환기와 우연성 등을 통해 '현재 및 기억, 그리고 내재성과 관련된 요소' 들을 드러내는 것과 관련된다.

> "건축물에는 도시와 마찬가지로 감정과 영혼이 깃들어 있다. 어떤 건물이든 바라보고 있노라면 고유의 기억과 의의가 전해져 오며, 정신적, 문화적 열망이 불타오름을 느낄 수 있다.....(중략)...건물은 지나치게 감상적이어서도 안 되고 과거만을 추억해서도 안되기 때문이다. 건물은 현재와 소통해야 한다. 빛, 소리, 보이지 않는 영혼, 장소 감각, 역사에 대한 경외심 등에서 영감을 얻는다. 우리 모두 실제 존재하는 대상뿐만 아니라 보이지 않는 힘으로부터 영향을 받으며, 건물이 영적인 울림을 지니기 위해서는 이 두 가지를 모두 반영할 수 있어야 한다. 육신과 영혼이 어떻게 연결되어 있는지는 알 수 없으나 어쨌든 나는 그 둘을 연결시키는 일을 한다."(Daniel Libeskind, 2006, 하연희 옮김, 2006, p.80, p.85)

그러므로 리베스킨드는 역사와 문화 속에서 박탈당한 건축에서의 '정신적인 것' 의 회복이 무엇보다도 절박하다고 주장한다. 그는 건축에 대한 언술이 비합리성의 패러다임으로 진술되어야 하는 근거로, 현대 세계의 정신을 담은 최상의 작품들이 비합리성을 담지하고 있기 때문이라고 보았다. 이러한 사실은 그의 작품이 단순한 양식의 변용이 아니라, 프로젝트의 시작과 종착에 이르기까지 내재한 상이한 개념들, 이러한 개념들의 전개 과정에서 이성과 직관의 결합, 그리고 우연과 필연을 분절하는 새로운 또는 극단적으로 오래된 형태들로 나타나는 데서 알 수 있다. 그가 디자인을 통해 스케일과 장소의 상징, 문화적 및 정신적인 의미를 지속적으로 중첩시키는 방식으로 건축의 인습적인 형태를 탈피하고자 한 것은 바로 이러한 의도에서이다. 따라서 그는 비틀리고 단절된 형태로부터 자유로움을 추구하며, 내부적인 통합, 연속성, 기하학적 체계 등을 통해 질서를 파기하고 혼돈 속에서 다시 질서를 구축하는 방식을 선호한다.

무엇보다도 리베스킨드는 건축의 '가시적 영역들(the visible)' 보다는 '불가시적 영역들(the invisible)(주67)의 실재를 탐구하는데 몰입하였다. 그는 "건물은 콘크리트, 철, 유리로 지어진다. 그러나 실제적으로 그것은 사람들의 마음과 영혼에 담긴 정신적인 내용들로 지어지는 것이다"라고 언급한 바 있다. 그에 따르면, 건축의 힘은 과거 200년 동안 모더니즘 건축가들이 해 온 것처럼 '보이는 것' 을 만족시키는 것 이상으로 존재하는 것으로, 그것은 "비-테마화된, 불확실한, 여백이 있는 이벤트"(공간, vol.425, 2003, D. Libeskind, p.86, p.119)이기 때문이다. 따라서 그는 건축에 관여된 존재(Being)는 사건의 일부라고 보았다. 이러한 배경을 이루고 있는 건축은 기능적인 필요를 초월하는 잉여물이며, 건축의 모호함과 그 저항성 안에서 건축은 단지 잉여성, 초월성, 형용불가능성 등이 우리들과 결부되어 있다는 사실을 폭로하며 전달해 주기 때문이다. 리베스킨드는 "건축의 보이는 영역은 그 보이지 않는 측면들을 말하고 구성"하며, "가시적인 것과 불가시적인 것은 건축이라 불리는 배아(胚芽)를 만들어내는 데 있어서 상호협력자"(EL Croquis, vol.80, 1996, p.19)라고 강조한다. 따라서 그는 '보이지 않는 영역' 의 본질을 편협한 형태나 천박한 시학이 아니라 '구성적 논리' (EL Croquis vol.80, 1996, p.20)로서 정확히 파악해야만 한다고 보았다. 그가 건축의 보이는 영역보다 보이지 않는 영역을 묘사한 다음의 글은, 마치 성경의 히브리서 11장 1절 "믿음은 바라는 것의 실상이요 보지 못하는 것의 증거"라는 말과 흡사하리만큼 유사하다.

> "건축은 우리가 희망하는 실재만큼이나 오래된 것이다. 그것은 보이지 않는 것의 증거이다. 대중들의 의견과는 달리, 건축의 육체(flesh)는 피복, 단열, 구조와 같은 것이 아니라 사회의 역사 속에 있는 개인의 본질이다. 다시 말하면 무기성과 유기성, 몸과 영혼, 보이는 것을 넘어서는 것들이다. 어떤 사람들은 이러한 본질을 부정하고, 결과적으로 권력의 지표처럼 단지 가상세계의 환영에 불과한 '사실의 공허함(the emptiness of fact)' 으로 스스로 소멸되어 갈 것이다. 누군가는 이데올로기의 공허함, 동일함으로 회귀하려는 허무주의적 편집증, 전체를 그 부분 위에 세우려는 체계의 허무를 거부해야 만 한다. 진정한 구조물(건축)에 이르는 길은, 마치 미소처럼, 그것이 굴종하기 보다는 반항적으로 남아 있기 때문에 허위로 조작될 수가 없다.... 건축은 회상(anamnesis)이라는 시련을 겪는다. 다시 말하면 기억하려는 투쟁을 겪는다."(공간, vol.425, 2003, p.87, D. Libeskind: Proof of Thing Invible)

따라서 '가시적인 것' 보다 '불가시적인 것' 들에 대한 탐구에서 출발하는 리베스킨드의 접근방식은 눈에 보이는 것을 초월하여 인간의 기억의 심층에 묻혀 있는 기억을 회상시키려는 의도임을 주목할 필요가 있다. 이러한 사실은, 그의 건축 담론의 특징을 잘 배태(胚胎)하고 있는 베를린 유대인 박물관 프로젝트에서, "베를린은 단지 물리적 장소일 뿐 아니라, 또한 정신 속에 존재하는 그 무엇이며 결코 현존하지 않았던 과거에 속한 그 무엇이다" (D. Libeskind: "Between the Lines", (ed). Peter Noever, 1991, p.63)라고 해석한 데서 잘 드러난다. 이러한 정신적 실재만이 그 스스로를 세상에 존재하는 모든 사람들에게 직접적으로 인지가 가능하도록 해주기 때문이다. 이를 위해서, 그는 이 프로젝트에서 3가지 차원들-보이지 않는 것을 연결하는 선들의 집합체, 쉔베르크의 오페라 중 미완의 3악장, 추방당한 자들이 기록한 텍스트의 차원들-에서 출발한다. 여기서 그는 건축적으로 통용되는 그리드, 정방형, 또는 모듈과 같은 것으로 시작하지 않고, 어디에도 없었던 그 무언가로부터 출발하였다. 여기서 다윗의 별을 연상시키는 육각형의 도형에서 시작한 구상은 베를린 도시풍경에서 정형화되지 않은 '눈에 보이지 않는 것' 들을 연결시키는 선들의 결합체를 제시하기 위해 해체되고 왜곡되었다.(주68)

그러므로 리베스킨드는 역사적 시간, 건축에서의 시간뿐만 아니라 우리가 지금 그 안에서 살아가고 있는 시간에 대해서 주목한다. 우리가 시간을 생각하지 않고, 역사를 고찰하지 않으면 아무 것도 일어나지 않은 것처럼 보일 것이다. 우리는 시간을 고찰할 때, 시간은 손에 잡히지 않으며, 눈으로 볼 수 없는 존재라는 것을 깨닫는다. 건축은 하나의 유적처럼 시간 속에서 그 물질성이 쇠락해지고 더 이상 존재하지 않는다 해도 여전히 그 스스로를 불러내는 것은 '공간' 이기 때문이다. 따라서 그는 형태로서의 오브제나 상징보다 오브제가 만들어내는, 기억의 심층과 연계된 공간경험 현상에 더 주목한다.((ed.) Tom Avermaete, 2009, 권영민 역, 2011, p.222) 그는 건축에서 오브제란 진정으로 중요한 것, 바로 참여 가능한 경험의 잔류물일 뿐이라고 생각한다. 그가 회복하고자 하는 것은 오브제가 아니라 이러한 경험이다. 그리고 "음악과 마찬가지로 건축은 분석하기 보다 직접 몸으로 부딪치고 느껴야 한다" (Daniel Libeskind, 2006, 하연희 옮김, 2006, p.142)고 강조한다.

따라서 리베스킨드는 인간의 기억과 정신의 깊은 심층을 환기시키는 작업을 박물관과 같은 프로젝트를 통해 실현하여 왔다. 박물관과 같은 기념비는 '발견하는 과정의 일부' 이며, 그것은 기억하는 사람들의 완전한 표상이 없어도 이러한 부재가 만들어내는 기억을 통해서 지속되기 때문이다.(이러한 사고는 아이젠만이 독일 유대인 학살기념비에 대한

해석에서 기억과 경험에 근거한 기념성을 해석한 것과 도 매우 유사하다. 2권 03참조) 리베스킨드에게 박물관은 "실재의 촉매자이자 전달자이다. 그것은 경험을 재생하고, 역사를 복원하며, 이미지를 변형하고, 새로운 정체성을 창조해낼 수 있는 힘을 가진 시설(istitution)" (공간, vol.425, 2003, p.86)의 성격을 지닌다. 박물관의 기능은 도시의 역사, 상징의 역사이기 때문이다.

리베스킨드의 이러한 사고의 독창성은, 기념비가 더 이상 존재하지 않는 형식,–탄생되지 않은 존재의 흔적(the trace of the urborn)이요 멸절된 자들의 흔적– 안에서 진행되기 때문에 계속적으로 존재할 수 있다는 해석을 가능케 한다는 점에서 여실히 드러난다. 베를린 유대인 박물관의 경우처럼 베를린의 세계는 방문자, 벽에 쓰인 희생자의 이름, 그리고 허공 속에 재현된 비극들이 '시간-비움(time-void)' 속에서 존재하는 공간으로 인해 더듬으면서 체험되는 것이다. 이와 같은 장소는 허공과 침묵과 별들을 위해 개방된 신체이다. 그것은 시간-비움을 의식의 갈라진 미세한 실핏줄에 떠 있는 이미지들의 틈 안으로 견고하게 정착해 주기 때문이다." (공간, vol.425, 2003, p.87) 여기서 생성되는 환영은 "역사에 의해 발생되는 간격두기 또는 거리두기인데, 이것은 단지 부재로서만 경험될 수 있기 때문이다. 이것은 결코 거기에 존재하지 않았던 것에 대한 시간-성취로만 경험될 수 있다. 이렇게 함으로써 시간은 거기에 존재하지 않는 것들에 대해서 성취되는 것" (D. Libeskind : "Between the Lines"(ed.) Peter Noever, 1991, p.70) 이다.

시간-비움에 대한 이러한 개념은 그가 "선들 사이에서(Between the Lines)"로 명명하고 있는 베를린 유대인 박물관에서 보이지 않는 것(the not visible)들이 '보이드(Void)', 즉 '불가시적인 것들' 을 그 스스로 드러낼 수 있는 표상으로 계획한 데서 잘 드러난다. 그는 자신의 이러한 아이디어를 다음과 같이 설명하고 있다.

> "박물관을 가로지르는 보이드 주변으로 박물관을 만드는 것이다. 이 보이드는 대중들이 경험하게 될 공간이다. 물리적으로 베를린에는 유대인의 존재를 알려주는 소품, 문서, 공문서 등이 거의 남아있지 않다 이것들은 현존보다는 부재를 환기시켜 주는 것들이다. 그래서 나는 베를린의 현대문화를 중심으로 가로지르는 이 '보이드(Void)'가 보일 수 있고, 접근 가능하도록 만들어져야만 한다고 생각하였다. .... 이 보이드는 베를린 신, 구 박물관의 구성요소이자 구조요소이다. ......연속된 공간으로서 중심부를 가로지르는 이 보이드는 파괴된 것으로서 또는 독립된 구조물의 파편이요 잔류물로서 외부에 그 스스로를 드러낸다. 나는 이것을 '비워진 보이드(voided Void)' 라고 부르는데, 이 보이드는 그 자체로 보이드를 갖고 있으며 그 자체로 해체된 해체물이다.(D. Libeskind: "Between the Lines"(ed.) Peter Noever, 1991, p.64)

독일 베를린 박물관에 인접해 증축된 **베를린 유대인 박물관**(The Jewish Museum in Berlin, Germany, 1989-2001)(도6-84a, b, c, d, e, f, g)은 리베스킨드가 건축을 통해 기억을 소통시키고자 한 의도로 새로운 공간 이미지를 구축한 혁신적인 작품으로 평가되고 있다. 여기서 리베스킨드는 유대인 대학살(Holocaust)에 대한 나치의 참혹하고 어두운 과거를 담은 공간을 단순히 자료를 전시하는 방법뿐만 아니라 육체적, 정신적으로 대학살이 지닌 의미를 내포한 베를린 도시의 의식과 기억 안으로 통합시킬 필요성이

도6-84a, b, c, d, e, f, g
D. 리베스킨드, 베를린 유대인 박물관, 베를린, 독일, 1989-2001

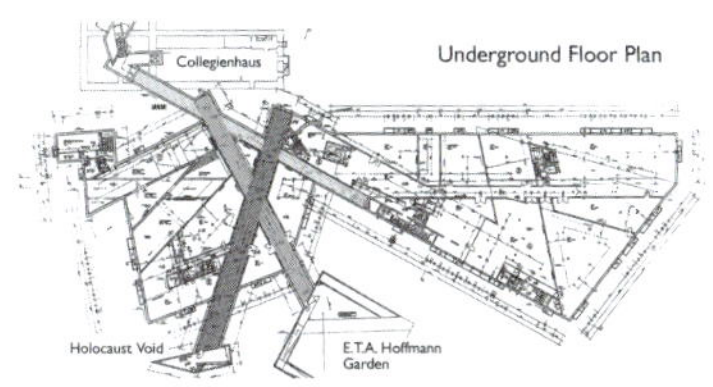

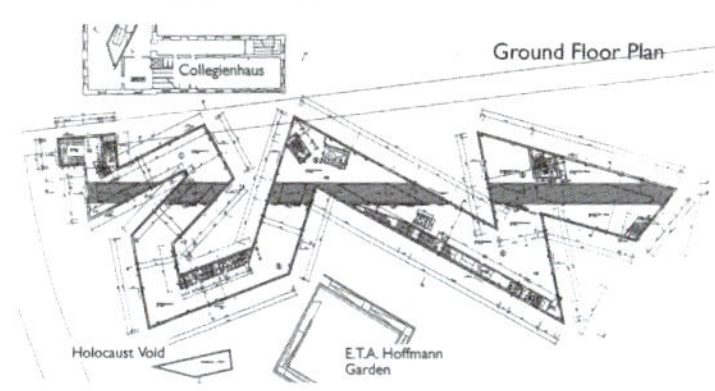

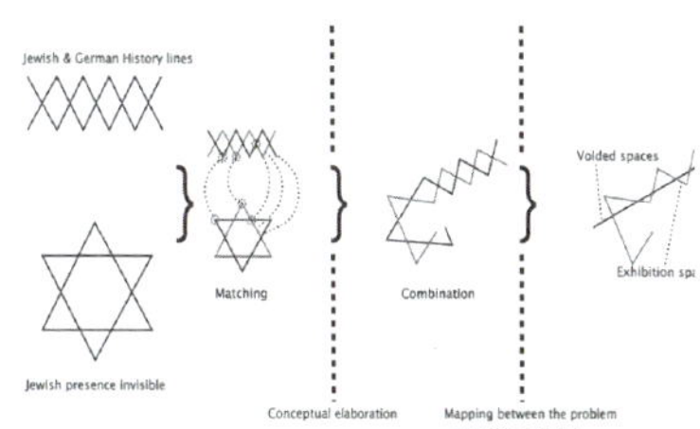

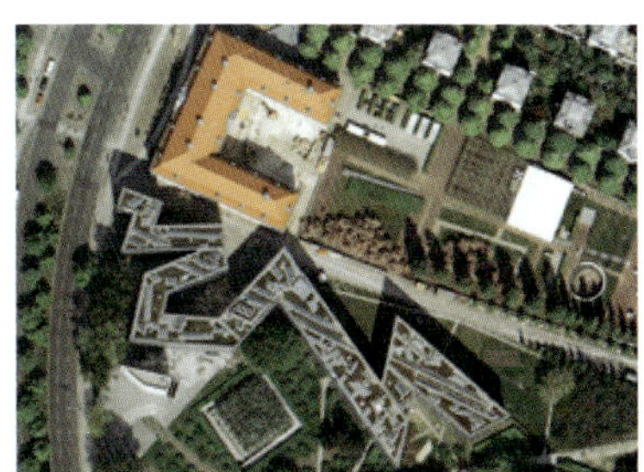

있다는 기본개념(주69)에서 출발하였다. 그는 이 박물관에서 선이 갖는 의미를 "응시의 선, 지향성의 선, 욕망의 선"(주70) 이라고 언급한다. 이 움직임의 선들은 건축적 특성을 지니며 또한 운동적이고 구성적인 특성을 지닌다. 거기에는 텍스트, 드로잉, 공간을 통해서 움직임에 대한 초-건축적 함축 의미가 존재한다. 그 결과, 공간은 관찰과 응시의 일부가 되며 관찰자가 거기에 도달하기 전에 이미 존재하고 있는 것의 일부가 된다.(El Croquis vol.80, 1996, p.9) 이것은 현존보다는 부재를 더 유발시키게 되고 면밀하게 다루려고 의도한 것이다. 신, 구 2개의 건물은 지하공간으로 깊이 결속되어 연결되었다. 이것은 지표면 위로 서로 대립적인 자율성을 지니면서 2개의 건물을 시간과 공간의 깊이 속에서 결속시키고자 하는 의도이다. 이 전시시설의 지하에는 '프로그램적으로 3개의 개별적 층을 갖는 3개의 지하통로'(주71) 가 복합적으로 존재한다.(공간, vol.425, 2003, p.109) 특히 전시시설 중간에서 전 층으로 뚫려 있고 사방이 벽으로 막혀서 보이드의 공간으로 남아있는 이곳은 홀로코스트로 인해 유럽에 잔존하는 유대인들의 빈자리를 의미한다. '선과 선 사이', '사선', '관계의 기억', '지그재그형 구조' 의 개념으로 이루어진 전시시설의 평면형은 마치 긴 막대의 공간을 압축해서 굴절시킨 것과 같은 형상으로, 여기에서는 브릿지에 의해서만 횡단이 가능한 보이드 공간으로 수용되어 있다. 박물관의 한 공간에서 다른 공간으로 건너가기 위해서 방문자는 보이드 공간(Void Space)–부재의 형상화–으로 열려 있는 60개의 브릿지를 건너게 되어 있다. 이 보이드의 직선은 상실된 것과 결코 회복될 수 없는 것을 표상한다. 지그재그형의 선들을 방문객들은 볼 수 없지만, 이 보이드가 만들어내는 직선은 방문객에게 보이드 브릿지를 통해 횡단 가능한 경험을 제공한다. 리베스킨드 자신은, 이 프로젝트는 "상징, 기억과 망각, 음악, 언어와 침묵 등 이 모든 것들을 수렴하여 그 안에서 하나의 성운(星雲)을 만들어내는 이벤트로 건축 이상의 의미를 갖도록 한 것"(EL Croquis, vol.80, p.36)이라고 설명하고 있다.

덴마크 유대인 박물관(Danish Jewish Museum, Copenhagen, Denmark, 2003-2004)(도 6-85a, b, c)에서, 리베스킨드는 17세기에 지어져 오랜 역사적 유산이 베어있는 왕립도서관 건물을 그대로 보전하고 내부에 문화적, 정신적인 의미가 담긴 장소의 상징성을 구현한 작품을 만들고자 하였다. 그는 이 박물관에 겹겹이 누적되어온 이야기들이 얼마나 중요한가를 느낄 수 있도록 하기 위해서, 오래된 왕립도서관의 아치형 벽돌공간과 부정형의 형상으로 구성된 독특한 전시공간들이 예기치 않은 방식으로 연결되어 과거와 미래 사이에서 '낡은 것 속의 새로움과 새로운 것 속의 영원성' 을 표현하고자 하였다.(공간, vol.447, 2005, p.66) 여기서 방문자는 전체 건물을 둘러보는 동안 서로 다른 역사가 어떻게 만나는지, 그리고 역동적인 유대 문화가 어떻게 현 시대에 펼쳐지고 있는지를 살펴보

도6-85a, b, c
D. 리베스킨드, 덴마크 유대인 박물관, 코펜하겐, 덴마크, 2003-2004

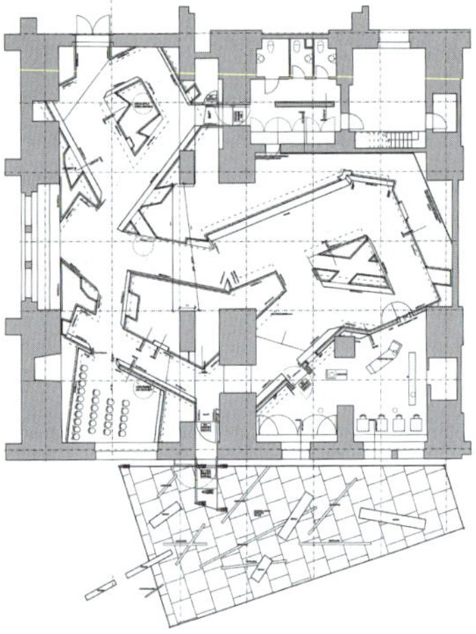

는 육체적, 정신적 모험을 경험하게 된다.(주72) 입구, 카페, 부가 시설물을 포함한 박물관 전체 공간은 전시공간들이 모두 책속에 책, 또 그 책 속에 다시 책이 들어 있는 형식으로 되어있다. 이러한 책에서는 탈무드의 주석서처럼 벽과 내부공간과 가상의 투시도에 해당하는 여백이 매우 중요한 역할을 한다. 경사져 있는 전시공간의 벽과 바닥은 방문자들이 배 안에 있는 것처럼 느끼게 함으로써, 나치의 지배를 받았던 덴마크를 탈출해서 중립국인 스웨덴으로 향하던 2차 대전 당시의 유대인들을 상기시킨다. 특히 5번째 가상 전시관은 주변의 전시관에 둘러싸여 생겨난 공간으로, 전체 전시공간을 관통하고 있어, 여기서 방문자들은 방향을 파악하고 박물관을 쉽게 이해하게 된다.

b.

기억장치로서의 건축은 탄생되지 않은 존재들의 흔적들을 회상시킨다.

리베스킨드는 이탈리아의 한 도시에서 전시했던 〈건축에서의 3가지 교훈 Three Lessions in Architecture〉이라는 제목의 프로젝트에서, 건축에 대한 3가지 교훈으로 읽는 장치, 기억 장치, 쓰는 장치(주73)를 흥미로운 과정을 보여주는 형이상학적인 장치로 제시한다. 그는 이 3가지 장치들은 모두 동시적이며 상호 의존적인 것으로, 근원적 기억을 제시한다고 말한다. 건축의 읽기와 쓰기에 대한 교훈은 그가 해체주의적인 관점에서 실험해 온 초기의 드로잉(drwaing) 작품들을 통해 지속적인 기초 위에서 불안정한, 다시 말하면 영원한 미완과 차이의 움직임을 만들어내는 세계의 공간적 형태는 무엇인가를 탐구한 데서 발견된다. 특히 그에게 드로잉은 단순한 실제적 구축 수단의 의미를 넘어 탐구와 판타지의 영역을 회복시켜 주는 도구로서, 상상력이 풍부한 필사의 영역을 의미한다. 이러한 과정을 통해서 기호들은 공간적 음악을 구성하는 영역에 대해 명료한 시야를 열어 준다. 드로잉은 그것에 의해 객관화할 수 있는 데이터의 안정된 틀 안에서 구체적으로 나타내질 수 있는 것 이상을 기호화하는 건축 역사의 전통(주74) 안에 있기 때문이다. 그는 〈종말 공간 : 마이크로메가스 End Space : MICROMEGAS〉에서 다음과 같이 건축 드로잉을 정의한다.

> "건축 드로잉은 그것이 검증한 그 창조물과 그것이 항상 도전해 온 한계에 대해서 특별한 역사의 회복인 것과 마찬가지로 미래의 가능성을 가망성 있게 드러낸다. 어떤 경우에, 드로잉은 오브제의 그림자 이상이며, 선들이 적층된 것 이상이고, 인습이라는 타성을 단념하는 것 이상이다....
> 드로잉은 단순한 창조물이 아니다; 그 유효성은 그 자신의 한계 없는 자유의 원천에서 나오지 않는다. 그것은 '타자(other)' 가 (그 메카니즘에 의존하는 즉자(the one)를 지지할 뿐만 아니라 객관적인 성취를 유발하고 지지하는) 메카니즘을 통해 드러나는 경험의 상태이다. 순수한 음전(音栓) 조절이나 순수한 창조 그 어느 것도 아닌 이와 같은 드로잉은 전개(explication), 즉 이미 존재하는 텍스트-풍부하고 고갈되지 않은 텍스트-의 독해와 닮은 점이 있다."(D. Libeskins, "End Space "Micromegas" (ed.) Andreas Papadakis, 1992, p.176)

'MICROMEGAS' 드로잉에서 리베스킨드는 미로와 같은 구성개념이 갖는 공간적, 형태적 가능성을 탐구하였다. 여기서 축 구성형태, 협소한 각기둥, 직선 천공을 가진 면들, 직선과 곡선의 편린들, 이 모든 것들이 서로 충돌하여 모호하면서 건축적인 다면체 볼륨을 만들어내기 위해 등각투영 투시법이 함께 결합되어 사용된다.(도6-86a, b) 모더니즘 건축공간의 관례(등각투영법)가 글쓰기(writing)의 양식을 실천하기 위해 사용되었다. 그 결과는 PALIMPSEST(다른 것을 쓰기 위해 처음에 쓴 것을 지운 양피지 사본)로 나타난다. 리베스킨드의 드로잉에서 일시적인 구성요소들의 비본질성을 드러내기 위해 '분해

도6-86a, b
MICROMEGAS 드로잉

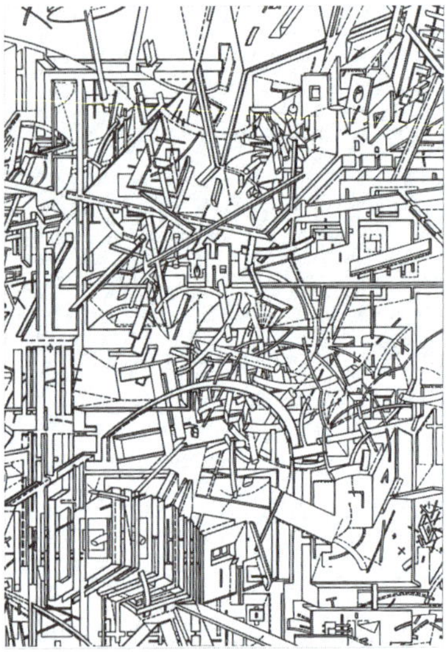

(De-assembly)' 라는 전략이 도입된다. 이것은 요소성을 거부하는 것이다.(주75) 'MICROMEGAS' 와 같은 작품에서, 본질성의 인과관계라는 개념은 일종의 글쓰기라는 가공되지 않은 프로세스로 대체되었다. 이 프로젝트는 요소로서의 프로세스, 운동에 의한 역동적인 정지행위의 영화필름의 본질–여기에서는 어떠한 요소들도 독자적으로 존재하지 않으며 단지 일련의 방향성의 에너지만이 존재한다–에 대한 탐구이다. 그것은 내포된 '일시성' 에 대한 탐구이자 영점(zero)과 무한성의 경계 안에서 시작과 종말에 대한 한계 없음이 소거되지 않아 그 결과, 계속적인 프로세스 여정의 흔적만이 남게 되는 것을 의미한다. 여기서 생성되는 "새로운 오브제는 결과 오브제가 아니라 하나의 프로세스-오브제들의 흔적(trace of objects)" (P. Eisenman 1991, Architectural Monography 16, p.121)이다.(이것은 건축의 한계를 외부로부터 그 '타자성' 을 정의하기 시작하는 데서 기인한 것이다.) 따라서 공간은 "감성의 형태"가 되는 것을 멈추고, "정의되지 않은 텍스처나 가능한 독해를 위한 배경, 즉 캔버스(CANVAS)로 재탄생" (EL Croquis vol.80, 1996, p.33)한다. 그 결과, 드로잉은 "끊임없는 왜상(歪像, anamorphosis)" (주76) (K. W. Foster, 1991, p.121)이 되고, 여기서 기호들의 실제 크기는 내적인 깊이뿐만 아니라 외적인 거리의 상태적 스케일을 표상한다.

따라서 리베스킨드의 드로잉에서 보이는 단편화는 그 요소들을 구축적 및 형태적 의미에서 기능으로부터 자유롭게 해주기 위한 의도로 시작된다. 그것은 기능과 형태의 인과적인 관계를 제거하는 것이다. 이러한 드로잉 구성에서 발견되는 프랙탈 형상들은 형태적 변용과정을 통해 중력을 거부하는 듯한 그의 건축작품에서 자주 채용되는 형태적 레퍼토리가 되고 있다. 무엇보다도 드로잉을 보지(seeing) 않고 읽는다(reading)는 것은 드로잉을 전통적인 드로잉으로부터 걸러내어 그것을 건축적인 쓰기로 자유롭게 해준다는 것을 의미한다. 그의 드로잉은 행위와 의지에 의해서, 그리고 독자가 드로잉에 이런 저런 이름을 붙이려는 의지–이는 곧 글쓰기 행위에 속한다–의해서만 건축과 깊은 관계를 갖기 때문이다. 이 점에서 리베스킨드의 드로잉 작업은 "쓰기로서의 이러한 드로잉을 읽는 행위"에 속한다. 이러한 이유로 아이젠만은 리베스킨드의 드로잉은 '비-건축(not-architeture)' (주77) 으로서 읽혀야 한다고 강조한다.

기억장치로서의 건축의 교훈에 대한 리베스킨드의 탐구는, 그가 역사를 말살하는 것에 대해 저항하고 역사에 반응하여 미래를 열어갈 필요성을 기술하기 위해 "탄생되지 않은 존재의 흔적들"(Traces of the Urborn)의 개념을 제시한 데서 알 수 있다. 이것은 '가시적인 것' 에 근거하여 '불가시적인 것' 들을 그려내기 위한 전략이다. 그는 "탄생되지 않은 존재의 흔적은, 그것이 과거나 미래에 존재하고 있는 것이 아니기 때문에, 건축의 역사를 통해 가로지르는 흔적"(EL Croquis vol.80, 1996, p.29)이라고 보았다. 여전히 우리에게 다가오고 있는 것은 "탄생되지 않은 존재의 영원한 생명력"이다. 이러한 개념을 바탕으로 그는 도시의 기억과, 그 도시가 존재한 시간, 그리고 그 도시가 표현하는 자유에 대한 관심과 실천을 반영하는 건축적 개념을 진척시켜 왔다. 이를 위해서 그는 전통적인 맥락주의이나 유토피아가 취해 온 인습적인 형태를 탈피하고, 그 대신 도시의 불연속성을 담지하고 있는 기존의 실체를 변형하거나 변용할 수 있는 전략을 탐구한다. 이러한 이유는 변형과 변용작업은 예측 불가능하고, 유연하며, 이종적인 건축을 창조하는 것을 촉진시켜 주는 도시의 틀 안에서 통합되고 해석될 필요가 있다고 보았기 때문이다. 이것은 그가 시간과 공간을 통해서 도시의 과정에 대해 흔적을 찾고 그 방향을 탐지하기 위해서 거쳐야 하는 필수적인 과정이다. 여기서 이질적인 공간과 시간의 네트워크로서 도시의 복잡한 역사는 "기억과 꿈의 장소이며, 존재의 희망이고 희망의 매트릭스(Matrix)"(D. Libeskind : Traces of the unborn, (ed.) Neil Leach, 1999, p.128)가 되기 때문이다. 그의 작업이 양식이나 기호를 실행하는 것이 아니라, '탄생되지 않은 존재' 가 그 자신의 발자국을 다시 회상할 수 있도록 하는 것이다.

이러한 생각은 리베스킨드가 건축의 다양한 경험들 속에 내재해 있는 모순들을 극복하려고 시도하는 과정에서 "건축은 마치 시간을 뒤집어 눈에 보이지 않는 그 중첩된 켜들을 드러내는, 땅을 엎는 '경작 행위' 와 같이 되어간다"(공간, vol.425, 2003, p.86)라고 언급한 데서도 잘 드러나고 있다. 그에게는 건축이 담을 수 있는 이야기와 그 이야기에 담긴 문화적, 역사적 배경이 매우 중요하게 다루어진다. 따라서 그는 프로젝트를 수행할 때 그 도시와 부지에서 대체 불가능한 것, 즉 장소성(genius loci)에 대해 끊임없이 조사하여 탐구한다. 그에 따르면, 독특한 장소가 지닌 미궁 속에서 우리는 건축과 도시의 형상으로서 인간의 얼굴과 손의 독특함을 발견할 수 있기 때문이다. 한 장소에서 물화(物化)된 공간은 우리의 기억과 경험들이 묻혀 있는 구체적인 '여기(here)' 이기 때문이다.(D. Libeskind : "Traces of the unborn", (ed.) Neil Leach, 1999, p.129) 그것은 추상적인 '여기' 가 아니며, 다른 '여기' 로 대체할 수가 없는 것이다. 리베스킨드가 도시의 흔적들을 장소성의 시각에서 추론해내고자 하는 것은 바로 이러한 이유에서이다. 역사와 이벤트

도6-87a, b, c
D. 리베스킨드, 빅토리아 알버트 박물관 증축, 런던, 영국, 1996-2006

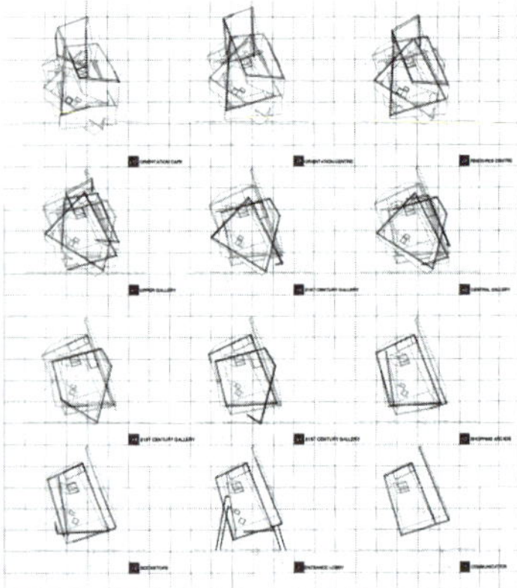

의 선들, 경험과 관찰의 선들, 드로잉과 구축의 선과 같은 이런 벡터들은 '가라앉지 않는 것' - 점점 더 가벼워짐에 따라 역설적으로 점점 더 무거워지는 -을 향하는 패턴화된 과정을 형성한다.(공간, vol.425, 2003, p.86) 이러한 것은 결코 묻힐 수 없으며, 사라질 수 없는 것으로, 리베스킨드는 이것을 건축(Architecture)이라고 부른다.

런던 빅토리아 알버트 박물관 증축(Extentsion to the Victoria & Albert Museum, London, UK, 1996-2006)(도6-87a, b, c)에서 리베스킨드는 '나선형' (주78)박물관이라는 개념을 통해 이 박물관이 제공하는 거대한 문화유산과의 조우를 극적인 방식으로 경험하도록 의도하였다. 리베스킨드는 "이 나선형 구조물은 곡선없이 벽과 벽이 맞물려 스스로 지탱할 수 있도록 한 첨단 건축기술의 결정체"((Daniel Libeskind, 하연희 옮김, 2006, p.273)로 구상하였다. 이 작품에서 보이는 나선형의 비례, 재료, 공간들은 빅토리아 알버트 박물관의 특성과 독창성에 공명하여 응축되어 나타난 가시적인 형태이다. 그는 이러한 새로운 구조물을 통

해 박물관의 콜렉션 역사에 투명성을 부여하려고 하였다. 이 건물은 나선형으로 상승하는 프리즘의 교차, 또는 입방체 볼륨으로 마치 공정석(空晶石)처럼 보이는데, 이러한 구성을 통해서 그 내부의 여정(旅程)의 움직임을 보여준다. 외관은 빛을 발하는 다면체의 형태의 변형으로 밖에서 내부의 활동들을 보는 것이 가능하도록 처리하였다. 전시동선은 랜드스케이프와 루프스케이프와도 밀접하게 관련지어 계획되었기 때문에, 전시동선과 연결된 개구부들을 통해 박물관에서의 움직임을 거리에서 보는 것이 가능하다. 처마 안쪽과 천창들은 나선형의 기하학적 구조를 드러내며, 전시동선에 개방된 유리케이스는 공간과 오브제, 사람들을 드러낸다.(공간, vol.425, 2003, p.131) 이 개구부와 창호들은 공간과 시간 측면에서 주위의 역사적 문맥을 엿볼 수 있는 단서가 되고 있다. 이것은 방문객들에게 시각적인 드라마를 제공하여 과거의 시간들을 생생하게 묘사하는 다양한 오브제들을 연출하는데 있어서 '건축이 담당하는 내러티브적인 효율성'(EL Croquis, vol.80, p.38)을 제공한다.

리베스킨드는 **덴버 미술관 증축**(Denver Art Museum, Denver, CO, USA, 2000-2005)(도6-88a, b, c, d, e)에서, 록키산맥을 배경으로 한 지형을 바탕으로, 랜드스케이프가 장엄한 건축과 조화를 이루도록 독특한 장소를 만들어 이 미술관이 도시의 공공 공간, 기념비, 관문을 이루는 한 부분으로 인식되게 하였다. 여기서 그는 'Micromegas' 드로잉을 통해 탐구한 공간적 왜상의 효과를 통해 내적인 깊이감과 외적인 거리감이 발생하는 공간적 경험을 만들고자 의도하였다. 기하학적 매스들이 내부에서 불규칙한 예각

도6-88a, b, c, d
D. 리베스킨드, 덴버 미술관 증축, 덴버, 미국, 2000-2005

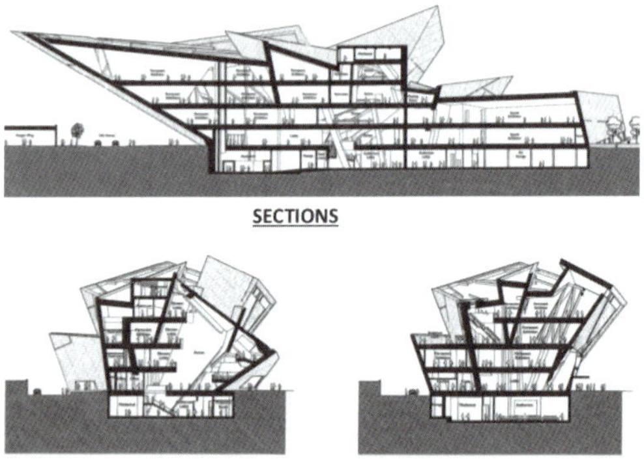

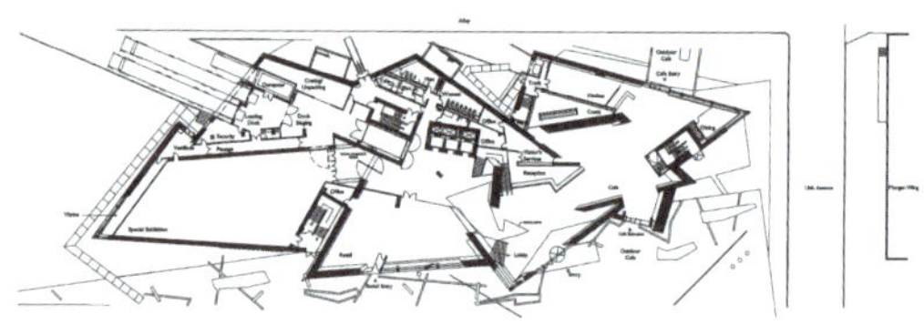

을 이루면서 탈정형적인 공간을 만들어내는 이 미술관에서, 벽들은 기하학적 충돌과 중첩을 통해 분산적인 공간을 만들어낸다. 벽들의 충돌과 관통이 눈에 띄게 보이며, 기울어진 벽들을 통해 보이드 공간들이 발생하는 것을 인식하게 된다. 이러한 보이드 공간들은 프로그램을 수용하는 중심적 공간이며, 지적, 정서적, 감각적인 모든 경험과 유기적인 관계를 맺는 공간의 성격을 지닌다.

세계무역센터 재건축 설계공모 당선작(World Trade Center Master Plan Competition, Fisrt Prize, New York, USA, 2002-)(도6-89a, b, c, d, e, f, g)에서, 리베스킨드는 건축의 상징적 가치와 부지가 지닌 의미를 기억의 심연 속에 내재한 상상력을 통해 독창적인 방식으로 환기시키고 있다. 설계안의 제목을 '기억의 기초'로 명명한 그는 죽은 자들을 위한 기념비적인 성격과 더불어 새롭게 산 자들의 활동무대를 만들어야 하는 이중적인 과제를 죽은 자들을 위한 공간을 통해서 산 자들의 삶의 활동을 규정하는 방식으로 제안하였다. 테러 폭발시에 내리쬐던 태양의 궤적을 따라 형상화한 유리타워 건물들을 비워진 상태로 조성된 추모의 공간인 '그라운드 제로(Ground Zero)' (주79) 주변에 배치하는 방식을 통해서, 이 부지가 지닌 기억과 의미의 아이콘들을 보여주도록 의도하였다. 특히 그라운드 제로에서 리베스킨드는 "테러현장의 기억이 하늘을 향해 높이 솟은 건물보다는 저 밑바닥에 존재한다"고 생각하였으며, 기념비적인 초대형 건물보다는 "빌딩 여러 채가 모여 하나의 형태를 이루도록 디자인함으로써 현장 전체를 일관성과 상징성을 지닌 통일체를 만들고자 했다." (Daniel Libeskind, 하연희 옮김, 2006, pp.119-120) 이를 위해 그는 약 30피트 정도까지 내려가 거친 콘크리트 슬러지 벽들로 경계를 이룬, 텅빈 공간인 그라운드 제로의 진원지에 사건과 기억, 희망의 박물관을 세워 사색적이며 정신적인 공간을 만들어서 방문자의 감정을 진정으로 투영시키고 있다.(공간, vol.425, 2003, p.119) 이 박물관은 어디에서나 접근 가능한 그라운드 제로로 들어가는 입구가 되며, 방문객을 자성과 사색의 공간, 추모의 공간으로 인도한다. 이 보이드 공간에서 9.11 테러 희생자를 애도하는 방문객의 슬픔은 들쭉날쭉한 황량한 땅에서 기억과 함께 땅 밑으로 가라앉게 되

도6-89a, b, c, d, e, f, g
D. 리베스킨드, 세계무역센터(WTC) 재건축 설계공모 당선작, 뉴욕, 미국, 2002-

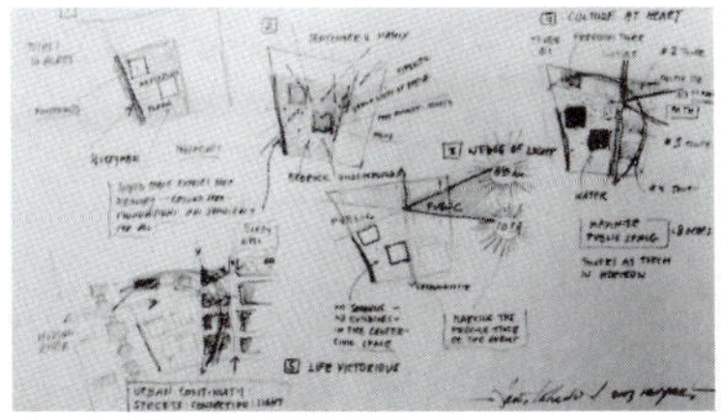

ANTONIO JOSÉ RODRIGUES
DOMINICK A. PEZZULO
KATHY N. MAZZA
JAMES WENDELL PARHAM
WALWYN WELLINGTON STUART, JR.
LIAM CALLAHAN

는 경험을 한다. 그러나 슬픔은 곧 승화되어 방문객들의 희망과 이상은 주변의 하늘로 치솟은 타워들로 이루어진 도시 안에서 하나의 사색적인 공간으로 고조된다. 햇빛이 그라운드 제로를 가르면서 그것에 생명을 부여하고, 슬러지 벽은 숨을 쉬게 된다. 방문객은 이러한 벽을 느끼고 소리를 듣고 만져보게 되면서, 텅빈 공간 안에서 애도의 소리가 진동하는 감정을 만들어내는 공간을 경험하게 되는 것이다.

징검다리 3

1960년대 이후에 전개되는 현대건축 담론에서 '건축과 신체의 중심성' 에 대한 다양한 논의와 접근방식들은 현대 건축가들이 주목하는 테마 중의 하나였다. 특히 오늘날 활동하고 있는 알바로 시자, 안도 다다오, 스티븐 홀, 베르나르 츄미, 다니엘 리베스킨드와 같은 현대 건축가들의 작품 속에서 우리는 작품의 효과구조와 신체의 관계성에 대한 새로운 인식과 다양한 개념 등을 발견할 수 있다. 여기서 발견되는 건축공간 및 형태의 다양한 개념과 어휘들은 알바 알토, 루이스 바라간, 카를로 스까르파 등 모더니즘 시기에 일부 건축가들이 탐구한 신체성의 개념을 확장하여 해석하는 새로운 인식을 보여준다. 그리고 이러한 현상들에서 발견되는 주요 개념들은 바흐친이 언급한 대화적 상상력, 다성성, 미결정성, 비종결성 등과 상통함으로써 '대화적 상상력을 위한 건축' 의 토대를 제공한다는 점에 주목할 필요가 있다.

우리는 알바로 시자의 건축에서 공간과 그 안에서 발생하는 신체의 활동 상호간에 '대화' 가 존재하고 열려 있는 미확정된 건축을 추구하는 것을 발견할 수 있다. 이러한 사실은 시자가 건축을 '관계성' 의 문제로 정의하고, 인공 및 자연 세계와 맺는 '다층적인 관계의 질서' 를 중시하는 헤테로토피아적인 사고와 디자인 접근방식에서 잘 드러난다. 또 신체, 자아와 자연, 변형의 복잡성, 동등한 단편들로 구성된 전체성, 그리고 완전히 결정되지 않은 상태로 남겨두는 미결정성 등을 중시하는 그의 사고에서 우리는 물리적인 것과 현상적인 것의 상호작용을 확장해 나가는 신체성에 대한 새로운 인식을 보게 된다. 시자의 이러한 점은 건축의 다양한 영역에서 '다름' 과 '단편화' 의 공존 방식을 수용하고 '미완결성' 의 개념을 강조한 카를로 스까르파의 사고와도 상통하는 점이 있다. 특히 시자는 다양한 사물들의 타자성과 신체의 상호작용에서 감각, 기억, 상상력이라는 정신적 과정의 역할을 중시한다. 이 점에서 시자의 건축담론과 작품을 해석하고 이해하는 데 바흐친이 언급한 대화성, 다층성, 미결정성 등의 개념은 매우 유용한 해석적 틀을 제공한다.

우리는 현대건축의 다양한 현상 속에서 대화적 상상력을 위한 건축을 탐구한 건축가에게 주목할 필요가 있다. 건축을 정서적 존재인 신체의 감성과 '대화' 하는 것으로 정의하고, 정신과 육체 두 영역에 호소하는 '정서에 기반을 둔 건축' 을 탐구한 안도 다다오의 작품세계에서는 건축과 신체성에 대한 해석이 확장되고 새로운 방식으로 전개되고 있다. 안도의 작품세계는 인간의 감성과 기억을 환기시켜 주는 '감성의 건축' 을 주장한 바라간의 사고와 많은 점에서 상통한다. 특히 안도는 신체가 공간을 어떻게 발견하는가 하는 문제에 주목하고, 여기서 미확정적인 비어 있는 공간으로 존재하는 '사잇공간(틈새영역)' 을 무엇보다도 중요하게 인식한다. 이것은 안도의 작품 속에서 구축되는 추상적인 건축공간을 '신체의 여러 감각에 호소하는 장소' 로서 경험시키고자 의도한 것이다. 또한 자연의 시간적 이행과 신체의 움직임 사이에서 발생하는 현상학적 거리, 그리고 개개인의 신체가 건축과 맺는 복합적이고 다층적인 질서 등은 궁극적으로 '신체와 공간 상호간에 깊은 대화' 가 이루어지도록 기여한다. 특히 스티븐 홀이 자신이 추구한 현상학적 건축담론에서 강조하였듯이, 홀은 작품 속에 깔려 있는 수많은 경험의 층들이 신체의 현상학적 경험을 통해서 구체화된다는 점을 주목하였다. 대지와 건물, 정신과 육체, 신체와 세계, 공간과 신체의 상호얽힘의 관계성을 중시한 홀은, 건축은 시간과 공간의 감각적이고 살아 있는 상호얽힘을 만들어내는 장치로 인식한다. 특히 신체의 자아(주체)와 건축이라는 타자(객체)와의 상호얽힘을 통한 현상학적 경험은 무엇보다도 신체의 움직임을 통해 이루어지며, 이때 발생하는 현상학적인 틈과 미확정성, 우연성을 내포한 다층적인 이벤트 구조는 상상력을 유발한다. 우리는 바라간의 감성의 건축, 안도의 정서에 기반을 둔 건축 등과 많은 점에서 상통하고 있는 홀의 건축 담론과 작품에서 바흐친이 언급한 미결정성, 비종결성, 다층성, 대화적 상상력을 위한 대화성 등의 개념과 밀접하게 연관되어 있는 점을 발견할 수 있다.

우리는 신체와 기억에 대한 새로운 건축 담론과 디자인 접근 태도에서 바흐친이 언급한 미결정성, 다층성, 대화성 등과 상통하는 다양한 개념들을 주목해야 한다. 베르나르 츄미는 공간, 움직임, 이벤트라는 3개의 층위가 만들어내는 새로운 관계에 주목하고, 공간 속에서 발생하는 신체의 움직임과 관련하여 '이벤트로서의 건축'을 제안한다. 특히 그는 이벤트를 위한 공간적 질서에는 미확정성의 사잇공간(틈)이 내포되어 있어야 하는 점을 강조한다. 이점에서 츄미도 안도와 홀처럼 대립성과 긴장을 수용하는 비어진 공간인 '사잇공간'에 주목한다. 이러한 공간적 질서는 다층적 공간의 성격을 지니기 때문에 프로그램에서 예측되지 않은 이벤트를 수용하는 것이 가능하며, 또 상호 무관한 사물(공간과 형태)들의 다양성을 수용하는 '다수성'의 개념을 보여 준다.

다니엘 리베스킨드가 추구한 '감정과 영혼이 깃든 건축'은 기억의 작용 속에 거주하는 상상력이 그 소통의 근거라는 점에서 무엇보다도 바흐친이 언급한 '대화적 상상력'의 건축이라는 새로운 지평을 보여주고 있다. 그는 음악처럼 '건축은 신체로 직접 부딪치고 느끼는 것'을 강조한다. 특히 그는 시간-비움 속에서 부재가 만들어내는 기억, 그리고 보이는 것뿐만 아니라 보이지 않는 존재의 흔적을 회상시키는 기억의 심층과 연계된 공간 경험의 현상에 주목한다. 보이는 현존보다 보이지 않는 부재를 환기시키려는 이러한 의도는 그의 작품 속에서 심연을 암시하는 '비워진 보이드(voided Void)'로 드러난다. 건축은 이러한 기억의 회상을 통해 정신적인 상상력을 환기시키는 것이어야 한다는 그의 주장은, 우리가 앞에서 살펴 본 바슐라르가 언급한 독자의 기억과 연관된 시적 상상력의 세계, 그리고 바흐친이 언급한 대화성을 전제로 한 '대화적 상상력의 건축' 담론을 보여주는 것이라 하겠다.

063 다시보기

우리는 모더니즘 이후 현대건축에서 발견되는 다양한 건축 담론 중에서, 건축과 신체의 중심성에 대한 새로운 인식에서 출발한 건축가들의 이론과 작품을 살펴보았다. 이들은 건축을 프로그램이나 구축성의 개념(1권 01, 02), 기하학적 질서와 심상의 표현, 유형(학)의 탐구(2권 03, 04, 05)라는 측면에서 접근하기보다 건축 공간과 형태를 경험하는 주체로서의 신체의 능동적 참여와 대화성을 중시하며 접근하고자 한다. 오늘날 정보사회에서 신체 담론은 사이버 공간 개념과 함께 몸의 새로운 이미지와 관련된 가상 신체의 담론으로 나아가는 흐름도 발견된다. 그러나 신체의 중심성을 강조하는 건축 담론에서는 여전히 '인간은 건축의 대상일 뿐만 아니라 주체' 라는 인식이 전제되어 있다. 여기에는 신체와 관련된 이미지, 기억, 정서 등을 회상시키는 장치로서의 건축적인 효과구조-미확정성의 의미와 다층적인 질서 등-와 관찰자의 경험구조와의 관계가 무엇보다도 중요하게 다루어지고 있다.

필자의 관점으로 볼 때, 1960년대 이후 현대건축에서 신체 담론을 중심으로 다양하게 전개된 건축적 사고와 접근태도에서 크게 두 가지 물줄기를 발견할 수 있다. 하나의 물줄기는 신체의 공감각적 다차원성을 중시하는 흐름이다. 두 번째 물줄기는 신체의 기억과 정신적 상상력의 구체화를 중시하는 흐름이다. 여기서 건축공간과 형태라는 효과구조와 신체의 경험구조 간의 상호관계에서 발생하는 대화적 지평이라는 개념이 논의의 주된 출발점이 되고 있다. 그것은, 마치 과학연구에서 관찰자와 관찰대상의 불가분의 관계에 대한 새로운 인식처럼, 이성 중심의 자아가 아닌 탈중심화 된 자아의 개념을 전제로 주체-대상의 경계가 허물어지는 새로운 인식에 기인한다. 특히 현대건축 담론이 신체에 대한 새로운 인식과 경험방식에 대한 다양한 논의에서, 의식에서의 연속적 흐름에 주목하고 신체의 감각과 기억의 관계를 바탕으로 한 '지속성' 의 개념(베르그송), 세계와 자아의 관계를 삼투적인 관계로 파악하고 '고유한 몸' 에 의한 동시적이며 통합적인 지각의 현상학(퐁티), 그리고 공간 경험에 있어서 감각들과 기억, 상상력으로 유출되는 공간 경험의 다성성(多聲性)(바슐라르)에 주목한 철학적 담론이 끼친 영향을 간과해서는 안 될 것이다. 이러한 흐름에서 우리는 현대건축 담론이 모더니즘 시기에 지배적 담론이었던 이성 중심의 '개념의 건축'에서 신체의 중심성을 전제로 한 '지각의 건축'으로 전환되는 현상을 주목하여야 할 것이다.

여기서 우리는 신체와 건축 상호작용의 관계를 중시하는 건축 담론의 전통은 모더니즘 건축 시기의 건축 담론과 작품들에 이미 배태되어 있다는 점에도 주목할 필요가 있다. 신체의 담론과 관련된 의미의 미결정성과 경험의 다층성, 다층적 질서의 개념들은 인간과 건축 상호관계를 중시한 모더니즘 시기의 건축가들의 이론과 작품들(알토, 바라간, 스까르파)에게도 중요한 탐구 과제의 하나였기 때문이다. 특히 관찰자의 기억과 시선에 따른 공간의 순환성(스까르파), 다면적 의미와 다성적인 공간질서(알토), 감성에 기반을 둔 침묵의 공간개념(바라간) 등은, 미확정성, 틈, 보이드 공간의 가치와 신체의 중심성을 인식한 현대건축가들(아이크, 안도, 홀, 츄미, 리베스킨드)에게서 다양한 방식으로 재해석되어 탐구되었다.

따라서 신체의 중심성을 바탕으로 한 현대 건축 담론과 작품에서 주목되는 몇 가지 특징들을 다음과 같이 정리할 수 있다.

첫째, 현대 건축의 신체와 관련된 공간 담론에서, 여러 건축가들은 매개영역, 사잇공간, 틈 등으로 기술되는 보이드(void) 공간과 신체의 상호관계에 대한 새로운 인식을 보여 주고 있으며, 이러한 공간의 다양한 틈들을 채워가는 신체성을 중시한다.

우리가 1권 01에서 살펴본 바처럼, 보이드 공간은 프로그램의 미확정성을 탐구(렘 쿨하스)한 작품에서도 발견되는 현상이지만, 신체의 중심성을 강조한 건축가들의 이론과 작품 속에서 발견되는 보이드 공간은 다양한 대립적인 개념들을 수용하여 다층적인 질서를 내포한 미확정성의 의미와 영역을 만들고자 한 것이라는 점에서 그 성격을 달리한다. 여기서 우리는 프로그램의 미결정성뿐만 아니라 다층적 질서와 미확정적인 의미를 지니도록 하여 사회적 접촉을 촉진시키는 집합적 공간의 개념(아이크, 헤르만 헤르츠베르거), 그리고 자아와 신체의 확장을 위한 커뮤니케이션의 매체로서의 건축(한스 홀라인) 등의 신체 중심적 사고를 발견할 수 있다. 또 건축공간과 신체의 기억이 만들어내는 관계를 중시하고 신체-상과 관련된 공간의 영역성과 장소로서의 건축을 탐구(찰스 무어)하는 접근방식을 발견할 수 있다. 특히 기억과 신체를 통해서 전달되는 장소의 경험과 정서에 기반을 둔 공간 및 신체를 담는 용기로서의 건축(안도), 공간과 인간 활동 사이에 대화가 존재하고, 미확정적이며 다층적인 관계를 중요시한 건축(시자), 그리고 신체의 움직임을 통해 주체-객체 사이에 상호얽힘이 만들어지는 현상학적 틈과 미확정성의 공간을 탐구(스티븐 홀)하는 흐름에서 신체의 중심성과 대화성의 개념들을 엿볼 수 있다. 우리는 또한 예상 밖의 행위인 이벤트를 수용하기 위한 공간, 즉 사잇공간이라는 미확정적인 공간적 질서를 지닌 이벤트-공간(츄미) 등에서도 미확정성의 보이드 공간에 대한 탐구를 발견하게 된다.

특히 일부 건축가들이 그들의 이론과 작품에서 보이지 않는 영역들과 기억의 심층에 묻혀 있는 정신적인 것을 회상시키는 공간경험을 중요시하여 탐구하고 있다는 점은 주목할 만하다. 신체의 능동적 참여를 위한 보이드 공간과 현상학적 경험과정을 중시한 홀, 안도뿐만 아니라, 츄미나 리베스킨드의 작품에서 발견되는 보이드 공간은 단순히 프로그램을 위한 미확정성의 문제가 아니라 공간을 침범하는 인체의 다양한 이벤트를 수용하거나, 기억의 장치로서 정신적인 회상을 위해 시간-비움의 차원에서 비워진 보이드 영역이라는 점은 매우 의미심장하다. 여기서 발견되는 잉여공간으로서의 틈, 사잇공간 등은 다층적인 질서를 내포하고 있는 미확정적인 공간을 전제로 한 것이다. 여기서 우리가 주목할 점은 이러한 미확정성의 공간개념은 건축을 경험하는 관찰자의 능동적인 참여를 전제로 하며, 신체의 중심성과 더불어 미확정성과 우연성을 중시한다는 사실이다. 이러한 예상치 못한 참여를 통한 의식적인 보는 행위의 주체로서의 신체는 발견과 분석을 수행하며, 신체의 중심성과 공감각적인 경험을 바탕으로 한 구체화 과정을 이루어간다. 이러한 다층적인 공간질서와 우연성, 미확정성의 개념들에서, 우리는 바흐친이 언급한 대화적 상상력, 다성성, 다층성, 미확정성 등과 상통하는 디자인 개념과 전략들을 발견할 수 있다.

건축공간을 인간의 신체라는 관점에서 해석하는 이러한 흐름은, 모더니즘 건축의 태동기에 공간지각에서의 인간의 관점과 위치를 탐구하면서 지각적 공간개념과 수법을 탐구해온 전통에까지 거슬러 올라간다. 공간지각의 다차원성의 주제를 탐구한 이러한 흐름은 모더니즘 시기에 시지각과 운동지각이라는 입체파적 다초점 지각현상에 대한 탐구(그로피우스, 모홀리-나기), 그리고 대상의 효과구조와 그 기법들에 의한 관찰자의 수용과 반응관계에 대한 탐구(리시츠키) 등에서 나타난다. 이 시기에 우리가 주목할 만한 현상은 인간 경험의 다양한 방식과 현상들을 새로운 시각으로 탐구해 온 일부 건축가들(알토, 바라간, 시자)의 담론과 작품 속에 현대 건축가들의 이론과 작품이 추구하고 있는 신체 중심의 공간 개념이 배태되어 있다는 점이다. 아울러 이러한 개념들은 바흐친이 언급한 여러 개념들-대화성, 다성성, 미확정성, 비종결성 등-과도 상통한다는 사실이다. 이러한 현상은 인간과 건축의 상호작용의 관계를 중시하고, 모순과 대립적인 것을 포섭하는 태도로 접근하여 다가성의 질서와 가치를 추구(알토)하거나 관찰자의 기억과 시선에 호소하는 공간흐름과 미확정성에 담긴 다성성의 차원을 중시(스까르파)한 모더니즘 시기의 건축가들의 이론과 작품에서 여실히 드러나고 있다. 이것은 공간 경험의 다차원성을 신체의 중심성과 관련하여 주제-객체 상호간의 대화성이라는 관점에서 해석하려는 사고를 보여주는 것이다. 특히 바라간의 작품에서 보이는 보이드 공간은 설화적 형식의 공간적 시나리오 방식으로 관찰자의 움직임, 이동의 경로 등을 통해 공간과 오브제의 상호얽힘의 관계와 시간의 이행(移行) 속에서 발생하는 공간의 경험을 중시한다. 그가 추구한 '감성의 건축'에서 나타나는 이러한 특성들은, 이후에 '정서에 기반을 둔 건축'을 추구한 안도, 신체의 '현상학적 지각 경험'을 중시한 홀 등의 작품에서도 반복적으로 나타난다. 이들의 건축에서는 정신적 보편성과 침묵의 공간적 사유를 동반한다는 점, 그리고 관찰자의 능동적인 참여 행위를 통한 신체의 구체화 개념을 바탕으로 하고 있다는 점에서 우리가 2권 04에서 살펴본 바 있는 '연상과 감각의 건축' 담론과는 그 성격을 달리한다.

둘째, 신체의 중심성을 탐구하는 현대 건축가들은 의미, 상징성의 회복을 위해 역사적 인

유에 근거한 옛것과 새것의 공존, 그리고 현대의 기술적 수단과 재료를 활용한 형태가 유발하는 연상적 의미와 순수주의 건축의 이미지를 중시한다.

의사소통 언어로서의 건축을 탐구해 온 건축가들의 작품들은 현대사회의 정보 이미지, 상징, 의미, 지각과 경험의 개방성을 중시하고, 모더니즘 건축이 추구했던 내부의 표현으로서의 외피의 개념을 탈피하여 다양한 의미와 이미지 표현을 지향한다. 이를 위해서 포스트-모던 성향의 건축가들은 장식된 쉐드와 고전 건축의 역사적 단편을 상징적 의미와 연상을 부여하는 장치(벤츄리, 무어)로 도입하였다. 또 대중 문화와의 관계, 기억, 경험, 역사적 인유 등 다양한 표현 매체를 통해 자아와 신체의 의미를 확장시키고 정보전달 매체의 형태로 창조된 시각적 이미지(홀라인)를 중시한다. 그러나 시각적 이미지와 연상, 의미의 차원을 넘어서는 신체와 공간의 역동적인 관계를 중시하는 현대 건축가들은, 모더니즘의 형태 미학적인 전통 속에서 지각의 다차원성이나 현상학적 경험을 위한 표현 방식을 탐구(아이크, 홀라인, 안도, 홀)하였다. 또한 단순히 의미와 상징을 전달하는 파사드가 아니라 내부 공간과 프로그램을 감싸는 이질적인 요소로 이루어진 켜로 구성된 엔벨로프의 개념(츄미)으로 확장시키고 있다. 특히 컨텍스트와 재료의 물성의 탐구를 통해 옛것과 새것의 공존을 통한 건축의 상징성과 의미를 회복하고자 하는 시도(스까르파, 홀)는 주목할 만한데, 이것은 현상학적 경험에 부합되는 표현을 탐구하고 있기 때문이다. 건축형태를 지각하는 새로운 방식에 대한 이러한 탐구는 지각의 생소화를 위한 수법과도 무관하지 않다. 이것은 또 역사적 형태에 내포된 연상과 의미의 다양성을 지닌 애매성과 복합성을 중시(벤츄리)하거나 친숙한 요소와 비친숙한 요소의 공존을 통한 과거의 현재화, 시각 및 촉지각의 다양한 경험방식, 불완전한 순간과 익숙하지 않은 비친숙성과 같은 전략을 통해 예상 밖의 당혹과 놀람이라는 경험의 과정을 중시(스까르파)하는 데서도 발견된다.

신체의 중심성과 관찰자의 관점에서 형태와 외피 표현의 새로운 방식을 탐구하는 이러한 흐름은, 인체와 형태 간의 대화를 가능케 하는 이상적인 관계를 르네상스의 고전 건축에서 찾고자 했던 휴머니즘 건축의 전통(스코트)뿐만 아니라, 형태 심리학의 보편적 지각원리를 바탕으로 만인에게 공통된 시지각적 경험을 유발하는 표현 원리를 탐구하였던 모더니즘의 전통(그로피우스, 모홀리-나기, 리시츠키)에게서도 부분적으로 발견된다. 또한 중정, 반원형극장 같은 형상의 역사적 유형-형태를 탐구하여 전통의 감각을 환기시키는 이미지를 창조(알토)한 경우, 그리고 옛것과 새것의 공존을 통한 역사적 층위와 기억으로 건축의 서정성 및 재료의 물성을 회복하고자 한 태도(스까르파)에서 우리는 전통의 감각, 기억과 이미지 등에 근거하여 출발하고 있는 점을 발견하게 된다. 이러한 현상에서 우리는 모더니즘의 합리적 건축이 추구해 온 추상화 된 오브제 지향적인 형태를 탈피하고 기억과 이미지를 유발하는 형상과 물성이 주는 감성적인 건축을 탐구한 흐름, 그리고 의사소통의 매체로서의 건축을 해석한 전통들을 주목해야 할 것이다.

셋째, 자연과 도시성의 회복에 대한 관점에서, 신체의 중심성을 강조하는 현대건축가들은 건축-인간-자연환경의 관계를 중시하며, 건축의 인간화와 통합된 랜드스케이프의 건축을 추구한다.

현대건축 담론에서 부지는 단순히 물리적 특성으로

서의 부지만이 아니라 역사적 기억과 장소성이 담긴 '정신적인 부지'(시자, 리베스킨드)로 해석되거나, 또 배경, 부지, 맥락과 같이 문화적이면서 동시에 지형적인 의미를 내포하는 'Site-ing' 개념(츄미) 등의 관점에서 해석되고 있다. 문화적 변형의 과정과 정신적 행위로서의 건축을 탐구(시자)하는 경우, 무엇보다도 자연과의 상호 대화적인 관계를 통해서 인공적 구축으로서의 건축과 랜드스케이프를 창조하려는 의도가 중시된다. 특히 추상화 된 자연은 건축을 통해 인간과 교감(안도)하거나 자연의 현상학적 경험에 신체가 상호얽힘의 관계(스티븐 홀)를 갖도록 하는 장치로 도입된다. 이것은 추상화된 자연이 건축의 매체를 통해 인간과 교감하도록 만듦으로써, 건축과 신체의 무대로서 인간화된 자연, 즉 랜드스케이프를 구축하고자 하는 것이다. 이러한 현상은 오늘날 MVRDV, 베르켈, 토요 이토(1권 01, 02), 자하 하디드, 도미니크 페로(2권 03) 등과 같은 건축가들의 담론과 작품들에서 건축과 랜드스케이프의 새로운 관계를 정의하고 구축하는 데서도 반복적으로 발견되고 있다. (현대 사회에서 주 관심사로 논의되고 있는 그린 건축과 지속가능한 생태건축 담론들 또한 이러한 관심사의 일부를 이루고 있다.)

건축을 자연과의 관계 속에서 인식하는 이러한 전통은, 모더니즘 시대에 인간의 활동과 자연의 랜드스케이프를 서로 중재하는 매개로서 건축의 인간화와 '통합된 랜드스케이프'의 건축을 추구(알토)하거나 건축과 랜드스케이프 상호간 공생의 관계를 지속하는 건축을 탐구하여 인간과 자연의 지속적인 대화가 발생하는 건축과 자연의 공생 가능성을 모색(바라간)해온 데서도 찾아볼 수 있다. 특히 알토의 건축에서 발견되는 것처럼 주변의 자연환경을 건물의 내, 외부와 연계시키고자 하는 '내부화된 랜드스케이프'의 개념, 그리고 이와는 달리 자연을 건물의 실내에 만들어 내고자 하는 '구축된 랜드스케이프' 개념들은 (우리가 1권 01의 라이트의 유기주의 건축에서 살펴본 바처럼) 건축과 자연의 공생관계와 이를 인간화하려는 시도에서 출발하고 있다. 또 인간과 자연의 대화를 중시한 바라간이 대지로의 회귀를 통해 대지의 거주성을 회복하는 건축을 만들기 위해 가로정원, 수직적 정원 등을 통해서 건축과 랜드스케이프의 공생 관계를 구축하고자 한 점도 주목된다.

건축의 도시성에 대한 해석은 모더니즘의 '공원 속의 모뉴멘트'나 물리적 형태로서의 도시가 아니라 역사와 기억, 의미와 상징이 담긴 문화로서의 현대 도시라는 관점에서 해석하여 접근하고 있다. 이러한 사고는 전통, 장소성, 물성과 기억 등과 같은 정신적이고 감각적인 동인을 수용하여 건축의 서정성과 역사성을 회복(스까르파)하려는 태도에서 발견된다. 뿐만 아니라 건축의 공공성과 사회적 교류를 촉진시키는 매개영역인 집합적 공간의 역할로서의 도시 가로의 회복(아이크, 헤르츠베르거), 그리고 기억과 경험들이 묻혀 있는 도시의 흔적들을 구체적인 장소성의 시각에서 추적하여 수용(리베스킨드)하고자 하는 것처럼 건축과 도시의 관계를 무엇보다 우선시하는 데서도 발견된다. 특히 역사와의 대화를 과거가 아니라 현재 속에 존재하는 '과거의 현재성'에서 찾고자 도시의 가로들, 맥락과 물성, 옛것과 새것들 사이의 역사적인 층위에 존재하는 보이드 영역을 상호간의 대화와 긴장감을 위해 필수적인 것으로 간주한 점(스까르파)은 주목할 만한 가치가 있다.

또 상황과 장소로 인식되는 다층적인 공간적 질서를

지닌 도시성의 건축을 추구(아이크)하고, 사회적 상호작용을 창조하는 데 기여하는 사회적 도시 공간의 모델을 탐구(헤르츠베르거)하는 현상에서, 우리는 건축과 도시의 관계를 물리적 실체가 아닌 문화적, 역사적 실체로 인식하고 접근하는 사고를 보게 된다. 이러한 현상의 흐름들에는 인간, 랜드스케이프, 건축과 도시성의 불가분의 관계를 인식하고, 신체를 통해 물리적인 것과 현상적인 것의 상호작용을 지속적으로 확장해 나가려는 의도가 담겨 있다. 무엇보다도 우리는 여기서 발견되는 도시와 건축, 자연과 신체 상호작용에서 발생하는 대화성, 다성성, 미결정성, 다층성의 다양한 현상들을 주목해야 한다.

07 맺음말

〈현대건축의 재발견〉 시리즈에서, 필자는 모더니즘과 그 이후에 전개되어 온 다양한 건축 담론과 작품들에서 발견되는 주요 이슈와 개념들을 다루어 왔다. 이를 위해서 야우스가 제시한 패러다임의 유형과 전환에 따른 건축적 사고의 유형을 정리하고, 그 지향하는 건축 담론들에서 다양한 양상으로 발견되는 지평들을 공시적, 통시적인 관점에서 정리하고자 시도하였다. 야우스의 수용미학 담론이 생산미학과 형식미학의 한계를 극복하기 위해 독자 중심의 수용미학을 전개하였다는 점에서 필자가 신체(몸)의 중심성을 강조하는 논지를 전개하는 데 기여를 한 것은 주지의 사실이다. 그러나 가다머의 사회적 역사지평의 개념을 개개인의 경험지평으로 치환한 것에 토대를 둔 수용미학의 담론은, 이후 독자비평과 같이 지나치게 독자 반응 중심으로 흐르는 한계를 내포하고 있다. 그런데 필자가 〈현대건축의 재발견〉 시리즈 03권의 프롤로그에서 언급했듯이, 바흐친의 문학이론은 형식미학과 생산미학의 간극을 해결하기 위해 다성성, 비종결성, 미확정성, 대화성, 카니발 등의 개념들을 도입하고 이로부터 '대화적 상상력'의 기반을 구축하고자 한 점에서 우리에게 새로운 해석의 가능성을 제공해 준다.

바흐친이 언급한 여러 개념들은 우리가 〈현대건축의 재발견〉 시리즈 〈제1권 00〉에서 고찰한 바처럼 패러다임들 상호간의 영향과 현대건축 담론에서 발견되는 주된 담론과 관심사들을 주목하는 데도 유용한 틀을 제공한다. 시리즈 〈제1권〉에서 다룬 '프로그램의 해석과 리얼리티의 건축'(01)과 '구축성의 전통과 구조적 건축'(02) 편은 야우스가 언급한 역사-실증주의적 패러다임에 따른 생산미학의 입장을 대변한다. 시리즈 〈제2권〉에서 다룬 '기하학적 질서와 개념의 건축'(03)과 '심상의 표현과 감각의 건축'(04) 편은 형식주의적-심미적 패러다임에 따른 형식미학의 입장을 대변하고 있다. 이와 더불어 야우스가 패러다임의 유형분류방식에서 시대적으로 맨 앞에 설정한 고전적-인본주의적 패러다임에 따른 미학적 입장을 필자는 '유형의 탐구와 유추의 건축'(05) 편에서 다루었다. 시리즈 〈제3권〉에서 다룬 '신체의 중심성과 지각의 건축'(06) 편은 야우스가 강조하는 수용미학적 입장을 대변한다. 그러나 필자는 생산미학과 형식미학의 간격을 메우고자 했던 야우스의 '수용'의 미학을 넘어서 '포용'의 담론으로 나갈 필요가 있으며, 이때 바흐친이 '대화적 상상력' 을 위한 담론을 위해 제시한 대화성, 다성성, 미확정성, 비종결성 등의 주요 개념들은 현대 건축의 다양한 지평을 정리하는 데 새로운 통찰을 제공해준다고 확신한다.

따라서 필자는 〈수용미학과 현대건축, 2003〉에서 제안한 바 있는 미결정성, 생소화, 구체화의 개념을 재도입하고, 더 나아가 현대건축 담론에서 발견되는 주된 이슈들을 공간, 관계, 지각, 맥락이라는 4가지 개념적 범주로 대별하여 정리하고자 하였다. 이러한 작업은 우리에게 현대 건축의 다양한 지평들을 조망하고 그 안에 내재한 본질적인 가치들을 파악하는 데 매우 유용할 것이다. 이러한 가치들은 무엇보다도 첫째, '보이드 공간과 미결정성' 의 담론은 '공간' 과 신체의 상호간 대화성을 통한 경험방식에 대해 건축가들이 새로운 인식과 디자인 수법을 이해하는 데 유용한 개념적인 틀을 제공해 준다. 둘째, 신체의 중심성과 구체화 담론은 주체와 객체 상호간의 불가분적인 '관계성' 에 대한 새로운 논의를 진척시키는 데 기여할 수 있을 것이다. 셋째, '생소화와 기억의 회상' 은 물성과 피막, 그리고 상징 등과 관련된 '지각' 현상에 대한 심층적인 이해를 확장하는 데 도움이 된다. 넷째, '자연과 도시성' 담론은 '맥락' 의 다차원적인 의미를 역사, 지형, 기억, 문화뿐만 아니라, 물성과 기술, 사회적 환경 등으로 확장하여 해석하는 데 유용하다. 무엇보다도 필자가 제시하는 이러한 개념들은 건축 작품과 신체 상호간에서 발생하는 '대화적 상상력' 을 통해 공간, 시간, 장소가 통합된 건축의 영역을 이해하는 새로운 토대를 마련하는 데 도움이 될 것이다. 여기서 제안하는 이 4가지 주요 개념들은 바흐친의 용어를 차용하여 표현하면 '대화적 상상력의 건축' 을 구축하는 토대가 될 것이다.

I.
공간 : 보이드와 미결정성

우리 시대의 시학은 어떤 식이든 수용자의 참여를 요구하는 예술적 구조를 높이 평가한다. 이러한 경향은 '미결정성' 을 선호하며, 여러 사건 간의 명료하고 필연적인 연관관계를 드러내는 대신 가능성의 장을 드러내고 다양한 선택과 해석을 가능하도록 해주는 '애매모호한 상황' 을 창조하는 기교나 절차를 높이 평가하는 우리 시대의 문학적 흐름을 그대로 반영하고 있다.

Umberto Eco, 『열린 예술 작품』 중에서

현대건축 담론에서 보이드(Void) 공간(비움, 틈, 사잇공간 등)과 미결정성(불확정성, Interminancy 주80))에 대한 탐구는 중요한 과제의 하나이다. 이제까지 우리가 살펴본 바와 같이, 현대 건축가들의 건축 담론과 작품 속에는 건축 작품의 텍스트성과 관련된 다양한 틈의 층위들과 미결정성의 개념들이 강조되는 현상을 발견할 수 있다. 특히 현대 건축가들의 담론과 작품에서 발견되는 보이드의 개념을 분석해 보면 '미결정성의 공간 개념' 으로 제시되어온 것을 보게 된다. 건축작품의 효과구조에 의해 생성되는 미결정성의 구조 개념은, 건축이란 하나의 고정된 의미를 발현하는 완성된 작품, 즉 수용자(관찰자, 신체, 몸)와는 무관하게 작가에 의해 그 의미가 결정되는 자율적 대상이 아니라 신체와의 대화적 관계 속에서 생성되는 산물임을 의미하기 때문이다. 그러므로 미결정성의 구조개념은, 결정론적이고 확정적인 디자인 태도의 모더니즘을 거부하고 이와는 다른 태도를 취하는 건축가들의 디자인 접근방식을 이해하는 데 유용하다. 그것은 또한 건축가들이 자신의 건축 작품 속에 다양한 층위로 이루어진, 확정적이지 않은, 비워진 보이드 상태의 공간을 남겨두려는 이유가 무엇에서 연유한 것인지를 아는 데 도움이 된다.

우리는 모더니즘 시기에 인간 행위의 정확한 예측을 기반으로 프로그램화된 공간을 만들려고 했던 기능주의 건축가들(한네스 마이어)의 시도가 건축적 결정론, 바흐친의 용어를 차용하여 표현하면 '단성성을 지닌 독백주의적 작품'을 만들어낸 것임을 알 수 있다. 그러나 이들 건축가들과는 달리, 우리는 또 프로그램을 미결정성의 측면에서 탐색한 작업의 흔적을, 공간의 가변성을 위한 보편적 공간(universal space) 개념을 제시한 미스 반 데어 로에, 주 공간(봉사받는 공간)과 종속 공간(봉사하는 공간)의 공간 개념을 제시한 루이스 칸, 그리고 미스의 보편적 공간과 칸의 공간 개념을 테크놀러지라는 공학기술적인 관점에서 발전시켜 가변성과 융통성의 공간 수법을 추구한 하이-테크 건축가들(포스터, 피아노, 로저스 등)의 건축담론과 작품에서도 발견할 수 있다. 프로그램의 변화에 따른 공간의 융통성과 가변성의 문제를 최종적으로 사용자인 경험 주체에게 남겨두려는 태도는 1950-1960년대 전위적 건축운동이었던 아키그램이 추구해 온 융통성, 가변성의 개념과도 그 맥을 같이 하고 있다. 이러한 프로그램의 미결정성을 수용하는 공간 개념에 대한 현대건축 담론에서 쿨하스는 '보이드' 공간으로, 위니 마스는 '수직적 미로'의 개념으로, 츄미는 이벤트를 위한 '사잇공간' 등의 개념으로 해석하고 있다는 점을 우리는 살펴보았다. 필자는 현대건축 담론과 다양한 작품들에서 발견되는 보이드 공간과 관련된 미결정성의 개념은, 크게 기능과 관계된 '프로그램의 비움'과 공간에서의 관찰 주체의 '인지적 경험을 위한 비움'으로 정리하는 작업이 필요하다고 생각한다.

a. '프로그램의 비움'을 통한 미결정성의 보이드 공간에 대한 탐구는 프로그램의 재해석을 통해 리얼리티 건축의 영역을 탐구해 온 건축가들(OMA의 쿨하스, MVRDV의 위니 마스, SANNA의 세지마 등)뿐만 아니라 해체와 중첩의 논리로 생성되는 공간적 질서에서 발견되는 새로운 경험방식을 탐구해 온 건축가(Coop Himmelblau의 프릭스, 페로 등)에게서도 발견된다. 이들의 건축담론과 작품 속에서, 우리는 모더니즘 건축의 확정적인 프로그램에서 미확정적인 프로그램으로, 추상적인 공간에서 미결정성의 보이드 공간으로의 변화 현상을 발견할 수 있다. 이들은 혼잡과 무질서로 드러나는 고밀도화의 현대 도시에서 인간의 다양한 활동, 행위의 영역들과 관련된 기능, 프로그램을 과학적인 조사방법을 통해서는 단정적으로 확정지을 수 없다고 인식한다. 따라서 이들은 프로그램의 미결정성의 영역을 남겨두는 것이 그 상책이라고 본다. 확정된 프로그램의 영역과 확정 불가능한 프로그램의 영역을 공존시키는 방식으로 프로그램의 영역들을 적층하여 구성하는 독특한 방식은 쿨하스(카나다 밴쿠버 보자르 미술관, 2010-), MVRDV의 위니 마스(덴마크 문화활동센터, 2009-2015), 세지마(뉴욕 현대미술관 신관, 2003-2007) 등의 작품에서 뿐만 아니라, 페로(취리히 랜데스뮤지엄 계획안, 2000) 등에서도 유사한 방식으로 나타난다. 세지마가 프로그램의 모든 영역들을 비위계화하고 동등화하는 수법은 주와 종의 개념적 위계질서를 제거하는 것이다. 세지마의 비위계화의 질서에 따른 공간구성의 논리는 네크워크화 되어가는 기술지향적인 사회가 지닌 비위계화에 대한 새로운 인

식에서 출발한 것이다. (이것은 칸이 봉사하는 공간과 봉사받는 공간 등으로 주종의 위계적 질서를 명확히 하고자 했던 것과는 그 성격을 달리한다.) 특히 쿨하스, 세지마, 페로의 수법은 그 형상적 아이디어의 측면에도 많은 유사성을 보여준다는 점에서 흥미롭다.

인간 활동이나 기능의 영역과 관련된 프로그램을 확정짓기 보다는 미확정의 상태로 남겨두어 사용자가 스스로 완성해 나가도록 하려는 태도는, 쿱 힘멜블라우의 프릭스가 추구한 열린 건축에서도 발견된다. 여기에는 프로그램으로 확정되지 않은 비어진 공간, 즉 미확정성의 공간을 만들어 예측하지 못한 다양한 활동들을 수용하거나 개별화되어 가는 사회에서 공적인 이벤트가 발생하는 공공 장소의 공간을 만들고자 하는 의도(프릭스의 애크런 미술박물관, 2001-2007)가 담겨 있다. 따라서 이들의 담론과 작품에서 발견되는 비어진 공간인 '보이드 공간' 개념은 인간 행위의 예측 불가능한 영역들, 해석된 프로그램으로는 담을 수 없는 차원들을 수용하기 위한 미결정성의 다층적 공간의 특성을 내포하고 있다는 점에서 바흐친이 언급한 다성성의 개념과 상통한다.

b. 보이드 공간에 대한 이러한 인식과는 달리, '인지적 경험을 위한 비움'을 통한 미결정성의 공간에 대한 탐구는, 신체의 중심성을 바탕으로 지각의 건축 영역을 추구해 온 건축가들의 담론과 작품에서 발견된다. 여기서 발견되는 비움, 보이드 공간, 틈 공간, 사잇공간 등은 프로그램의 미결정성의 논리보다는 관찰 주체의 인지적 경험을 위한 비움의 영역으로 해석하는 것이 더 바람직하다. 특히 신체의 중심성을 강조하는 건축가들(바라간, 안도, 홀, 츄미, 리베스킨드 등)의 작품에서 발견되는 보이드 공간은, 다양한 대립적인 개념들을 수용하여 다층적인 질서를 내포한 미확정성의 의미와 영역을 만들고자 한 것이기 때문이다. 이것은 신체의 능동적 참여를 위한 보이드 공간과 현상학적 경험과정을 중시(홀, 안도)하거나, 보이드 공간이 단순히 프로그램을 위한 미확정성의 문제가 아니라 공간을 침입하는 신체의 다양한 이벤트를 수용하는 방식(츄미)으로 나타난다. 또한 기억의 장치로서 정신적인 회상을 위해 시간-비움의 차원에서 비워진 보이드 영역을 탐구(리베스킨드)한다. 여기서 발견되는 잉여공간으로서의 틈, 사잇공간 등은 다층적인 질서를 내포하고 있는 미확정적인 공간을 전제로 한 것으로, 바흐친의 언급한 대화적 상상력을 위한 다성성의 개념과 상통한다.

보이드 공간의 미결정성에 대한 이러한 인식은, 신체가 수용될 수 있는 건축에는 틈으로 존재하는 비움, 결핍의 감각이 존재해야 한다고 강조(안도의 스미요시 주택, 1975-1976)하거나, 수평적인 프로그램을 상호 연결하도록 오픈된 바닥 플레이트에 수직적으로 절개하여 도입한 수직적 다공성의 개념(홀의 MIT 기숙사 시몬스 홀, 1999-2002, 아이오와대학 시각예술 건물, 2010-2016) 등에서 발견할 수 있다. 안도가 자신의 작품에서 틈새 영역을 확정적인 요소로 채우지 않고 남겨두는 것은, 거주자가 자신의 내부에 품고 있는 공간으로 스스로 채워 가도록 가능성을 열어두려는 의도에서이다. 그 결과, 건축은 정서적 존재인 신체의 감성과 '대화'를 하게 되는 것이다. 홀의 작품에서 보여지는 다층화된, 그리고 투명성을 띤 경계들로 경험되는 사잇공간의 개념은, 건축작품 속에 미결정성의 여러 틈들을 설정하고 그것을 수용자(관찰자)의 참여과정을 통해 완성해 나가도록 하기 위한 것이다. 특히 공간의 중첩과 시퀀스에 의한 공간지각 효과와 다공성의 공간 개념은, 사잇공간의 영역과 관찰 주체의 신체적 움직임의 여정에서 발생되는 인식과정의 지속성을 강화하고, 다층적 질서 속에서 전개되는 신체와 공간의 상호얽힘을 위한 것이다. 이러한 다공성은 바흐친의 표현처럼 건축 공간과 신체, 양자 간의 대화적 상상력을 유발시키는 다성성의 공간이라는 특성을 지닌다. 또 리베스킨드가 탐구한 '비어진 보이드' (voided Void) 개념은, 단순히 물리적인 공간의 비움이 아니라 주체의 심층적 기억과 관련된 인식적 비움의 영역이라는 점이다. 건축의 '가시적인 영역들' 보다는 '불가시적인 영역들' 의 실체를 탐구해 온 그에게, 건축은 "비-테마화된, 불확실한, 여백이 있는 이벤트"로 해석되기 때문이다. 이러한 시간-비움에 대한 개념은 불가시적인 것, 즉 '보이드' (Void)를 통해서 '볼 수 없는 것들' 이 그 스스로 드러낼 수 있는 표상으로 계획한 작품(베를린 유대인 박물관, 1989-2001)에서 독특한 방식으로 드러나고 있다.

미결정성에 대한 논의에서, 프로그래밍의 영역보다 크로스프로그래밍, 트랜스프로그래밍처럼 디스프로그래밍의 영역의 가치를 더 중요하게 강조한 츄미의 디자인 접근 태도는 기능적인 프로그래밍이 아니라 인간의 행위와 관련된 이벤트의 관점에서 해석한 것이었다. 여기서 츄미는 모더니즘에서 강조한 과학적, 합리적, 논리적, 가시적, 확정적 영역에 속하는 프로그래밍과는 다른 차원의 프로그래밍, 즉 불가시적, 우발적, 비합리적인 영역에서 프로그래밍에 대해 추론적인 해석을 한다. 모더니즘의 과학적 디자인 방법이나 데이터의 수집과 분석을 바탕으로 하는 위니 마스의 관점에서 보면, 츄미의 프로그래밍에 대한 해석은 지극히 추상적이고 추론적이다. 이러한 사실로부터 우리는, 츄미가 프로그래밍에 대해 자주 언급하고 있음에도 불구하고, 그의 건축은 결코 프로그램을 해석하여 리얼리티 건축을 구축하고자 시도하는 건축가들의 집단과는 그 성격을 달리한다는 점을 알 수 있다. 또 공간, 움직임, 이벤트라는 3개의 층위가 만들어내는 '이벤트로서의 건축' 담론을 제시해 온 츄미의 공간에서, 우리는 시간 속에서의 이벤트의 계기에 따른 경험의 연속과 신체의 움직임에 따른 생성의 논리를 발견할 수 있다. 그의 작품들에서 발견되는 공간은, 츄미 자신의 말처럼 다양한 이벤트적인 활동을 수용하는 '다층적 공간' 의 속성을 띠며, 하나의 통일된 논리에서 나오지 않은 '이질적인 공간' (르 프레노아, 1994-1997)으로 드러난다.

또 인지적 차원에서의 미결정성에 대한 논의는, 프로그램, 재료의 물성과 관련된 지각적 미결정성을 건축적 경험의 중요한 과제의 하나로 언급한 페로의 작품(프랑스 국립도서관, 1989-1995, 퀸소피아 아트센터 계획안, 1999)에서 발견할 수 있다. 또 프로그램이 제공하는 새로운 가능성을 인식하고 프로그램과 형태 구성을 동시에 접근하여 해체와 중첩의 수법을 통해 새로운 형식과 공간질서를 탐구한 하디드의 작품(홍콩 피크 레제클럽 국제현상설계 당선작, 1982-1983, 로젠탈 현대미술센터, 1997-2003)에서도 발견된다. 하디드가 추구하는 복합성과 모호성을 지닌 공간개념은, 중첩되어 동시에 지각되는 이음매 없는 공간의 연속성과 자유로운 형태에서 연출되는 다층적인 켜와 관찰자의 지각 프로세스 상호 관계 속에서 경험되는 새로운 형태의 보이드 공간을 제시한 것이다. 여기서 우리는 공간에 내포된 다층적 질서, 미결정성, 다성성의 개념들과 신체 중심적 사고의 한 단면을 볼 수 있다.

위에서 우리는 '빈 공간의 부활' 을 주목해야 할 것이다. 보이는 것이 아니라 보이지 않는 것을 인식하고 '틈' 으로 보아야 하기 때문이다. 물고기를 볼 때 굴절에 의한 시각차에 의해 실제 위치를 아는 지혜로운 어부는 물고기 자체보다 그 주변의 틈을 노린다. 또 날아가는 새를 겨냥하는 사냥꾼은 날아가는 대상 자체보다 이동 시차에 따른 실제적 위치를 계산하여 거기에 초점을 맞춘다. 이들이 보는 것은 대상이 아니라 대상의 주변, 곧 틈인 것이다. 그러면 왜 미결정성의 많은 틈을 지닌 건축을 만들어야 하는가? 필자가 〈수용미학과 현대건축, 2003〉에서 언급하였듯이, 그것은 수용자가 이 틈의 구조를 통해 작가의 의도를 해석할 수 있는 가능성을 얻을 수 있기 때문이다. 그것은 또 텍스트로서의 건축 작품에 담긴 여러 미결정성의 층위들과 이 층위들에 대한 수용자의 관계의 층위가 다층적 구조일수록 수용자 중심의 풍부한 건축 체험 가능성이 존재하기 때문이다. 이 다층성의 구조에는 많은 건축가들이 주장하듯이 대립과 모순, 변위와 공존, 선택 가능성 등이 수용된다. 그것은 M. 푸코가 말한 바 있듯이, 호모토피아적인 관점으로 사물의 질서를 인식하는 것이 아니라 헤테로토피아적인 관점으로 사물의 여러 다양한 층위와 이질성의 공존을 인식하는 것이다. 이런 관점에서 볼 때, 건축은 건축가가 완성된 작품 속에 담긴 고정된 의미를 '부과' 하는 것이 아니다. 오히려 그것은 건축가가 작품 속에 의도한 여러 의미를 수용자가 미결정성의 틈을 통해서 '발견' 해 나가는 과정을 통해 완성되는 것이다. 텍스트로서의 건축 작품에 존재하는, 채워져 완성해야 할 미결정성의 수 많은 틈들은 독자의 해석에 달려 있기 때문이다.

II.
관계: 신체의 중심성과 구체화

신체는 스스로를 움직이며 동시에 보는 것이기 때문에, 그것은 자신을 중심으로 사방에 있는 사물들을 붙잡아 놓고 있다.

_ Maurice Merleau-Ponty, 『눈과 마음』 중에서 _

건축 작품의 텍스트성과 그것을 만들어내는 구성 요소들, 즉 효과구조의 관계뿐만 아니라 그것을 지각하는 수용자가 이 텍스트에 내포된 여러 미결정성의 구조, 즉 수많은 틈들과 맺는 새로운 관계 방식에 주목할 필요가 있다. 이것은 수용자의 능동적 역할을 중심으로, 궁극적으로는 작가 - 작품 - 독자라는 관계론적 층위를 전제로 한 '관계성의 건축' 을 만들어내기 때문이다. 현대 건축가들의 이론적 담론과 작품 속에서 발견되는 관계성의 개념은 수용자가 작품의 내적 층위와 함께 대화하며 만들어내는 독특한 관계의 영역을 포함한다. 우리가 무엇보다도 작가에 의해 작품에 깔려 있는 미결정성의 여러 틈들을 채워나가는 수용자(신체)의 능동적인 역할과 구체화(concretization, concretion)주81) 과정에 대해서도 주목해야 하는 이유가 여기에 있다. 문학 작품에서 이 미결정성의 틈들이 채워지는 방식이 독자의 능동적 독서행위를 통해 구체화 되듯이, 건축 작품의 미결정성의 여러 틈들은 신체의 능동적인 참여 행위를 통해 채워지면서 '구체화' 되는 것이기 때문이다. 이러한 이유로 작품 속에 깔려 있는 채워야 할 수많은 틈들, 즉 미결정성의 다층구조와 구체화의 개념은 건축공간과 형태의 체험 구조를 이해하는 데 새로운 틀을 제공한다.

신체에 대한 담론은 역사적으로 건축가들의 주된 관심

사의 하나였다. 고전 건축에서 신인동형론적 비례이론의 미학적 원리가 이를 말해 준다. 모더니즘의 시기에도 신체는 주체보다는 객체화된 방식으로, 그리고 조절되고 통제할 수 있는 대상으로 이해되었다. 이러한 사실은 공간에 담겨진 프로그램에 따라 인간의 신체적 반응을 예측하거나 강요하는 태도에서 발견된다. 우리가 앞에서 살펴본 바처럼, 현대 건축에서 탐구한 보이드 공간의 유형과 미결정성은 프로그램의 불확실성 뿐만 아니라 다층적이고 다성성을 지닌 공간을 통해 신체와 지속적이고 상상적인 대화적 관계를 갖도록 하기 위한 것이다. 이러한 신체와 공간의 상호 관계와 참여의 방식을 통해서 진정한 의미의 소통이 가능한 '열린 건축' 을 지향하고자 한 것이었다. 여기서 우리는 소통의 방식, 즉 건축 공간과 형태라는 효과구조와 신체의 경험구조 간의 상호관계에서 발생하는 대화적 지평이라는 영역에 주목할 필요가 있다.

신체와 정신의 총화인 몸을 통해 경험되는 현상학적 공간과 장소성의 개념, 신체의 공감각적 다차원성(시자, 안도, 홀), 신체의 기억과 정신적 상상력의 구체화(리베스킨드) 등을 탐구해 온 건축가들의 담론과 작품들에서, 우리는 미확정성의 보이드 공간과 이러한 공간에 대한 신체의 관계성이 주된 공통의 관심사임을 발견하게 된다. 이것은 프로그램의 미결정성뿐만 아니라 다층적 질서와 미확정적인 의미를 지니도록 하여 사회적 접촉을 촉진시키는 집합적 공간의 개념(아이크의 시립고아원, 1955-1960, 헤르츠베르거의 센트럴 베히어 보험회사 사무동, 1968-1972), 기억과 신체를 통해서 전달되는 장소의 경험과 정서에 기반을 둔 공간(안도의 고시노 주택, 1978-1981, 나오시마 현대미술관, 1988-1992), 공간과 인간 활동 사이에서 대화가 존재하는 열려 있는, 미확정적인 건축을 지향하는 다층적인 관계성(시자의 갈라시아 현대미술관, 1988-1993, 이베레 카마르고 재단본부, 1998-2008), 신체의 움직임을 통해 주체-객체 상호얽힘이 만들어지는 현상학적 틈과 미결정성의 공간(홀의 키아스마 현대미술관, 1993-1998) 등에서 발견된다. 그리고 예상 밖의 행위인 이벤트를 수용하기 위한 공간, 즉 사잇공간이라는 미확정적인 공간적 질서를 지닌 이벤트-공간(츄미의 콜럼비아 대학 학생회관 러너 홀, 1994-1999, 마르노-라-발레 건축학교, 1998-1999) 등에서 발견되는 미결정성의 개념은 건축을 경험하는 관찰자의 능동적인 참여를 전제로 한 신체의 중심성과 구체화 되어가는 다층적 공간의 경험을 전제로 한 것이다.

특히 건축적 대상과 신체의 관계를 '상호얽힘' 으로 정의하고, 이러한 신체의 참여를 통한 현상학적 구체화를 위해 다공성의 다층적 공간질서를 만들고자 한 것(홀의 MIT 시몬스홀, 1999-2002, 아이오와대학 시각예술센터, 2010-2016)은 공간과 신체 상호간의 소통, 즉 바흐친의 말처럼 다성적이고 다층적인 특성을 지닌 건축 작품을 지향하는 것이다. 여기서 자아의 침입은 건축이라는 타자와 자신의 상호 얽힘을 이루는 것이며 양자 간의 대화적 관계가 발생하는 것을 의미한다. 이것은 신체의 참여를 통해 건축 공간 속에 존재하는 다양한 층위의 틈들을 채워가면서, 이전까지 경험하지 못한 현상적 경험을 수용자에게 경험시키려는 데 그 의도가 있다. 따라서 신체의 참여를 통해 경험되는 현상학적인 틈과 미결정성은 중요하게 다루어진다. 건축적 경험의 문제를 신체가 공간을 어떻게 발견하는가 하는 문제와 관련지어 탐구한 안도의 건축에서 발견되는 공간들도 시간의 이행 속에서 신체가 이루어가는 인지적 경험을 위한 비움을 전제로 한 것이다. 따라서 공간을 발견해 가는 이러한 경험과정에는, 인간의 정서와 관련된 것들과 기능적으로 확정된 영역 사이에 존재하는 '틈새 영역'의 존재가 필수적이라고 보았다. 그의 작품들에서 신체의 움직임은 항상 시간의 이행에 관련된 공간적, 시간적인 틈을 결합하는 것과 관계가 있다. 이것은 작품 속에 담겨 있는 미결정성의 다층구조를 신체의 움직임과 기억을 통해 채워나가는 '구체화' 과정을 의미한다.

신체-기억의 담론은 영혼에 깊은 감동과 흔적을 만들어내는 것을 추구한 리베스킨드의 작품들에서 발견된다. 그에게 '시간-비움' 속에서 존재하는 공간으로 경험되는 장소는, 공허와 침묵을 위해 개방된 신체로서 인식되는 것과 관계된다. 여기서 보이드 공간(Void Space), 즉 부재의 형상화로 열려있는 보이드의 직선들(베를린 유대인 박물관, 1989-2001)은 상실된 것과 결코 회복될 수 없는 것을 표상하며, "상징, 기억과 망각, 음악, 언어와 침묵 등 이 모든 것들을 수렴하여 그 안에서 하나의 성운(星雲)을 만들어내는 이벤트로 건축 이상의 의미를 갖도록 한 것"이다. 리베스킨드가 자신의 보이드 공간에서 환기시키려는 기억에 대한 담론은, 역사적 유형이 환기시키는 아우라의 이미지가 아니라 인간의 깊은 정신적 세계에 층화되어 있는 기억이라는 점에서 유형의 측면보다는 주체의 경험구조의 기반을 이루는 신체성 담론과 관련지어 해석해야 하는 기억의 담론이다.

또한 구축성의 전통으로부터 물성과 이미지를 생성하는 공간을 탐구해 온 현대 건축가(장 누벨, 토요 이토, 헤르조그와 드 뫼롱, 피터 줌터 등)들에게서 우리는 정보사회에서 현실과 가상의 경계가 모호한 가상공간과 가상 신체의 새로운 관계를 탐구하여 보드리야드가 언급한 바 있는 가상 이미지로서의 공간을 구현하는 현상을 발견할 수가 있다. 투명성과 등방성의 공간을 통해서 신체가 공간 안으로 무한히 침투하는 효과(장 누벨의 카르티에재단 현대미술관, 1991-1994)를 만들어내거나 개방형의 다면체 공간구조를 통해 관찰자에게 공간의 유동성과 '비-항상적 거리감'을 강화시키는 수법(토요 이토의 서펜타인 갤러리 파빌리언, 2002), 그리고 관찰자가 보고 보여지는 상호주체적인 현상학적 공간경험을 중시하는 다양한 공간적 실험들이 여기에 해당된다. 특히 줌터는 하이데거의 실존주의적 시각으로 주거와 장소, 시간성의 의미를 기억과 이미지라는 차원에서 재해석(줌터의 서펜타인 파빌리언, 2011)하고 있는데, 이러한 현상학적 아우라는 헤르조그와 드 뫼롱이 프레임의 개념을 통해 인간 - 건축 - 자연을 상호 관계적인 시각으로 해석하여 이해하는 데서도 나타난다.(헤르조그 & 드 뫼롱의 드 영 뮤지엄 신관, 1999-2005) 21세기 현대정보 사회에서 생성된 가상 신체와 실제 신체에 대한 이토의 논의는, 건축의 주체로서의 신체에 대한 새로운 담론으로 주목된다.(그러나 가상 공간과 가상 신체에 대한 이러한 논의는 바라간, 안도, 홀 등이 지속적으로 탐구하는 실제 신체와 실제 공간에서 발생하는 현상학적 경험과는 그 궤를 달리하는 것이다.)

신체의 새로운 지각방식과 관계된 공간의 탐구는 하디드, 아이젠만, 페로와 같은 현대건축가들에게서 새로운 공간경험을 부여하는 방식으로 탐구되어 왔다. 하디드가 탐구한 공간의 연속체 개념에는 동시성과 투명성뿐만 아니라, 시간의 연속성과 움직임을 반영한다는 점에서 공간경험의 주체인 관찰자(신체)의 관점에서 공간의 경계인식과 흐름, 모호성의 개념을 내포하고 있다. 실제로 하디드의 작품(비트라 소방서,

1991-1993, 로젠탈 현대미술관, 1997-2003)들에서 내부공간은 동시성과 다층성을 인식하도록 많은 시선들을 유도하는 다양한 틈새공간으로 존재한다. 그녀의 작품에서 미로와 같은 공간구성의 복합성을 통해서 발생하는 '공간적 경험의 감각', 공간들 사이에서 만들어지는 '인공적 거리두기' 수법 등은 건축가 자신의 관점에 근거한 것이지만 공간을 지각하는 신체와의 새로운 관계방식과 신체의 구체화 과정에 대한 인식을 전제로 한 것이기도 하다. 공간을 경험하는 신체성에 대한 관심은, 최근에 아이젠만이 베르그송이 언급한 지속성의 개념을 도입하여 '미확정성의 공간과 다층적인 경험'을 제공하는 장소(베를린 유대인 학살추모공원, 1995-2005)를 만들고자 한 데서도 발견된다. 페로의 작품(마린스키 오페라극장, 2003-2009)에서 도입된 사잇공간에서도, 츄미의 사잇공간처럼 신체의 이동에 따라 전개되는 예상치 못한 사건의 발생을 수용하기 위한 틈의 영역들이 존재한다. 마찬가지로 신체의 통합감각적인 차원의 경험을 중시한 프릭스의 신체성에 대한 담론에서 우리는 대상을 인식하는 주체로서 신체의 중심성을 점점 중요하게 인식하는 것을 알 수 있다.

또 후랭크 게리의 작품에서 발견되는 동굴공간과 같은 이미지의 '속이 빈 공간'(hollow space)은, 하디드와 같이 이음매 없는 공간의 연속성과 이를 담기 위한 유연한 조각적인 형상의 건축으로 다양하고 독특한 공간적 경험을 만들고자 한 의도에서 출발한다. 여기서 우리는 신체의 감각적 경험을 확장시켜 주는 독특한 형상의 아우라와 통합감각적인 공간경험을 중시하는 현상과 더불어, 객체(오브제) 중심에서 주체(신체) 중심의 경험방식으로의 인식의 전환을 발견할 수 있다. 또한 형태학적 접근과 '테마로서의 건축' 개념을 통해 관찰자에게 공간경험의 다양성을 제공하는 공간구성(웅거스)을 탐구한 데서도 우리는 공간 경험의 주체인 관찰자(신체)에 대해 주목하는 현상을 발견하게 된다. 특히 유형의 형태학적 변형을 통해 회상과 기억의 건축을 추구해 온 웅거스의 작품(독일 건축박물관, 1981-1984)은, 건축의 인간화와 공간을 지각하고 경험하는 방식에 주목하고 있다. 공간의 추상성보다 장소의 현상학적 경험을 더 중시한 마리오 보타의 작품(산타 마리아 데글리교회, 1990-1996)에서도 우리는 '집합적 기억으로서의 이미지'가 경험 주체인 신체(수용자)의 회상과 기억을 전제로 한 것임에 주목할 필요가 있다.

따라서 필자가 〈수용미학과 현대건축, 2003〉에서 언급하였듯이, 우리는 비어 있는 보이드(틈 공간)와 이것을 채워 나가는 신체의 상호 관계에 주목하여야 한다. 미결정성의 가치와 신체를 중심으로 한 구체화 개념을 인식한 건축가들은, 무엇보다도 미적 경험에 영향을 미치는 효과구조뿐만 아니라 이것이 궁극적으로 기억, 이미지, 심상, 셰마 등과 같은 수용자(관찰자, 신체)의 기대지평을 통해 완성되어 가는 현상을 중시하기 때문이다. 건축가가 작품 속에 깔아 놓은 여러 미결정성의 수많은 틈들을 구체화하는 신체의 기억과 이미지는 신체를 에워싸는 사회, 문화, 역사, 풍토에 따라 다양하다. 이러한 사실은 틈의 공간은 무엇보다도 신체의 개별성과 신체를 중심으로 한 구체화에 부합하는 방식으로 구조화되어야 한다는 점을 의미한다. 안도, 츄미, 홀의 건축 담론과 작품 속에서 발견되는 틈, 사잇공간 등이 동일하지 않고 다양한 모습으로 나타나는 것은 바로 이러한 이유에서이다. 특히 신체의 능동적인 참여를 유발하고 그가 지각하고 경험하는 공간의 변위를 발생시키도록 하고, 미결정성의 여러 틈들로 이루어진 작품 속에 '공간의 침투성'을 도입하여 신체를 통해 구체화되도록 하는 작업은 매우 중요하게 취급되고 있다. 이러한 신체에 의한 건축 공간의 구체화 개념은 건축의 텍스트성, 미결정성의 층위들, 틈 공간과 신체와의 관계성과 연관되어 있기 때문이다. 여기서 바흐친의 대화적 상상력, 다성성, 다층성의 개념들은 우리에게 많은 것을 시사해주고 있다.

III.
지각 : 생소화 vs 기억

예술이란 대상의 생성을 느끼는 하나의 방법이며, 이미 생성된 것은 예술에 있어서 중요하지 않다.

_ Viktorv Chklovski, 『기법으로서의 예술』 중에서 _

지각과 생소화(defamiliarization)주82)는 작가가 작품 속에서 미결정성의 여러 층위를 발생시키는 동인이다. 생소화 수법은 건축 작품을 텍스트와 수용자의 관계라는 시각에서 해석하기 때문에, 건축의 텍스트성과 의미의 다의성을 수용자의 시각에서 이해하는 데 중요한 개념적 도구이기도 하다. 그것은 또한 현대 건축가들의 주요 디자인 개념인 의미의 이중성, 복합성, 미확정성 등을 이해하는 데도 유용하다. 왜냐하면 이러한 개념들은 건축의 텍스트성과 그것을 지각하여 해독하는 수용자의 중심적 역할과 중요성을 인식하는 것에 관련되어 있기 때문이다. 그러므로 건축 작품의 텍스트성과 의미의 미확정성의 가치를 인식한 현대 건축가들은 창작된 작품에서 미적 경험에 영향을 미치는 효과구조의 존재뿐만 아니라, 이것이 궁극적으로 기억, 심상, 셰마, 이미지 등과 같은 수용자의 기대지평을 통해 완성되어 가는 현상을 중시한다. 이때 독자의 해석은 그가 속한 문화, 역사, 맥락의 영향과 밀접한 관계를 맺는다. 최근의 여러 건축 사조들-맥락주의, 역사주의, 지속 가능한 건축 등-이 문화적, 지리적인 장소와 디자인의 상호간의 관계에 대한 재인식을 통해 다수성을 인정하는 개방적인 접근태도를 보여주는 것은 이러한 이유에서이다. 또 우리가 인식해야 할 사실은, 지각과 생소화 수법으로 해석 가능한 건축 작품의 텍스트성과 의미의 다의성 문제는 하나의 작품 속에는 수용자가 해독하여 완성해 나가는 '미결정성의 다층구조'가 내포되어 있다는 수용미학적 개념과 바흐친의 다성성의 개념을 통해 보다 심층적으로 이해할 수 있다는 점이다.

a. 우리가 고찰한 바처럼 현대건축 담론에서, 기하학적 질서와 유추의 건축을 지향하는 건축가들은 미의 규범성을 중시한다. 기하학적 질서를 추구하는 건축가들은 형식관계의 새로운 탐구를 통해 지각의 생소화에 이르는 영역을 중시하고, 유추의 기억을 추구하는 건축가들은 규범적 논리와 유형의 형태학적 변형으로 역사적 기억을 회상시키는 과정을 중시한다. 이 두 입장은 오브제가 지닌 아우라의 가치를 중요하게 인식하고 있으며, 특히 후자의 경우는 기억의 담론을 전제하고 있다. 그러나 최근에 유포된 해체 담론은 규범과 역사를 해체한다는 점에서 어느 한편으로는 의미의 재발견에 기여하였다. 하나의 수법으로서의 생소화 개념은 형식관계의 새로운 기법으로 지각의 생소화를 추구하는 건축가들뿐만 아니라, 건축가의 주관적 심상의 표현을 전제로 새로운 아우라를 발생시키고 연상적 의미를 환기시키는 것을 중시하는 건축가(후랭크 게리, 피터 아이젠만 등)들의 이론과 작품에서도 빈번하게 나타난다. 감각적인 형상과 파상공간의 수법을

통해 거대한 조각과 같은 형상(후랭크 게리)이나, 건축을 제2의 언어로 간주하고 텍스트로서의 건축(피터 아이젠만)으로 해석해 온 건축 담론과 작품들에서 우리는 지각의 생소화의 수법이라는 새로운 영역을 탐구하는 현상을 발견할 수가 있다.

특히 구축성의 전통을 중시하는 현대 건축가들은 형식의 표현성과 물성의 탐구 및 지각적 효과를 새로운 방식으로 탐구하였다. 이러한 물성과 피막의 지각적 효과 관계는 일찍이 구축성과 장식의 문제로 논의된 주제의 하나였다. 현대건축 담론에서 물성과 피막의 관계는 누벨이나 줌터의 건축에서 발견할 수 있듯이, 구축성과는 무관한 표피적인 건축 이미지로서의 장식화의 문제로 인식하기 보다 구축적인 논리와 물성의 이미지와 피막의 지각적 효과의 치원에서 탐구되어 왔다. 이것은 물성의 개념을 '생산' 의 관점에서 탈피해 '수용' 의 관점으로 해석하는 것이다. 따라서 재료의 구축적 성질보다 물성이 주는 지각적 잠재성을 실험하여 외부와 환경에 여러 가지 방식으로 반응하는 잠재성(UN의 벤 반 베르켈, SANNA의 카즈요 세지마)을 탐구하거나, 정보사회에 부합하는 가상과 현실의 경계가 모호한 감각적인 이미지를 생산(장 누벨, 토요 이토, 헤르조그 드 뫼롱, 피터 줌터)하는 데 주목한다.

그러므로 누벨, 세지마, 페로 등의 작품에서 드러나는 물성이 지닌 투명성의 미학은 내부의 기능을 드러내는 모더니즘 논리가 아니라 물성을 통한 표피의 투명성의 지각에 더 주목한 것이다. 여기서 외피는 관찰자에게 새로운 이미지를 발현하는 매체이며, 물성의 효과를 통한 지각적 교란을 극대화하여 시뮬라르크적인 기능을 수행한다. 특히 투명성과 물성의 지각적 교란을 통해 신체가 공간 안에서 이동을 통해 몰입하는 효과를 만들어내는 프로그램화된 공간구성의 수법과 외피가 주는 이미지를 통해 지각방식을 교란시키는 수법(카즈요 세지마)은 주목할 만하다. 헤르조그와 드 뫼롱은 물성의 새로운 방식으로 이루어지는 피막의 지각적 효과를 중시한다. 피막이 지닌 이미지의 잔상효과를 물성과 다채색을 통해 표현하려고 실험한 UN STUDIO의 베르켈의 작품(라 데팡스 오피스, 1999-2004)은 외피의 공공성보다는 지각적 효과를 위한 피막으로 주목을 받았다. 또 맥락과 재료의 물성의 탐구를 통해 옛것과 새것의 공존을 통한 건축의 상징성과 의미를 회복(스까르파, 홀)하고자 하는 시도도 주목할 만하다. 따라서 친숙한 요소와 비친숙한 요소의 공존을 통한 과거의 현재화, 시각 및 촉지각의 다양한 경험방식, 불완전한 순간과 익숙하지 않은 비친숙성과 같은 전략을 통해 예상 밖의 당혹과 놀람이라는 경험의 과정(스까르파의 까스뗄빽기오 박물관, 1956-1964)을 중시한다. 여기서 건축 형태를 지각하는 새로운 방식에 대한 이러한 탐구는 지각의 생소화를 위한 수법에서 출발한다.

b. 현대 건축가들에게 있어서 모더니즘 시기에 금기시 된 기억의 회상이라는 담론은 역사적 형태 - 유형의 재도입이라는 관점에서 다양한 방식으로 재해석되어 왔다. 기억을 신체의 다양한 경험방식과 관련지어 해석하는 이러한 현상은, 고전 건축의 역사적 단편을 상징적 장치로 도입하여 역사적 형태에 내포된 연상과 의미의 다양성을 지닌 애매성과 복합성을 추구하고 기억과 이미지에 의한 건축화 작업을 중시(벤츄리)한 데서 잘 드러난다. 또 대중 문화와의 관계, 기억, 경험, 역사적 인유 등 다양한 표현 매체를 통해 자아와 신체의 의미를 확장시키고 정보전달 매

체의 형태로 창조된 시각적 이미지를 탐구(홀라인)하는 데서도 발견된다. 특히 커뮤니케이션 언어로서의 건축 형태에 대한 탐구는, 현대사회의 정보 이미지, 상징, 의미, 지각과 경험의 개방성을 중시하고 모더니즘이 추구했던 내부의 표현으로서의 외피의 개념을 탈피한 순수주의 건축의 이미지를 지향한다. 그러나 기억의 담론은 신체성을 중시하는 건축가들의 이론과 작품에서 지각의 다차원성이나 현상학적 경험(아이크, 홀라인, 안도, 홀)을 위한 표현 방식의 탐구에서 찾아볼 수 있다. 이들은 물성의 현상학적 경험과 기억의 회상장치로서의 역사적 층위와 건축의 서정성을 회복하려는 의도에서 전통적인 외피와 입면의 개념을 도입한다.

특히 우리는 현대건축 담론에서 '건축물은 집단과 개인의 기억의 저장소' 라는 개념과 집합적 기억을 건축 유형(학)의 창조적 해석을 위한 준거 틀로 인식하는 건축 담론에 주목할 필요가 있다. 이러한 논의의 출발은 로시의 〈도시의 건축, 1966〉에서 시작되었다고 해도 과언이 아니다. 기억의 형적과 장소로서의 이벤트 구조를 중시한 로시는, 환원과 추상의 과정을 통해 추출된 역사적 기본형태는 오랜 역사 속에서 존재해 온 집합적 기억과 관계가 있다는 사실을 그 건축 담론의 출발점으로 삼았다. 그가 유추와 환원, 단편화, 병치 등의 수법을 도입하는 이유는 이를 통해서 장소에 대한 개인과 집단의 기억을 회상시키고자 의도한 것이다. 로시의 이러한 접근방식을 통해 구체화된 작품은 역사적 고전요소의 연상적 의미전달에만 치중하는 벤츄리 식의 접근과는 달리 기억의 회상을 통한 생소화 수법의 하나로 해석 가능하다. 또 웅거스, 크리에 형제, 스털링 등의 작품에서 발견되는 유추와 형태학적 변형으로서의 유형에 대한 개념들도 로시가 언급한 바 있는 역사적 형태가 지닌 집합적 기억이 내포된 점을 전제로 하고 있다. 특히 웅거스가 제시한 형태학적 사고와 변형을 바탕으로 한 '건축의 테마화'는 이러한 집합적 기억을 내재하고 있는 역사적 형태들을 재발견하여 현대적으로 변용하는 작업에서 출발한 것이다.

건축에서 기억의 회상이라는 담론에 대한 이러한 접근은, 보타의 건축에서 건축의 시원성과 기하학적인 형태들을 역사적 기억을 담아내는 그릇으로 간주되는 데서도 발견된다. (이것은 칸이 역사의 시원성과 기념비성의 의미를 환기하려고 한 텍토닉-유형의 또 다른 측면으로 볼 수 있다.) 현대건축 담론에서 생소화뿐만 아니라 기억의 회상이라는 개념은 역사성, 장소성, 도시성이라는 시간과 공간의 누적된 층위를 재현하는 것과도 밀접한 관계를 지닌 것으로 다루어지고 있다. 특히 공간 안에서 신체가 체험하는 이벤트(츄미)에 주목하고, 또 의식의 심층에 존재하는 기억을 환기시키는 매체로 건축 공간의 새로운 영역을 탐구(리베스킨드)한 건축가들의 작품에서 발견되는 비어있는 공간(void space)은 신체의 이동을 통한 예상 밖의 경험을 위한 빈 무대장치(츄미)이며, 일상의 삶과 정신 속에 가라앉아 있는 기억을 소통시키는 부재 공간(리베스킨드)으로 나타나고 있다. 리베스킨드가 유대인의, 그리고 프로젝트와 관련된 사람들의 원초적인 기억을 환기시켜 부재 공간을 통해 소통시키려는 개념은 생소화를 위한 새로운 수법으로서 '기억의 회상' 이라는 개념적 도구를 새로운 차원으로 해석하여 활용한 것이다.

IV.
맥락 : 자연과 도시성

"자연은 신이 만든 건축이며 인간의 건축은 그것을 배워야 한다."

안토니 가우디(Antoni Gaudi, 1852-1926)

우리는 현대건축 담론에서, 맥락의 개념이 대지가 놓인 물리적 환경의 특성일 뿐만 아니라 그 대지가 속해 있는 역사적, 사회적, 문화적 영역을 포괄하는 의미로 재해석되고 있음을 발견할 수 있다. 왜냐하면 대지가 지닌 장소성과 기억의 층위처럼 불가시적인 영역들까지 해석하여 담아내고자 하는 다양한 시도가 있었기 때문이다. 우리는 여기서 맥락의 의미가 모더니즘의 건축에서는 물리적 맥락만을 강조한 반면에, 현대건축 담론에서는 맥락을 구성하는 다양한 층위들이 역사적 맥락(문화), 지리적 및 지형학적, 물리적 맥락(대지), 정신적 맥락(기억, 장소성) 등 여러 차원으로 확장되었음을 발견하게 된다. 또 우리가 이제까지 살펴 보았듯이, 자연은 모더니즘과 현대건축의 담론과 작품들에서 지속적으로 탐구된 테마의 하나이다. 따라서 모더니즘과 현대건축 담론에서 자연의 의미를 재발견하는 작업은 중요한 주제이다. 건축에 대한 근원적 탐구를 자연에 대한 인식에서 출발하는 것은, 인간이 자연과 불가분의 관계를 맺는 자연의 일부라는 생각과 자연 - 인간 - 건축의 통합적 관계를 바흐친이 언급한 '대화성'의 관점에서 해석하려는 사고를 반영한다.

자연의 근원에 대한 인식은 건축구성 원리의 시원성에 대한 탐구(로지에)와 미적 규범의 원천(쉥켈, 블레, 루드, 꼬르뷔지에), 건축의 유기적 특성을 강조한 건축가의 상상력을 자극하는 창조성의 원천(가우디, 라이트)으로 해석하는 데서 발견된다. 또한 모더니즘 시기에는 자연과 건축의 관계를 전체와 부분의 관계로 인식한 유기적 건축(라이트), 자연으로 융합되는 투명성의 건축으로서의 무의 개념(미스), 자연의 기하학적 질서를 반영하는 '산보하는 건축'과 산책로의 개념(꼬르뷔지에) 등에서 발견할 수 있다. 뿐만 아니라, 오늘날 현대건축 담론에서도 부지의 잠재력을 활용하고 인위적인 부지를 조성하여 만든 그라운드 스페이스(베니쉬), 친환경 생태학적 건축과 도시의 공공성(로저스, 포스터, 피아노), 지형학적 층위와 도시의 공공공간을 담지한 인공적 랜드스케이프 건축(페로, 하디드), 장소의 기억과 시원성의 근원으로서의 랜드스케이프(보타), 건축화된 자연(바라간, 안도) 등에서 자연에 대한 새로운 해석이 건축 담론과 착상의 중요한 시발점이 되고 있다.

a. 특히 자연의 세계와 관련된 지형학, 지질학적 해석방법은, 자연의 일부로서 건축이 놓이게 될 대지의 흔적과 기억들을 지형학, 지질학적 관점에서 해석하고 접근하려는 것으로 현대건축에서 주목하고 있다. 기하학적 질서를 추구하는 건축가들의 작품에서 발견할 수 있듯이, 건축의 행위를 대지로의 침입행위로 정의하는 페로는 '경작된 자연'의 개념을 도입한다(프랑스 국립도서관, 1989-1995, 이화여대 캠퍼스센터, 2004-2008). 페로는 자연과 대지로 침입하여 건축을 분리하고 궁극적으로는 소멸시킨다는 개념으로 자연과 인공의 모든 구성요소들이 포함된 랜드스케이프 건축을 탐구하였다. 하디드(랜드스케이프 파운데이션 원, 1996-1999, 뉴라직 현대예술박물관, 2006-)와 아이젠만(갈라시아 문화도시, 1999-)은 대지를 지형학적, 지질학적 관점에서 해석하여 시

간의 지속성이라는 기억의 차원에서 대지와 도시성을 수용하려고 한다. 하디드는 외부의 자연을 내부화된 랜드스케이프로 수용하고 이것을 다시 외부의 실제 랜드스케이프와 연계시킴으로써 도시성의 의미를 갖게 하고, 인공적 랜드스케이프로 재구성하여 '인공적 대지형상' (landform)을 구축하고자 한다. 페로와 하디드의 건축은 도시의 맥락을 포함하여 인공적 랜드스케이프를 만들어내고자 한다는 점에서 공통된 기반을 공유한다. 이들의 자연에 대한 해석은 친환경 건축을 위한 과학기술적인 접근이라기 보다는 대지의 기억과 관련된 이미지와 시간성의 역사를 환기시키고, 건축을 자연, 도시성과 통합하려는 것이다. 따라서 이들의 담론에서 자연은 단순한 자연적인 랜드스케이프가 아니라 인공적으로 건축화된 랜드스케이프로서의 '제2의 자연' 의 의미를 지닌다. 우리는 또 건축을 자연과 도시의 연속체로 인식하고 내, 외부에 인공적인 자연의 영역을 조성하는 인공적 생태학과 랜드스케이프의 인위성을 조성하는 개념(MVRDV의 위니 마스의 빌라 VPRO, 1993-1997, SANNA 카즈요 세지마의 프랑스 루브르 뮤지엄, 2005-2012)을 발견할 수 있다. 자연을 건축적 생성을 위한 배양의 토대로 삼고 이로부터 건축담론을 제기한 MVRDV의 위니 마스는 경작, 재배의 원리를 건축에 도입한다. 위니 마스의 자연의 건축화 개념은 하디드처럼 도시와 랜드스케이프를 건축의 내부로 유입하고자 한 의도라는 점에서 유사성을 공유한다. (지속가능성과 자연의 생태계에 대한 인식은 기후와 에너지 절감을 위한 친환경 건축을 위한 담론을 제시한 로저스, 포스터, 피아노 등 하이-테크 지향적 건축가들의 입장에서도 잘 나타나고 있다. 많은 현대 건축가들이 자연친화적인 건축을 만들기 위한 생태 담론을 공유하고 있다는 점은 주목할 필요가 있다.)

또 한편으로 '제2의 자연' 으로서 인공적 자연의 개념은 가상 도시의 현대사회에서 실제 자연과 '가상적 자연' 이 공존하는 방식으로 전개되었다. 이러한 자연의 건축화 방식은 장 누벨, 토요 이토 등에서 독특한 방식으로 나타난다. 누벨은 자연을 시간의 일시성을 드러내는 건축의 구성요소로, 이토는 가상적 자연을 가상 신체에 대응하는 제2의 자연으로 도입하고 있기 때문이다. 이러한 인공적 자연의 개념은 건축 구성의 중요한 요소라는 새로운 의미로 해석되어 적용되고 있으며, 실제 자연과 가상의 자연의 경계가 사라지거나 모호하게 처리된다. 특히 자연을 시간 속에서 덧없음을 지닌 자연의 변화현상으로 인식하고, 자연과 공존하는 건축의 상호관계성을 통해 자연과 건축의 이미지가 상호 침투되는 랜드스케이프(장 누벨의 카르티에 재단 현대미술관, 1991-1994, 브랜리 뮤지엄, 1999-2006)를 만들거나, 투명성의 건축 이미지와 함께 공존하는 '내부화된 자연' 의 개념을 통해 자연의 일부로서 신체가 공간에 통합되는 건축(토요 이토의 다이청 오페라하우스, 2005-2013)을 추구한다. 또 자연은 장소의 실존적 가능성을 발견하기 위한 불가시적인 질서를 탐구하는 원천(헤르조그 & 드 뫼롱의 드 영 뮤지엄 신관, 1999-2005)이며, 디지털 픽셀화의 수법으로 새로운 경험의 영역을 확장시키는 데 기여하는 인공적 랜드스케이프(헤르조그 & 드 뫼롱의 도밍구에 뮤지엄 및 문화센터, 2001-2008)라는 개념으로 해석하는 점은 주목할 만하다.

현대건축 담론과 작품에서 공통적으로 발견되는 현상은 건축-인간-자연 환경의 관계를 중시하며, 건축의 인간화와 통합된 랜드스캐이프의 건축을 추구한다는 점이다. 여기서 부지는 단순히 물리적 특성으로서의 부지가 아니라 역사적 기억과 장소성이 담긴 '정신적인 부지' (리베스킨드의 WTC 재건축설계공모 당선작, 2002-)로 해석되거나 배경, 부지, 컨텍스트(맥락)와 같이 문화적이면서 동시에 지형적인 의미를 내포하는 Site-ing 개념 등으로 해석된다. 특히 추상화된 자연은 건축을 통해 인간과 교감하는 도구(안도의 고시노 주택, 1979-1981)로 인식되거나 실제 자연에 대한 현상학적 경험을 통해 신체와 상호얽힘의 관계, 건축과 랜드스케이프의 상호 침투효과(홀의 넬슨-아트킨 미술관 증축, 1999-2007)를 갖도록 하는 데 관심이 있다. 안도가 물질보다 '상황', 대상보다 '관계'에 더 관심이 많으며, 기하학 상자와 벽이 부분적으로 땅 속에 묻히는 과정을 통해서 추상화 된 자연이 건축이라는 매개체를 통해 인간과 교감하도록 건축과 신체의 무대로 인간화된 자연, 즉 랜드스케이프를 구축하고자 하는 것은 바흐친이 논의한 '대화적 상상력'을 상기시킨다. 특히 문화적 변형의 과정과 정신적 행위로서의 건축을 추구하며 시간의 궤적으로서의 건축을 탐구(시자의 갈라시아 현대미술관, 1988-1993)하는 경우, 여기에는 자연과의 상호 대화적인 관계를 통해서 인공적 구축으로서의 건축과 랜드스케이프를 창조하려는 의도가 강하게 나타난다. 또 최근에 벡터, 엔벨로프, 프로그램, 컨텍스트의 측면에서 맥락과 개념의 새로운 관계를 탐구한 Site-ing 개념을 잘 보여주는 작품(츄미의 뉴 아크로폴리스 뮤지엄, 2002-2007)에서도 이러한 현상의 흐름을 주목할 필요가 있다.

온 건축가들은, 자신의 건축 담론에서 제시한 개념들을 도시 담론에 확장하여 일관성 있게 적용하고 있다. 역사적 기본형태가 내포한 집합적 기억에 호소해온 로시는, 이러한 기억의 건축을 도시를 구성하는 형태소로 인식하고 적용하여 유추의 도시라는 영역으로 확대하였다. 또 우리는 웅거스의 테마로서의 건축 담론이 도시의 담론으로 동일한 논리로 확장되어 반복되고 있음을 알 수 있다. 특히 보타는 도시를 집단적 기억과 거주의 개념을 위한 장소적 기억의 층화로 인식한다. 도시를 역사적 기억들의 층화로 보는 이러한 사고는 현대 사회의 정보도시를 디지털의 칩으로 비유하여 해석한 이토의 사고에서도 독특한 해석방식으로 나타난다. 또 기억과 장소성을 담지하는 도시적 담론을 탐색하는 이러한 태도는 아이젠만의 1980년 후반의 작품에서 보이듯이 장소, 기억, 이미지의 다양한 층위들을 담고 있는 도시의 장소의 기억을 그 건축 구성의 중요한 출발점으로 삼고 있는 데서도 발견된다(베를린 유대인 학살 추모공원, 1995-2005). 여기서 우리는 아이젠만의 초기 언어학에 근거한 추상적 논리가 후반기에는 도시의 역사적 장소의 맥락과 관련된 기억의 층위들을 반영한 장소성(베네치아 칸나레지오 지역을 위한 계획안, 1978), 도시의 지형학적, 역사적 기억들의 층위와 중첩하려고 하는 시도(갈라시아 문화도시, 1999-)로 점점 수렴되면서 추상과 전통이 융합하는 현상을 목도하게 된다.

b. 자연과 도시의 장소적 맥락을 중시하고 도시를 오랜 기억의 층위들이 누적된 장소라는 집합적 기억과 역사적 유형의 형태의 가치를 인식한 현대 건축가들은, 건축물을 역사적 과정을 통해 이루어진 '도시의 집합적 기억이 누적된 저장소'로 간주한다. 특히 유형의 탐구를 통해 유추의 건축을 추구해

우리는 또한 프로그램과 리얼리티를 추구하는 여러 건축가들의 건축담론과 작품들에서, 건물의 내부를 도시, 환경과 연속적으로 연계하는 공간적 내부화를 추구하거나 도시의 사회적 접촉을 위한 공공 공간의 역할을 수행하는 중간영역 공간인 수직적 미로라는 새로운 공간유형(MVRDV의 위니 마스의 베를린 보

이드 계획안, 1991, SILODAM, 1995-2002, 미라도 하우징, 2001-2004)을 탐구하는 것을 발견할 수 있다. 이러한 태도는 건축을 도시의 공공 공간의 일부인 건축적 랜드스케이프로 구축(FOA의 자에라 폴로의 요코하마 국제항만터미널, 1995-2002)하는 데서도 발견된다. MVRDV의 위니 마스, 프릭스, 하디드는 도시의 공공 공간을 건축의 내부로 유입하여 내부화 된 도시 공간으로 구축된 랜드스케이프 건축을 만들어내고자 한다는 점에서 많은 유사성을 공유한다. 이러한 사실은, 마스는 도시를 유입하는 '내부화된 공간' 개념을, 프릭스는 '어반 트랜지스터' 로서의 건축의 개념을, 하디드는 인공적 랜드스케이프로서의 건축의 개념을 제시한 데서 알 수 있다. 이들은 모두 도시의 공공 공간과 여기서 발생하는 행위의 다양성에 주목한 것이다. 도시의 공공 공간의 중요성에 대한 인식은 지속가능한 도시개념을 제시하고, 역사적 맥락(옛것)과 테크놀러지(새것)를 통합하여 도시의 공공성을 회복해 온 하이-테크 건축가(로저스, 피아노, 포스터)들의 작품에서도 중요한 디자인 탐구 과제의 하나로 다루어지고 있다. 여기서 익숙한 것(전통)과 새로운 것(현대성)의 공존을 지향하는 이러한 경향은 스털링, 포스터 등의 작품에서 일관되게 발견되는 주제들이다. 스털링, 크리에, 보타, 포스터, 피아노 등이 전통과 현대의 공존이라는 관점에서 맥락에 대한 새로운 접근을 통해서 도시를 건축물의 기억의 장소로 해석하고 있다면, 헤르조그와 드 뫼롱, 페로 등은 도시의 건축이 존재하는 대지의 맥락과 장소성을 물리적 대지의 층위를 형성하고 있는 지형학, 지질학적인 흔적들의 누적으로 해석하여 접근하고 있다.

건축의 도시성의 의미를 물리적 형태로서의 도시가 아니라 역사와 기억, 의미와 상징이 담긴 문화로서의 현대도시라는 관점에서 해석하는 것은, 특히 신체성을 중시하는 현대 건축가들에게서도 발견된다. 이것은 전통, 장소성, 이미지와 기억 등과 같은 정신적이고 감각적인 동인을 수용하여 건축의 서정성과 역사성을 회복(스까르파의 브리온 가족묘지, 1969-1979)하거나, 집합적 공간의 역할로서의 도시 가로를 회복하여 상황과 장소로 인식되는 다층적인 공간적 질서를 지닌 도시성의 건축을 탐구(아이크, 헤르츠베르거)하는데서 찾을 수 있다. 특히, 역사와의 대화를 '과거의 현재성' 에서 찾고자 도시의 가로들, 맥락과 물성의 문제, 옛것과 새것들 사이의 역사적인 층위에 존재하는 보이드 영역을 상호간의 대화와 긴장감을 위해 필수적인 것으로 간주(스까르파)하거나, 기억과 경험들이 묻혀 있는 도시의 흔적들을 구체적인 장소성의 시각에서 추적하여 수용하는 태도(리베스킨드)는, 건축과 도시의 관계를 물리적 실체가 아닌 문화적, 역사적 실체로 인식하고 접근하는 것을 의미한다. 여기에는 인간, 랜드스케이프, 건축과 도시성의 불가분의 관계를 인식하고, 신체를 통해 물리적인 것과 현상적인 것의 상호작용을 지속적으로 확장해 나가려는 것이 전제되어 있다. 우리는 현대건축 담론에서, 많은 건축가들이 지향하는 건축적 사고의 다양함에도 불구하고, 역사적 장소성의 맥락과 관련된 기억의 영역들을 건축화하는 작업을 중요한 출발점으로 삼고 있는 현상을 주목해야 할 것이다.

주(註)
참고문헌
도판출전
찾아보기
에필로그
서평(書評)

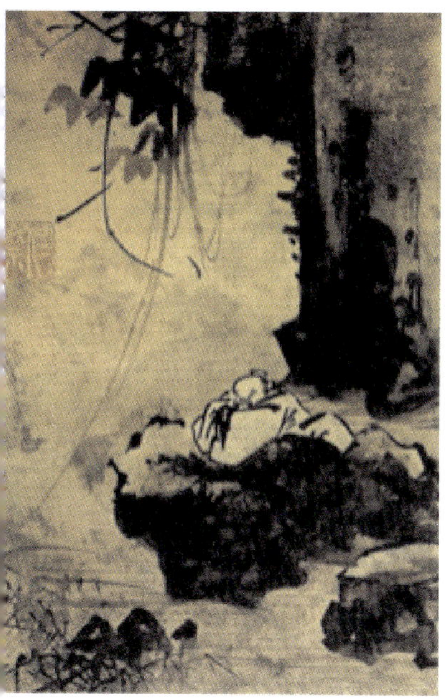

주(註)

06

프롤로그(Prologue)

주1) 생산미학의 한 영역인 마르크스주의 문학이론은 문학 작품(텍스트)을 둘러싸고 있는 사회적-역사적 상황을 출발점으로 삼고 작품 외적인 요소만을 강조한다. 반면, 형식미학의 한 분파인 형식주의 이론과 신비평 이론 등은 문학 외적인 문맥보다는 오히려 문학 작품 그 자체에 관심을 갖고 텍스트의 내적 요소만을 고집한다. 구조주의 문학이론은 무엇보다도 작가가 문학 텍스트에서 의미를 구축하기 위해 사용하는 언어에 주목하고 문학작품 속에 내재되어 있는 기본적인 기호체계를 규명하고자 한다는 점에서 작품 내재적 분석을 중시하는 형식주의 이론의 발전된 형태라 할 수 있다. 심리주의 문학이론은 문학작품에서 작가의 역할을 강조하며 창작 당시의 심리적 상태 혹은 작품의 창작과정 등이 중시된다. 반면, 독자지향 이론의 분파인 현상학 이론이나 독자반응 이론 혹은 수용미학 이론 등은 작가의 심리 대신 독자의 심리와 문학작품과 관련하여 독자의 창조적인 경험 등 독자의 입장만을 강조하는 경향이 있다.(김욱동 1999, pp.15-16)

주2) 바흐친은 언어는 살아있는 담화, 즉 말하는 것 그 자체가 갖는 창조적인 능력 내에서만 존재한다고 보았다. 여기서 행위자는 발화를 통해서 발화가 발생하는 사회적 맥락과 자신을 모두 변화시킨다는 것이다. 이러한 해석의 입장을 강조한 바흐친은 역사적 시간의 흔적을 제거한 추상적인 기호체계를 강조한 구조주의 입장을 거부한다.

주3) 바흐친은 자아 이론에서 독백주의(monologism)와 대화주의(dialogoism)를 구분한다. 전자는 타자를 완성되고 완결된 것, 즉 의식의 대상으로 인식하는 반면, 후자는 타자와의 관계를 통해서만 존재하는 열려있는 미완성된 의식을 찬양한다. 독백주의가 내부지향, 자아의 봉쇄, 분리와 고립을 이끈다면, 대화주의는 봉쇄를 거부하고 외부를 지향하여 타자들의 의식과 조우하고 반응한다. 이렇듯 대화주의는 타자성(alterity)에 기반한다.

주4) 이 용어는 바흐친이 음악에서 사용하는 용어를 차용해 온 것으로, 음악의 경우 다성성은 대위법에 의해 하나 이상의 독립된 멜로디가 화성적으로 결합된 음악 형태를 가리킨다. 오직 한 멜로디에 의해 지배되는 '단성적(單聲的)' 악곡과 반대되는 개념인 다성적 악곡은 9세기 후반에 처음 시작되어 15세기와 16세기에 정정에 이르렀다.(김욱동 1999, p.160)(다성적 음악과 푸가의 대위법적 화성악의 개념을 적용하여 자신의 디자인 개념을 발전시켜 온 스티븐 홀의 작품에서 발견되는 다공성의 개념은 다성성의 또 다른 양태라고 볼 수 있다.)

061

주1) 조각가, 화가, 시인, 기술자였던 미켈란젤로(Michelangelo)가 설계한 캄피도글리오(Campidoglio, 1536-1546)의 건물의 배치가 역마름모꼴로 구성된 것은, 이성에 의한 개념적 비례보다는 시지각에 의한 경험적 비례의 미를 얻기 위한 의도였다. 따라서 이 건물의 광장에서 관찰자는 수학적 비례 체계를 바탕으로 한 부정형의 투시도적 공간이 아니라, 인간의 시지각에 완벽한 수학적 비례로 지각되는 기하학적 공간을 경험하게 된다.

주2) 1923년 초에 그는 공간의 4가지 양상을

(1) 직관적이며 형이상학적 인식으로 형성되는 비물질적인 가상의 공간(illusory space)

(2) 지성에 의해 측정 가능하고, 도면에 의해 실재 공간을 구체화하는 방법으로서 수학적 공간(mathematical space)

(3) 우리를 초월하는 실재의(가촉적인) 물질적 공간(material space)

(4) 정서적이며 활력있는, 인간의 정신적인 공간 개념인 예술적 공간(artistic space)으로 분류하였다.

주3) 조각가 힐데브란트는 예술적 경험으로서 관찰자와 대상물 간의 공간적 관계를 지각 심리학적인 관점에서 접근하였다. 그는 관찰자가 대상물을 인식하는 방법을 순수 시각과 동적 시각으로 구별한다. 여기서 전자는 관찰자의 두 눈이 평행을 이루고 신체가 특정한 원거리 지점에 국한될 때 생기는 이미지이며 원거리 상이다. 이 원거리 상은 관찰자에게 하나의 통일된 평면상인 2차원을 제공한다. 후자 동적 시각은 관찰자가 다른 지점에 위치하거나 대상물에 더 가까이 접근하면서 관찰자의 눈이 한 곳으로 수렴되고 조절되며, 신체가 움직일 때, 이동시각을 통해서 감지되는 3차원적인 상(이미지)이다. 이때 연속적인 인상을 받게 된다. 그에 따르면, 통일된 원거리 상과 연속적인 근거리 상을 재현하는 것이 중요하다는 것이다.

주4) 이것은 젬퍼가 제시한 '방향'의 개념과도 유사하다. 젬퍼는 〈서론 Prolegomena〉에서 모든 자연 형태들은 공간적 확장과 관련된 폭(width), 높이(height), 깊이(depth) 등의 세가지 요소들을 갖고 있으며, 이들로부터 대칭(symmetry), 비례(proportion), 방향(direction) 등 세가지 요소가 도출된다고 말한다. 이것은 그가 건축을 직립한 인간으로부터 도출시킨 3 방향을 띠는 데카르트적 공간의 확장으로 이해하였음을 보여준다.(Conelis van de Ven 1980, p.100, p.102)

주5) 이 명칭은 '새로운 예술학교'를 뜻하는 프로-우노비스(Pro-Unovis)에서 나온 것이다. 리시츠키는 회화와 건축 사이에 존재하

는 영역에서 새로운 영역을 추구하였다. 프램톤(K.Frampton, 1980, p.131)은 추상적이고 비객관적인 요소들과 실험적 설계에 의한 건축가의 객관적인 건축 형태는 다분히 즉물주의적인 특성을 띠고 있다고 지적한다.

주6) 이 시기에 핀란드에서 유행한 북구의 고전주의(Nordic Classicism)는 지적이고 설제된 미학, 장식의 배제, 형상과 윤곽의 엄밀성, 배경(ground)과 형상(figure)의 명확한 구분, 사회적 관심사에 대한 인식 등을 중시하였으며, 북구 나라들에서의 모더니즘의 수용을 준비하는 예비적 단계로 평가된다. 특히 북구의 고전주의는 로마의 기념비적인 고전주의보다는 북부 이탈리아 지역의 무명의 민속적, 토착적 고전주의(특히 농가 주택)에 더 자극을 받았다. 이러한 실용적이고 현실적인 전통 농가 주택에서처럼 토착적 고전주의는 사회적 이슈에 대한 기능주의 건축가들의 관심에 부합되는 것이었다. 또한 건축의 역사에 대한 관심을 수용한 북구 고전주의는 이러한 전통의 감각을 개인의 양식적인 창안에의 욕구와 결합하였다.

주7) 20세기의 전환기에 핀란드 철학자 히른(Yrjö Hirn)은 창조적 프로세스에서 유희 이론(theory of play)을 지지하였다. 히른의 유희 이론에 자극을 받은 알토는 이것을 건축적으로 테크놀러지, 경제성, 예술적 직관들을 중재하는데 필요한 것으로 해석하였다. 알토는 또한 예술가의 내적 창조성의 개념을 강조한 반 드 발데(Van de Velde)의 사상을 지지하였다.

주8) 이에 대해 알토는 다음과 같이 설명하고 있다.

"강당의 천장은 접합된 목재패널으로 구성되었다. 이것은 소리, 특히 가까운 영역에 있는 말소리를 음향학적으로 진보된 장식으로 멀리까지 확산시킨다. 토론은 강의실에서 중요하기 때문에 가청도(audibility)는 콘서트 홀처럼 일방향적이지 않다. 나의 음향적 구축은 강당의 모든 지점에서 바닥에서 정상적인 소리로 말해진 언어들의 전달자와 수신자를 동등하게 만드는 것이다. 나는 음향의 문제를 주로 생리적이고 심리적인 것으로 간주하였다. 왜 이 문제가 단순히 기계적인 수단으로 해결될 수 없는가 하는 이유가 여기 있다. ((ed.)Peter Reed, 1998, p.30에서 재인용) "

주9) 이러한 사실은 알토가 언급한 동부 핀란드의 풍토적인 농가주택에 대한 통찰력 있는 분석에서 잘 나타난다.

"카레리아(Karelia) 건축에서 흥미있는 최상의 특징은 그 동질성이다. 그것은 순수한 산림용 주거의 건축이다. 황폐한 카레리아 마을은 그리스의 폐허와 외견상 유사하다. 그리스에서도 재료의 동일성은 비록 대리석이 목재를 대신하고 있으나 지배적인 특성이다. 또 다른 의미있는 중요한 특색은 카레리아 지방의 주택이 만들어져 온 풍습, 역사적 발전의 흔적, 그리고 건설 공법이다. 카레리아 지방의 주택은 단일의 간소한 방, 혹은 인간과 동물 모두를 위한 보호처, 불완전한 초기 상태의 건물로 시작하는 그러한 건물인데, 그것은 비유적으로 말해서 그 다음에 연차적으로 성장하고 있다. "확장된 카레리아 주택" 은 생물학적 세포형성에 비교될 수 있다. 더 크고 더 완벽한 건물이 될 가능성은 항상 열려 있다. 이 두드러진 성장하고 적응하는 능력은 카레리아 건물의 주요 건축원리—지붕의 각도가 일정하지 않다는 사실 -에 가장 잘 반영되어 있다(Alvar Aalto, 1941; Kenneth Frampton, 1980, p.192 발췌 재인용)"

주10) 핀란드 건축가이자 이론가인 팔라스마(Juhani Pallasmaa, 1989)는 핀란드인의 공간의 사용, '숲의 기하학(forest geometry)' 에 대해 다음과 같이 언급하였다.

"숲은 공상, 우화, 신화, 미신이 만들어내는 창조물로 서식하는, 상상을 위한 영역이었다. 숲은 그 안에 안정과 평화, 공포와 두려움의 감정이 모두 공존하는, 핀란드인의 마음(정신)의 무의식적인 단층이었다. 동일한 상징적이고 무의식적인 함의가 여전히 우리의 마음(정신)속에 살아있다. 목재와 나무로 보호하는 포용에 대한 기억이 심지어 지금 세대의 핀란드인의 집합적인 영혼에 깊이 존재하고 있다.((ed.)Peter Reed, 1998, p.63 재인용)"

또 쉴츠(Göran Schildt, 1984)도 "숲은 다른 종류의 적응을 요구하는 비합리적이고 매우 복잡한 생물학적 단위" 이며, 각 부분들이 서로간에 영향을 미치며 한 영역에서 보다 유기적인 전체를 형성하기 위해 조합하는 존재" 로 묘사한다.

주11) 리고레타는 주택과 성당 등 소규모의 친숙한 스케일에서 전개한 바라간의 건축적 주제와 개념들을 대규모 프로그램과 공간을 수용하는 프로젝트에 성공적으로 적용한 건축가로 평가되고 있다. 바라간 건물의 주된 특징들이 건물의 내부에 있는 반면에, 리고레타의 건물들은 현대의 테크놀러지와 구조적인 해결을 능숙하게 활용하고 도시적 맥락에서 접근한다.

주12) 바라간은 이에 대해 다음과 같이 언급한다.

"현대인의 일상사는 공공 생활의 연속이다. 침실이나 저녁 식사까지도 사업과 사교를 위해 쓰인다. 결국 여유있는 시간마저도 바깥세상의 소식을 알기 위해 라디오나 TV를 사용한다. 이러한 사실 때문에 현대인은 공공을 위하여 이와 같은 열린 정원을 만들어낸다. 아무런 매력도 사적인 정원의 장점도 없는 나는 이런 삶을 사는 현대인이 언제 명상하고 창조적이며 정신적인 생각들을 공상하는가 자문해 보았다, 또 이런 삶의 방식이 모든 이들이 일상 생활에서 가져야 할, 특히 현재, 평화와 평온의 감정을 가능하게 하는가 생각해 보았다(Luis Barragán, 1951년 연설문 중에서; 한지애 (2005, p.23 재인용) "

주13) 바라간은 침묵과 고독에 대해 다음과 같이 주장한다.

"오직 고독과의 친밀한 공존을 통해 인간은 자기 자신을 찾을 수 있다. 고독은 좋은 친구이며, 나의 건축은 고독을 두려워하거나 차단시키려는 자들을 위한 것이 아니다(Nuestra Portada, 1999, p.90 ; 한지애, 2005, p.33 재인용)"

주14) 이 주택의 구성은 내, 외부에 표현된 가족생활을 위한 풍부한 공간과 건축주 루나의 지적 활동을 위한 도서실에 망루형식의 계단을 통해 외부에서 방문객이 접근가능한 구성으로 이루어졌다.

주15) 바라간은 정원과 분수에 대해 다음과 같이 피력한다.

"아름다운 정원에서는 자연의 위대함은 언제나 존재한다. 그러나 그것은 인간적 비례로 환원되어진 자연이다... 멕시코 도시의 남부에는 화산 암반이 펼쳐진 지역이 존재한다. 이러한 랜드스케이프의 아름다움에 압도당한 나는 그 신비를 파괴하지 않고 여러 정원들을 만들어 인간화하기로 결정하였다. 이러한 '보석'들을 뜻밖으로 발견하는 행위는 내가 알함브라 궁전의 어둡고 좁은 통로를 걸어가고 있을 때 돌연히 평온하고 침묵으로 가득 찬 인적이 드문 머틀 숲(Myrtles) 중정 안으로 빨려들어 갔던 때 느꼈던 때와 비슷한 감각을 만들어냈다...... 나는 완벽한 정원은 그 크기가 어떠하던간에 에워싸 담아야 하는 것, 즉 온전한 우주를 담아내고 있다는 느낌을 받았다.(내가 책임져야 할 첫 번째 정원에서 스페인 무어건축의 미적인 지혜로부터 얻은 교훈에 반향하려는 시도만이 내가 한 모든 것이다.)((ed.)Raúl Rispa, 1996, p.22 재인용)"

주16) 바라간은 루이스 칸이 설계하고 있는 솔크 생물학 연구소의 중앙 광장 디자인에 대해 다음과 같이 조언한 것은 유명하다. "하나의 수풀도 안됩니다. 수풀도, 식물도, 꽃도 혹은 흙더미도 넣지 마십시오. 완전히 비우도록 하십시오. 광장은 두 건물을 통합할 것이고, 그리고 마침내 바다의 끝자락을 보게 될 것입니다(Luis Barragán, 1966)"칸이 바라간의 조언대로 비워낸 중앙광장의 바닥은 하늘을 품는 5번째 파사드의 역할을 하고 있다고 역사가들은 언급하고 있다.

주17) 바라간은 벽에 대해 다음과 같이 언급한다.

"건축은 공간적일 뿐만 아니라 음악적이다. 음악은 물에 의해 연주된다. 벽의 중요성은 그것들이 거리의 외부세계로부터 사람을 분리시키는 것이다. 거리는 공격적이고 비우호적이다. 벽은 침묵을 만든다. 그 침묵으로부터 당신은 음악으로서 물을 연주할 수 있다. 나중에는 음악이 우리를 둘러싼다(한지애 2005, p. 39 재인용)"

주18) 근대건축의 지지자인 스카르파는 꼬르뷔지에, 알토, 미스, 라이트, 비엔나의 호프만, 아돌프, 로스 등을 자신의 모델로 간주하였다. 특히 그는 〈건축을 향하여, 1926〉에서 근대적인 공업문화의 기술, 재료 구조의 영역들에서 새로운 형태를 찾으라고 주장한 꼬르뷔지에의 후기 작품들에서 새롭고 더 시적인 모더니즘이 성장하게 될 비옥한 터전을 발견하고자 하였다. 또한 그는 라이트와 동양(일본)의 영향을 받았다. 그러나 그는 근대건축 운동의 합리적이고 기능주의적인 주류의 흐름과 일정한 거리를 유지하였다.

주19) 절대적 독창성을 탐닉한 라이트나 원초적 형태의 회복을 통해 초월적 보편주의를 추구한 칸의 경우는 이와는 대치되는 입장이다)

주20) 한 예로 모더니즘 운동에서 합리주의자들이 구조의 투명성의 연출이라는 이상에 빠진 것이 이에 해당된다.

주21) 1923년에 건축가 포랄티(Arnaldo Foralti)가 성을 박물관으로 개조하기 위해 이 건물에 고대의 '마스크'를 덧씌웠던 건물에서 병영이 지닌 파사드를 흐름의 결과로서(본떠서) 드러나는 고딕적인 인공물의 꼴라쥬로 대체하였다. 그 결과 군사용 건물이 이탈리아 양식의 정원을 갖는 모조-중세풍의 궁전으로 변형되었다.

062

주1) 바슐라르는 인간의 삶에는 객관적으로 이해할 수 없는 요소들이 있으며, 그것들은 자생적인 생명력을 지니고 있고, 항상 인간의 내면에서 새로운 에너지로 작용한다는 사실을 자각하면서 이미지와 상상력의 긍정적 가치를 탐구하였다. 그는 이미지와 상상력은 이성 중심의 정신 활동에서의 오류가 아니라 주관적 가치 체계(감성적 비합리성)로서 이것은 인간의 본질을 이루는 핵심 요소로 간주한다. 따라서 그는 상상력을 외계의 대상들의 이미지를 기억하는 정신 기능으로 보던 기존의 관점을 거부하고, 상상력은 외계의 대상 이미지와는 무관하게 독자적인 법칙에 의한 작용을 지니고 있다고 보았다. 그가 주장하는 관념론적 상상력은 외계의 대상 이미지를 받아들여, 스스로 이상적인 것으로 삼고 있는 상태로 변화시켜 가는데, 그 작용이 우리의 실용적인 목적이나 생리적인 욕망과는 전혀 관계없는 것이기에 독자적인 것이다. 그는 상상하는 주체가 떠올리는 영감이나 신선한 아이디어는, 실상은 어렸을 때부터 보았던 이미지나 교육, 그리고 자신이 겪은 경험으로 구성된 정보가 만들어내는 연상작용의 결과로 만들어진 이미지로서 이를 '문화 콤플렉스'라 불렀다.

주2) 바슐라르가 사용하는 의식은 정신분석학적 무의식과 현상학적 의식의 중간 지대에 위치한다. 그에 따르면, '몽상은 저녁에 꾸는 무의식적인 꿈과 다르게 의식적 꿈, 즉 낮의 꿈'이다.

"밤의 꿈과 몽상 사이에 존재하는 근본적인 차이, 현상학의 영역에 속하는 차이가 있다. 밤의 꿈을 꾸는 사람은 자신의 자아를 잃어버린 어둠인데 비해, 몽상을 하는 몽상가는, 그가 약간 철학적이라면, 자신의 꿈꾸는 자아의 중심에서, 코기토를 형성할 수 있다. 다시 말해, 몽상은 의식의 빛이 그 안에 존속하고 있는 정신활동이다. 몽상가는 자신의 몽상안에 있다(몽상의 시학, 1969, p.54)"이 몽상은 비현실과 현실의 기능을 함께 아우르는데, 이 몽상 속에는 언제나 이미지의 근원에서 활동하고 있는 의식이 있으며, 몽상 속에서 우리가 깨어 있을 수 있도록 해 주는 것은 우리들 존재의 '몽상의 의식'의 힘이라는 것이다.

주3) 여기서 탈중심화의 주체의 개념은 타자를 내세우며 단일한 자아를 고정된 중심(정체성의 중심, 의식의 중심, 역사의 중심 등)을 무너뜨리려는 기획과 관련된 것이다. 프로이트는 의식적 통제 너머에 있는 무의식의 힘을 발굴함으로써 이성적 자아의 개념을 무

너뜨렸다. 라캉의 정신분석학적인 무의식 이론과 데리다의 해체주의 철학에서 자아는 허구, 즉 이야기를 이끌어가는 환영적인 구성물에 불과한 것으로 해석된다. 기존의 언어관을 문제 삼은 소쉬르(Ferdinand de Saussure)의 언어학은 주체가 자신의 목적을 달성하기 위해 언어를 사용한다는 낡은 신념을 폐기하고, 실제로 주체는 언어에 의해 드러나는 수동적인 존재라는 입장을 제기하였다. 또 사회 인류학과 비서구문화에 대한 체계적인 연구들은 자아 개념이 결코 보편적이지 않고 늘 언어에 의해 구성된 것임을 밝혀 왔다. 이것은 주체가 언어 속에서, 그리고 언어에 의해서 구성되므로 정체성 또한 그러하다는 입장을 강조한다.(Pam Meecham & Julie Sheldon, 2002, 이민재외 역, 2004, p.294)

주4) 이것은 1960년 이후 문화적, 철학적 담론에서 몸을 통해 사회 정치적 행동 모델을 보여주려고 한 '몸의 정치학' 적 담론에서 두드러지게 나타나는 현상이다. 1970년대 사회 인류학에서 "인간의 몸은 항상 사회의 이미지로 다루어진다"고 지적하고, 몸의 생리학적 특성은 그것의 이데올로기적 지위에 의해 결정된다고 강조한다. 사회 인류학자들은 이전의 계급 담론에 대립되는 몸 담론을 중심으로 음식과 위생학, 젠더와 섹슈얼리티에 대한 모든 사회학적 분석을 시도하여 왔다.

주5) 크라우스는 〈현대조각의 흐름 Passages in Modern Sculpture, 1977, 윤난지 역, 1997〉에서, 현대 조각의 본질은 지각상의 '불투명성(opacity)' 과 실제 시간 속에서의 '지속(passages)' 의 경험에 있다는 점을 강조한다. 그에 따르면, 현대 조각에서 관람자와 작품이 만나는 '공적인 공간' 으로서의 작품의 '표면' 에 전략적으로 도입된 '불투명성의 개념' 은 관람자가 작품을 만나는 구체적이고 실제적인 시간 속으로 이끌어가는 통로의 경험을 가능하도록 의도한 것이라고 지적한다. 이러한 사실은 특히 1960년 이후 전개된 미니멀리즘 조각에 내재된 시간의 경험이 불투명한 것으로 표현된데서 발견된다. 이것은 단일한 형태 또는 반복적 구조로 된 인공 생산품고 같이 구조적, 심리적 내부가 제거된 채 마치 우리가 일상품을 사용할 때와 같은 시간의 지속적 과정을 통해서만 인지되기 때문이다. 특히 대지 미술의 작품을 경험하는 유일한 방법은 관람자의 신체가 작품 속으로 들어가는 것이다. 이것은 우리 자신이 우리의 신체 공간 속에 존재한다고 생각하는 것과 같은 방식으로 그 속에 들어가야 한다는 것을 의미한다. 우리의 신체와 우리 자신의 관계에 대해서 우리가 가지고 있는 이미지는 우리가 신체 내부의 중심에 있다는 것이다. 실제로 대지 미술에서 관람자는 작품의 내부에 존재하기 때문에 작품 전체를 지각적으로 인식하는 것은 불가능하다. 이 때문에 관람자는 자신의 신체를 움직여 살아가는 시간 안에서 전체 공간을 경험해 가게 된다.

주6) 이 개념은 외견상 서로 모순되는 특징들을 통합적으로 관계성의 측면에서 함께 수용하는 것으로, 아이크는 이를 쌍생 현상학라고 부른다. 아이크는 근대 산업기술에 의존한 모더니즘 건축은 이러한 중요한 가치들을 고립적인 관점에서만 다루어 왔다고 지적한다. 그는 이 외에도 계획에 있어서 적절한 전이를 이끌어내는 대립 개념의 쌍들, 즉 큰 것-작은 것, 다수-소수 등과 밀접하게 연관된 쌍생 현상학이 존재한다고 보았다. 그의 이러한 생각은 대립 쌍의 개념을 통해 사물의 관계를 인식하는 구조주의 시각을 반영한다.

주7) 아이크는 이 프로젝트에서 0세부터 20세에 이르는 다양한 연령층을 수용하는 시설을 위해서, 관리 시스템에 적합한 중앙집중형 계획과 거주자의 자유를 위한 분산형 계획이 지닌 긍정적 가치를 조정하여 통합하고 있다.

주8) 이 파빌리언은 전시 이후 철거되었다가 2006년 오텔로의 클롤러-뮐러 뮤지엄(Kröller-Müller Museum in Otterlo, Netherland) 공원에 다시 재건되었다. 이 파빌리언은 철거 후 남겨진 사진, 모델사진, 평면 드로잉과 스케치 등을 통해서, 실제 지어지지 않은 페이퍼 건축(paper architecture)처럼, 영향력 있는 건축 이론적 개념을 제시하는데 지대한 역할을 해 왔다. 이 점에서 미스 반 데어 로에의 바르셀로라 파빌리언(Barcelona Pavilion)의 철거 이후에 건축계에 끼친 영향을 끼친 상황과도 유사하다.

주9) 아이크는 자신의 건물을 조그만한 작은 도시로 간주하였는데, 이것은 르네상스 건축가 레온 바티스타 알베르티(Leon Batista Alberti)가 인간을 소우주요 집은 곧 도시라고 말한 것과 유사하다. 특히 이 파빌리언의 형태에서 발견되는 픽처레스크한 수법은 오랜 전통 속에서 에워싸여진 역사적 도시공간의 도시계획적 개념을 제시한 까밀로 지테(Camillo Sitte)의 개념을 반영하고 있다.

주10) 헤르츠베르거는 이 하우징의 외관은 네덜란드의 전형적인 건축과 동떨어져 보이지만, 이러한 개념은 비융통적(inflexible)인 17세기 네덜란드의 도시형 주거가 지닌 특성과도 유사하다고 언급한다. 본질적으로 이웃 거주자와 공유된 벽을 지니고 있어 경계가 제한되어 있고 비융통적이지만 여전히 새로운 입주자를 위해 적응 가능하다는 점이다. 17세기의 도시형 하우징에 사용된 room-space style은 수직, 수평적으로 서로 연결되어 있는 개개의 방들이 구조적으로 분리되어 있지만 개구부와 문, 복도와 계단실등으로 연결되어 있다. 이 방들의 용도는 독립적이고 자율적이기 때문에, 모든 방들에서 프라이버시는 보장된다. 상이한 시간에 상이한 용도를 위해 상이한 적응성(adaptability)을 허용한다.

주11) 오든(W.H.Auden)은 1920년대를 '번민의 시대(The Age of Anxiety)', 1960년대를 '애매성의 시대(An Age of Ambiguity)' 의 시대라고 명명한다.

주12) 이것은 전체 형태가 심미적, 상징적 기능을 표현하는 것을 말하며, 대표적인 예로 사리넨(Eero Saarinen)이 설계한 날아가는 새를 연상시키는 뉴욕 TWA 공항 터미널 청사를 들 수 있다.

주13) 벤츄리는 역사적으로 고딕교회의 파사드는 교회의 건물 자체 앞에 거의 독립적으로 부착되어 있어 하나의 장식된 작은 건물을 나타낸 것이라고 보았다. 그러나 젱크스(C. Jencks, 1977, pp.45-46)는, 벤츄리가 의사 소통의 요소로 오리형 건물을 배제하고 장식된 쉐드의 사용만을 강조한 점은 근대 건축가가 보여온 획일적 태도와 마찬가지의 모순적 태도라고 지적하면서 건축적 오리의 필요성을 강조한다. 여기서 오리형 건물은 도상적 기호(iconic sign)이며 장식된 쉐드는 상징적 기호(symbolic sign)를 의미한다.

주14) 그러나 젱크스(C. Jencks, 1977, p.87)는 벤츄리가 상징성 실현을 위한 판단 기준을 개인적 취향의 상태에서 행하였을 뿐 의미론적 입장에서 체계적으로 시도한 것이 아니기 때문에 그의 상징적 코드에는 한계가 있다고 지적한다. 콜훈(A. Colquhoun, 1978, pp.139-151)도 벤츄리가 건축적 기호를 마치 개인적 취향과 분위기에 의해 지배되는 일반적 기호 체계의 단편처럼 사용함으로써 기호의 공적인 영역을 경시하였다고 지적한다.

주15) 여기서 인유와 연상은 이미 알려지고 경험한 무엇인가를 가정하는데서 가능하다. 은유가 수반되는 비교는 인습을 전제하며, 인식의 가능성을 전제한다. 이것들은 의식과 무의식이 시작하는 심층적 경험의 근저에서 시적인 직유를 창조해내는 연상적 사고와, 픽션을 창조해내는 상징의 영역으로 존재한다.

주16) 프랭크 게리는 만일 훌라인의 이 박물관이 없었다면 스페인 빌바오에 있는 자신의 구겐하임 박물관은 상상도 할 수 없었을 것이라고 말했다.

주17) 이 건물의 불규칙한 형상 때문에, 대중들은 이 건물을 "케이크 조각" 처럼 보인다고 평한다

주18) 이러한 포섭적인 태도는 인간 경험의 다양한 측면들을 인정하는 것으로, 프롬(Erich From)이 말한 '생의 사랑의 원리' 를 수용하여 드러내는 행위로 간주된다. 이것은 프롬이 말한 것처럼 '살아 있지 않은 것' 에 매료되는 것, 즉 사물의 사랑으로 볼 수 있는 근대 건축의 배타주의적 태도와 대조된다.(Robert A. M. Stern, 1977, p.70).

주19) 이 신체-상은 깁슨(J. J. Gibson, 1966)이 언급한 5 가지의 기본적 감각 기관 중에서 기본적 방향계와 피부 감각계에 의해 신체의 내부 세계와 외부 세계를 감각하는 데서 발전된다

주20) 이것은 알베르티가 〈건축 10서 De Re Aedificatoria〉에서 언급한 것과 유사한 중심점(central heart)을 지닌다. (C. Jencks, 1977, p.113, P. Portogeshi, 1982, p.85).

주21) 이러한 개념은 본햄 주택(Bonham House, 1961-1962)에서 걸려있는 공간, 즉 '말 안장에 달린 주머니(saddle-bag)' 원리가 적용되어 실험된 적이 있다. 여기서 규모가 큰 단일공간의 양 옆으로 침실과 창고용 부속 공간들이 말안장의 주머니처럼 달려 있고, 이것들은 내부의 강한 통로나 계단으로 결속되어 있다.

주22) 얇은 평탄면과 스크린 벽의 개념을 사용한 일종의 무대장치 같은 효과는, 여러 이질적 요소와 슈퍼그래픽이 도입되어 팝 아트(pop art)적인 디자인 경향을 보이는 산타 바바라 소재의 교수회관(Santa Barbara, Faculty Club, 1966-1968)에서도 나타난다.

주23) 여기서 동서축 상에 놓여진 2개의 선형적인 장벽들이 중첩되고 상호 작용하여 여러 방향의 공간적 장을 만들기 위해 평행으로 전개되었다. 특히 2개의 교차하는 볼륨들 사이에 있는 예각 형상의 보이드 공간은, 미술관 입구 아트리움으로 건물의 전 층을 통해 확장되어 있다. 반폐쇄적인 이 파티오(patio)는 고전의 파티오의 원형을 재해석하여 변형한 것으로, 주변의 랜드스케이프와 접속되어 있으며, 빛을 실내로 유입하는 역할을 한다. 이동의 경로는 이 도시에 특별하게 비축선상으로 반복하여 나타나는 패턴으로 구성되었다. 이 도시에서 광장은 접선 방향으로 비스듬하게 접근된다. 공간적 시퀀스는 건물의 중앙부에서 자연을 강화하고 있는 외부 세계보다 더 빛을 발하는 내부에서 연속성과 동시성을 결합하는 역할을 한다. 시퀀스상의 단부에 위치한 지붕 테라스(roof terrace)는 돌로 덮혀 있어 이 도시의 광장과 유사한 재료의 특성을 갖도록 했지만, 위치를 일탈시켜 새로운 지평선을 만들어내고 있다.

주24) 안도는 장소로서의 공간을 신체의 경험과 관련지어 설명하기 위해 영어에서 신체를 의미하는 body와 구분해 '신체(Shintai)' 라는 일본식 용어를 사용하고 있다. 이것은 육체와 정신을 이분법적으로 구분한 서양의 인식론을 탈피해 신체 - 정신의 상호관계성, 일체성을 강조하기 위해서이다. 현상학자 메를리 퐁티가 사용한 '살' 의 개념은 정신의 영역 뿐만 아니라 육체성도 중시한 것으로 안도가 말한 신체의 개념에 근접한다. 필자는 정신과 육체의 영역을 모두 아우르는 이 신체의 개념을 앞으로 '몸' 이라 부르기로 한다. 이 몸의 개념에는 육체적 존재로서의 인간과 정신적 존재로서의 인간을 모두 포함한다.

안도는 다음과 같이 신체에 대해 설명한다.

"건축은 기하학을 통해 세계를 분절하는 예술이다. 그러나 세계는 동질적인 등방성(等方性)의 공간으로 분절되지 않는다. 세계는 추상적으로 혹은 동질적으로 분절되기 보다는 역사, 문화, 기후, 지형과 도시성 등 모든 것과 관련된 구체적인 공간(즉 장소topoi)으로 분절되는 것이다. 하나의 장소는 뉴턴 물리학이 말한 절대적 공간, 보편적인 공간이 아니다. 오히려 그것은 내가 '신체' 라고 부르는 것과의 관계에서 생성되는, 의미있는 지향성이며 이질적인 밀집상태이다. '신체(shintai)' 는 일상적으로는 신체(body)로 번역된다. 그러나 내가 이 용어를 사용할 때, 그것은 정신(mind)과 신체 body의 분리를 의미하지 않는다. '신체(shintai)' 는 정신(spirit)과 육체flesh 의 통합을 의미한다..... "

주25) 안도는 이 점을 다음과 같이 길게 설명하고 있다.

"일본의 전통적인 해석에 따르면, 건축은 항상 자연과 하나였고 자연이 유기적인 형태(metamorphoses)로 존재하는 것처럼 어느 순간에 자연을 분리하여 고정화하려는 시도이다. 다른 말로 말하면, 그것은 극단적인 단순성으로 환원된 건축이며, 실체와 속성이 제거되어 무mu(nothing)의 이론에 도달한 미학이다. 자연과의 더 많은 연결은 부분적으로 빛과 그림자의 정교한 대비에 의해 생기는 미묘한 변형을 통해 좌우된다. 이러한 모든 연결에는 가능한 한 가볍고 두께가 얇게 만들어진 벽이 존재하는데, 이것은 공간을 허용한다—아마도 더 정확하게는 유발한다. 개구부는 내부에서의 조망의 요구에 일치하도록 스키야 건물 벽의 어디에나 만들어질 수가 있다. 이러한 개구부는 2종류의 시간과 관련된 장면의 변화를 가능하게 만든다 : 즉 하루의 시간, 기후의 변화, 계절에 의존하는 변화와 관찰자의 움직임에 달려 있는 변화이다. 그러나 역설적으로 시간과의 관계는 개개의 장면들을 그 현재의 시간에서 고립시키

며, 이것들을 정적인 세계, 즉 시간의 고립된 순간으로 인상을 새겨넣어 특별히 일본적인 영속성이라 불리는 것을 만들어낸다. 스키야 양식의 진실한 가치는 그것이 이러한 고립된 세계를 중첩시키고 상호 얽어짜는 것을 가능하게 하는 방법에서 발견해야 한다.(T. Ando, 1982, p.140-141)

또 안도는 스키야 미학에서 나타나는, 담장으로 분절되어 지각되는 공간, 시간의 이행에 따른 장면의 중첩, 폐쇄된 공간과 조망으로 개방된 공간의 전개 등 다양한 수법들을 다음과 같이 설명하고 있다.

"스키야 미학의 어떤 측면은 건축적 용어로 낮은 처마, 확장된 베란다, 그리고 이 양자의 정교한 결합이다. 스키야 전통은 느슨한 자연 경관을 취하고 그것을 인위적으로 긴장된 구성 속에서 재창조한다. 그것은 빛을 담아 넣고 담장으로 내부와 외부의 정원의 벽을 분리함과 동시에 연결하기 위해 쇼지 패널(shoji panels)을 사용한다. 쇼지 패널과 담장은 모두 동시에 분리하고 연결하는 간격(틈, interval)을 의미한다. 부분과 부분, 장면과 장면의 경계를 긋고 상호 관련시키는 이러한 종류의 간격은 일본 건축뿐 아니라 일본 예술의 특징이며, 일본 미학의 상징이라 불려질 수 있다. 이것들은 앞으로 전개될 경관의 기대감을 고무시키는 역할을 한다. 간격에 의해 독립되어 있는 부분들은 서로 얽혀 짜여지고 중첩되어 전체의 세팅 안에서 새로운 장면을 전개한다. 이러한 이미지는 일본의 주택과 자연의 세계 사이에 관계에 깊이 뿌리내려 있다(T. Ando, 1982, p.140)".

주26) 도미나가는 인간 사회의 역사에 의해 자양되어온 문화적 기억과 특정 지역의 풍토는 이러한 틈에 주목해야만 한다고 말한다. 왜냐하면 인간관계, 그리고 자연과 인간의 관계의 본질이 건축의 범주 안에서 반영될 수 있는 것은 바로 이 순간이기 때문이다. 더 나아가 도미나가는 안도의 최근 작품이 원시 사회의 건축을 상기시킨다고 은유적으로 설명한다. 왜냐하면 인간의 역사, 의사소통, 자연의 이종성(異種性) 등 모든 것이 이 비어있음, 즉 틈 속에 보호되어 있기 때문이다.

주27) 안도는 이러한 비합리성을 창조적 상상력과 결부시킴으로써 자연의 변화와 더불어 다양하고 복잡하게 변하는 일상생활 공간의 또 다른 영역을 만들어낸다. 이러한 정서와 기대감은 건물 안에 끌어들인 자연이 시간의 추이와 변화, 그리고 거주자의 신체 움직임으로 발생되는 다양한 현상들을 경험하는 데서 드러난다.

주28) 3가지 종류의 서로 다른 계단 중 하나는 1층과 3층을 잇는 직선형의 스칼라 레지어(scala regia))이며, 또 하나는 3층과 지붕을 잇는 개다리 형상의 계단(dog-leg stair)이며, 또 하나는 1층과 주차장을 잇는 보조적인 계단이다. 그 밖에 2대의 엘리베이터가 설치되어 있는데 하나는 주차장과 3층에 있는 '광장-골목(plaza-roji)' 을 이어주고 또 하나는 3층과 최상층의 전망대를 이어준다. 이렇게 분담된 수직 동선은 전체의 동선 체계상에 의도적인 틈새를 발생시키다. 그것은 1대의 엘리베이터로는 최상층까지 올라갈 수 없기 때문에, 만일 계단을 사용하지 않는다면 중간 지점의 광장에서 엘리베이터를 바꾸어 타야만 한다.((ed.) Yukio Futagawa, 1987, 이범재 역, 1994, p.23) 이러한 움직임의 중단에 의해서 사람들은 리치 미야케(Riichi Miyake)가 표현한 바처럼 '하늘의 광장(Square in the Sky)' 을 체험하게 된다. 안도는 이 점을 다음과 같이 말했다.

"원컨대 10층 레벨의 계단을 직접 걸어 올라가 보길 바란다. 즐기면서 오르내릴 수 있도록 계단이 각 층에서의 풍경에 대한 스크랩이나 사이에서 내리는 빛과 그늘의 효과 등에 상세한 검토를 더해준다. 위로 올라감에 따라 자연의 파노라마가 펼쳐진다. 어린이는 이렇게 입체적으로 구성된 길에서 놀며, 이 길을 통해 각 주호의 테라스에서 시선을 교환할 것이다(T. Ando, 1986, pp.22-63)' .

주29) 여기서 안도는 서구의 광장과 같이 시민이 모이는 중심적인 장소가 아니라, 건물과 건물 사이를 빠져나가듯 만들어진, 생활과 긴밀하게 얽힌 길을 만들고자 하였다. 이 길 - 골목은 건물 외벽에 둘러싸인 연속된 옥외의 방이기도 하다. 안도는 '그것은 공공의 공간이지만 한편으로 사적 공간과 강하게 결합되어 있다(T. Ando, 1986, p.11)' 고 말한다.

주30) 이 교회는 예배당, 종탑, 지붕이 있는 열주, 그리고 자연 경관의 한 부분을 차지하는 자립벽으로 구성되었다. 태양 빛은 반투명을 채우면서 부드럽게 걸러져서 가늘고 긴 주랑을 고르게 채운다. 안도는 여기서 반투명의 유리로 덮힌 주랑 공간을 통과하여 일상에서 벗어나 성스러운 세속의 세계에 접하도록 하였다.

주31) K.네기시는 'Ma' 의 개념은 공간을 의미하는데 영어로는 틈 between 또는 장소place 를 의미한다고 말한다. Ma는 시간의 이행과 함께 경험되는 찰나적인 순간, 즉 간(間)과 비슷한 의미이다.

주32) K. 네기시는 빛의 건축으로 평가받는 안도의 작품 속에서 처리된 빛은 빛과 그림자, 실루엣, 반사 등을 묘사한 일본 용어 '카게(kage)' 의 특성을 지닌 '중성화된 빛(Kazuyuki Negishi, 1990, p.9)' 이라고 평가한다. 태양의 빛에 의해 부각되듯 비추이고 빛나는 콘크리트의 표면은 마치 전통 건축에서 음예공간을 만들어내는 장지 표면의 얇은 종이를 상기시킨다. 끊임없이 변화하는 태양의 궤적을 따라 빛이 어둠으로 바뀌고 물질감을 상실한 것이 다시 물질로 바뀐다.(K. Frampton, 1987, 이범재 역, 1994, p.21) 그 결과 일본의 전형적인 다실(茶室)의 내부 공간과 같은 독특한 분위기가 형성된다.

주33) 스키야 양식의 공간의 실내는 서양식의 주택 공간보다 매우 작고 낮다. 그 치수는 인체의 자세에 달려 있다. 스키야 건물에서 사람들은 마루 위의 다다미에 앉는다. 그리고 이러한 자세는 작은 공간의 영역을 초월한다. 간단히 말해 스키야 공간들은 정적이고 에워싸여 있기 때문에 이 공간들은 그 안에 있는 사람이 무한한 정신적 공간(심상 공간) 속에 존재하는 것을 가능하게 한다. 작은 장소에 에워싸여 있는 인간은 그의 사고가 무한으로 뻗어나가도록 허용한다. 이들이 명상이라는 극단의 한계 속에서 그렇게 할 때, 이들은 자연의 소리를 듣고 우주의 거리까지 여행할 수 있다. 시간과 미적 의식에 대한 일본적인 해석은 스키야 건물의 그것만큼이나 농축된 공간을 만드는 데 필수적이다. 그럼에도 불구하고 부분

들과 그 상호관련성을 다루는 동안 스키야 건물은 전반적인 통일성을 향하는 강한 지향성이 결여되어 있다.(중략) 오늘날 스키야 양식의 미학을 되살리기 위해서, 그 물리적인 형태가 아니라 그 정신을 채용하고 새로운 전체성의 이론을 창조하여 건축이 그 환경에 순응하도록 하는 것이 필요하다.(T. Ando, 1982, p.141)

주34) 일본식 용어인 '푸케이(fukei)' 는 중국어에서 파생된 것으로 바람을 의미하는 fu와 태양 빛을 의미하는 kei의 합성어이다. 따라서 Fukei는 바람과 빛으로 채워진 자연적인 것들을 암시한다. 이 용어는 자연 그 자체 그대로가 아니라 빛과 바람으로 인간화한 자연 에너지, 즉 '경관(landscape)' 을 의미한다.

주 35) 안도는 이 주택에서 개구부를 중앙에서 측면 모서리쪽에 옮기어 불규칙한 자연 지형의 흐름과 대화가 이루어지도록 의도하였다. 이로 인해 입체적이고 정적인 고형체(solidity)는 보다 비물질적이고 무게감이 없는 건축적인 에워쌈으로 변화된다. 여기서 벽은 이중적인 애매성을 갖게 된다. 기학학 형상의 상자는 폐합되면서도 개방된 것으로 모두 해석되기 때문이다. 내부를 에워싸는 면들을 따라 빛이 떨어지는 방식은 내부를 에워싸는 면들의 효과와 함께 개방된 볼륨감을 보다 충실하게 드러내고 있다. 이러한 면들과 빛의 효과로 이 주택 내부는 다양하고 복합적인 공간 경험을 제공한다.

주36) 일본어 치추(chichu)는 묻힌다는 의미이다

주37) 건물을 땅에 묻어 생기는 선큰형 아트리움은, 중국 하이난 지방의 지혈주거(earth house in Qian Ling(Shan-Xi)에서 볼 수 있듯이 자연과 구조물의 상호 작용을 훌륭하게 보여주는 방식이다. 안도는 선큰형의 내부 중정을 지닌 전통을 부활시켜 바다에 면한 파노라마와 자연풍광을 보존하고 있다.

주38) 홀의 현상학적 건축의 개념은 메를로-퐁티(M. Merleau-Ponty)의 〈지각의 현상학(Phenomenology of Perception)〉과 H. 베르그송(Henry Bergson)의 '지속성(Duration)' 의 개념에 근거한 것이다. 퐁티는 우리가 지각 자체에 관심을 갖기 보다는 지각에 관하여 분석적이고 실증적인 시각으로 논하는 것에 반대하였다. 퐁티는, 지각은 인간이 세계내 - 존재로서 세계 속의 사물들과 맺는 관계에서 생성되는 의미에 대한 이해와 결합된 것이라고 보았다. 우리 자신은 타자를 통해서만 자신을 알게 되는 것이기 때문에, 우리의 삶은 세계와 서로 얽혀 짜인 상호 관계(interwining reciprocities)의 네트워크라 보았다. 따라서 퐁티의 관점으로 보면 우리가 세계 안에서 타자와의 관계 속에서 부딪치는 경험이란 모더니즘의 헤게모니와 같이 현존의 형이상학의 일부가 아니라, 우리 자신의 육체(살, flesh)를 통해 체험되는 이상화되지 않은 생활의 경험을 의미한다. 베르그송은, 세계 속에 존재하는 대상은 실체가 아니라 우리의 지각을 통해 시간의 지속성 속에서 이루어지는 이미지라고 보았다. 지각 행위에 개입되는 지속성의 개념은, 신체의 움직임 과정을 통해 대상에 대한 이미지를 만들어가는 건축적 경험에 깊숙히 관여된다. 홀은, 이러한 지속적인 시간 개념은 건축의 고정된 시간개념을 변화시켜 과거, 현재, 미래의 흐름에 개방되어 있는 건축의 지속성을 만들어낸다고 보았다.

주39) 정신/신체, 이성/감성, 객체/주체라는 이분법적인 논쟁을 넘어 정신과 신체 두 가지 속성의 통합, 상호 불가분성, 상호 얽힘, 통합화의 개념은 M. 퐁티가 사용한 '살아있는 몸(lived body)' 이라는 개념에 잘 나타난다. 퐁티는 우리의 몸은 한편으로는 사물들 가운데 속해 있으면서 또 다른 한편으로는 그것들을 보고 만지는 두 잎 leave 을 가진 존재인데 몸은 그 몸 안에 이 두 속성을 통합하고 있다고 보았다.(M. M - Ponty, 1968, p.137) 최근에 신경학자들의 연구는 정신(a)과 육체(b)가 불가분적으로 연결되어 있다는 점을 강조한다. 뇌에서 일어나는 의식(a)은 뇌(b)와 분리된 별개의 것이 아니라 곧 뇌의 속성이라는 점이다.

주40) 홀은 예수회의 교리를 바탕으로 서로 다른 이형(異形)의 볼륨들을 하나의 직사각형 안에 통합함으로써 서로 다른 다양한 빛을 내부 공간에 유도하였다. 예수회 수도사들은 영적 체험방식으로 하나의 방법을 채택하기 보다 '서로 다른 사람을 위한 서로 다른 방법' 을 사용한다. 이러한 방식으로 하나를 향해서 서로 다른 것이 통일을 이루는 것을 지향한다. 홀은 서로 다른 7개의 하늘로 열린 볼륨들을 직육면체의 내부로 통합하여 공간을 구성하려고 했다. 초기 개념의 다이어그램에서는 7개의 빛의 병이 하나의 돌상자에 포함되어 있지만 실제 완성된 건물에는 6개의 빛의 병만이 존재한다. 여기서 6개의 이형의 볼륨들은 행렬, 행진, 고해, 예배, 성가, 성사의 순으로 진행되는 예수회 카톨릭 예배공간의 프로그램에도 대응하도록 의도된 것이다. 일곱 번째의 빛의 병은 전경의 첨탑과 반사하는 연못으로 구체화되었다. 7개의 빛의 병에 도입된 빛은 다음과 같다.

a. 행렬부분(자연광)

b. 나르텍스 부분(자연광)

c. 네이브 부분(동쪽 부분의 푸른색 창으로 유입된 빛은 노란색으로 서쪽 부분의 노란색 창으로 유입된 빛은 푸른색으로 변함)

d. 고해실(오렌지 창으로 유입된 빛은 자주색으로 변함)

e. 성찬예배실(자주색 창으로 유입된 빛은 오렌지 색으로 변함)

f. 성가대석(붉은색 창으로 유입된 빛은 초록색으로 변함)

g. 종탑과 연못(밤에 내부의 빛이 투사되어 굴절됨) 평면상으로, 긴 장방형의 평면 안에는 회중석, 참회실, 제단 등의 여러 공간들이 함께 결합되어 복합적인 공간을 이룬다.

그러나 이러한 공간의 복합성과 풍요로움은 평면 형태의 복잡성에서 나온 것이라기 보다는, 단순한 기하학 형태의 지붕 상부로 돌출되어 있는 이형의 다양한 볼륨으로 분절되어진 공간 안으로 스며든 빛의 효과로 얻어진 결과이다.

주41) 홀이 수채화를 사용하는 이유는 빛의 효과에 대한 관심 때문이다. 그는 수채화에서 빛의 전체를 느낄 수 있으며 그것은 밝은 데서 어두운 곳까지 움직인다는 사실에 주목한다. 이 때문에 그는 일련의 공간을 통한 투시도적인 관점을 만들어가면서 빛에 대해 생각할 때 수채화가 선으로 된 그림보다 나은 매체라고 말한다.(Alejandro Zaera. Polo, 1996, pp.17-18)

주42) 따라서 침묵적인 건물과 역동적인 건물의 개념은 정적인 중량의 건물과 역동적인 경량의 구조물이라는 서로 대조적인 유형으로 드러난다. 하중을 담당하는 콘크리트 외벽은 구조벽인 동시에 일조권에 따라서 약간씩 안쪽으로 굴절되어 두꺼운 파사드를 형성한다. 반면에 다양한 재료로 만들어진 이형의 경량의 구조물은 공간의 역동적인 변화를 유도하고 곳곳에서 각각의 다양한 프로그램과 특성을 드러내고 있다.

주43) 이 집합주거에는 게이트 하우스가 동, 서, 남, 북의 4군데에 위치해 있으며 몇 개의 중정이 존재하는데 이것들은 각각이 특정한 현상을 반영한다. 이것들은 정적인 중량의 구조물인 건물과는 달리 경량의 다양한 재료로 이루어진 액티브 하우스로 작용한다. 동쪽 게이트 하우스는 남쪽으로부터의 햇빛을 알미늄 거울로 반사하여 그 빛을 두 개의 블록 사이의 갈라진 틈에 떨어뜨린다. 북쪽의 코트 하우스는 수영(水映)의 집이라 불리는데, 공공적인 성격을 지닌 작은 차실로 연못 위에 한 켠이 돌출되어 있다. 햇빛이 이 물에 반사되어 차실의 하부로 유입되며 상부로 빠져 나간다. 정원의 고요함, 연못과의 연관성을 느낄 수 있도록 처리하였다. 청영(淸影)의 집으로 불리는 남쪽 코트 하우스는 공공의 집회실로 사용된다. 서측 게이트 하우스는 낙시(落 : 떨어진 감)의 집이라 불린다. 이 하우스는 두 개의 정적인 구조물의 비틀림이 작용한 부분과 대화를 주고 받을 수 있도록 평행사변형의 지붕이 있는 단순한 프리즘형의 집으로 설계되었다. 서측을 향해 서면 하나의 공간을 구성하는 두 개의 손처럼 보이며, 이 사이의 역학적 긴장감이 그 공간 구성에서 지각되는 무언가가 되고 있다. 남측 게이트 하우스는 건물 프로젝트 복합체 중에서 최상부에 매달려 있어 가장 높은 지점에 있는 공공의 전망대 역할을 한다. 홀은 이것을 무공(無空)의 집이라 부른다.((ed.) Yukio Futagawa, 1996, pp.54-56)

주44) 전시공간의 프로그램에 대한 개념은, 북반부의 수평 광선을 이용해 자연광선이 전시공간에 다양한 방식으로 유입되도록 유연한 곡선형의 건물 단면에서 생기는 방의 형상과 크기를 활용한 데서 볼 수 있다. Ice의 곡선벽은 반투명의 단열재로 된 유리 판재를 통해 빛이 유입되는 것을 가능하게 하는 반면에, 수평 광선은 중심을 따라 단면상에서 아래로 굴절하도록 되어있다. 그 결과 자연광선이 상부, 하부층에 모두 들어온다. 또 나비 넥타이 모양의 천창을 가진 곡선 지붕의 단면이 최상층 아래의 갤러리 공간에 빛을 분산하기 위한 수단으로 도입되었다. 건물의 곡선 형상 및 상호 얽힘의 형태학, 즉 공간과 빛이 함께 비틀려 짜여진 상태로 인해서 25개의 갤러리에 자연 광선을 유입하는 것이 가능하게 되었다.(El croquis vol.93, 1998, p.59) 또한 도시환경의 문화적 축과 관련된 디자인 개념은 건물의 매스를 도시와 경관의 기하학과 함께 직조한다는 개념하에 이것을 건물의 형상에 반영한데 잘 나타난다. 건물에서 암시된 문화적인 축은 알바 알토의 작품인 핀란디아 홀의 건물에 연계되어 구부러졌고, 이것은 마찬가지로 인접한 경관과 툴루 베이(Toolo Bay)에 연결되는 자연경관 축에도 관여된다.(El croquis vol.93, 1998, p.50) 특히 홀은 알토의 계획을 연구하여 라플랜드(Lapland)로 향한 거대한 부채꼴, 핀란디아 홀의 정면 쪽에 해당하는 그 도시 경계의 접속, 공공의 넓은 물의 정원 또는 공원을 설치하고자 하였기 때문에, 이러한 것들이 경사를 이루며 교차한다는 개념을 만들었다고 설명한다.((ed.) Yukio Futagawa, 1996, pp.28-29) 이 문화의 선은 알토의 디자인에 경의를 표하는 핀란디아 홀의 윤곽이다. 물의 선은 자연에 대해 그리고 도시 전체의 형태를 고려한 것이다.

주45) 키아스마는 아트 포럼(Art Forum)으로 기여한다. 그것은 각종 무대가 설치된 이벤트, 공연, 댄스, 음악, 세미나 등을 위해 개방되어 융통성을 제공한다. 지상에 배치한 까페는 전원과 로비에 개방되어 있으며 시 낭송이나 탁상토론과 같은 비공식적인 이벤트로 활용될 수 있도록 의도되었다. 강당은 외부 통행시 건물을 통해 들여다 보이도록 연속 유리의 입면으로 구성되었다. 내부에서 밖을 내다보는 특별한 조망은 헬싱키의 훌륭한 도시와의 연계성을 높여주고 있다.(El croquis vol.93, 1998, p. 59)

주46) 여기서 선형적인 진행 시간(Linear Ongoing Time의 개념은 북쪽면의 갤러리 층에서 균등한 빛으로 표현되었다. 순환의 시간(Cyclic Time)개념은 남쪽 채광을 받는 갤러리의 원호에 대응하여 나타난다. 이 갤러리 평면의 기하학은 북위 48°의 태양 궤적에 거의 일치한다. 단편화된 혹은 영지적인 시간(Fragmented or Gnostic Time의 개념은 스튜디오 층의 동 - 서향 천창(天窓)에 반영되었다.(El croquis vol.93, 1998, p.150)

주47) 홀의 초기 계획안은 7개의 유리렌즈를 기존 건물의 동측면에 배치하는 것이었다. 이것은 설계공모지침에서 기존 건물의 북측면에 건물 위치를 지정한 것에 따르지 않았지만, 부지의 특성을 새롭게 해석하여 기존 건물의 동측변에 배치하는 독창적 해석이라고 평가 받았다. 여기서 건물 외관의 ' 렌즈형 파사드(lens facade)' 는 다양한 두께와 상이하게 처리된 표면들로 이루어져 있는데, 외벽은 한 쌍의 판재유리가 샌드위치 시스템으로 짝을 이루어는 사용되었고, 내벽은 한 개의 판유리로 이루어져 있어 이들 사이에 인공조명을 위한 간격을 제공한다. 반투명 백색으로 산화처리된 시트형 유리인 세 번째 유형의 유리가 전시 갤러리 상부에 있는 4개의 렌즈에 사용되어 표면반사를 만들어내고 자외 광선을 흡수하여 표면이 기후와 빛에 따라 시시각각 변화는, 어른어른 거리는 외양을 만들어낸다. 그래서 구관과는 재료면에서 흥미로운 대비 효과를 부여한다.((ed.) Suzanne Greub and Thierry Greub, 2006, p.189)

주48) 홀은 이러한 대위법적인 개념을 "석재와 피혁(Stone and Feather)" 이라고 부른다. 이러한 대위법적인 구성은 그가 달라스 스트레토 주택에서 보여준 기법과도 유사하기도 하다.

주49) 홀은 미술가 발터 드 마리(Walter de Maria)와 공동작업하여 깊이가 얕은 직사각형의 연못을 구관의 주축에서 약간 일탈하여 만들었으며, 이 연못에 34개의 원형창을 만들어 낮에는 지하의 주차공간에 채광을 하고 밤에는 광장을 비추는 조각 등처럼 활용하였다.

주50) 베네치아의 팔라쪼 델 치네마(Palazzo del Cinema, Venice,

1990) 현상설계 프로젝트에서, 홀은 시간과 공간의 빛에 대한 새로운 해석을 시도하여 영화와 건축 간의 현상학적 연결을 실험하였다. 이를 위해서 홀은 건물이 영화적인 시간(filmic time)과 영화적인 공간(filmic space)을 담기 위한 하나의 용기로서 병 모양을 하고 있으며, 베네치아를 향하는 늪지를 향해 입구가 열려 있도록 계획하였다. 여기서 시간과 공간의 빛에 대한 3가지 해석은 다음과 같다.

1) 극장 내에서 붕괴되고 확장된 시간은 확장되거나 왜곡된 건물의 공간구성을 표현한다. 이는 극장이 가진, 시간을 늘이거나 압축하는 능력과도 닮아 있는 것이다. 극장은 20년을 1분으로 압축하기도 하고, 4초를 20분으로 확장하기도 한다.
2) 아주 얇은 시간은 극장들 사이의 갈라진 틈을 통해 그 아래 작은 늪지로 떨어지는 햇빛에 비쳐진다. 하나하나의 물방울들과 반사된 햇빛들은 커다란 공공의 동굴을 숨쉬게 한다.
3) 절대적 시간은 로비에 있는 '사각의 판테온(cubic pantheon)'을 가로질러 비춰지는 햇빛의 투영 광으로 측정된다. 영화적 공간은 종종 전체적으로 객체화된 외부공간 없이 일련의 실내들을 순서대로 연결하는 데서 만들어지곤 하는데, 이와 같이 건축은 안팎이 바뀜으로써 창조될 수도 있는 것이다.(권영민 역, 2011, p.293, S Holl, 2000)

홀은 물을 매개로하여 리도(Lido) 대지와 베니스를 연결시키는 방법으로 갯벌에 위치한 대형 선착장 공간을 통해 실현하였다. 이 공간은 리도 지역사회를 위한 장소로서 상부에 위치한 극장들 사이로 흘러 들어오는 투명한 빛으로 가득하다. 낮 동안에 빛은 외부에서 내부로 극장 사이의 틈을 통해 정방형 판테온의 안으로 들어온다. 밤에는 빛이 안에서 밖으로 투사된다. 여기서 시간은 다양한 추상화 작업을 통해 건축과 영화를 연결시켜 준다. 따라서 인간이 갖는 시간, 공간, 빛, 물질에 대한 체험이 '영화적인 시간' 과 평행선 상에서 인식하게 된다. 각 극장 건물은 이러한 전체 프레임 속에 맞물려 있어 태양광이 아래의 물까지 도달할 수 있도록 하는 거대한 역동적인 균열과 틈을 생성한다. 단면상으로 각 극장 건물들은 마치 서로 서로 맞물리듯이 조금씩 틀어지면서, 공간의 내부와 외부를 변화시킨다.

주51) 츄미는 건축의 역설을 '피라미드' 와 '미로' 로 은유하여 설명한다. 여기서 피라미드는 공간의 본성에 대한 기술로서, 건축을 개념의 영역으로 비물질화하여 사고하는 것으로 이성에 의지한다. 반면에 미로는 공간을 뚜렷이 구분되도록 만드는 것으로 공간의 경험에 대한 기술이다. 이것은 공간을 실제적으로 보는 것으로 이성보다 감성과 신체로 전개되는 감각적인 공간을 의미한다.

주52) 츄미는 '이벤트'와 '움직임'의 개념은 상황주의자(Situationist) 담론과 68학생운동의 영향을 받은 것이라고 언급한다. "Les événements"는 행위뿐만 아니라 사고에서의 이벤트라는 의미를 담지하고 있다. 파리의 거리(형태)에 바리게이트(기능)을 설치하는 것은 같은 거리(형태)에 게으름뱅이(기능)가 있는 것과 같은 것이 아니다. 대학 홀(형태)에서 식사하는 것(기능)은 그곳에서 독서하거나 수영하는 것(기능)과는 매우 다른 일이다. 여기서 형태와 기능간의 위계적인 관계성은 더 이상 공존하는 것이 불가능하다.

주53) 츄미는 건축이란 아이디어와 개념을 질료화한 것이라고 생각한다. 그것은 형태의 문제가 아니다. 형태는 단지 결과이지 출발점이 아니다. 다이어그램은 형태의 전 단계, 즉 형태에 앞서 존재하면서 형태를 수반하는 '이전-형태(pre-form)' 라고 보았다. 그는 전통적인 재현 수단들(투시도, 평행투상도, 평면, 단면 등)은 이벤트라는 아이디어를 재현할 수 없기 때문에 다이어그램을 통해 이러한 공간적 추상을 표현하는 건축적 표기로 사용한다.(알도 로시는 유형(type)을 이전-형태(pre-form)으로 간주하였다.) 따라서 그는 디자인을 "(새로운) 사고를 발생하는 활성체이자 발생장치(CA 2003, 11, Vol.52, p.24)" 로 간주한다.

주54) 츄미는 건축이 '정형화된 공간(formalized space)' 인 것과 마찬가지의 방식으로 의식행위(rituals, ceremonies))는 '정형화된 이벤트(formalized event)' 라고 설명한다.(B. Tschumi, 2000, p.19) 이것은 프로그램화 되지 않은 열려진 공간으로 이벤트를 위한 장소를 말한다.(B. Tschumi, 2000, p.392) 프로그램화되지 않은 공간은 전유를 위한 장소이다.(unprogrammed space is the place for appropriation(B. Tschumi, 2000, p.514)

주55) 츄미는 움직임을 이끌림이나 압축이 없는 평탄면 상에서 경험되는 '랜덤한 움직임(random movement)' 과 계단, 램프, 엘리베이터, 에스컬레이터, 복도, 좁은 보행통로, 브릿지 등과 같이 정적인 공간과 상호 작용하고 신체의 움직임을 통해 이 정적인 공간에 활력을 불어넣는 '벡터화된 움직임(vectorized movement)' 으로 구분한다. 여기서 후자는 그의 건물에서 건물의 '공적인' 얼굴을 구성한다. 여기에 더해 그것은 예상치 못한 만남의 장소가 된다고 보았다.(B. Tschumi, 2000. p.226)

(주56) 푸코에 따르면, "이벤트는 어휘나 행위의 단순한 논리적인 시퀀스가 아니라 침식, 충돌, 의문시 등이며, 이것은 한편의 드라마가 그 안에서 발생할지 모르는 환경(setting)이 가진 모든 가정들을 의문시하는 작업을 통해 전혀 다른 상황의 기회와 가능성을 발생시키는 것"을 의미한다.

주57) 츄미는 이 포인트 그리드의 개념을 콜린 로우(Collin Rowe)가 로마의 사진과 놀리 플랜(Nolli Plan)을 병치시키고 한편으로 르 꼬르뷔지에의 보와진 계획(Voisin Plan)을 배치한 데서 착상을 얻었다. 놀리 플랜은 연속적인 도시인 반면에, 보와진 계획은 비연속적인 도시이다. 로우는 연속적인 도시를 찬미하고 비연속적인 도시를 비판하였다. 츄미는 라 빌레뜨에서 이러한 도시 구조의 병치를 표현하고자 시도했다.

주58) 여기서 '점들' 은 공원 안의 그리드 패턴 위에 배열되어 있는 폴리(follie)라 불리는 일련의 파빌리언으로 구성되어 전개된다. 일련의 통로들과 운하들은 '선들' 의 네트워크를 이루며, 또 평탄한 잔디의 확장은 구성에 있어서 '면들' 을 이룬다. 따라서 라 빌레뜨 공원의 구성은 단순한 형태적 유희가 아니라 3개의 자율적인 추상적 시스템–점, 선, 면의 시스템–과 포인트 그리드라는 격자의 질

서 속에서 자유로운 움직임의 요소들을 병치한 결과이다.

주59) 이 건물의 프로그램은 예술 작품의 제작과 보급, 그리고 교육을 통합한 장소를 만드는 것이다. 따라서 화가, 조각가, 일렉트로닉 아티스트, 음악가, 연극 및 영화 관리자 등이 함께 모여 작업할 수 있는 교차의 장을 만드는 것이다. 여기에는 미디어 스페이스, 전시장, 퍼포먼스 공간, 사진실, 학생 및 직원 기숙사, 필름 편집실, 음악 스튜디오 등이 있는 음악 부문, 촬영 스튜디오, 레스토랑/커피숍, 도서실, 관리사무실 등 다양한 기능들이 수용된다.

주60) 엔벨로프는 내부공간을 감싸는 것으로 포피(包皮), 외피(外皮) 등의 의미로 번역 가능하지만 외피가 피막(皮膜 skin)이나 외관(外觀)등과 혼동될 우려가 있고, 츄미가 의도하는 복합적인 의도를 살리기 위해서 엔벨로프로 번역하는 것이 바람직하다.

주61) 크로스 프로그래밍은 성당에서 장대 높이뛰기(성당의 '단면적 구성 성향' 이 그런 오용에 이바지하기 때문에), 빨래방에서 자전거타기(사이에서 움직이는 원들의 베르토프(Vertovtlr) 몽타주), 엘리베이터 샤프트에서 스카이 다이빙 하기 등으로 한 사건의 개념을 도해한다.

주62) Site-ing의 용어는 번역하기가 애매하다. 그는 이 개념을 's' 자를 지닌 맥락(contexts), 그리고 개념 대 맥락(concepts vs contexts)라는 어휘를 채용하여 의미를 확장한 것이라고 설명한다.

주63) 츄미는 디자인의 출발점을 미적인 형태가 아니라 개념적인 것에서 시작한다. 그는 형태의 문제에 대해서는 재료의 사용방식이나 표현을 최소한의 수준으로 유지함으로써 '미적 결정에 있어서 영도지점(degree zero of aesthetic decisions)' 을 유지하려고 한다. 이것은 그가 건축은 개념을 실체화 하는 것이지 미적 결정 행위가 아니라고 보는 태도에 기인한다.

주64) 츄미가 도입한 3가지 전략적 개념은 다음과 같다.

1) "빛과 빛의 조절" 이라는 주제로 지중해성 기후조건에서 조각품 전시에 필요한 자연광(daylight)이 가장 깊은 영역까지 유입되어 조각상들을 돋보이도록 '자연광 뮤지엄(daylight museum)' 을 만드는 것이다. 도처에서 유입되는 빛을 조절하는 벽면을 만듦으로써 방문자들이 내부와 외부의 전이 영역을 자유롭게 이동하도록 하였다.
2) 박물관의 전시공간을 관류하는 순회동선의 이미지이다. 3차원 나선형(spiral)처럼 극적으로 분절된 방문자의 순회동선은 주 전시공간에서 출발하여 상부에 있는 유리 파빌리언에 있는 프리즈 전시물까지 이르러 다시 원위치로 돌아오게 되어있다.
3) 르 프레노아 국립현대미술관 스튜디오 프로젝트에서 상이한 방식으로 사용되었던 바처럼, 3개의 상이한 역사적 층위에 기초한 모델의 프로그램적인 실행이다. 이 건물의 아래층인 '지하층(cellar floor)' 에 해당하는 발굴 부지는 상당부분을 손대지 않은 채 그대로 보존하였고, 여기에 기둥들이 간헐적으로 삽입되어 뮤지엄의 주 바닥면을 지지할 뿐이다. 이 발굴보존 구역은 주변부에 벌집모양의 벽 그릴과 햇빛가리개용 벽들로 에워싼다. 중간층은 2층으로 구성된 주 전시실 영역으로 그 내부에 중 2층을 갖고 있으며, 외부의 계단으로도 접근가능하다. 최상부층은 개념적으로 파르테논 형상과 평행한 축으로 재현하여 직사각형으로 구성된 유리 파빌리언이다. 이것은 파르테논 신전과 조망 축이 평행하게 이루어져 있으며 파르테논 프리즈 파편들을 전시하고 있다. ((ed.) Suzanne Greub and Thierry Greub, 2006, p.127-129)

주65) 리베스킨드는 피터 아이젠만, 베르나르 츄미, 프랭크 게리, 자하 하디드, 렘 콜하스, 쿱 힘멜부라우와 함께 '7인의 해체주의자' 로 불리워졌나

주66) 리베스킨드는 기억(memory)은 만들어진다고 보았다. "기억은 거기에 존재하는 것이 아니다. 기억은 또한 구성된다. 모든 회상은 언제나 '지금(now)' 이다. 우리가 회상할 때 우리는 과거에 있지 않기 때문이다. 우리는 언제나 지금 회상하고 있는 것이다. 기억의 속성 또한 현재와 미래와 함께 변화한다." ((ed)Neil Leach, 1999, p.132)

주67) '보이는 영역들(the visible)' 보다는 '보이지 않는 영역들(the invisible)' 에 대한 용어의 해석을 정리할 필요가 있다. 여기서 보이는 영역은 '가시성(可視性)' 으로 보이지 않는 영역은 '불가시성(不可視性)' 을 의미한다. 혹자는 후자를 비가시성(非(可視性)으로 번역하는데 이는 의미상의 혼란을 가져올 수 있다. 가시적인 것이 시각을 통한 인식의 행위라면, 비가시적인 것은 시각이 아닌 촉각, 청각 등을 통해 인식가능한 것을 말할수 있기 때문이다. 반면 불가시적인 것은 시각, 촉각 등 오감을 통한 인식 행위가 불가능한 것을 의미하며, 이것은 정신의 의식작용을 통해서만 회상되는 기억과 같은 심층의 인식 행위와 관련된 것이다. 리베스킨드가 말하는 보지 못하는 것의 증거로서의 건축이라는 개념에서 언술된 것은 비가시성이 아니라 불가시성을 의미한다는 것이 정확한 해석이다. 이와 더불어 메를리-퐁티의 가시성과 비가시성의 용어를 채용하여 리베스킨드의 불가시성의 영역을 해석하는 논고(論考)들은 다시 한번 재검토할 필요가 있다.(퐁티보다는 후설의 현상학, 즉 의식의 소여 행위로서 순수 의식의 영역을 강조한 것이 더 연관되기 때문이다.)

주68) 여기서 인식의 틀로 사용된 '왜곡된 선들로 이루어진 육각형의 형상' 에 반영된 비합리적인 선들은 동, 서 베를린에 있는 무명의 장소들을 연결시키는 일종의 결합체(nexus)를 형성한다. 그러나 그것은 또한 비현실적인 장소(unreal places)와 실재하는 사람(real people)들을 서로간 연결해 주는 것이기도 하다. 그는 이러한 것을 건축학적 차원, 즉 프로젝트의 눈에 보이지 않는, 비합리적인 불가시성의 매트릭스(the irrational invisible matrix)로 간주한다.(D. Libeskind: "Between the Lines", ((ed). Peter Noever, 1991, p.64) 그가 베를린 유태인 박물관 프로젝트에서 보여준 것처럼, '비(非)기원으로서의 비합리성(the irrational as nonbeginning)' 을 출발점으로 삼아 시간에 대한 새로운 해석을 이끌어낸다.

주69) 유대인 박물관의 기반이 되는 이 개념 외에 2가지 개념이 더 있다.

첫째, 베를린에 거주하는 유태인들이 이룩한 엄청난 지적, 경제적, 문화적 기여를 이해하지 않고서는 베를린 역사를 이해하는 것이 불가능하다는 것, 둘째, 베를린에서 말살된 유태인의 삶을 인정하고 통합함으로써만 베를린과 유럽의 역사가 인간적인 미래를 가질 수 있다는 것이다. (공간, vol.425, 2003, p.105) 특히 그는 부지의 눈에 보이는 특성보다는 눈에 보이지 않는 연결 매트릭스, 즉 독일인과 유태인 사이의 관계의 연결이 존재한다는 사실에서 이끌어낸 4가지 측면들이 접힌 4중 구조에서 출발한다. 여기서 첫째는, 압축되고 비틀린 별을 상징하는 비합리적인 매트릭스로 비가시적인, 비합리적으로 연결된 별로 표상된다. 이것은 일부 유태인 시민, 근로자, 작가, 작곡가, 과학자, 시인들이 독일문화의 전통과 연결되어 있고, 바로 이 부지에서 빈번하게 그들이 부착한 황색의 별을 상징하는 것이다. 개개인의 주소가 부재된 빛으로 빛을 발한다.
둘째는 작곡가 쇤베르크(Arnold Schönberg, 1874-1951)가 베를린의 이 시기에 작곡한 '모세와 아론(Moses and Aron)'의 오페라 2장 중 말씀(의 부재의) 비음악적인 이행에서 절정을 이루는 부분이다. 세째 측면은 추방되고 실종된 베를린 유태인들(Berliners)이 존재하는 차원으로 그들의 이름, 생년월일, 추방일, 살해된 것으로 추정되는 장소 등이 담긴 두 권의 텍스트와 죽은 장소에 대한 흔적들을 찾는 것이다. 네째 측면은 발터 벤야민(Walter Benjamin의 일방통행로(one way street)를 따르는 도시 묵시록이다. 이 측면은 지그재그 라인을 따라 60개의 단면들의 연속적인 시퀀스로 통합되며, 이 각 단면은 벤야민의 텍스트에서 기술된 '별의 정거장' 중 하나를 표상한다. (공간, vol.425, 2003, pp.105-106)

주70) 리베스킨드는 이 프로젝트를 '선들 사이에서(Between the Lines)' 라고 명명한다.(공간, vol.425, 2003, p.105) 그는 사고, 조직, 관계에 있어서 두 가지 선들을 채택하였다. 하나는 '직선'으로 많은 편린들로 부서진 것이며, 다른 하나는 '비틀린 선'으로 불확정적으로 무한히 지속되는 선이다. "이 선들은 현대의 이분법을 보여주는 2개의 선들이며, 믿음과 행위 사이에, 정치적 신념과 건축적 반응 사이에 균열을 만들어내는 선들이다. 여기서 선들은 논리성을 갖고 있기 때문에 스스로 전개된다. 이것들은 또한 개별적으로 분산된다. 이것들은 완전히 자유롭게 해방되었기 때문에 함께 유지할 수 없으며, 상호간 얽혀 짜임할 수 있는 방법도 없다. 그러므로, 이 선들은 그 스스로 개별적으로 보여진다." (D. Libeskind "Between the Lines", (ed). Peter Noever, 1991, p.69)고 설명한다.

주71) 솔리드 한 매스 형태의 홀로코스크 타워는 속이 비어있고 천장에 틈이 있어 어두운 공간에서 빛이 흘러 들어오고, 상당히 엄숙한 분위기를 연출한다. 감옥 정원은 가로와 세로 모두 7칸씩 49개의 사각 기둥이 바둑판 배열로 배치되어 있으며, 사각 기둥 안에는 감옥에 갇힌 것을 은유하는 나무가 자라고 있다. 바닥은 경사지게 구성해서 이곳을 배회하는 관람객들에게 활동의 어려움을 경험하게 한다. 영원의 축은 전시실로 안내하는 공간으로 생존의 의미를 가지고 있으며, 전시실로 오르는 계단이 강조되어 있다. 지하에 묻힌 전시시설은 3개의 선들 홀로코스크 보이드(Holocaust Void), 즉음-끝에 이르는 길, 출구와 이주라는 호프만(E. T. A Hoffman) 정원에 이르는 길, 지상에 있는 박물관 갤러리에 가기 위한 박물관 중앙 계단에 이르는 길-로 구성된다. 이것은 '홀로코스트 타워', '감옥정원', '영원의 축'을 골격으로 이루어진다. 기존 박물관 로비에서 계단을 통해 지하로 들어서면, 주 전면에 일자로 펼쳐진 '영원의 축'의 끝인 높은 계단에서 시작하는, 지그재그 형태의 매스로 이루어진 연속적인 전시실이 배열되었다. 이 영원의 축은 한 편으로는 외부에서 분리된 매스로 인식되고 내부가 비어 천창에서 틈을 통해 빛줄기가 내려와 엄숙한 공간을 연출하는 '홀로코스트 타워' 축과 만나며, 다른 한편으로는 외부공간인 '감옥 정원'의 축과 교차된다. 특히 전시시설의 관람동선은 건물 상층을 시작으로 관람하면서 아래층으로 내려오는 형식을 취한다. 전시실은 특별한 방들로 분할되어 있지 않고, 오픈된 공간을 따라 이동하면서 관람하면 자연스럽게 다시 영원의 축으로 나오도록 구성되어 있다. 여기서 죽음의 축은 하얀 형광등으로, 삶의 축은 자연광을 지닌 형광등으로 교차되는 지점을 이룬다. 그는 동일한 5개의 창외에 1005개의 다른 창을 내부공간의 빛을 조절하기 위한 장치로 시공하기 위해 디테일을 연구하였다 .

주72) 이 건물의 내부는 도시적이고 건축적인 시각에서 구상되어 출발한다. 도시적 측면에서는, 왕립도서관 안뜰의 프로비안트 정원을 따라서 산책로를 내어 새로운 도서관과 오래된 도서관을 연결시켰다. '출애굽', '광야', '십계', '약속의 땅'이라는 유대 교리의 원칙을 반영하여 구성된 4개의 전시관은 물결무늬 바닥과 벽과 유리로 만들어진 진열대, 그리고 각 전시관으로 이끄는 길에 의해 유기적으로 연결되어 있다. 출애굽관은 물과 상징적인 보트를 보여줌으로써 덴마크 유대인 사회가 살아남은 특별한 과정을 말해줌과 동시에 벽면 뒤에 내포된 박물관의 중요성을 깨닫게 해준다.

주73) 건축읽기의 교훈은 건축과 그에 상응하는 것을 읽는 것으로, 거의 잊혀진 중세의 건축의 과정, 건축에서 아직 완전히 공개되지 않은 자신들만의 방법을 통한 과정을 가르쳐준다..... 건축의 기억하기의 교훈은 현재의 건축을 기억하는 것으로, 건축에서 여전히 기억될 수 있는 것으로 이루어진다. 건축쓰기의 교훈은 건축과 그에 상응하는 것을 쓰는 것으로, 예술도 없고 과학도 없이 건축을 만드는 법을 가르쳐 준다고 말한다.((ed.) Tom Avermaete etc., 2009, 권영민 역, 2011, p.222)

주74) "만일 우리가 물질적 운반장치(기호)를 넘어서 드로잉의 내적인 실체로 나아간다면, 형태 시스템에 대한 표상의 감소-무엇보다도 비어있고 무용한 것처럼 보이는-로 인해 아주 자연스러운 실체의 확정이 드러나게 될 것이다. 여기서 시스템은 그 일관성이 공허한 상징으로 지지되어 온 버팀목(형식어)으로 지각되는 것을 멈추게 되며, 구 명시가 상징주의에 의해서만 중재되는 구조를 드러나게 한다"고 리베스킨드는 언급하고 있다 (Libeskinsd : "End Space Micromegas", (ed.) Andreas Papadakis, 1992, p.176)

주75) 리베스킨드의 드로잉이 구성주의적인 작품처럼 보이기는 하지만 실제로는 그 의도가 다르다. 왜냐하면 구성주의는 요소의 분

해의 과정에서 고립된 요소들의 본질성을 드러내는 과정에 관심이 있다. 피터 아이젠만은, 리베스킨드의 "드로잉에서 보여지는 분해(De-assembly)는 글쓰기에서의 해체(deconstruction)와 같다(P. Eisenman:Representation of the Limit : Wrting a Not-Architecturé, Architectural Monogarphy 16, 1991, p.120)" 고 말한다. 이러한 이유는 그의 드로잉은, 알도 로시가 드로잉을 통해서 실현된 건물은 드로잉의 재현이 된다는 기존의 재현 양식을 뒤집었듯이, 건축에서의 전통적인 드로잉에 대한 비판이며, 피라네시, 리시츠키 등과 같이 지어질 수 없는(또는 지어지지 않은) 드로잉을 통해서 건축의 한계를 탐구하는 행위를 보여주고 있기 때문이다. 우리는 글쓰기를 읽고 드로잉을 보지만 이러한 관습을 뒤집을 때 독자의 자율성의 특권을 드로잉에 부여하는 것이다.

주76) 이것은 어떤 각도에서 또는 특수장치를 써서 비로소 정상적으로 보이는 왜곡된 상을 말한다.

주77) 드로잉을 드로잉으로 보게 될 때 우리는 대상으로부터 기호라는 갈고리를 벗겨내는 가능성, 즉 건축으로부터 '비-건축(not-architecture)' 을 얻을 가능성을 얻기 위해 드로잉을 읽는 특권을 갖을 수 없다는 점이다. 아이젠만은 드로잉을 쓰기로서, 그럼으로써 '비-건축' 으로 읽는 것은 기호, 기호의 기호화에서 자유롭게 되는 데서 얻어지기 때문에, "존재 의미를 벗겨내는 이러한 개념(notion of unhooking)은 리베스키드의 드로잉에서 '비-건축을 발견하는 데 매우 중요하다" (P. Eisenman:Representation of the Limit: Wrting a Not-Architecturé, Architectural Monography 16, 1991, p.120)고 지적한다. 아이젠만은 건축의 한계를 탐구하는 드로잉에서 발견되는, 지어지지 않고 지어질수 없는 비-건축은 실제적인 건축과 대치되는 개념으로 설명한다. 비-건축은 주제에 아무런 관계를 갖지 않는 '건축이 아닌 것(not architecture)과는 다르다고 말한다. 비건축은 건축과 관련이 있기 때문이다. 그것은, 건축이 비-건축이 무엇인지를 알고 포함하듯이, 건축을 알고 포함한다. 그것은 부재(not being)에 의해 존재(being)의 관계를 구성한다.

주78) 나선은 부지가 부여하거나 인공적인 오브제가 아니라, 독특한 역사적 배경 안에서 지나가 버리는 역사가 아니라 역동적으로 지속하며 발전하면서 현재를 과거와 미래 안에 각인하는 역사의 궤적을 통해 공공의 활동들을 드높이기 위한 생각에서 출발한 것이다. 이 박물관은 오브제 보관소나 수동적이고 향수적인 것을 보관하는 것이 아니라, 예술, 교육의 지속적인 연출에 참여하는 과정을 통해서, 또 사회와 미래에 유용한 이들 상호간의 의미작용을 통해서 대중들을 참여시키는 경험을 고무시키 주는 모범적인 공간을 만들려고 의도한 것이다.

주79) 건물 붕괴시 매몰된 무너진 타워건물의 기초구조가 있는 구덩이를 희생자들을 추모하는 공간으로, 암반이 개방된 기초부분을 무너진 옛 건물의 유물로 보존하고, 이로부터 이 부지와 건축의 컨텍스트 안에 존재하는 과거와 현재를 연결하며 건축의 사회적 책임을 표현하고자 하였다. 이 주변에 배치된 유리 타워 건물은 미국 독립기념의 해인 1776년을 상징하는 높이 1776피트(532.8m)의 가늘고 뾰쪽한 형태의 옥상정원을 갖고 있다.

07

주80) 로만 잉가르덴(Roman Ingarden)에 따르면 문학 작품은 확정적(determinate)이거나 자율적(autonomous)인 것이 아니라, 의식의 행위에 의존하는 대상이다. 문학 작품 속에 있는 여러 층과 차원들은 독자들이 완성시켜야 할 하나의 얼거리 또는 '도식화된 구조(schematized structure)' 를 형성한다. 따라서 모든 문학 작품 속에 재현되어 있는 대상들은 의미의 단위나 국면들로부터 지향적으로 투사되는 미확정의 '지점' 이나 '점' 이나 '장소' 를 보인다. 이로 인해 현실적으로 재현된 대상 속에서 발견되는 수많은 '틈' 은 무한히 많은 미정성을 포함하기 때문에 다 소거할 수 없다.(R. C. Holub, 1984, 최상규 역, 1985, p.47) 잉가르덴이 말한 미정성의 구조 개념은 텍스트의 무한한 의미가 수용자에게 열려 있어야 한다는 점에서 건축의미의 다의성과 해체 가능성과도 무관하지 않다. 문학 작품 속에 내포된 의미를 확정적인 것이기보다는 채워져야 할 미확정의 틈의 개념으로 보는 이런 태도는, 탈구조주의나 해체주의 문학이론에서 제기된 해체(차연(差延 deconstruction, differance) 등과 같은 주요 개념과도 매우 유사하다. 해체주의에서 미확정의 틈들은 텍스트 자체에 내포되어 있지만 그 틈은 독자에 의해 채워지거나 완성될 수 있는 것이 아니라고 본다. 해체주의의 이러한 논의에도 불구하고 R. 잉가르덴이나 H. R. 야우스 등이 제기한 수용미학적 관점에 따르면, 하나의 작품 속에는 수용자에 의해 채워지는 수많은 미정성의 틈들이 존재한다는 사실이다. 작가에 의해 하나의 재현된 대상으로 창조된 문학 작품 속에는 지향적으로 투사되어 완성해 가는 수많은 틈, 즉 미정성의 영역이 존재한다는 개념은, 건축의 텍스트성과 의미의 다의성, 지각과 생소화 수법의 가치를 인식하고 있는 건축가들의 작품과 디자인 접근태도를 이해하는데 매우 유용하다. 왜냐하면 텍스트로서의 건축 작품의 효과 구조에 내포된 미정성의 많은 틈들은 수용자의 지각과 해석과정을 거쳐 건축적 의미를 더욱 풍부하게 하는데 기여하기 때문이다.

주81) R. 잉가르덴은 독서의 행위에는 텍스트 속에 내포된 미정성의 틈이나 도식화된 국면들을 제거하거나 채우는 일이 포함되어 있다고 보았다. 이것은 그가 텍스트를 독자에 의해 현실화되거나 구체화되어야 하는 도식화된 국면이라는 하나의 뼈대로 본 것을 말한다. 그는 능동적 독서행위의 과정을 좁은 의미에서의 '구체화(concretization)' 와 넓은 의미에서 전체적 '구체화(concretion)' 라는 개념으로 구별하여 설명한다. 좁은 의미에서의 구체화 개념은 문학 텍스트 내에 담긴 미결점들을 채우기 위한 독자의 주도적 행위, 즉 보완적 결정을 의미한다.(R. C. Holub, 1984, 최상규 역, 1985, pp.49-50) 이런 의미의 구체화는 문학 예술 작품을 이해하기

위한 필수적인 행위로 무의식적으로 행해진다. 잉가르덴의 지적처럼 구체화의 개념을 독자가 텍스트의 미정성의 틈을 채워나간다는 좁은 의미로 볼 경우, 텍스트의 틈을 채워나가는 과정은 독자에 따라 무수하게 나타나게 된다. 왜냐하면 인지, 셰마, 이미지 등과 관련된 독자의 기대 지평에 따라서 동일한 문학 작품도 다양한 층위를 지닌 의미로 해석될 수 있는 여지가 있기 때문이다. 더욱이 이런 의미에서의 구체화 개념은 텍스트로서의 건축 작품의 체험과정에서 효과구조에 반응하는 수용자의 인지 과정을 설명하는 인지구조, 셰마, 이미지 등과 밀접하게 관련되어 있다. 그러나 잉가르덴은 문학 작품 속에 내포되어 있는 잠재성의 현실화, 의미 단위의 객관화, 주어진 텍스트에 내포된 미결점의 구체화 등을 지칭하기 위해서 보다 넓은 의미에서 전체적 '구체화(concretion)' 의 개념을 사용한다. 그에 따르면 전체적 구체화는 독자측의 대응하는 경험에 의하여 그 존재가 조건지어지지만 그것은 또 문학 작품에 의해서도 결정된다는 것이다. 이런 의미에서의 구체화는 개인적인 경험을 초월하는 미적 경험을 포함한다. 그러므로 잉가르덴은 어떤 작품의 구체화 수는 무한히 많으나–좁은 의미의 구체화 개념–작품 자체의 효과구조에 의해 성층적 구조로 깔려있는 본질적 의미는 고정불변–넓은 의미의 구체화 개념–하다고 보았다. 이와 같은 논의에서는 작품의 안정되고 확정된 구조로서의 텍스트의 존재가 중시된다. 왜냐하면 예술 작품에 미정성이 허용된다 할지라도 다양한 독서를 가능케 하는 기저적 구조(基底的 構造)는 여전히 불변하기 때문이다.

주82)예술 작품의 창조에서 지각과 수법(devices)의 개념은, 문학 텍스트와 독자의 관계의 중요성을 인식한 러시아 형식주의 문학이론이 형식의 개념을 미적 지각에까지 확대시키고 예술 작품을 그 수법의 총합으로 정의하기 위해 사용한 개념이다. 여기서 '수법' 이란 우리가 대상을 의식하게 되는 수단이며, 사물을 지각 가능하게 해주고 예술적으로 만드는 기법이기 때문에 문학 작품의 분석에서 중요한 도구로 간주된다.(Robert C. Holub, 1984, 최상규 역, 1985, p.34) 지각과 생소화 수법의 개념을 문학 연구의 주요 개념으로 제기한 V. 쉬클로프스키(Viktor Chklovski)는' 예술적 대상이란 이 대상들이 최대한의 확률로 예술적이라고 지각될 수 있게 하려는 특수한 수법에 의해 창조된 대상들이다.' 라고 말한다. 그러므로 예술적이라고 지각되는 대상, 즉 습관적으로 자동화된 지각의 대상으로부터의 일탈(deviation)로 지각되는 대상들만이 '예술적' 이라고 할 수 있다. 여기서 수용자의 역할이 중요한데, 왜냐하면 작품의 예술적 질을 결정하는 것은 지각자이기 때문이다. 따라서 수법이란, 우리가 대상을 의식하게 되는 수단이며, 사물을 지각 가능하게 하고 예술적으로 만드는 기법이기 때문에 문학 도구에서 가장 중요한 도구로 간주된다. 이러한 관점에서 보면, 창조가 아니라 지각이, 생산이 아니라 수용이 예술의 주된 구성 요소가 된다. 그러므로 예술의 수법은 대상을 '생소화(defamiliarization)' 하는 수법이며, 난해하게 만들어진 형식의 수법이라고 정의할 수 있다. 다시 말해서 지각을 더욱 어렵게 만들고 그 과정을 연장시키는 수법을 의미한다. 특히 생소화 수법은 무엇보다도 독자들이 언어적인 관례와 사회적인 관례를 새롭고 비판적인 안목에서 보도록 하여 그것들을 조명해 내는 기능을 수행한다. 또한 그것은 형식 자체에 관심을 집중시키는 역할을 한다. 그러므로 생소화 수법이 비록 작가가 독자를 조종하기 위한 방법이나 지각적 효과를 얻기 위한 방법으로 사용한 것이지만, 그것은 여전히 독자와 텍스트 사이의 관계를 확정하는 하나의 과정으로 작용한다는 점이다.(R.C . Holub, 1984, 최상규 역, 1985, pp.38-39) 예술 작품의 지각에서 수용자의 존재를 인식한 이런 접근 태도는 작가 - 작품이라는 극에서 텍스트와 독자 사이의 관계로 주의를 전환할 것을 강조한 수용미학적 해석 태도와도 밀접한 관계가 있다.

참고문헌

공통

· 길성호(1997), *현대건축사고론*, 서울: 미건사/Spacetime

· 길성호(2003), *수용미학과 현대건축*, 서울: Spacetime

· 森田慶一(1977), *建築論*, 양광용 역(1985), 서울: 동명사

· 井上充夫(1991), *建築美論*, 임영배 외역(1994), 서울: 도서출판 국제

· Abercrombie, Stanley(1984), *Architecture as Art*, New York : Van Nostrand Reinhold Company Inc.

· Altman, Irwin(1975), *The Environment and Social Behavior, Monterey*, Calif. : Brooks/Cole.

· Amsoneit, Wolfgang(1991), *Contemporary Eropean Architecture*, Köln : Benedikt Taschen Verlag GmbH

· Bonta, Juan Pablo(1979), *Architecture and its Interpretation*, New York : Rizzoli

· Boulding, K. E.(1956), *The Image*, Ann Arbor : Univ. of Michigan Press

· Brebner, John(1982), *Environmental Psychology in Building Design*, Engl and : Applied Science Publishers Ltd.

· Brothwell, Don(Ed.)(1976), *Beyond Aesthetics : Investigations into the nature of visual art*, London : The Thames and Hudson Ltd.

· Collins, Peter(1965), *Changing Ideals in Modern Architecture : 1750 - 1950*, Montreal : McGraw-Queen's Univ. Press.

· Conrads, Ulrich(ed.)(1970), *Programs and Manifestos on 20th-Century Architecture*, 건축선언문집, 이현호역, 1981, 서울, 기문당

· Curtis, William J. R.(1996), *Modern Architecture Since 1900*, Oxford : Phaidon Press

· Davis, Douglas(1990), *The Museum Transformed : Design and Culture in the Post-Pompidou Age*, New York : Abbeville Press Publishers

· de Solá-Morales, Ignasi(1995), *Differences ; Topographies of Contemporary Architecture*, (trans.) Thompson, Graham(1997), The MIT, Cambridge, MA.

· Doordan, Dennis P.(2002), *Twentieth-Century Architecture*, New York : Harry N. Abrams, Inc.

· Dunlop, Beth(Ed.)(1999), *Lost Masterpieces : Architecture 3s*, London, Phaidon Press Limited

· Frampton, Kenneth(1980), *Modern Architecture : a Critical History*, London : Thames and Hudson.

· Frampton, Kenneth(1982), *Morden Architecture & Critical Present*, London : Architectural Design.

· Francesco Asensio Cerver(1977), *Later Works(1995-1998), Barcelona*, Francesco Asensio Cerver

· Francesco Asensio Cerver(1998), *Selected Architecture : Public Buildings-private Resiednce*, New York, Whitney? Frankle,

· Gelernter, Mark(1995), *Sources of architectural form; A critucal history of Western design theory*, Manchester univ. Press, Manchester

· Giedion, Sigfried (1943), *Space, Time and Ardhitecture I, II, (공간, 시간, 건축 I, II)*, 김경준 역, 2013, 서울, 시공문화사

· Gösel, Peter & Leuthüser, Gabride(2001), *Architecture in the Twentieth Century*, Köln : Taschen GmbH

· Hartoonian, Gevork(1997), *Modernity and Its other : A Post-Script to Contemporary Architecture*, Texas A & M University Press, College Station

· Jencks, Charles (1973), *Modern Movements in Architecture*, New York : Anchor Press.

· Jencks, Charles (1977), *The Language of Post-Modern Architecture*, New York : Rizzoli.

· Jencks, Charles (1980a), *Late-Mordern Architecture*, London: Academy Editions.

· Jencks, Charles (1990), *The New Moderns : From Late to Neo-Modernism*, London : Academy Editions

· Jencks, Charles, & Kropf, Karl(Ed.)(1997), *Theories & Manifestoes of Contemporary Architecture*, London : Academy Editions

· Jodidio, Philip(1993), *Contemporary American, Architects*, Köln : Benedikt Taschen GmbH

· Jodidio, Philip(1997), *New Forms : Architecture in the 1990s*, Hohenzollernring : Benedikt Taschen Verlag GmbH

· Jodidio, Philip(2001), *Architecture Now*, Köln : Benedikt Taschen GmbH

· Joedicke, Jürgen(1998), *Architekturgeschichte des 20. Jahrhunderts(20세기의 건축역사)*, 김경환외 공역, 2001, 서울, 도서출판 이집

· Kahn, Hasan-Uddin(2001), *International Style : Modernist Architecture from 1925 to 1965*, Hohenzollernring : Benedikt Taschen Verlag GmbH
· Kolb, David(1990), *Postmodern Sophistications; Philosophy Architecture and Tradition*, The Univesity of Chicago Press, Chicago
· Lampugnani, Vittorio Magnago(1985a), *Architecture and City Planning in the Twentieth Century*, New York : Van Nostrand Reinhold.
· Lampugnani, Vittorio Magnago(1990), *Museum Architecture in Frankfurt 1980-1990*, Munich : Prestel
· Lang, Jon(1987), *Creating Architectural Theory : The Role of the Behavioral Sciences in Environmental Design*, New York : Van Nostrand Reinhold Company Inc.
· Lesnikowski, Wojciech G.(1982), *Rationalism and Romanticism in Architecture, 합리주의와 낭만주의 건축*, 박순관외 공역, 2003, 서울, 도서출판 국제
· Lym, Glenn Robert(1980), *A Psychology of Building : How we shape and experience our structured spaces*, Englewood Cliffs, New Jersey : Prentice-Hall Inc.
· Nesbitt, Kate(eds.)(1996), *Theorizing a New Agenda for Architecture : An Anthology of Architectural Theory 1965-1995*, New York : Princeton Architectural Press
· Norberg-Schulz, Christian(1968), Intention in *Architecture*, Cambridge, Mass. : The M.I.T. Press.
· Norberg-Schulz, Christian(1971), *Existence, Space and Architecture* (실존, 공간, 건축), 김광현 역, 1977, 서울, 산업도서출판공사
· Norberg-Schultz, Christian(1986), 「*Architecture : Meaning and Place : Selected Essays(건축의 의미와 장소성)*, 진경돈, 이정국(공역), 2000, 서울, 시공문화사
· Ockman, Joan, (ed.)(1993), *Architecture Culture 1943-1968 : A Documentary Anthology*, New York ; Rizzoli
· Papadakis, Andreas (Ed.), *Free Spirit in Architecture*, New York : Academy Editions
· Portoghesi, Paolo, (Trans. Erika G. Young)(2000), *Nature and Architecture*, Milano : Skira Editore S.P.A.
· Protoghesi, Paolo (1982), *After Modern Architecture*, New York : Rizzoli.
· Pérez-Gómez, A.(1983), *Architecture and the Crisis of Modern Science*, Cambridge : The MIT Press.
· Rapoport, Amos(1982), *The Meaning of the Built Environment : A Nonverbal Communication Approach*, Beverly Hill : Sage Publication.
· Raskin, Eugene(1981), *Architecturally Speaking*, New York : Bloch Publishing Company.
· Read, Herbert(1931), *The Meaning of Art*, Baltimore : Pelican.
· Schirmbeck, Egnon(1987), *Idea, Form, and Architecture : Design Principles in Contemporary Architecture*, (Trans.) Cowan, Henry J., New York : Van Nostrand Reinhold
· Sharp, Dennis(Ed.)(1999), *Twenthieth -Century Classics : Architecture 3s*, London, Phaidon Press Limited
· Simon Sadler(2005), *Archigram : Architecture without architecture*, Cambridge, MIT
· Steele, James(Ed.)(1994), *Museum Builders*, New York : Academy Editions
· Steele, James(1997), *Architecture Today*, London : Phaidon Press Limited
· Steele, James(Ed.)(1995), *20th Century European Rationalism : Panos Koulermos*, New York : Academy Editions
· Stevens, Garry(1990), *The Reasoning Architect : Mathematics and Sciencein Design*, New York : McGraw-Hill Inc.
· Tafuri, Manfredo(1976a), (trans. Barbara Luigia La Penta), *Architecture and Utopia : Design and Capitalist Development*, Cambridge Mass : MIT Press
· Tafuri, Manfredo(1976b), *Theories and History of Architecture*, New York : Harper & Row, Publishers
· Veronica Biermann(Eds.)(2003), *Architectural Theory from the Renaissance to the Present*, Köln : Taschen
· Tzonis, Alexander and Lefaivre, Liane(1992), *Architecture in Europe since 1968 : Memory and Invention*, London : Thames and Hudson Ltd.
· Tzonis, Alexander, Liane Lefaivre, Richard Diamond(Eds.)(1995), *Architecture in North America Since 1960*, London : Thames and Hudsen Ltd.
· Vandenberg, Maritz(Ed.)(1999), *Twenthieth -Century Museum 1 : Architecture 3s*, London, Phaidon Press Limited
· Wertheim, Margaret(1999), *The Pearly Gates of Cyberspace (공간의 역사 ; 단테에서 사이버스페이스까지 그 심원한 공간의 문화사)*, 박인찬 옮김, 2002, 서울, 생각의 나무
· Wiebenson, Dora(ed.)(1982), *Architectural Theory and Practice from Alberti to Ledoux*, Architectural Publications, Inc.
· Wigley, Mark(1993), *The Architecture of Deconstruction : Drridás Haunt*, Cambridge, Mass : The MIT Press
· Wines, James(2000), *Green Architecture*, Köln : Benedikt Taschen Verlag GmbH
· Zevi, Bruno(1957), *Architecture as Space*, New York : Horizon Press

06

· *대화적 상상력 ; 바흐친의 문학이론*, 김동욱 저, 1999 , 서울(주) 문학과 지성사
· *Tadao Ando*, 김정희 외 편(1998), 서울, C3 Group
· *미하일 바흐친과 폴리포니아*, 이강은 저, 2011, 서울, 도서출판 역락,
· *Venturi, Scott Brown and Associates*, 이주연 편, 1992 , 서울, Plus
· *"루이스 바라간 건축의 공간적 질서에 관한 연구"* 서울대 대학원 석사학위논문, 한지애, 2006
· *建築空間體驗に 於ける 感覚の 役割*, 日本建築學會論文集, 上松佑二, 昭和 59年, pp. 190 - 199
· Aldo van Eyck(1962a), *"Doorstep"*, *Team 10 Primer, Smithson*, Alison(ed.)(1968), Boston. Mass. : The MIT Press
· Aldo van Eyck(1962b), *"Place and Occassion"*, Progressive *Architecture*, Sept.
· Aldo van Eyck(1962c), *"Steps towards a configurative discipline"*, Forum, 1962, no. 3 pp.81-94
· Ana G. Canízares(2005), *Great New Buildings of the World*, New York : HarperDes
· Antonio Fernández Alba(1996), *"Postscript : Shaded Walls"*, Barragán : The Complete Works, (ed.) Raúl l Risp(1996), London : Thames and Hudson Ltd.
· Antonio Toca Fernández(1996), *"The Work of Luis Barragán : Looking and Seeing"*, Barragán : The Complete Works, (ed.) Raúl Risp(1996), London : Thames and Hudson Ltd.
· Architectural Monographs(1983), *John Soane*, Londen, New York : Academy Editions/St. Martin's Press
· Architectural Monographs 4(1984), *Alvar Aalto* (ed.) David Dunster, Londen/New York : Academy Editions/St. Martin's Press
· Architectural Monographs 14(1990), *Tadao Ando*, Londen, New York : Academy Editions/St.Martin' s Press
· Architectural Monographs 16(1991), *Daniel Libeskind : Countersign*, Londen, New York : Academy Editions, St. Martin's Press
· Architectural Record(2007.07), Steven Holl : Lights up the Skies of Kansas City
· Armando Salas Portugal(1992), *Luis* Barragán, New York : Rizzoli International Publications, Inc.
· A+U (1988), Cralo Sparta(까를로 스까르파), 장성주 역, 서울, 태림문화사
· A+U (1989), Álvaro Siza(1954-1988), (ed.) Paolo dos Santos, Tokyo : A+U Publishing Co. Ltd.
· A+U (1993), Alvar Aalto, (ed.) Toshio Nakamura, Tokyo : A+U Publishing Co. Ltd.
· A+U (1994), Álvaro Siza, (ed.) Toshio Nakamura, Tokyo : A+U Publishing Co. Ltd.
· Avermaete, Tom(eds.)(2009), *Architecture, Modernity and the Public Sphere*(건축, 근대성과 공공영역에 대한 건축적 입장들), 권영민 역, 2011, Spacetime, 서울
· Bachelard, Gaston(1971), *The Poetics of Space*, Penguin Classics, 2014
· Beltramini, Guido and Zannier, Italo(eds.)(2006), *Carlo Scarpa: Architecture and Design*, New York: Rizzoli
· Bloomer, Kent C. & Moore, Charles. W.(1977a), *Body, Memory, and Architecture*, New Haven : Yale Univ. Press
· Bollow, O.F.(1963, 1976), Mensch und Raum,
· CA(Contemporary Architecture, 2003) vol.52, *Bernard Tschumi : Reloaded_Vectors & Envelopes*, Seoul : CA Press
· CA(Contemporary Architecture, 2005) vol.62, Steven Holl, Seoul : CA Press
· C. A. Van 퍼슨(1956), *Body, Soul, Spirit* (몸, 영혼, 정신), 손봉호,강영안 옮김, 1985 , 서울, 서광사
· Cooke, Catherine(1995), *Russian Avant-Garde: Theories of Art*, Architecture and the City, New York : Academy Editions
· Cornelis va de Ven(1980), *Space in Architecture; the evolution of a new idea in the theory and history of the modern movements*, Van Gorcum Assen, The Netherlands
· Deasy, C.M.(1974), *Design for Human Affairs*, Cambridge, Mass. : Schenkman Publishing Company
· Doordan, Dennis P.(2002), *Twentieth-Century Architecture*, New York : Harry N. Abrams, Inc.
· Curtis, William J. R.(1996), *Modern Architecture Since 1900*, Oxford : Phaidon Press
· Eggener, Keith L.(2001), *Luis Barragán's Garden of EL Pedregal*, New York : Princeton Architectural Press
· EL Croquis(1994), vol.44+58, Tadao Ando(1983-1993), Madrid : Spain
· EL Croquis(1996), vol.78, Steven Holl(1986-1996), Madrid : Spain
· EL Croquis(1996), vol.80, Daniel Libeskind(1987-1996), Madrid : Spain
· EL Croquis(1999), vol.93, Steven Holl(1996-1999) : In search of a poetry of specifies, Madrid : Spain
· EL Croquis(1996), vol.78, Steven Holl(1986-1996), Madrid : Spain
· EL Croquis(2002), vol.108, Steven Holl 1998-2002 :

Thought, Matter and Experience, 2002, Madrid : Spain
· EL Croquis(2008), vol.140, Álvaro Siza(2001-2008), Madrid : Spain
· Eisenman, Peter(1991), *"Representaion of the Limit : Writing a Not-Architecturé"*, Daniel Libeskind : Countersign, Architectural Monographs 16(1991) Londen, New York : Academy Editions / St.Martin's Press
· Ferderica Zanco(ed.)(2001), *Luis* Barragán *: The Quiet Revolution*, Milan : Skira editore,
· Fields, Dareel Wayne(Ed.)(1990), Tadao Ando : Dormant *Lines*, New York : Rizzoli
· Foster, Kurt W(1991), *"Chamber Works from the work Chamber of Daniel Libeskind"*, *Daniel Libeskind : Countersign*, Architectural Monographs 16(1991) Londen, New York : Academy Editions / St.Martin's Press
· Frampton, Kenneth(1980, 2007), *Modern Architecture : a Critical History*, London : Thames and Hudson.
· Frampton, Kenneth(Ed.)(1984), *Tadao Ando : Buildings Projects Writings*, New York : Rizzoli International Publication, Inc.
· Frampton, Kenneth(1987), *'The Work of Tadao Ando'*, Futagawa, Yukio(Ed.)(1987), Tadao Ando(안도 다다오 작품집 : 1972-1987), 이범재 역, , 1994, 서울, 기문당
· Frampton, Kenneth(1980, 2007), *Modern Architecture, : A Critical History*, London: Thames & Hudson Ltd, Fourth Edition
· Frampton, Kenneth(1989), *"The Architecture of* Álvaro Siza ; *A+U* (1989), Álvaro Siza(1954-1988), (ed.) Paolo dos Santos, Tokyo:A+U Publishing Co. Ltd.
· Frampton, Kenneth(2001), *"A Propos* Barragán *: Formation, Critique and Influencë, Luis* Barragán *: The Quiet Revolution*, Ferderica Zanco(ed.)(2001), Milan : Skira editore
· Francesco Dal Co(1995), *Tadao Ando : Complete Works*, London : Phaidon Press
· Franck, Karen A. and Lepori, R. Bianca(2000), *Architecture : Inside out*, New York : John Wiley & Sons Ltd.
· Fuagawa, Yukio(Ed.)(1995), *Tadao Ando : Details*, (안도 디테일집), 미건사 편집부역, 서울: 도서출판 미건사
· Fuagawa, Yukio(Ed.)(1995), *Tadao Ando*, Tokyo : A.D.A. EDITA Tokyo Co., Ltd.
· Futagawa Yukio(Ed.)(1987), *Tadao Ando*(1972-1987)(안도 다다오 작품집), 이범재 역(1994), 서울, C3 Group
· Futagawa, Yoshio(Ed.)(1997), *Bernard Tschumi*, Tokyo : A. D. A. EDITA Tokyo Co., Ltd.
· Futagawa, Yukio(Ed.)(1996), *Steven Holl*, Tokyo : A.D.A. EDITA Tokyo co. Ltd.
· Futagawa, Yukio(Ed.)(1998), *Álvaro Siza*, Tokyo : A.D.A. EDITA Tokyo co. Ltd.
· Gray, Susan(Ed.)(2002), *Architects on Architects*, New York: McGrow-Hill
· George Dodds and Robert Tavernor(eds.), *Body and Building ; Essaya on the Changimg Relation of Body and Architecture*, The MIT Press : Cambridge, Massachusetts
· Gregotti, Vittorio(1989), *"Álvaro Siza, A+U* (1989), *Alvar0 Sizä*(1954-1988), (ed.) Paolo dos Santos, Tokyo:A+U Publishing Co. Ltd.
· Greub, Suzanne and Greub, Thierry(Ed.) (2006), *Museums in 21st Century : Concepts Projects Buildings*, New York : Prestel Publishing
· Gropius, Walter(1955), *Scope of Total Architecture*, New York : Harper & Brothers Publishers
· Hays, K. Michael(ed.)(1998), *Architecture Theory Since 1968*, Boston. Mass., The MIT Press(1968년 이후의 건축이론, 봉일범 옮김, 2003, 서울, 시공문화사
· Hays, K.Michael(2010), *Architecturés Desire: Reading the Late Avant-Garde*(건축의 욕망: '레이트 아방가르드' 읽기), 조순익 옮김(2011, 서울: Spacetime)
· Heneghan, Tom(1993), *'The Architecture of Tadao Ando - Predicated on Participation'*, *Tadao Ando : Complete Works*, Francesco Dal Co(1995), London : Phaidon Press Limited? Holl, Steven(1989), Anchoring, New York : Princeton Architectural Press
· Herman van Bergeijk(1997), Herman Hertzberger, Basel : Birkhäuser Verlag
· Herman Hertzberger(1991), *Lessons for students in Architecture, Rotterdam : Uitgeverij 010 Publishers*, (헤르만 헤르츠베르거의 건축수업), 안진이 옮김(2009, 서울, 효형출판)
· Holl, Steven(1989), *Anchoring*, New York : Princeton Architectural Press
· Holl, Steven(1993), *'Pre-theoretical ground'*, Steven Holl, Michel Jacques and Anette Neve(Eds.), Zurich : Artemis Press
· Holl, Steven(1994), *'Phenomenology of Architecture'*, *Question of Perception*, Juhani Pallasm and Alberto Pérez-Gömez(Eds.), Tokyo : A+U special edition
· Holl, Steven(1996), *Intertwing, Selected Projects 1989-1995*, New York : Princeton Architectural Press
· Holl, Steven(1999), *The chaple of St. Ignatius*, New York : Princeton Architectural Press
· Holl, Steven(2000), *Parallax*, Basel : Birkhäuser

· Holl, Steven(2007), *Architecture spoken*, New York : R:3301, International Publications Inc.

· José María Buendía Júlbez(1996), *"The Spirit of Place"*, Barragán *: The Complete Works*, (ed.) Raúl Risp(1996), London : Thames and Hudson Ltd.

· Ker, Stephen(1983),

· Klotz, Heinrich(1984, 1988), *The History of Postmodern Architecture*, (trans.) Donnell, Radka, Cambridge: The MIT Press

· Luis Barragán(1996), *"Secret Gardens"*, Barragán *: The Complete Works*, (ed.) Raúl Risp(1996), London : Thames and Hudson Ltd.

· Negishi, Kazuyuki(1990), *'An Offering Absence'*, *Tadao Ando : Dormant Lines*, Darell Wayne Fields(Ed.), New York : Rizzoli

· Nerdinger, Winfried(Ed.)(1999), *Alvar Aalto : Toward a Human Modernism*, Munich:Prestel

· Leach, Neil(1999), *Architecture and Revolution : Contemporary Perspectives on Central and Eastern Europe*, (ed.) Neil Leach, 1999, London : Routledge

· Libeskind, Daniel(2005), *Breaking Ground(낙천주의 예술가 다니엘 리베스킨드)*, 하연희 옮김, 2006, 서울, 마음산책

· Libeskind, Daniel(1999), *"Trace of the urborn"*, *Architecture and Revolution : Contemporary Perspectives on Central and Eastern Europe*, (ed.) Neil Leach, 1999, London : Routledge

· Ligtelijn, Vincent(Ed.)(1999), *Aldo van Eyck Works, Bussum : THOTH Publishers? Nitschke*, Gönter(1993), From Shinto to Ando : Studies in Architectural Anthropology in Japan, New York : Academy Editions?

· Los, Sergio(1994), *Carlo Scarpa*, Köln; Benedikt Taschen verlag GmbH

· Los, Sergio(1995), *Carlo Scarpa; an architectural guide, Verona*, Arsenale Editrice srl

· Noever, Peter(ed.)(1991), *Architecture in Transition: Between Deconstruction and New Modernism*(Architecture & Design), Prestel Publishers

· Noever, Peter(1997), *The End of Architecture? Documents and Manifestos*(Architecture & Design), Prestel Publishers

· Lyndon, Donald and Moore, Charles W.(1994), *Chambers for a Memory Place*, Cambridge Mass : MIT Press

· Machado, Carlod(2007), *"Álvaro Siza : Paths, Body and Memory"*. *ToTo Shuppan*(2007), *Álvaro Siza Aalto*, Japan : Nobuyuki Endo.

· Martin Heideger(1927 독 , 1962영) *Sein und Zeit*(Being and Time), (trans.) John Macquarrie & Edward Robinson (1962), Harper and Row Publishers

· Maurice Merleau-Ponty(1945프, 1962영), *Phenomenology of Perception*, London : Routledge

· L. Moholy-Nagy(1947), *Vision in Motion*, Paul Theobald & Co.

· Matsuba, Kazukiyo(1998), Ando Architect, Tokyo : Kodansha International

· Moneo, Rafael(2004), *Theorical Anxiety and Design Strategies in the Work of Eight Contemporary Architects*, Actar Barcelona(8인의 현대건축가: 이론적 열망과 디자인 전략), 이영범 외 공역(2008), 서울, 공간사

· Moore, C. W., G. Allen & D.Lyndon (1974), *The Place of Houses* (주택의 장소성), 곽해선 역, New York : Holt, Rinehart & Winston CBS, Inc.

· Moore, Charles W. : *Building and Projects*, *現代アーキチクケヤ-選集*, J. Johnson(Ed.), Rizzoli, 1986

· Moore, C.W.(1977b) *'On Post-Modernism'*, AD, May 1977, p, 255

· Moore, Charles and Gerald Allen(1976), *Dimensions : Space, Shape & Scale in Architecture*, New York : Architectural Record Book.

· Moore G.T. & Golledge R.G.(1976), *'Environmental Knowing : Concepts and Theories'*, in Moore G.T. & Golledge R.G.(Eds.),

· Morton, David, *'Venturi & Rauch : Brant House'*, A/P, August, 1976, pp.50-53

· Negishi, Kazuyuki(1990), *'An Offering Absence'*, Tadao Ando : Dormant Lines, Darell Wayne Fields(Ed.), New York : Rizzoli

· Nishizawa, Ryue(2007), *"On Some of the Allures of Sizas Building"*, ToTo Shuppan(2007), Álvaro Siza Aalto, Japan : Nobuyuki Endo.

· Olsberg, Nicholaus et. al.(esd.)(1999), *Carlo Scara Architecture; Intervening with History*,The Monacelli Press

· Olsen, Richardl(2000), Daniel Libeskind: *The Space of Encounter*, New York : Universe Publishing

· Pallasmaa, Juhani(2012, *The Eyes of thw Skin : Architecture and the Senses*, Wiley & Sons Ltd(건축과 감각), 김훈 역, 2013, 시공문화사

· Pallasmaa, Juhani(1998), *"Alvar Aalto : Toward a Synthesis Functionalism"*, *Alvar Aalto : Between Humanism and Modernism*, Peter Reed(ed.), 1998, New York : The Museum of Modern Art(16) Frérez-Gömezez, Alberto(1996), *'Introduction'*, *Interwining*, Selected Projects 1985-1995, Steven Holl(1996), New York : Princeton

Architectural Press
· Schirmbeck, Egnon(1987), *Idea, Form, and Architecture : Design Principles in Contemporary Architecture*, (Trans.) Cowan, Henry J., New York : Van Nostrand Reinhold
· Porphyrios, Demetri(1982), Source of Modern Eclecticism : Studies on Alvar Aalto, London : Academy Editions
· Reed, Peter(1998), *"Alvar Aalto and the New Humanism of the Postwar Era"*, *Alvar Aalto : Between Humanism and Modernism*, Peter Reed(ed.), 1998, New York : The Museum of Modern Art
· Reinink, Wessel(1990), *Herman Hertzberger Archietcts*, Rotterdam : Uitgeveriji 010
· Rispa,Raúl (1996), Barragán *: The Complete Works*, London : Thames and Hudson Ltd.
· Schildt, Göran(ed.)(1984), *Alvar Aalto, The Master Years*, New York : Rizzoli
· Schildt, Göran(ed.)(1997), *Alvar Aalto in His Own Words*, New York : Rizzoli
· Scott, Geoffrey(1914), *Architecture of Humanism: A Study in the History of Taste*, New York : Norton & Company
· Scott Marble(Eds.)(1998), Architecture and Body, New York : Rizzoli
· Siza, Alvaro(2007), Álvaro Siza*: Interview with Tachi Tomuro*, Japan : Japan : ToTo Shuppan
· Smithson, Alison(ed.)(1968), *Team 10 Primer*, Boston. Mass. : The MIT Press
· Smith, C. Ray(1977), *Supermannerism : New Attitudes in Post-Modern Architecture*, New York : E. P. Dutton
· Space(2003), vol.425, 서울, Space
· Space(2003), vol.428, 서울, Space
· Space(2005), vol.447, 서울, Space
· Space(2009), vol.501, 서울, Space
· Stern, Robert A.M.(1977), *New Directions in American Architecture*, New York : G. Braziller
· Stanislaus von Moos(1986), *Venturi, Rauch & Scott Brown : Buildings and Project*(로버트 벤츄리 작품집), 김태영 역, 1991, 서울, 기문당
· Tadao, Ando(1977), *"A Wedge in Circumstances"*, Tadao Ando : Buildings Projects Writings, (ed.) Frampton, Kenneth, New York : Rizzoli International Publications, Inc.
· Tadao, Ando(1978), *"The Wall as Territorial Delineation"*, Tadao Ando : Complete Works, Francesco Dal Co(1995), London : Phaidon, Press Limited
· Tadao, Ando(1980), *"The Emotionally Made Architectural Space of Tadao Ando"*, The Japan Architect, April.
· Tadao, Ando(1982), *"From Self-Enclosed Modern Architecture Towards Universality"*, Tadao Ando : Buildings Projects Writings, Kenneth Frampton(Ed.)(1984), New York : Rizzoli
· Tadao, Ando(1984), *"Interior, Exterior"*, Tadao Ando: Complete Works, Francesco Dal Co(1995), London : Phaidon Press Limited
· Tadao, Ando(1986), *"in Tadao Ando"*, Rokko Housing, Quaderni di Casabella, Edizioni Electa, Milan
· Tadao, Ando(1987), *"in Ce que le terrain nous raconte Architecture"*, Movement et Continue, no : 250, April 1987, p.46
· Tadao, Ando(1988), *"Shintai and Space"*, Tadao Ando : Complete Works, Francesco Dal Co(1995), London: Phaidon Press Limited
· Tadao, Ando(1989), *"Letter to Peter Eisenmn"*, Space Design, sept. 1989
· Tadao Ando(2008), *Kenchikuka Ando Tadao*(나, 건축가 안도 다다오), 이규원 옮김, 2009, 서울, 안그라픽스
· Testa, Peter(1996), Álvaro Siza, Basel : Birkhäuser Verlag
· The Work of Charles W. Moore 特輯, A+U(建築と 都市), 1978年 5月
· Tominaga, Yuzuru(1995), *'Reflections on the Architecture of Tadao Ando'*, Tadao Ando : Complete Works, Francesco Dal Co(1995), London : Phaidon Press Limited
· Treib, Marc(1998), *"Aaltós Nature"*, Alvar Aalto : Between Humanism and Modernism, Peter Reed(ed.), 1998, New York : The Museum of Modern Art
· Tschumi, Bernard(1990), *Question of Space*, London : The Architectural Association
· Tschumi, Bernard(1994a), *Architecture and Disjunction*, Cambrige, Mass. : The MIT Press
· Tschumi, Bernard(1994b), *The Manhattan Transcripts*,
· Tschumi, Bernard(1995), *Event-Cities*(Praxis), Cambridge, Mass. : The MIT Press
· Tschumi, Bernard(1999), *Le Fresnoy : Architecture In/Between*, Joseph Abram(Eds.), New York : The Monacelli Press Inc.
· Tschumi, Bernard(2000), *Event-Cities 2*, Cambridge, Mass : The MIT Press
· Tschumi, Bernard(2004), *Event-Cities 3: Concept vs. Context vs. Content*, Cambridge, Mass : The MIT Press
· Venturi, Robert(1966, 1977a), *Complexity and Contradiction in Architecture*, New York : The Museum of Modern Art

· Venturi, Robert, *Denise Scott Brown*, and Steven Izenour(1977b), Learning from Las Vegas, Cambridge, Mass.: The MIT Press
· Veronica Biermann (Eds.)(2003), *Architectural Theory from the Renaissance to the Present*, Köln : Taschen
· Walker, Enrique(2006), *Tschumi on Architecture ; Conversations with Enrique Walke*r, New York : The Monachelli Press
· Wang, Wilfried(1989), "*Notes on the Architecture of* Álvaro Siza, A+U (1989), Álvaro Siza(1954-1988), (ed.) Paolo dos Santos, Tokyo : A+U Publishing Co. Ltd.
· Western, Richard(1995), *Alvar Aalto*, London : Phaidon Press Limited
· Zaera, Polo Alejandro(1996), '*a conversation with Steven Holl*' , El Croquis, vol.78, 1995, Madrid : Spain

도판출전

*길성호(1997) 도6-31a.b.c.d, 도6-36, 도6-39a.b, 도6-41a.b.c, 도6-42, 도6-44, 도6-47, *길성호(2003)도6-56a.b, 도6-42, 도6-44, 도6-45a.b, 도6-46a.b, 도6-48a.b.c, 도6-59a.b.c, 도6-68a.b.c.d, 도6-70a.b.c.d, 도6-72a.b.c.d,

*Architectural Monographs 16(1991) 도6-84a.b, 도6-86a.b, *Armando Salas Portugal(1992)도6-16a.b.c, 도6-19a.b.c.d, 도6-20, 도6-21a.b.c.d, *A+U (1989), Alvar0 Siza(1954-1988),(ed.) Paolo dos Santos 도6-50a.b.c.d, 도6-51a.b.c.d, *Beltramini,Guido and Zannier,Italo(eds.)(2006)도6-22a.b, 도6-23a,b,c,d, 도6-24a,b,c, 도6-25a,b,c,d, *Bloomer, Kent C. & Moore, Charles. W.(1977a)도6-43 *Eggener,Keith L.(2001)도6-17a,b, *Ferderica Zanco(ed.)(2001)도6-18a,b,c,d,e, 도6-19a.b.c.d, *EL Croquis(2008), vol.140 도6-54a.b.c.d.e.f, *Francesco Dal Co(1995)도6-57a.b.c, 도6-58a.b, 도6-59a.b.c.d, 도6-60a.b, 도6-61a.b, 도6-62a.b, 도6-63a.b.c.d, 도6-64a.b.c.d, *Go"sel, Peter & Leuthu"ser, Gabride(2001)도6-5a.b.c, 도6-6a.b,도6-6-7a.b, *Holl, Steven(2007) 도6-69a.b.c.d, 도6-71a.b.c, 도6-73a.b.c.d, 도6-74a.b.c.d.e.f, 도6-75a.b.c.d.e, *Ligtelijn, Vincent(Ed.)(1999)도6-27a.b.c, 도6-28a.b.c,도6-29a.b.c, *Stanislaus von Moos(1986) 도6-36, 도6-37a.b.c, 도6-38a.b.c, *Tschumi, Bernard 도6-77, (1994b)*Tschumi, Bernard(1999) 도6-79a.b.c.d, *Tschumi, Bernard(2004)도6-81a.b, 도6-83a.b.c.d.e.f, *Reed, Peter(1998) 도6-8a.b.c, 도6-12a.b.c.d, 도6-15a.b.c.d, *Western, Richard(1995) 도6-9a.b, 도6-10a.b, 도6-11a.b, 도6-13a.b.c.d.e, 도6-14a.b.c, *Venturi, Robert(1966, 1977a) 도6-34, 도6-35a.b.c

기타(출전미확인)도6-1a.b, 도6-2, 도6-3a.b, 도6-26, 도6-30a.b, 도6-32a.b.c, 도6-33a.b.c.d.e, 도6-49a.b.c.d, 도6-65a.b.c.d.e, 도6-66a.b.c.d, 도6-67a.b.c.d.e, 도6-52a.b.c.d, 도6-53a.b.c, 도6-55a.b.c.d, 도6-65a.b.c.d.e, 도6-67a.b.c.d.e, 도6-76a.b.c.d.e.f, 도6-85a.b.c, 도6-87a.b.c, 도6-88a.b.c.d, 도6-89a.b.c.d.e.f,(이상의 인용도판은 원저자를 확인할 길이 없어 사전 허락을 받지 못하고 수록한 것으로, 추후 연락이 가능한 경우에는 소정의 비용을 지불하도록 하겠습니다.)

찾아보기

MIT 기숙사 시몬스 홀 168
Site-ing 184

가능성의 환경 / 82
가로 정원 / 56
가상 신체 / 81
가상현실 / 81
가스뗄벡끼오 박물관 / 65
가스통 바슐라르 / 79
가시적 영역들 / 192
갈라시안 현대미술관 / 131
감각 / 130
감성의 건축 / 10, 49
개념의 건축 / 21
개별화 / 128
건축의 시학 / 63
건축적 서사 / 71
건축적 오리 / 102
경관 / 148
경험된 공간 / 175
고시노 저택 / 149
고요함 / 49
공감각적 공간인식 / 56
관계성 / 208
관념론 / 17
교감적 공간 / 20
구체화 / 7
구축된 랜드스케이프 / 39
그로피우스 / 19
기계미학 / 29
기계의 질서 / 115
기억 / 10, 40, 62, 78, 114
기억 장치 / 199
길라르디 주택 / 60

꿈의 질서 / 115

나오시마 치추미술관 / 151
나오시마 현대미술관 / 151
내부화된 랜드스케이프 / 39
내화 / 138
넬슨-아트킨 미술관 증축 / 169
뉴 아크로폴리스 뮤지엄 / 188
뉴욕 만국박람회 핀란드관 / 35

다가성 / 93
다가성의 질서 / 74
다가적 형태 / 93
다니엘 리베스킨드 / 122, 191
다름 / 70
다성성 / 7, 9
다성적 / 공간 10
다수성 / 178
다시점 / 159
다의성 / 100
다층성 / 8
단성성 / 9
단편화 / 128
대립성 / 99
대화성 / 7
대화적 상상력 / 7
덴마크 유대인 박물관 / 197
덴버 미술관 증축 / 203
도시성 / 69, 137
동시성 / 22
동적 시각 / 22, 73
드로잉 / 63, 199
디스프로그래밍 / 184
디아곤 실험주택 / 96

라 빌레트 공원 / 178
랑겐재단 / 153
랜드스케이프 / 39
레자의 해변가 수영장 / 126
로꼬 교회 / 145
로꼬 집합주택 / 143
로버트 벤츄리 / 99
루나주택 / 51
루이스 바라간 / 73
르 프레노아 / 180
리시츠키 / 25

마르노-라-발레 건축학교 / 185
마츠모토 주택 / 142
마쿠하리 집합주택 / 164
말레비치 / 25
매개 공간 / 86
맥락 / 10
모리스 메를로-퐁티 / 78
모홀리-나기 / 25
몬테소리 초등학교 / 93
몽상 / 80
무어주택 / 115, 116
물성 / 62
물의 교회 / 144
미결정된 과정 / 130
미결정성 / 7
미정성 / 7

바나 벤츄리주택 / 101
바라간 / 48
바라간 주택과 스튜디오 / 52
바흐친 / 7
베르그송 / 77

베르나르 츄미 / 122, 175
베를린 유대인 박물관 / 195
베이커 하우스 / 35
벡터 / 183
벨뷰 미술관 / 167
벽의 건축 / 140
변용 / 191
변위 / 163
변형 / 123
변형의 과정 / 123
변형화 / 128
보아 노바 레스토랑과 찻집 / 126
보이드 / 51
보이드 공간 / 197
보행로 건축 / 117
복합성 / 99
볼로우 / 82
부오세니스카의 3 십자가 교회 / 45
부재 / 70, 194
분해 / 200
불가시적 영역들 / 192
불연속성 / 201
브리온 가족묘지 / 70
비-건축 / 200
비워진 보이드 / 209
비위계적 질서 / 129
비종결성 / 7
비트루비우스 / 16
비퓨리 시립도서관 / 33
비합리적 공간 / 26
빅토리아 알버트 박물관 증축 / 202
빌라 마이레아 / 36
빛의 교회 / 145, 147
뽀싼뇨의 카노바 석고상 갤러리 / 65

사이버 공간 / 81
사잇공간 / 51, 178
사회-공간적 셰마 / 85
사회적 공간 / 91
산 크리스토발 조련장 / 60
삼투적 공간 / 79
상동관계 / 129
상상계 / 79
상상력 / 80
상징성 / 83, 103
상호 얽힘 / 158
상호주체성 / 17, 19
상황 / 86, 157
생산미학 / 7
생소화 / 7
서펜타인 갤러리 파빌리언 / 133
설화형식 / 74
성 이그나티우스 채플 / 161
세계무역센터 재건축 설계공모 당선작 / 204
세계의 살 / 79
세이나짤로 군청사 / 43
센트럴 베히어 보험회사 사무동 / 94
셰마 / 20
소안 경 / 23
소안 경 박물관 / 24
손스비크 파빌리언 / 89
쇠르겔 / 23
수용 / 7
수직적 정원 / 56
쉬말소 / 22
슈마허 / 23
슐린 보석상 / 108
슐츠 / 82
스끼야 양식 / 146
스미요시의 공동주택 / 141
스코트 / 16
스트레토 주택 / 161
스티븐 홀 / 122
시·공간 / 28
시각예술빌딩 / 172
시간-비움 / 194
시립고아원 / 87
신체 / 15, 73, 114
신체-상 / 83
신체성 / 10, 20
실의 질서 / 115
심리적 기능주의 / 29
심상 / 20, 55, 83, 146
쌍생현상학 / 85

아타이베르크 박물관 / 109
안도 다다오 / 122, 137
알도 반 아이크 / 85
알바 알토 / 29, 73
알바로 시자 / 122
애매성 / 99
야우스 / 7
엔벨로프 / 183
엘 빼드데갈 주택개발지 프로젝트 / 52
연결된 하이브리드 복합단지 / 171
연상 / 108
영국 국립미술관 세인즈버리 증축 / 104
오모테산도 힐즈 / 154
올리벳띠 전시관 / 68
운동 시각 / 22, 28
유형-형태 / 40
유희 / 31
융통성 / 93
은유 / 108
의미 / 83
의식 / 178
이미지 / 40, 83
이미지 공간 / 26
이베레 카마르고 재단본부 건물 / 133

이벤트 / 175
이벤트로서의 건축 / 209
이접 / 33
이탈리아 광장 / 118
인간화 / 30
인식된 공간 / 164
인유 / 115
인지-형태 / 20

자연 / 10, 38
장소 / 86, 137
장소성 / 83, 201
장소의 혼 / 82
장식된 쉐드 / 102
전이 / 55
전통 / 83
정서에 기반을 둔 공간 / 137
정신적 부지 / 125
정체성 / 91
주체-대상 / 81
중성적 공간 / 20
중정형식 / 40
지가적 건축 / 20
지각의 현상학 / 157
지각적 공간 / 19
지각적 선차성 / 78
지속성 / 77
집합성 / 91

찰스 W. 무어 / 113
체험된 공간 / 164
체험된 공간 / 82

카니발화 / 7
카를로 스까르파 / 62, 73
카아스마 현대미술관 / 165
카푸친회 수녀원 채플 / 57
컨텍스트 / 184
코다 / 96
콘서트 홀과 전시장 콤플렉스 / 187
콜롬비아 대학교의 학생회관 러너 홀 / 185
크레스게 칼리지 / 117
크로스프로그래밍 / 184

탈물질화 / 80
탈버트주택 / 116
통합된 랜드스케이프 / 39
투시도적 공간 / 26
트랜스프로그래밍 / 184
틈새영역 / 138

파리만국박람회 핀란드관 / 34
페르디낭 방 / 48
평면측정적 공간 / 26
포르토대학 건축학부 / 128
포섭적 태도 / 31
폭력 / 184
폴리 / 177
프랭클린 광장 / 104
프로그램 / 178, 184
프로운-공간 / 25
핀란드 홀 / 46

학습 가로 / 94
한스 홀라인 / 106
헤르만 헤르츠베르거 / 85
헤테로피아 / 42
현대미술 박물관 / 111
현상학적 거리 / 146, 148
현상학적 건축 / 157
현상학적 존재론 / 17
형식미학 / 7
형태 심리학 / 28
회상 / 74
효과적 공간 / 23
휴머니즘 건축 / 43
휴베르투스 하우스 / 90
흔적 / 200, 201
힐데브란트 / 22

에필로그

a. 필자가 〈현대건축사고론, 1997〉, 〈수용미학과 현대건축, 2003〉을 저술한 후, 이들의 내용들을 첨가, 삭제, 보완하여 재통합 하는 방식으로 오랜 세월 동안 심혈을 기울여 쓴 〈현대건축의 재발견 I, II, III〉 3부작이 드디어 완성되었다. 돌이켜 보니 초고를 구상하고 1권을 쓰기 시작한 지 어언 10여 년의 세월이 흘렀다. 여기에는 사연이 있다. 필자가 2013년에 3부작 중 1권과 2권을 출간한 후 곧이어 3권을 준비하던 중, 몽골의 수도 울란바타르에 있는 후레대학교 건축학부로 자리를 옮기면서 어느 정도 완성 상태에 있었던 3권의 초고가 5년간이나 방치되었다.

속절없이 흘러가는 세월 속에 방치된 기억의 편린들이 점점 망각이라는 레테의 강으로 사라지는 모습을 안타까워하면서, 새로운 환경에서의 적응을 핑계삼던 필자 자신의 게으름을 탓하기도 하였던 기억이 생생하다. 필자가 30년 세월동안 공부하며 연구한 미천한 내용들이 바람과 함께 사라질 거라는 두려움, 그리고 무엇보다도 현대건축 담론을 공부하려는 미래의 후학들을 위한 선배 학자로서의 의무감으로 작년 여름에 책장 속에 처박혀 있던 원고 초안을 다시 꺼내어 손질했다.

한때는 칭기스 칸의 휘하에서 몽골 대제국을 이루었던 바람과 초원의 나라, 그러나 지금은 모든 것이 척박하기만 한 몽골 땅에서....글쓰는 작업의 힘든 순간이 밀려올 때마다 강진 유배지에서 인고의 세월을 보내며 불후의 명작을 남긴 다산 정약용 선생의 삶을 반추하면서 스스로 위안을 삼았던 기억이 생생하다.

b. 20세기에 모더니즘 시대를 거쳐 현대에 이르기까지 제기된 여러 이론들은 예술뿐만 아니라 인간에 대한 재평가 작업을 확대하는 데 기여하였다. 이 점에서 "하나의 사상에 근거한 이론이든지 여러 사상에 근거한 이론이든지, 이론은 현 시대의 사고방식을 규정한다.(Pam Meecham & Julie Sheldon, 2002, p.21)"고 말한 미첨과 셸던의 주장은 과언이 아니다. 이성에 의한 보편성, 독창성, 자율성, 진정성만을 중시한 모더니즘의 이론적 기반은 포스트-모더니즘의 다원주의 사회에서 새로운 양상으로 전개되어 왔다는 사실을 우리는 잘 알고 있기 때문이다. 미첨과 셸던은 각양각색의 모습으로 전개되어 온 포스트-모더니즘의 이론이 제기하는 경고를 다음과 같이 서술하고 있다.

> "첫째, 극단적으로 보면 모든 것은 불확실하며 절대적인 것은 아무것도 없다. 둘째, 진실은 항상 일시적이고 부분적이며, 한 작품에 대한 '읽기'는 다른 '독자들'에 의해 개정될 수밖에 없는, 국지적이고 상대적이며 불안정한 노력에 불과하다. 이렇게 모든 입장이 '동등하며 열려 있다'는 이론적 접근의 복수성은 개념적인 구조의 복수성을 제공한다. 역사를 구성하는 여러 역사가 있으며 진실을 구성하는 여러 진실이 있다는 관점이다. 독창적인 한 작품에 대한 결정적이고, 지속적이며 보편적인 해석을 도출하는 일은 과거에는 미술사의 기본적인 임무가 되었지만, 이제 그것은 철 지난 일이 되고 말았다.((Pam Meecham & Julie Sheldon, 2002, p.21)"

근대사회 도래 이후 점점 전문화, 정보화되어 가는 현대사회에서 지적인 연구 풍토 또한 원자론적인 접근에 치중하는 탓인지 전체적인 관점에서 포괄적으로 다루는 능력을 점점 상실해가는 현상이 느껴진다. 우리에게는 개별 작가, 작품 위주로 다룬 연구서들이 넘쳐나지만 정작 이러한 다양한 현상들에서 발견되는 이슈와 주제들을 총제적인 관점에서 맥을 집어내며 큰 틀을 제시하는 연구의 접근방법이 필요한 때다. 모더니즘의 건축 담론에 대한 연구가 건축사라는 틀 안에서 어느 정도 정리되었지만, 1960년 이후 다양한 양상으로 전개되어 온 현대건축 담론은 반세기 이상이 흘렀음에도 불구하고 아직 체계적으로 정리되지 않은 상태이다. 본서 〈현대건축의 재발견〉 시리즈는 현대 건축의 다양한 담론들의 흐름을 모더니즘 시기의 담론들과 연계하여 해석하는 틀을 제시하고 있다는 점에 그 가치를 지닐 것이다.

C. 이 책이 완성되기까지 긴 시간동안 동굴 속에서 칩거하다가 이제야 비로소 자유의 몸이 되어 동굴 밖으로 나온 것 같습니다. 무엇보다도 척박한 몽골 땅에서 교육과 선교의 사역을 잘 감당하도록 인도하신 주님의 사랑에 감사한 마음뿐입니다. 또 오랜 세월동안 기도로 후원해 주신 어머님과 류지헌 목사님, 그리고 형제자매에게 감사의 마음을 전합니다. 그리고 30년 동안 봉직한 중등 교사직을 조기 명퇴하고 몽골 땅까지 와서 꾸준히 내조해 준 아내 서금옥 권사의 헌신과 사랑이 있었기에 본서를 탈고하는 기쁨을 함께 누립니다. 또한 부족한 초고를 읽고 날카로운 지적과 함께 〈현대건축의 재발견〉 시리즈가 나올 때마다 서평을 써 준 제자 김선곤 군, 그리고 원고의 편집과 출판에 늘 든든한 힘이 되어 주신 시공문화사 김기현 사장님과 특히 편집해주신 분에게 고마움을 전합니다.

2020. 1. 1

새해를 맞이하며

허정(虛靜) 길성호 쓰다

서 평

김선곤(서울과학기술대 겸임교수)

미셸 푸코의 초기 대표저작인 『말과 사물(부제: 인문과학의 고고학)』은 "사고의 전지평을 산산이 부숴버린 웃음짓게 만든" 중국 어떤 백과사전의 동물 분류에 대한 보르헤스의 한 텍스트 인용으로 시작한다.

"동물은 다음과 같이 분류된다.

(a) 황제에 속하는 동물
(b) 향료로 처리되어 방부 보존된 동물
(c) 사육동물
(d) 젖을 빠는 돼지
(e) 인어
(f) 전설상의 동물
(g) 주인 없는 개 …
(n) 멀리서 볼 때 파리같이 보이는 동물."

『현대건축의 재발견』(이하 〈재발견〉) 시리즈를 읽으면서 보르헤스와 푸코를 웃음짓게 만든 당혹감과 그 이면의 반가움이 교차하는 양가적 감정을 갖게 된다.

근현대 건축에 관한 책은 시간적 흐름을 따라서 역사적 사회적 배경과 그에 따른 건축의 흐름을 양식이란 이름으로 기술하는 것이 일반적이다. 하지만 과학사가 토마스 쿤의 "과학자들이 공통적으로 이해하고 있는 일련의 사고방식"을 의미하는 '패러다임' 개념과 패러다임을 자신의 문학사에 적용하고 있는 J. R. 야우스의 '수용미학' 을 틀 삼아 근현대 건축을 설명하는 〈재발견〉은 그러한 통념을 따르지 않는다.

우선 필자는 〈재발견〉의 기존 이론서를 따르지 않고 있는 두 가지 이론적 전제에 동의한다. 첫째는 건축사를 시대를 주도하는 특정한 양식의 흐름으로 기술하는 통상의 건축사를 따르지 않는다는 것이다.
니콜라우스 펩스너의 『근대 디자인의 개척자들』처럼 근대건축을 윌리엄 모리스의 '예술 수공예운동' 에서 시작하여 '바우하우스' 에서 절정에 이르는 거대 서사처럼 기술하거나, 현대건축을 2차 세계대전 이후 '팀텐' 에서 시작하여 '신브루탈리즘' , '포스트모더니즘' , '뉴욕5' , '해체주의 건축' , '폴딩 건축' 이나 '디지털 건축' 등의 단선적인 흐름으로 기술하는 건축사와는 사뭇 다르다.

두 번째는 2차 세계대전을 기점으로 근현대건축을 단절적으로 나누는 통상적이고 편의적 방식에 무관심하다는 것이다.
근대건축이 19세기 후반에 등장하는 대량생산 가능하게 된 양질의 새로운 재료인 철, 콘크리트, 유리에 적합한 구축법과 형태를 찾아가는 과정이라면, 현대건축은 여전히 이 세 가지 재료가 가장 많이 쓰이는 중요한 재료라는 차원에서 근대건축과 근본적으로 다르지 않다. 또한 근대건축이 대량생산(포드주의)에 적합한 표준화와 규격화를 지향했다면, 2차 세계대전 이후의 빠른 복구에 요구되고 강화되었던 것은 여전히 소품종의 대량 생산이었다.

차라리 〈재발견〉에서는 1960년대 후반을 근현대 건축을 가르는 변곡점으로 본다. 공급의 과잉에 따른 불황과 그에 따른 68혁명을 비롯한 사회적 불만이 표출되고, 근본적인 건축생산방식의 변화는 없었지만 건축에서 새로운 형태적 특성과 담론이 출현했던 시기이기 때문이다.

건축을 구성하는 요소들을 세로축으로 하고 〈재발견〉에서 자주 언급되는 도식인 '작가(건축가)-작품(건축물)-독자(사용자)' 즉 건축의 생산과 소비의 프로세스를 가로축으로 하는 '건축-장'을 통해 〈재발견〉 시리즈 구성체계를 대략적으로 가늠해 볼 수 있다.

내용과 형식으로 나누는 예술의 일반적 구분 방식을 따른다면, 건축은 프로그램과 형태로 구성된다고 볼 수 있다. 하지만 질 들뢰즈는 덴마크 언어학자 루이 옐름슬레우를 따라 기호체계를 내용과 형식이 아니라 '표현'과 '내용'으로 구분하고 각각 표현의 '실체'와 '형식', 내용의 '실체'와 '형식'으로 이를 한 번 더 분절시킨다.

여기서 중요한 것은 실체가 형식보다 선차적이라는 것이다. 들뢰즈의 자주 인용되는 어떤 기관도 형성되기 이전의 수정란과 같은 '기관없는 신체', 즉 질료와 같은 것이 바로 실체이다.

옐름슬레우-들뢰즈의 논의를 건축에 적용하면, '표현'이 '언표행위'라는 측면에서 건축의 프로그램과 연관되고, '내용'이 '기계'(물질)라는 측면에서 건축에서는 형태와 관련된다. 예컨대 학교에서 '가르치고 배우는 곳'이라는 학교라는 개념이나 행위가 학교의 '표현의 실체'라면, 그에 따른 구체적인 실들의 배치가 학교라는 '표현의 형식'이 된다. 학교라는 건축물의 재료나 대지가 '내용의 실체'라면, 구체적인 학교의 모양, 형상은 '내용의 형식'이다. 물론 프로그램의 실체는 제도나 법규 같은 문턱을 넘어야 하고, 형태의 실체는 중력에 저항하는 구조라는 문턱을 넘어야 '형식'이 된다.

'건축가의 사고유형'을 분석대상으로 하는 〈재발견〉 시리즈에서의 분석틀은 앞서의 건축의 구성요소들과 '구성요소와 사용자와의 관계'라고 볼 수 있다.

결과적으로, 〈재발견 Vol. 1〉의 '프로그램의 해석과 리얼리티의 건축'이 건축의 '표현'을 다루고 있다면, '구축성의 건축과 구조적 건축'은 건축에 있어서 '내용의 실체'를 논의하고 있다.

프로그램에 있어 소위 근대건축 시기는 짧은 동선과 효율적인 배치 즉 '기능주의'가 중시 되었다면, 현대건축에서는 더 근본적으로 프로그램의 실체인 직접적인 생활과 삶 즉 '리얼리티'에서 프로그램을 도출하려는 노력이 커지고 있다. 또한, 형태에 있어서도 형태 그 자체보다도 형태를 구성하는 재료의 물성이나 디테일, 이음매 등이 중요해지는 소위 건축에 있어서 '텍토닉' 논의가 중시된다. 건축적 담론에서 프로그램이나 형태에 있어서나 '형식' 에서 '실체' 로 논의의 중요성이 옮겨지고 있는 것이다.

〈재발견 Vol. 2〉의 '기하학적 질서와 개념의 건축', '심상의 표현과 감각의 건축', '유형의 탐구와 유추의 건축' 은 앞서의 건축의 '내용의 형식' 과 연관된다.

이곳에서 논의되고 있는 대분분의 현대 건축가는 60년대에서 80년대까지 주요 건축의 흐름인 소위 '신합리주의 건축', '포스트-모더니즘', '뉴욕5', '해체주의' 건축가들이다.

각기 이질적인 흐름이었지만, 공통적으로 건축을 언어와 기호로 보거나 건축의 형태를 중시하였다는 측면에서 다르지 않다.

신합리주의와 포스트-모더니즘이 역사에서 비롯된 친숙한 형태를 지향하였다면, '뉴욕5' 는 르 꼬르뷔지에를 비롯한 1920년대 모더니즘을 모티브로 삼았고, 해체주의 건축은 행태를 파편화하고, 기울이고, 휘어서 불안정하고 낯선 비형식의 건축을 추구하였다.

신합리주의와 포스트-모더니즘이 건축의 형태를 통한 언어의 '의미론' 적인 추구였다면, '뉴욕5' 는 건축요소의 구성과 연관된 언어학의 '통사론' 적인 측면에 주목하였다. 해체주의는 건축을 의미를 '산종' 하고 '해체' 하는 일종의 '텍스로' 로 간주하였다.

〈재발견 Vol. 3〉은 이전에 출간한 저자의 『수용미학과 현대건축』을 체계화하고 확대 발전시킨다. 〈수용미학〉에서 저자가 내세웠던 '생소화 수법', '미정성의 구조', '구체화 개념' 을 러시아 문학이론가 미하일 바흐친의 문학이론과 결부시켜 논의한다.

사실, 바흐친은 건축계에서 소위 '해체주의 건축' 의 중요한 개념인 '상호 텍스트성' 의 주창자로 이미 소환된 바 있다. '상호 텍스트성' 이 해체주의 건축의 이론적 배경인 철학자 자크 데리다에서 유래된 용어처럼 사용되는데, 원래는 바흐친이 처음 사용한 개념이고, 같은 동구권의 불가리아 태생인 정신분석학자 줄리아 크리스테바가 프랑스 지식계에 소개하면서 크리스테바의 동료였던 데리다를 통해서 유명해진 개념이다.

〈재발견 Vol. 3〉에서 저자가 주목한 바흐친의 개념은 '상호 텍스트성' 이 아니라 '대화성', '다성성', '비결정성', '비종결성' 등이다. 이를 통해 "현대건축 담론과 작품들에서 발견되는 다양한 지평들, 즉 프로그램의 불확정성과 인지적 경험을 위한 보이드 공간의 '미정성', 물성의 지각효과와 형식 구성 관계의 '생소화', 지속의 시간 속에서 움직임을 생성하는 '신체(성)', 전통과 현대의 통합을 위한 '기억', 건축과 인간, 자연의 통합 지향적인 불가분의 관계 안에서 해석되어 온 '자연', 그리고 도시의 공공성과 역사성을 위한 '맥락과 도시성' 등"(〈재발견 Vol. 3〉, 10쪽)을 통합적인 관점에서 설명한다.

다시 말해, 〈재발견 Vol. 3〉에서 중요한 것은 앞서의 '건축-장' 에서 건축의 구성요소와 사용자(수용자)와 관계이다. 바로 "인간이 개입된 건축"(〈재발견 Vol. 3〉, 20쪽)이다. 여기서 사용자는 추상적이고 일반화된 수동적 인간이 아니라 특정 대지와 자연과 도시 속에서 발딛고 살아온 구체적인 사회적 인간이고, 적극적으로 참여하는 능동적 인간이다.

그래서 건축물에 있어 단순히 볼륨이나 체적을 뜻하는 중성적인 '공간' 이 중요한 것이 아니라 사용자의 체험이 녹아있는 '장소' 가 중요하고, 건축물의 모양이 중요한 것이 아니라 형태와 대지에서 기인하는 사용자의 '기억' 이 중요하고, 건축의 재료나 물성 그 자체가 중요한 것이 아니라 사용자와의 마주침에서 일어나는 '지각' 과 '경험' 이 중요한 것이다.

이는 〈재발견 Vol. 3〉의 세부 목차가 '풍토성과 휴머니즘의 건축(알바 알토, 루이스 바라간, 카를로 스까르파)', '사회적 접촉과 집합적 장소의 공간탐구(알도 반 아이크, 헤르만 헤르츠베르거)', '상징과 시각적 이미지의 탐구(로버트 리, 한스 홀라인)', '신체-상' 과 공간의 영역성(찰스 무어)', '신체와 공간 경험의 현상학(알바로 시자, 안도 다다오, 스티븐 홀)', '신체와 기억의 새로운 담론(베르나르 츄미, 다니엘 리베스킨드)' 으로 구성되어 있는지 이해하게 만든다.

들뢰즈는 화가 프란시스 베이컨을 논한 『감각의 논리』에서 "위대한 화가는 자기 나름대로 미술사를 요약한다"고 말했다. 이 말은 건축에도 그대로 적용된다. 건축사를 공부하는 것은 자신만의 건축에 대한 계보학적 역사를 쓰는 것이다.

〈재발견〉 시리즈의 매력은 고정되고 익숙한 '홈이 패인' 건축사에 홈을 메우고 가로지르고 탈주하여 몽골의 사막과 같은 '매끄러운 공간' 으로 새로운 선을 긋는데 있다.

'신체의 중심성과 지각의 건축' 이라는 '매끄러운 공간' 에는 이전에 포스트-모더니즘이란 홈에 있던 건축가들(로버트 벤츄리, 한스 홀라인)이, 해체주의 홈에 있던 건축가들(베르나르 츄미, 다니엘 리베스킨드)이, 현상학적 건축가들(알바로 시자, 안도 다다오, 스티븐 홀)이 탈주하여 이질적인 흐름들의 '다양체' 를 구성하고 있다. 이는 저자가 〈재발견〉에서 여러 번 인용하고 있는 "이질적인 것들의 다양한 배치"를 뜻하는 푸코의 '헤테로토피아' 라 불러도 좋을 것이다.

우리가 〈재발견〉 시리즈를 읽으면서 끝임없이 차이를 생성하는 '매끄러운 공간', '헤테로토피아' 를 마주하면서 보르헤스와 푸코가 보인 '모든 친근성을 뒤흔들어 버린 웃음' 을 짓게 된다면, 그 웃음은 결국 창조의 웃음이고 긍정의 웃음일 것이다.